U0166801

国家科学技术学术著作出版基金资助出版

中国降水日变化

宇如聪　李　建　陈昊明　原韦华　著

科 学 出 版 社

北　京

内 容 简 介

本书重点系统呈现了中国降水日变化的完整图像，并揭示了其深刻的科学内涵，提出了开展与日变化相关联的降水精细化演变过程研究和相应数值模式产品评估的新思路与新方法，提出了对精细化数字气象预报业务发展的思考。

本书可为相关领域的科研人员开展降水过程研究和数值模式产品评估提供分析思路与研究方法的启发和借鉴，为气象预报业务人员开展精细化、数字化气象预报方法研发提供科学参考和启示，也可为有关工程设计人员等提供与水资源和水循环相关联的科学依据。

图书在版编目（CIP）数据

中国降水日变化 / 宇如聪等著 . — 北京：科学出版社，2021.6
ISBN 978-7-03-067580-4

Ⅰ . ①中…　Ⅱ . ①宇…　Ⅲ . ①降水 – 调查研究 – 中国　Ⅳ . ① P426.6

中国版本图书馆 CIP 数据核字（2020）第 260385 号

责任编辑：朱　瑾　习慧丽 / 责任校对：严　娜
责任印制：赵　博 / 封面设计：无极书装

科学出版社 出版
北京东黄城根北街 16 号
邮政编码：100717
http://www.sciencep.com
北京建宏印刷有限公司印刷
科学出版社发行　各地新华书店经销
*
2021年 6 月第　一　版　开本：889×1194　1/16
2025年 1 月第三次印刷　印张：15
字数：500 000

定价：198.00元

（如有印装质量问题，我社负责调换）

序　一

降水的时空分布、过程演变和不同时间尺度变化对地球系统的水资源分布、自然生态环境、水和能量循环过程都有不可替代的调节作用。现代人类文明的进步已越来越需要准确地把握降水的时空变化，合理利用和保护水资源。2019年第十八次世界气象大会已明确表明，全球气象事业应开展全方位和无缝隙的预报与服务。

所谓无缝隙精细化精准气象预报，其科学基础是对不同区域多种类大气演变过程的精细化深刻认识。例如，降水日变化是地球系统中大气热力和动力过程对水循环过程综合影响的结果，涉及水汽相变和成云致雨的诸多物理和化学过程，又受到不同尺度海-陆-气及复杂的山峦起伏的影响。我国西倚青藏高原，东临太平洋，海陆交错和地形起伏极为复杂，使得我国降水日变化的区域差异既显著又复杂。提高对我国区域降水日变化的科学认识，不仅可提高对我国区域降水演变规律的认识，还有助于全面正确理解天气和气候形成发展过程、全面把握地球系统的水和能量循环及地球系统多圈层相互作用和影响的规律。

该书的作者及其团队，近年来致力于这方面问题的研究，硕果累累，汇成此书。披览可见，思路和方法多有创新，资料丰富，分析精微，系统呈现了中国降水日变化完整的物理图像。例如，基于所提出的单站和区域降水事件概念及相关的合成分析方法，揭示了我国降水过程的演变规律；通过对不同区域地形强迫和大气环流对降水日变化影响的精细分析，提高了对其形成机理的认识；通过示范分解降水事件及其精细化的演变规律特征，进一步细化了对我国不同类别降水过程更加深入细致的科学认识。此书还特别发展完善了数值模式的精细化评估标准，首次对现时业务数值模式进行了系统评估，并深入探讨了新时期精细化数字气象预报业务的内涵、技术路线、业务特点和研究属性。当今我们需要的正是这样的理论与实际结合、深入细致的研究工作。

可见，该书不仅有助于读者全面了解和理解中国降水日变化丰富的内容和科学内涵，为开展相关科学研究、数值模式研发与评估和应用，提供有用的科学参考和启发，还为开展精细化数字气象预报方法研发提供了很有价值的科学参考。

曾庆存

国家最高科学技术奖获得者

中国科学院院士

2020年10月18日

序　二

降水日变化不仅是表征精细化天气过程或降水事件的一个重要物理特征，也正在成为气候变化相关研究的重要关切。另外，随着城市化发展的不断推进，城市热岛效应不断增强，其不仅导致降水分布的变化，形成“雨岛”，日降水量、降水频次和强度及降水开始、结束和出现峰值的时间也在发生变化。因而日内降水演变过程的分析和研究不但是天气和气候研究与预报的重要内容，也是气候变化与城市化影响深入研究的热点课题。

由宇如聪研究员等撰写的这本专著，充分利用最新的台站观测资料、高分辨卫星观测产品和融合降水产品，首次系统性、定量化地给出我国降水日变化特征及其区域差异，是迄今为止关于降水日变化最系统、最深入的探讨。相较于传统的天气和气候分析，该书从气候研究的视角切入精细化天气演变过程分析，通过一系列新思路、新概念和新方法，深化了对降水物理过程的认识，丰富了降水演变特征的科学内涵，所揭示的降水在日变化尺度上的精细演变特征，紧扣降水预报精细化的实际需求，为推进以数字智能为特征的精准气象预报提供了思路、方法和技术途径。另外，该书的方法和相关结果也可为认识气候变化和城市化对中国降水的影响，尤其是对极端降水事件变化的影响提供重要科学参考。因而，该书也是相关气候变化领域研究的一个新成果。尤其是对我国东部诸大城市和长江、黄河流域地区降水及其变化的分析与研究，提供了新的科学认识和宝贵资料。该书的出版具有重要的应用价值，可为有关部门应对天气与气候灾害、制定防洪和预警规划提供重要的科学依据。

丁一汇

中国工程院院士

国家气候中心

2021年2月18日

前　言

世界正处于以信息技术为核心的新技术革命从导入期到拓展期的转折点。在未来相当长的时期内，广义上的标志性技术是大数据人工智能。2019年第十八次世界气象大会明确提出世界气象事业发展正处于一个新的历史转折点，标志着气象事业与世界其他先进的科技领域同步进入了一个新的发展阶段。为满足新时期经济社会对气象预报服务的全面和精细化高质量需求，新时期气象事业的发展应该紧跟大数据、人工智能技术的发展轨迹。为适应这样的发展轨迹，气象人自己必须要做的是着眼于精密、精准、精细的气象预报服务需求，围绕“精细-数字”化的气象高质量发展，解决自身专业特色的“算法”问题。本书正是以思考如何面对新时期“精细-数字”化的气象新业态发展为出发点，以降水日变化为载体，突出开展把握精细化演变过程的方法研究，示范如何对相关研究进一步细化和拓展，讨论如何建立精细化的客观评估、订正方法和建立适合气象新业态发展的技术路线。

面向“精细-数字”化的气象业务，日变化的相关分析是必不可少的研究范畴。本书综合作者及团队多年来相关的研究成果、科学思想和方法，充分利用最新可用的台站观测资料、高分辨卫星观测产品和融合降水产品，进行了系统分析研究，呈现了中国降水日变化完整的物理图像，并概括为“晨频午乏，夜长昼强，三时七区，夜雨承启”。值得注意的是，本书的内容不是只局限在通常意义上的降水量日变化的峰值时间和振幅，也不仅仅是增加对降水频次或强度的峰值或振幅的分析，而是系统开展降水事件的开始、峰值、结束、持续时间和时空变化等能体现降水整体演变过程的日变化气候特征分析，并对引起这些特征的下垫面影响和环流特征差异进行了分区、分类研究，特别是突出示范开展降水精细化演变过程的细化分析的方法研究和拓展研究降水形成的前期环流特征和区域关联，进而有针对性地开展了数值模式评估，并最终深入探讨了新时期“精细-数字”化预报业务的内涵和属性。

虽然本书的研究成果与实际开展“精细-数字”化的降水预报业务仍有很大差距，但希望能对建立有关精细化的分析研究方法有启发和借鉴作用。所以，建议阅读本书的读者，不要只局限在通常意义上的、本书字面上呈现的降水日变化的峰值时间位相和振幅等的具体结果，而要能深入思考和体会本书在研究降水精细化演变过程中的相关分析方法、系统设计和科学理解。

宇如聪

2020年6月16日

目　　录

第一章 概论

本书借鉴已开展的降水日变化研究的方法和成果，充分利用可用的台站观测资料、高分辨卫星观测产品和融合降水产品，力求给出中国降水日变化完整的物理图像，并以此评估目前数值模式再现降水日变化的能力和不足，讨论新时代精细化的客观预报方法和途径，希望能帮助读者全面了解和理解降水日变化丰富的内容和科学内涵，或为开展相关科学研究、数值模式研发与评估和应用、无缝隙降水预报和精细化气象服务及有关工程设计，提供有用的科学依据、参考和启发。

第一节 研究意义

一、降水的相关科学认知备受关注

水是人类生存、生活和生产所不可或缺的必要存在，是人类社会发展进步的基础保障。降水的时空分布、过程演变和不同时间尺度变化对地球系统的水资源分布、自然生态环境、水循环和能量循环过程都有不可替代的调节作用。降水直接影响一个区域、一个国家乃至全球的经济布局和人口格局。我国著名的“胡焕庸线”，是从黑龙江的黑河到云南的腾冲之间的连线，几乎平分我国的陆地国土为东南和西北两个部分，它表征的是我国的人口分布线，东南半壁的面积略小于我国陆地国土面积的一半，却生存了约95%的人口。但早有分析指出，“胡焕庸线”与我国400mm年降水量等值线高度吻合，这突出表明了经济社会发展布局和人类社会可生存环境严重依赖于降水的气候分布。

导致降水发生、发展和演变的数学、物理甚至化学过程复杂，涉及的因素多，非常难以把握。而由于我国的地理环境特殊，在地形强迫和海-陆-气相互作用的影响下，降水过程更加复杂，降水的演变和异常变化涉及的科学问题更加突出，降水气候特征的区域差异更加显著，降水异常变化对经济社会发展和生产生活的影响更加严重。我国气象灾害占自然灾害总量的3/4左右，与降水多寡有关的旱涝灾害则占全部气象灾害的80%以上（黄荣辉等，2005）。为此，我国科技人员围绕与降水相关的科学问题长期开展了大量富有成效的科学研究工作。陶诗言（1980）的《中国之暴雨》是早期最全面论述中国降水气候分布特征、大尺度环流背景、多尺度系统相互作用及其相关的分析和预报方法等具有里程碑意义的重要论著，是长期以来中国气象工作者从事天气尺度的降水科学研究和天气预报业务的重要参考。

降水的异常变化可通过改变水资源分布和水循环过程，对人类和自然生态系统产生难以抗拒的影响，可通过改变能量循环过程对气候的长期变化产生深远影响，并进一步对人类的生产、生活和生态环境产生长期影响。降水的形成、发展、演变、区域特征、异常变化等始终关联着人类经济建设、政治建设、文化建设、社会建设和生态文明建设，始终是气象学、气候学、生态学、地理学、水文学，甚至是经济、历史和社会相关学科等备受关注的研究课题。现代人类文明的发展越来越需要合理利用水资源和把握降水过程以实现趋利避害，因而人们高度关注降水的时空分布和演变特征及异常变化（Trenberth et al.，2003；Legates and Willmott，1990；Strangeways and Smith，1985；Wernstedt，1972）。

二、降水日变化的深入研究是现代气象事业发展的重要关切

由于受气象观测技术和气象科学认知的限制，早期的降水研究主要关注较大范围的强降水事件。主要研究成果多为对日平均以上时间分辨率与百公里以上空间分辨率的降水时空分布和变化规律的认识，对降水预报准确率的评价也主要是关注对24h累积降水量的TS评分（threat score）（Casati et al.，2008；Schaefer，1990）。一些相对细致的降水过程研究主要是少数基于局部很有限时段的业务观测或科学试验数据所开展的，且多以个例分析为主，对成云致雨过程的认识始终存在很大的不完整性和不确定性，也难以获得对降水精细化过程普适可靠的规律性认识。

随着人类社会的不断进步和发展，人们对高质量气象服务的需求日益强烈，尽可能提高全覆盖、精细化的气象预报服务能力已成为现代气象事业发展的不懈追求，而降水精细化预报则是重中之重、难中之难。要攻克降水精细化预报的科学难题，至少需要对成云致雨的降水精细化过程有尽可能深入的认识和把握，对气象数值模式再现降水精细化演变过程的能力有客观的评估和理解，对丰富的数值模式降水产品有合理的精细化校正和科学应用。我们知道，多数强降水过程集中在24h之内，往往还具有突发性和瞬时性，多数的强降水事件及其影响也主要集中在百公里甚至更小的空间尺度。缺乏对降水精细化过程的科学认识也就制约了对降水演变规律及其异常变化机制的深入研究和理解。这不仅限制了人们对降水过程的科学认识，也无法满足现今人们对精细化气象服务的迫切需求。当前公众已不能满足于知道明天是否有雨，而是需要知道什么时候降水开始、什么时候降水结束、降水强度多大、有无间歇等。要真正获得对降水精细化过程的科学认识，就必须着眼于更高时空分辨率的降水演变过程研究。随着现代科学技术的发展，气象观测水平和能力显著提高，具有较高时空分辨率的降水等气象资料日益增多，使得人们可以以此开展相关降水过程和降水精细化气候特征研究。鉴于目前的资料状况、科学问题和气象业务需求，现阶段开展最为广泛且最受关注的降水精细化过程研究，是降水日变化及其过程特征和机制的相关研究。

降水日变化过程对地球系统的水循环、能量循环、生态环境及人类活动都有重要影响，对地球气候系统演变有重要的反馈作用。深刻认识降水日变化有助于在地球系统框架下理解降水的形成机制；有助于理解区域天气气候发展演变的物理规律；有助于深刻认识目前数值模式模拟结果的不确定性问题，为发展与改进天气和气候数值模式找到努力方向；有助于发展定时、定量、定点的精细化客观气象预报方法；有助于开展面向更高需求的靶向气象服务；有助于指导有关水文工程建设和城市建设等重大工程排水系统的设计与施工；有助于提高对区域生态环境形成和变化的科学认识，从而指导生态保护和趋利避害的科学决策，不断满足人们日益增长的优质生态产品需求。

三、降水日变化科学问题复杂，中国降水日变化内涵丰富

地球气候最基本、最规律的循环变化周期有两类，分别是由地球公转决定的季节循环变化和由地球自转决定的日循环变化。地球表面的温度场、风场、气压场、降水等诸多气象变量均表现出显著的日循环变化特征。由于地球表面海陆和地形分布复杂，地球表面及近地层受到极不均匀的辐射强迫影响，因此气象要素的日变化存在鲜明的区域差异，其中降水日变化的区域差异更为显著。不同下垫面和地形的起伏，对太阳辐射过程的响应不同，形成了地表热力强迫日变化的区域差异，从而直接影响低层大气风场、温度场、湿度场和地面气压场等的日变化；而起伏不平的下垫面对气流的摩擦和阻挡作用不同，形成了动力强迫的区域差异，强化了低层环流日变化及其对降水等的影响。不同时空尺度的热力驱动和动力驱动造就了不同区域不同尺度的温度场、湿度场、风场、降水等的区域结构及日变化。

降水日变化涉及水汽相变和成云致雨的演变过程，涉及不同尺度、不同类型下垫面非均匀强迫的相互作用，也涉及大尺度大气环流背景场的调制和影响，是地球系统中大气热力和动力过程对水循环过程影响的综合体现。

正是由于降水日变化研究具有显著的科学意义，且对人类经济社会活动有重要的指导作用，早在20世纪初，降水日变化就已引起气象学家的关注（Kincer，1916；Hann，1901）。Kincer（1916）不仅给出了美国不同区域若干气象台站的降水日变化特征，还特别强调了掌握降水日变化规律对天气预报、经济活动、农业生产和人们出行等都有重要的指导作用。Ramage（1952b）通过分析中国东部及日本、韩国数十台站的降水日变化特征，指出了沿海台站以清晨降水峰值为主，内陆地区以午后降水峰值为主，体现了海陆风过程对沿海地区降水日变化的重要影响。中国气象学家吕炯（1942）在20世纪中叶就指出了“巴山夜雨”的降水日变化特征。应该说，山谷风和海陆风日变化对降水日变化的基本影响在20世纪中期就已被广泛认识（Kraus，1963；Bleeker and Andre，1951；Neumann，1951）。但受当时观测技术和经济社会发展水平的影响，此前降水日变化的研究受台站数量和观测信息量的限制，因而多为基于局部区域少数台站有限时段观测资料的有限分析，难以获得对降水日变化整体特征全面系统的理解。对山谷风和海陆风对降水日变化的影响也只停留在一个初步的基本认识层面。随着现代科学技术的发展，气象观测站网日趋完善，卫星和雷达遥感观测基本实现空间全覆盖，数值模式模拟能力不断提高，高时空分辨率的气象观测资料和数值模式产品日趋丰富，系统的降水日变化研究在近二十多年来进展显著（Yu et al.，2007b；Sorooshian et al.，2002；Dai，2001；Yang and Slingo，2001）。

中国西倚青藏高原，东临太平洋，地形起伏和海陆交错分布极其复杂，海表与陆地、高原与平原、山峰与山谷的不同尺度的热力差异日变化交叠影响，因此降水日变化内容丰富，区域差异显著，降水日变化的科学问题集中且复杂。提高对中国区域降水日变化特性和演变过程的理解，有助于提高对中国区域天气、气候发展演变规律的认识，对全面正确理解降水演变过程、全面把握地球系统的水循环和能量循环及地球系统演变规律也有重要的借鉴作用。

第二节 资料及数值模式

一、资料

本书所用的资料主要有四类，分别是台站观测资料、卫星资料、融合降水产品及再分析资料。

（一）台站观测资料

1. 台站日降水数据集

本书所用的日值降水资料取自包括2100余个国家级地面气象站（国家基准气候站、国家基本气象站和国家一般气象站）基本气象要素的中国地面基本气象要素日值数据集（V3.0）。中国气象局开展的地面基础气象资料建设工作，已对2100余个国家级地面气象站月报数据文件中的观测数据进行了反复质量检测与控制，在数据集制作过程中，对数据集进行了严格的质量控制，对发现的可疑和错误数据给予了人工核查与更正，并最终对所有要素数据标注质量控制码。本书第二章使用了此数据。

同时，本书还用到中国气象局国家气象信息中心收集整理的台湾地区7个地面观测站的日降水资料。本书第二章使用了此数据。

2. 台站逐小时降水数据集

本书采用了两套逐小时降水资料：中国国家级地面气象站逐小时降水数据集（V2.0）与中国高密度国家级和区域自动站逐小时观测数据集。

中国气象局国家气象信息中心提供的中国国家级地面气象站逐小时降水数据集（V2.0）（张强等，2016），包含2100余个国家级地面气象站经过严格的数据质量控制所形成的逐小时降水数据。该数据集中

2000年前的逐小时降水数据由翻斗式或虹吸式自记雨量计降水记录的数字化而来，2001年后的逐步由自动雨量传感器观测所得。

地面自动气象观测系统建立之前的台站降水观测包括人工雨量筒定时观测、翻斗式或虹吸式自记雨量计观测两大类。雨量筒定时观测频次为6～12h/次，多用于日、月、年降水量统计。翻斗式或虹吸式自记雨量计是将观测的降水迹线记录在自记纸上，通常观测员会按照自记纸上每个时次降水迹线起止点计算该时段的降水量，得到逐小时降水量，然后填写到月报表中，制作地面气象记录月报表。获取该数字化的逐小时降水资料通常有两种方法，一是通过录入月报表记录得到该月的逐小时降水数据，二是利用迹线提取软件处理直接得到自记纸上的逐小时降水观测值。进入21世纪后，我国逐步建立了地面自动气象观测系统，自动降水观测取代了原来的自记降水观测，此后台站的逐小时降水数据来源于自动雨量传感器观测。

随着历史资料数字化工作的推进，中国气象局国家气象信息中心已经把所有国家级地面气象站的历史降水记录数字化。首先在全国历史地面气象月报表、降水自记纸等一系列原始馆藏记录数字化工作的基础上，整合出一套中国国家级地面观测台站建站至自动站建立前的逐小时降水数据产品，再和之后基于自动站观测的地面气象观测数据一起形成了一套较完整的建站至今的逐小时降水数据产品。数据产品经过严格的质量控制，包括与其他数据的一致性检查。例如，将每日逐小时降水量的日累积降水量和雨量筒日降水量（简称日降水量，来自人工观测）进行比较：若日降水量大于5mm，则相对误差必须小于20%；若日降水量小于5mm，则绝对误差必须小于1mm。

为了能充分利用逐渐丰富的观测资料，更全面和真实地展示降水分布特征，特别是考虑到新疆与西藏相当一部分台站在2000年后才有可靠的逐小时降水观测数据，通过对中国国家级地面气象站逐小时降水数据集（V2.0）进行进一步的质量控制和分析，选取了2001～2015年共15年2100余个国家级地面气象站的逐小时降水观测数据，用于本书中降水日变化气候态的分析研究。

本书第二章至第九章均使用了中国国家级地面气象站逐小时降水数据集（V2.0），第二章第一节还使用了中国高密度国家级和区域自动站逐小时观测数据集。

3. 台站逐小时地表风场数据集

本书所用的地表风场数据来源于中国气象局国家气象信息中心提供的中国国家级地面气象站逐小时风场数据集。该数据集将2100余个国家级地面气象站建站至今的地面风自记观测数据文件，与2004年以来的自动站逐小时风场数据进行拼接整合，形成了自建站以来的逐小时风场数据序列。国家气象信息中心结合历史风速资料信息化特点，参考我国小时风速数据特性研制了质量控制方案，并对数据进行了质量控制。质量控制包括极值检验与一致性检验，其中极值检验剔除风向不合理的数值与风速在0～75m/s外的记录，一致性检验剔除逐时风速大于日最大风速的记录。本书第七章使用了此数据。

（二）卫星资料

1. TRMM卫星降水产品

TRMM（Tropical Rainfall Measuring Mission）卫星降水产品3B42 V7是TRMM多卫星降水分析产品的新版本，它在原有的3B42 V6的数据源基础上进行改善并融合了新的资料。时间分辨率为3h，水平分辨率为0.25°，空间范围为50°S～50°N。该套数据融合了TMI（TRMM Microwave Imager）、SSM/I（Special Sensor Microwave Imager）、AMSR-E（Advanced Microwave Scanning Radiometer for Earth observing system）、AMSU-B（Advanced Microwave Sounding Unit B）、SSMIS（Special Sensor Microwave Imager/Sounder）和MHS（Microwave Humidity Sounder）等被动微波辐射计的观测结果，以及利用TMI和测雨雷达（precipitation radar，PR）观测校对过的红外辐射数据。被动微波辐射计的空间分辨率相对较低。例如，TMI不同波段的平均水平分辨率约为25km。当某格点在3h内有多个微波观测时，取其平均；若无任何微波观测，则取校正后的红外观测结果。在50°S～50°N，被动微波辐射计的观测数据量占总数据量的80%以

上。在陆地范围内，利用月平均的台站观测降水资料，对数据进行了修正（Huffman et al.，2007）。本书第二章第二节和第三章第二节使用了此数据。

TRMM PR是第一部星载主动遥感测雨雷达，可以获得降水云内部的三维信息。其探测的扫描宽度约为220km，每条扫描线由49个像素组成，每天在南北纬36°之间约有16条轨道，2A25给出了逐条轨道上的降水率（mm/h），其星下点的水平分辨率约为4.3km，星下点的垂直分辨率为250m，垂直探测高度自地表至20km。PR对17dBZ以上强度信号敏感（Iguchi et al.，2000；Kummerow et al.，2000）。根据TRMM V方法和H方法，2A25还提供降水类型的信息（Iguchi and Meneghini，1994；Steiner et al.，1995；Awaka et al.，1997；Iguchi et al.，2000）。2A25数据共将降水分为3种类型：层状云降水、对流降水和其他类型降水。若PR回波在冻结层出现亮带，则该降水垂直廓线定义为层状云降水廓线；如果PR回波无亮带，但回波中一旦出现超过39dBZ的信号，则将该廓线定义为对流降水廓线。非上述两种情况的降水廓线定义为其他类型降水廓线。本书第五章第四节和第七章第四节使用了此数据。

2. 风云二号卫星相当黑体温度产品

风云二号（FY-2）系列是中国自行发展研制的静止气象卫星（Lu et al.，2008；Zhang et al.，2006），被世界气象组织（WMO）纳入全球地球观测业务卫星序列，是全球地球综合观测系统的重要成员。本书所用资料源于FY-2C、FY-2E和FY-2G定位于105°E赤道上空期间的反演产品。FY-2系列业务静止气象卫星搭载5通道的可见光红外自旋扫描辐射仪（VISSR），可获取白天可见光云图、昼夜红外云图和水汽分布图，为我国和世界的气候监测与天气预报提供实时动态的气象观测资料。本书分析红外1（IR1）通道的相当黑体温度（TBB），数据覆盖60°S～60°N、45°～155°E，水平分辨率为0.1°，精度为1K，时间分辨率为1h。该套数据由中国气象局国家卫星气象中心整理发布（http://satellite.nsmc.org.cn/PortalSite/Data/Satellite.aspx）。本书第六章第二节和第五节使用了此数据。

3. ISCCP卫星云顶气压产品

国际卫星云气候计划（International Satellite Cloud Climate Project，ISCCP）是世界气候研究计划（WCRP）的一部分，以研究全球云参数的分布及变化特征为目的。ISCCP卫星资料集由整合多颗静止气象卫星和极轨气象卫星资料而成，数据覆盖1983年7月至2009年12月，水平分辨率为2.5°，是一套系统完整的全球云气候资料，被广泛地应用于气候研究领域（Rossow and Duenas，2004；Rossow and Schiffer，1999；Schiffer and Rossow，1983）。本书第七章第三节使用了该套数据中的云顶气压变量。数据介绍详见https://isccp.giss.nasa.gov/。

（三）融合降水产品

中国气象局国家气象信息中心发布的中国地面与CMORPH融合逐小时降水产品（China Hourly Merged Precipitation Analysis combining observations from automatic weather stations with CMORPH，CMPA）V1.0也用于本书的研究，水平分辨率为0.1°。该资料是通过引入概率密度匹配和最优插值两步数据融合概念模型，对经过质量控制的全国3万多个自动气象站观测的小时降水量和美国气候预测中心研发的全球30min、8km分辨率的CMORPH卫星反演降水产品进行融合后形成的降水分析产品（Shen et al.，2014）。融合算法首先通过“变化时空尺度匹配的PDF订正方案”来订正CMORPH卫星降水产品的系统偏差，然后对最优插值中的核心参数，即观测误差标准差、背景误差标准差和背景误差协相关等，进行了不同区域和不同季节的调试。此外，进一步通过“分降水量级”来减小卫星产品误差，改善了对强降水的低估问题。对中国不同地区、不同降水量级、不同累积时间及不同台站密度等多角度的综合评估表明，逐小时、0.1°分辨率的融合降水产品有效结合了地面观测降水和卫星反演降水的优势，产品总体误差水平在10%以内，对强降水和台站稀疏区的误差在20%以内，优于国际上同类型产品（沈艳等，2013）。本书第五章第三节和第八章第三节至第五节使用了此数据。

（四）再分析资料

1. JRA-55

日本55年再分析（JRA-55）（Harada et al.，2016；Kobayashi and Iwasaki，2016；Ebita et al.，2011）是日本气象厅完成的第二套全球大气再分析产品。数据起始于1958年。JRA-55使用日本气象厅2009年12月后的业务资料同化系统的低分辨率版，这一系统纳入了自JRA-25以来的许多改进，包括修订的长波辐射方案、卫星辐射数据的四维变分和变分偏差校正。另外，JRA-55尽可能使用新获得的均质观测数据。这些改进使得产品与观测资料更加吻合。本书使用的JRA-55水平分辨率为1.25°，时间分辨率为6h。本书第七章和第九章使用了此数据。

2. ERA-Interim

ERA-Interim是欧洲中期天气预报中心（ECMWF）研发的一套全球大气再分析产品（Dee et al.，2011），覆盖时间为1979年1月至今。ERA-Interim使用ECMWF预报系统IFS CY31R2版本，这一系统包含四维变分。ERA-Interim作为ECMWF之前的ERA-40（1957～2002年）与下一代再分析产品之间的一个过渡，其主要目标在于改进ERA-40的一些关键方面，如水循环的表征、平流层环流的质量及对观测系统偏差的处理。得益于模式改进、四维变分的使用、湿度分析改进及卫星资料的变分偏差订正等多方面因素，这一目标很大程度上得到实现。本书使用的ERA-Interim水平分辨率为0.75°，时间分辨率为6h。本书第六章和第八章使用了此数据。

3. ERA5

ERA5是ECMWF第五代全球气候大气再分析产品（Albergel et al.，2018），计划覆盖时间段为1950年1月至今，目前ERA5发布了1979年至今的产品。ERA5使用ECMWF预报系统IFS CY41R2版本，不仅能使用卫星观测的变分偏差方案，还能使用臭氧、航空和地面数据的变分偏差方案。ERA5数据集包含一个高分辨率版（HRES）和一个较低分辨率的10成员集合版（EDA）。本书使用的ERA5水平分辨率为0.25°，时间分辨率为1h。本书第六章至第八章使用了此数据。

二、数值模式

（一）ECMWF-IFS-HRES

ECMWF-IFS-HRES是欧洲中期天气预报中心（ECMWF）综合预测系统（Integrated Forecasting System，IFS）全球高分辨率（HRES）模式，提供每日2次的10天预报产品。本书所使用模式结果是水平分辨率为12.5km的逐3h预报产品。

（二）GRAPES_Meso

GRAPES（Global/Regional Assimilation and Prediction System）是中国气象局自主开发建立的多尺度通用资料同化与数值预报系统，模式采用全可压/非静力平衡动力框架、兼顾全球和有限区域多尺度通用设计及半隐式-半拉格朗日差分方案，包含全物理过程的描述，如积云对流参数化方案、云微物理方案、边界层过程、辐射传输方案、陆面过程等（陈德辉等，2008，2012；陈德辉和沈学顺，2006）。GRAPES_Meso为针对中尺度物理过程的有限区域中尺度天气数值预报系统，水平分辨率有0.1°（约10km）和0.03°（约3km）两个版本，垂直方向为50层（黄丽萍等，2017）。目前已经建立了覆盖中国范围的实时预报系统。

（三）RMAPS

RMAPS（Rapid-refresh Multi-scale Analysis and Prediction System）是北京城市气象研究院研发的新一代快速循环同化预报系统，包含若干个子系统，涵盖了短临预报、区域数值预报及环境预报等。其中，RMAPS-ST（Short Term）数值预报业务系统是基于WRF（Weather Research and Forecasting）预报模式和WRFDA WRF Data Assimi同化平台搭建而成的区域数值预报系统。该系统采取两重嵌套，外层分辨率为9km，覆盖中国区域，内层分辨率为3km，覆盖华北地区，内层和外层的垂直层数均为50层，模式层顶为50hPa。系统背景场来自ECMWF全球确定性预报产品。RMAPS-ST系统每天00UTC起每3小时启动运行1次，采用循环启动运行方式（何静等，2019），即00UTC由前一天18UTC的6h预报场驱动，03～21UTC均由前一个启动时次的3h预报场驱动。资料同化模块采用三维变分同化，同化资料包括常规地面探空、飞机报、地基GPS（Global Positioning System）及京津冀6部雷达径向风速度和反射率因子等资料。

（四）SMS_WARMS

SMS_WARMS（Shanghai Meteorological Service_WRF ADAS Real-time Modeling System）是中国气象局上海台风研究所建立的华东区域中尺度数值预报模式，主要针对强对流等短临天气预报的实际预报业务需求而建立。该系统以ADAS（ARPS Data Analysis System）资料同化系统和中尺度模式WRF为基础，通过开展局地资料同化技术、模式启动技术、模式数字滤波初始化技术、物理云初始化技术等关键技术的研发，构建了高分辨率区域数值预报系统。SMS_WARMS采用NCEP-GFS分析场作为初始场，预报区域包括全国范围，水平分辨率为9km，垂直层数为51层。系统每6h启动一次，预报时效为72h。

（五）GRAPES_GZ

GRAPES_GZ（Global/Regional Assimilation and Prediction System_GuangZhou）是中国气象局广州热带海洋气象研究所基于我国自主研发的GRAPES模式，通过开展局地资料同化、模式动力过程和模式物理方案研究，发展了具有区域特色的三维参考大气动力框架技术、高分辨率华南区域地形数据集及雷达资料云分析技术，并将这些具有华南区域特色的模式技术方案，融入3km模式系统中，建立的业务模式预报系统。该系统提供多尺度、多要素预报场，为华南地区智能网格预报和短临预报预警业务提供有力支撑。GRAPES_GZ系统覆盖中国泛华南及南海部分区域，水平分辨率为3km，垂直层数为65层，模式层顶高度为30km，提供72h精细化逐小时输出气象要素预报产品。

第三节 主要内容

本书基本的科学思想、研究方法和科学发现主要来源于本书作者十多年来已发表在国内外学术期刊上的研究成果。本书通过综合利用近期形成的更加丰富的观测和模式资料，同时部分吸收其他相关学者的思想和成果，对相关图文进行了更新、补充和完善，并在系统的整体性统筹设计基础上，进一步细化、拓展和丰富，力求形成一本内容丰富、结构紧密，以及能系统完整地呈现中国降水日变化气候特征、科学内涵和应用潜力的科学著作。本书共包括十章。

在系统介绍降水日变化之前，第二章基于更全面的观测资料给出了中国降水的基本气候特征及其与地形的基本关联。许多读者对第二章的基本内容可能会有似曾相识的感觉，但认真阅读后，会感到有许多更加丰富和更加完整的知识内容。例如，中国降水频次、降水量和降水强度的区域分布并不呈现多-寡、大-小和强-弱的一致性对应关联，降水与多尺度地形的关联度存在明显的区域差异，降水的季节变化也并不是简单的夏季风雨带的北进和南撤。本章内容除其本身的科学价值外，对深入理解后续的降水日变化相关内容也有重要的基础作用。

作为系统介绍中国降水日变化的开始，第三章重点基于2100余个国家级地面气象站降水小时观测数据，突出展现各台站降水量、降水频次和降水强度的日变化特征及季节差异，特别是在暖季的日变化演变。同时结合有关卫星观测资料补充了中国西部高原和东、南部海洋区域（地面观测不足）的降水日变化分析，从而完整给出了整个中国的降水日变化峰值时间位相等基本气候特征。本章突出呈现了暖季降水日变化典型的时间位相特征和代表性区域，并可概括为“晨频午乏，夜长昼强；三时七区，夜雨承启”，即清晨降水概率高，中午降水概率低；夜间多为持续时间较长的区域降水，而白天，特别是午后至傍晚，多发短时分散性强降水；降水峰值位相主要发生在下午、午夜和清晨三个时段，突出呈现在七个代表性区域；除东南内陆的午后峰值位相主要是受海陆热力强迫的影响外，在西南和华北高大山脉的山脚区，都以突出的夜间峰值承接上游的午后至傍晚峰值和下游的清晨峰值，地形特征显著。

第四章立足于单站降水事件，着眼于降水开始、峰值和结束时间的日变化规律，增强对降水演变过程的日变化特征认知。本章综合给出了基于近年本书主要作者提出的按降水持续时数分类、按降水峰值时间合成等新方法所开展的有关小时降水演变过程的研究结果，指出了短时和长持续降水事件的日变化存在显著差异，而且不同区域的不同持续时间降水的日变化特征也存在很大不同，揭示了降水过程存在时间不对称性，且不对称性程度与降水事件的强度、发生区域和出现日变化峰值的时间相关联。

考虑到降水过程在时域上变化的同时，在空域上也不断变化，为便于分析研究降水演变过程的空间特征，第五章提出了区域降水事件（regional rainfall event，RRE）的概念，并开展发生在特定的关注区域内的降水过程研究，增强对该区域内降水时空精细化演变过程的认识。对区域降水事件演变过程的分析表明，一方面，在区域单站峰值降水出现前，发生有效降水的台站数逐步增多，但有效降水台站的降水分布却越来越不均匀，而在区域单站峰值降水发生后，降水台站数仍有短暂的继续增加趋势，但降水强度在台站的分布越来越均匀；另一方面，在区域内单站最强小时降水出现前，区域对流系统能使得水汽在很短的时间内在很有限的范围内迅速聚集形成局地强降水，而后迅速减缓，在区域内以相对均匀的区域降水持续较长时间。最后还结合卫星观测资料，分析了我国100°E以东和38°N以南地区的对流降水和层状云降水的日变化，指出了降水云属性和降水持续时间的关联，以及对流降水和层状云降水的日变化特征。

为进一步认识中国独特的复杂下垫面强迫对降水日变化的影响，第六章分别以青藏高原主体、青藏高原东坡、华北地区、华南沿海及天山中段为代表的下垫面强迫对降水日变化的影响做示范分析研究。在对不同地区的分析研究中，结合分析需要，努力采用不同的分析方法和表达形式，希望不仅能提高读者对复杂下垫面强迫下降水日变化的科学认识，还能对读者开展降水日变化相关的分析研究在分析方法和思路等方面起到有益的启发作用。

第七章研究分析大气环流对降水日变化的影响，指出了降水日变化与大气环流的日变化和季节（内）变化都密切关联。分地表风场、对流层低层风场和夏季风环流三个层次，分别揭示了地表风场对局地降水日变化的影响、对流层低层风场对青藏高原下游降水日峰值位相纬向差异的影响，以及夏季风环流对中国中东部降水日峰值位相季节内演变的影响。

第八章在回顾总结已开展的数值模式降水日变化有关评估研究的基础上，基于对欧洲中期天气预报中心三代再分析产品降水日变化的评估比较分析，深入理解数值模式对降水日变化的模拟和预报能力。结果表明，尽管数值模式产品已经成为现代气象业务无可替代的数据信息，但其结果仍然有长期存在的、难以克服的不确定性。需特别强调的是，本章综合前面章节分析得出的各类小时尺度降水特性，并以此形成对我国主流业务数值模式降水产品的评估指标，首次系统对中国日常业务主要使用的全球和区域数值天气预报模式产品进行评估，显示了目前业务数值天气预报结果的不确定性问题及不同模式结果的显著差异。

在前面章节揭示的降水日变化特征的基础之上，第九章面向新时期“精细-数字”化的气象业务需求，对降水日变化相关分析做进一步细化拓展。结果表明，对于那些整体降水日变化非常不显著的台站或区域，经过细化分类后基本都存在显著的日变化特征，拓宽了我们开展降水日变化细化分类分析的思路，也可加深我们对降水精细化演变过程的了解。第九章还以北京平原地区的区域降水事件为示范，结合降水持续时间、日变化的峰值位相时间和峰值强度等细化分类，拓展分析所关注区域不同类别降水的形成、演变过程与周边降水的关联及前期主导环流特征。总之，只有深入细致地分类细化分析研究，才能获取更丰富、更具有物理意义、更满足“精细-数字”化的气象业务需求的降水精细化演变过程信息。

在酝酿和完成本书的过程中，恰逢世界气象业务发展的转型期。考虑到气象日变化过程对新时期“精细-数字”化的气象业务发展的重要性，作为本书的最后一章，第十章借鉴本书前述章节有关降水日变化相关研究成果、思想、理念和方法，对新时期气象业务的内涵、技术路线、业务特点和研究属性进行了系统的探讨。分析指出，气象业务正呈现出无缝隙、全覆盖、自动-智能、精细-数字的新业态，新的业务格局类似于人工智能系统，由“数据、算力、算法”三要素构成，蕴含其中的科学内涵突出了新时期气象预报业务的研究属性，并明确其是围绕数值模式发展、评估、改进、订正的“算法”研究，其关键的抓手就是“评估”，降水日变化是重要的评估内容。

本书内容不是只局限在通常意义上的降水量日变化的峰值时间位相和振幅，也不仅是增加对降水频次或强度的峰值时间位相或振幅的分析，而是系统开展降水的开始、峰值和结束等能体现降水整体演变过程的日变化气候特征分析，并对造成这些特征的下垫面影响和环流特征差异进行深入研究。而考虑到新时期气象业务的研究属性，本书在开展上述分析研究时，有意突出示范开展降水精细化演变过程的细化分析研究方法，特别是在第六章和第九章，并在第八章结合开展现时业务数值模式的细化评估分析，这使得本书的有关内容，对如何在研究型预报业务发展中开展“研究”有很好的启发和借鉴作用，也使得本书的成果，不仅能对读者开展相关科学研究和数值模式评估应用有科学启发作用，还能为“精细-数字”化的降水预报方法研发提供更直接的科学参考。

第二章 降水的基本气候特征

降水日变化的区域差异特征是多种类、多尺度强迫因素综合影响的结果，并且与各区域降水的基本气候特征直接关联。为了使不同知识背景的读者都能便捷地理解本书的内容，在系统介绍降水日变化之前，本章先对中国区域降水的年平均气候特征、季节变化及其与地形的关联作简要介绍。

第一节　降水的年平均气候特征

早在20世纪初期，竺可桢（1916）就利用36个地面气象站的观测数据研究了降水量与季风的关系，指出我国降水的分布主要表现为由东南至西北递减的特征。随后，竺可桢和卢鋈（1935）根据50个地面气象站的资料更清晰地分析了中国大部分地区的降水量，指出长江流域以南年平均降水量通常皆超过1000mm，长江流域以北年平均降水量向北及西北迅速递减，中国西北部年平均降水量在200mm以下。但由于地面观测台站布局受下垫面综合条件的局限，难以给出包括海洋、高原等区域在内的中国整体区域降水的气候分布特征。近二十年来，各类卫星降水产品日益丰富，弥补了这方面的不足，使我们能够更全面地了解中国海洋和高原上的降水空间分布特征。图2-1a给出了基于TRMM 3B42降水分析产品的中国（50°N以南）及邻近区域的年累积降水量空间分布。最突出的特征是降水量自东南向西北逐步递减；在我国东部的渤海、黄海和东海海域，降水量与邻近陆地相差不大；在南海南部，降水量迅速增大，年累积降水量可超过2800mm。图2-1b是基于中国台站观测降水与CMORPH卫星反演降水的融合降水分析产品给出的年累积降水量空间分布。该融合产品具有更高的空间分辨率，可识别出很多小尺度区域降水中心，相较于TRMM 3B42降水分析产品揭示了更多的降水空间分布细节。但从中国降水分布的总体特征来看，两套资料具有高度的一致性。

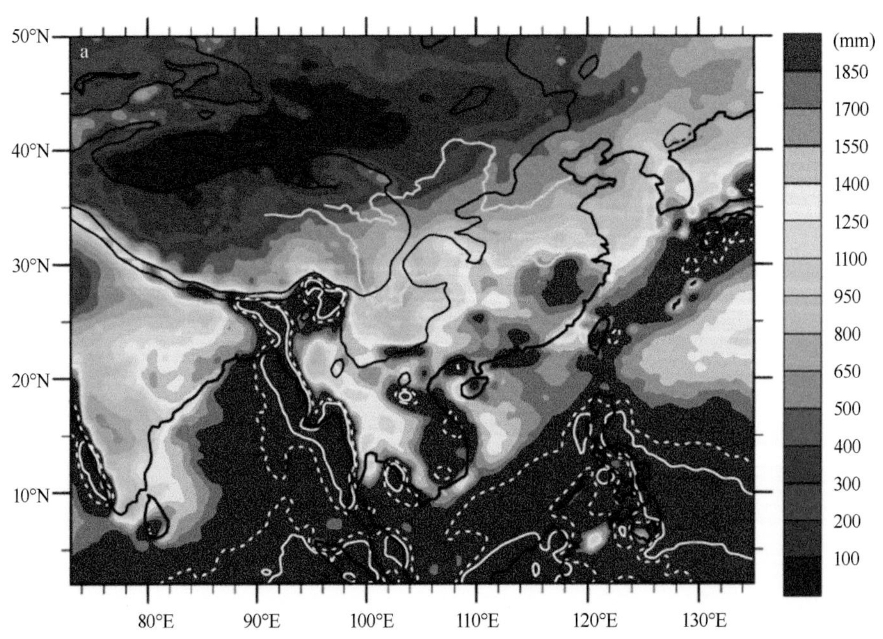

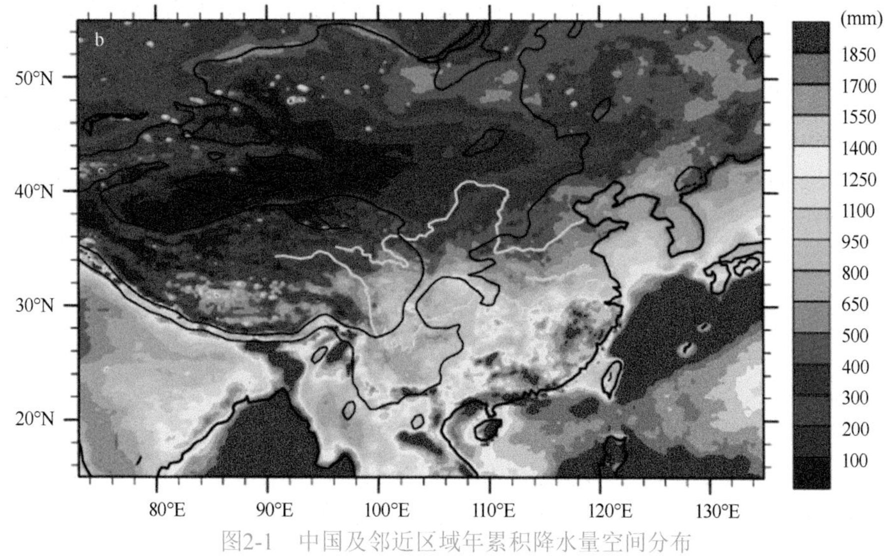

图2-1 中国及邻近区域年累积降水量空间分布

a. 基于TRMM 3B42降水分析产品（50°N以南），图中白色虚（实）线表示年降水量2400（2800）mm等值线；b. 基于中国台站观测降水与CMORPH卫星反演降水的融合降水分析产品。灰色实线表示黄河、淮河和长江，黑色细实线表示1000m和3000m等高线

同时，随着气象观测站网的不断加密，高密度地面观测站网资料可以给出我国降水更精准的气候特征，本节主要基于我国台站降水资料分析降水的年平均气候特征。本节中，年降水量由观测时段内总降水量除以总非缺测日数得到的日均降水量乘以365d得出，单位为mm；年降水频率由总降水日数（日降水量≥0.1mm）除以总非缺测日数得出，单位为%；日降水强度由总降水量除以总降水日数得出，单位为mm/d。

从我国各台站观测的年平均降水量空间分布（图2-2）来看，年平均降水量1550mm以上的台站共有258个，全部位于31°N以南，其中238个台站位于108°E以东的东南地区，只有20个台站位于108°E以西的西南地区，这些台站主要位于云南南部的低纬度地区，以及青藏高原东坡、横断山脉西坡和云贵高原东部这几处大地形周边的陡峭地形区。自东南部地区向北、向西，降水量逐步递减，年平均降水量800mm以上的台站在我国中东部地区大都位于35°N以南，但随着等降水量线向东北方向的倾斜，我国东北也有一些年平均降水量在800mm以上的台站（共12个），集中分布在东北地区南部，最高纬度可达42°N，位于长白山脉地区。华北地区台站的年平均降水量多在500～650mm，向西北至内蒙古迅速降低至300mm以下。我国西部的降水整体偏少，全国范围内年平均降水量低于100mm的59个台站全部位于103°E以西。在这59个台站中，有

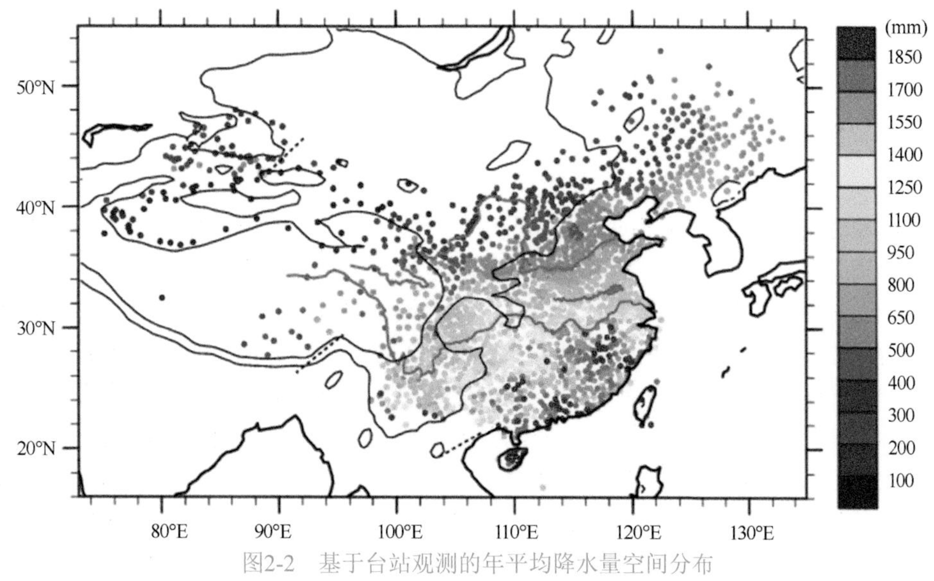

图2-2 基于台站观测的年平均降水量空间分布

灰色实线表示黄河、淮河和长江，黑色细实线表示1000m和3000m等高线

58个位于36°N以北的西北地区。塔里木盆地的年平均降水量整体偏低，大部分台站在100mm以下。西北地区降水量较大的台站大多位于天山山脉附近，有4个台站的年平均降水量超过了500mm，最大台站年平均降水量可超过550mm。在青藏高原主体，降水量大值区位于东部和南部河谷地区，最大台站（西藏波密站）年平均降水量为840.1mm。青藏高原西部和北部台站稀疏，但从仅有的台站来看，年平均降水量较高原东南部明显降低，这与图2-1中卫星降水产品和融合降水产品的分析结论一致。从全国降水量的气候态极值来看，在当前站网和分析时段中，1961～2015年平均降水量最大台站为广西东兴站（2762.6mm），最小台站为新疆托克逊站（8.0mm）；台湾地区的兰屿站2002～2015年平均降水量可达2899.9mm。不同台站间的巨大差别也反映出我国降水极大的区域差异。

图2-3给出了基于中国台站观测的年降水频率的空间分布。年降水频率的大值区位于四川盆地西缘、南缘和云贵高原东部（四川、贵州、云南三省交界地区）。在当前站网和统计时段中，我国年降水频率超过60%的台站共有5个（四川峨眉山站69.2%，四川天全站63.6%，云南威信站62.5%，云南镇雄站61.1%，贵州大方站60.5%），这5个台站均集中在此地区，且沿四川盆地西缘、南缘地形走向呈西北-东南向分布。该年降水频率大值区与其西侧横断山脉中段地区的低值区形成了鲜明对比，元谋站位于镇雄站西偏南方向，两站直线距离仅为353km，但年降水频率却从61.1%降至25.1%。自此大值中心向东南至沿海地区，年降水频率逐步递减，这与降水量自东南向西北递减的趋势恰好反位相。Li和Yu（2014b）对云贵高原东侧的高频降水中心进行了分析，指出相较于上游的横断山脉中段和下游的东南地区，该中心最突出的特点是降水频率的季节变化很小，特别是在秋冬季节仍维持很高的降水频率，从而使得年降水频率较高，而该地区冷季降水的频发与云贵高原北向和东向坡面对北路、东路低层浅薄冷空气的强迫抬升作用紧密相关。

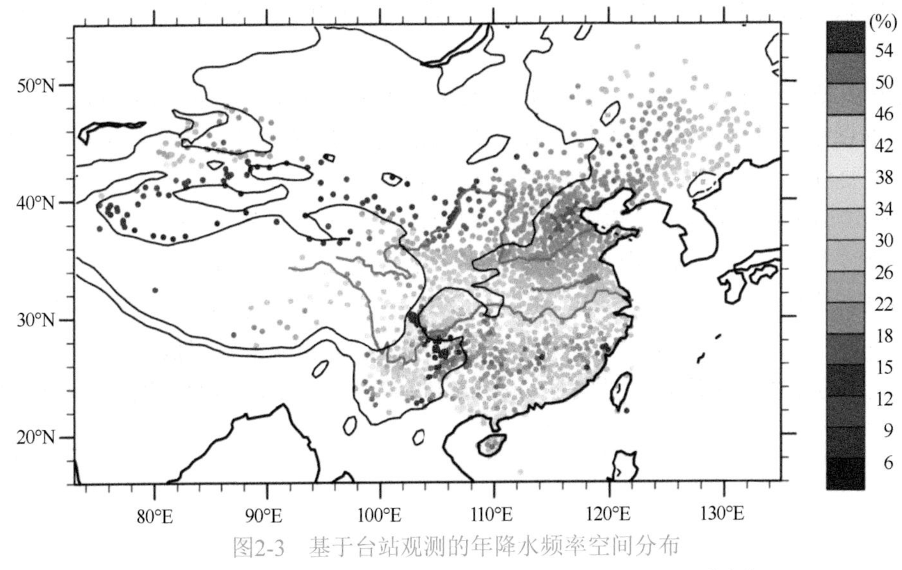

图2-3　基于台站观测的年降水频率空间分布

灰色实线表示黄河、淮河和长江，黑色细实线表示1000m和3000m等高线

如图2-3所示，华北地区太行山以东的京津冀平原地区为一区域低频降水中心，其中河北文安站年降水频率仅为17.1%。东北平原中部地带的年降水频率较低，东北地区西部、北部的大兴安岭和东部长白山脉地区的年降水频率均明显高于东北平原中部。东北地区有3个台站的年降水频率超过了40%，分别为吉林东岗站（43.2%）、吉林长白站（42.9%）和内蒙古阿尔山站（42.2%），其年降水频率与我国江南地区相当。另外值得指出的是，位于长白山的吉林天池站因自1989年以来无冷季观测数据，未包含在本章所用站网中；基于该站1961～1988年的资料统计可知，其年降水频率高达58.3%。在我国西北地区，年降水频率分布与年降水量分布大体一致，也呈现出天山南部盆地最低、天山北部较高、天山山脉及邻近地区最高的分布特征，天山大西沟站年降水频率可达39.5%，而新疆托克逊站年降水频率仅为2.4%，为全国最低。青藏高原主体东部年降水频率较高，甚至高于同纬度的我国东部地区。有3个台站的年降水频率超过了45%，其中西藏波密站年降水频率达到50.2%。在青藏高原与横断山脉连接处的西南侧，也就是藏东南滇西北地区，也存在

一个年降水频率大值区，其中的云南贡山站可达到59.9%。

总的来看，年降水频率的空间分布与地形有很大关联，大地形及其周边易出现高频降水中心，这与地形通过其动力、热力效应对降水的触发作用紧密相关；而远离山地的平原地区年降水频率则明显偏低。从图2-3还清晰可见自秦岭至淮河的年降水频率分界线，其南部的年降水频率多在30%以上，而向北则迅速降低，这也反映出大气水汽含量随纬度变化对年降水频率的重要影响。

基于中国台站观测的多年平均日降水强度的空间分布在图2-4给出。整体来看，与年降水量相似，日降水强度的空间梯度也呈现出东南高、西北低的形势，但等强度线的分布具有更强的经向度，即东西向差异更突出，说明海陆相对位置起到更重要的作用。中国东部明显的高强度区有两个：一个在长江中下游，成片分布，最大强度为13.06mm/d（安徽黄山站）；另一个在华南沿海地区，沿海岸线呈带状分布，最大强度为16.75mm/d（广东海丰站）。台湾地区表现出一致的高强度特征，台南站强度可达21.07mm/d。值得注意的是，在湖南有一孤立的高强度台站，即南岳站（10.60mm/d）。在华北地区，泰山站也是一个孤立中心，强度为11.08mm/d，是全国35°N以北日降水强度最高的台站。总的来看，东部的高山站均有相对于周边较高的日降水强度。与图2-3中的年降水频率分布进行对照，可知四川盆地西缘、南缘和云贵高原东部的高频率区是日降水强度的低值区，其北部的四川盆地和其东部的相对低海拔区域日降水强度都较这些高海拔地区偏高。相似的相较于日降水频率分布的梯度反转还出现在华北和东北地区，太行山及其以西高地的日降水强度明显低于华北平原，大兴安岭的日降水强度也明显低于东北平原。整个西部地区的日降水强度都显著低于东部地区。在西北地区具有天山以南最低、天山以北稍高、天山山地最高的特征，但区域强度最高的新疆天池站也仅为5.53mm/d，全国最低的日降水强度出现在新疆托克逊站，只有0.92mm/d。青藏高原主体的日降水强度也很低，绝大部分台站在5mm/d以下。

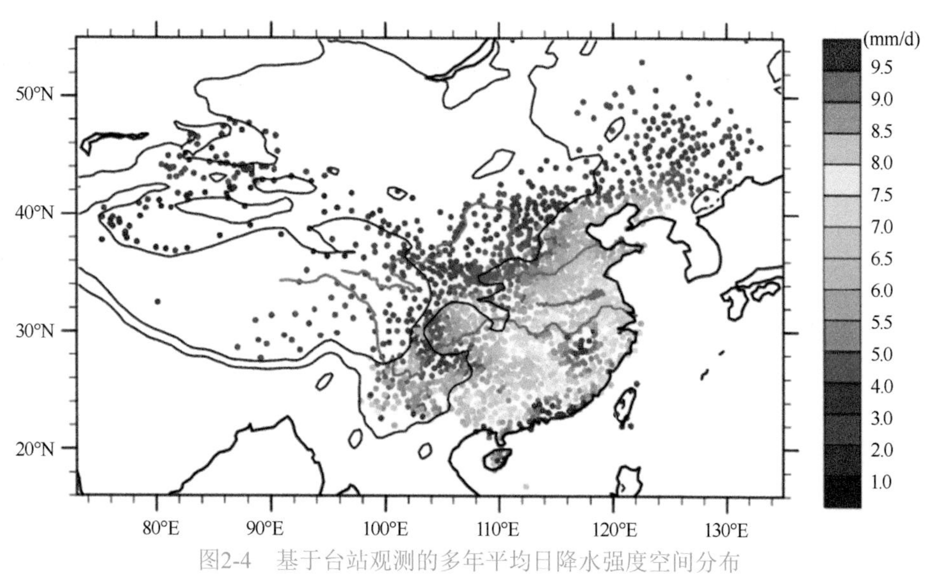

图2-4　基于台站观测的多年平均日降水强度空间分布

灰色实线表示黄河、淮河和长江，黑色细实线表示1000m和3000m等高线

极端天气气候事件会对社会经济、生命财产及生态系统造成灾害性影响，因而受到广泛关注。作为极端天气气候事件之一，极端降水会对自然环境及人们的生产生活造成严重影响，尤其是持续时间较长的强降水更容易造成大范围的严重洪涝，引发天气灾害。因此除了讨论前面提到的基本特征，本节还将针对强降水进行分析。图2-5给出了基于台站观测的统计时段内最大日降水量空间分布。从图2-5可看出最大日降水量空间分布的两个明显特征：一是西北低、东南高且两部分界线分明，在华北平原北缘和西缘、四川盆地西缘及云贵高原东缘，有很大的最大日降水量梯度，该界线以西以北为低值，以东以南为高值；二是东南沿海地区，特别是海陆交界处具有一条明显的大值带。最大日降水量的最高值出现在河南上蔡站，达到755.1mm，是河南“75•8”特大暴雨灾害中的一次过程。最大日降水量的次高值出现在广东清远站，达到640.6mm。最大日降水量的最低值出现在青海小灶火站，仅为12.8mm。有100个台站的最大日降水量超过了350mm，且这些台站多位于东南沿海一线。

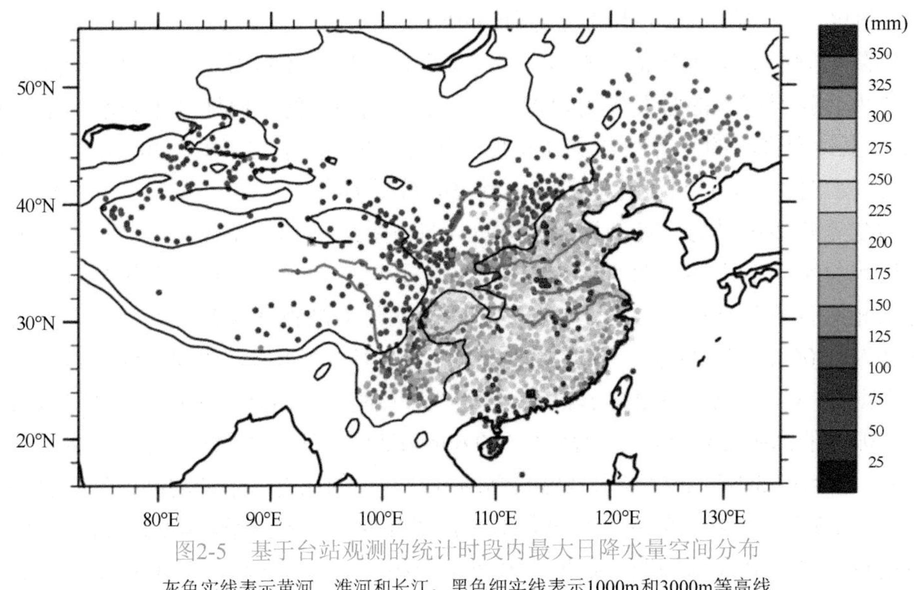

图2-5　基于台站观测的统计时段内最大日降水量空间分布

灰色实线表示黄河、淮河和长江，黑色细实线表示1000m和3000m等高线

基于55年逐年的最大日降水量，利用广义极值（GEV）分布方法估算了基于台站观测的50年重现期极端降水的日降水量阈值（图2-6）。比较图2-5和图2-6可知，50年重现期极端降水的日降水量阈值的空间分布与最大日降水量的空间分布非常相似，两者的空间相关系数达到了0.920。但两者也存在明显差别：在图2-5中我国内陆地区零星分布的大值点在图2-6中大幅减弱，而东南沿海地区的高值带在图2-6中更加凸显。这说明在内陆地区有可能出现极高日降水量，但出现概率很低，且不易在同一地点反复出现；而沿海地区历年的最大日降水量都很高，从而在GEV拟合中保持了较高的极端日降水量阈值，如广东阳江站阈值可达578.1mm。

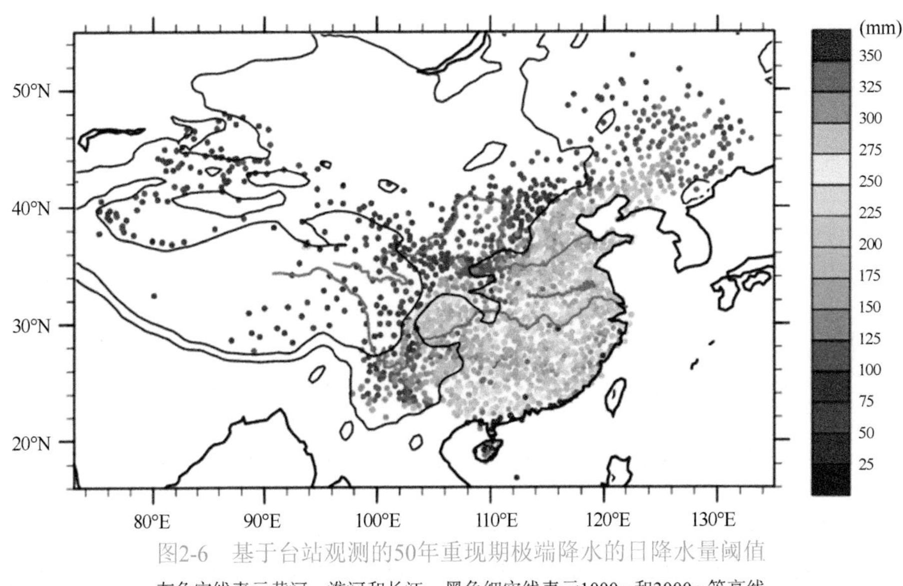

图2-6　基于台站观测的50年重现期极端降水的日降水量阈值

灰色实线表示黄河、淮河和长江，黑色细实线表示1000m和3000m等高线

在气象业务中，以日降水量大于等于250mm作为特大暴雨的标准。各台站在历史上是否出现特大暴雨及出现特大暴雨的次数是表征强降水的又一重要方面。因此，本节还统计了各台站在55年间出现特大暴雨的次数。图2-7a给出了至少出现1次特大暴雨的台站分布，共有463个台站发生过特大暴雨，其中最西端的台站为四川盐边站，最北端的台站为辽宁黑山站。在这两个台站以西、以北地区，当前分析所用站网在1961～2015年未监测到日降水量超过250mm的特大暴雨。从台站分布来看，发生特大暴雨的台站主要位于我国第二阶梯地形以下的东部地区和四川盆地地区。图2-7b为至少出现2次特大暴雨的台站分布

（共182站），相较于图2-7a，内陆地区台站大幅减少，而东南沿海地区台站仍较密集。至少发生过10次特大暴雨的台站共有12个，全部位于沿海地区。1961～2015年发生特大暴雨最多的台站为广西东兴站和广东阳江站，均发生过21次特大暴雨。

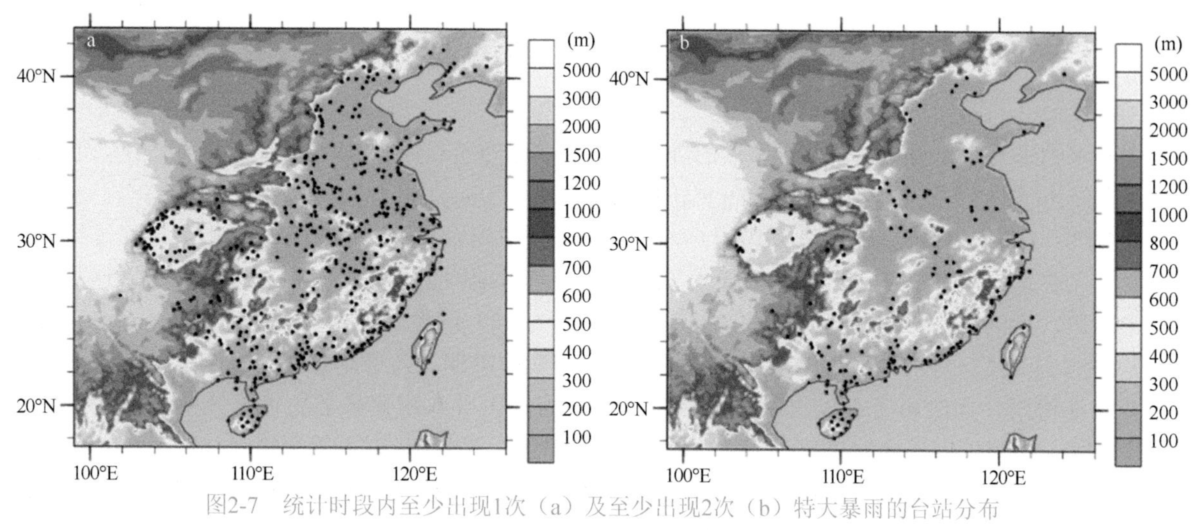

图2-7　统计时段内至少出现1次（a）及至少出现2次（b）特大暴雨的台站分布

填色表示地形高度

本书给出的不同降水特征量的统计结果，均依赖于实际采用的站网。2008 年以来，我国地面自动观测站数目逐年增多。至 2020 年底，全国自动观测站数已近 70 000 个。高密度站网有助于我们更全面、更准确地认识各类降水极值。然而，绝大多数自动观测站为无人值守台站，且复杂地形区降水存在很强的局地性，为自动观测站数据的质量控制带来较大不确定性。为减少不确定性的影响，我们剔除了强于 200mm/h 及 1000mm/d 等过于极端的观测记录，在此基础上统计 2017 ～ 2020 年包括国家级台站和自动观测站在内所有台站的年累积降水量，发现历年年平均降水量均超过 2500mm 的台站有 18 个，且均为自动观测站。18 个台站中，有 6 个位于广西东兴站附近（最大年降水量均在 3000 ～ 4000mm），5 个位于广西东北部（其中 1 个最大年降水量超过 4000mm），2 个位于海南岛（最大年降水量均在 2500 ～ 4000mm）。这三个区域在国家级台站站网密度下，同样为明显的区域降水中心，但加密观测网可捕捉到更强的降水。值得注意的是，在 100°E 以西的横断山区，存在 5 个连续 4 年年累积降水量超过 2500mm 的台站，图 2-8 中彩色圆点给出了其中 26°N 以南的 4 个台站。昔马站在 2020 年的累积降水量更是超过了 5000mm，为全国有观测记录以来的极值。而在国家级台站站网观测中，这一区域鲜有年均降水量超过 2000mm 的台站。在昔马站东南方向、直线距离不到 30km、位于谷地的国家级台站盈江站，2020 年累积降水量仅近 1800mm。区域自动观测站极大补充了我国复杂地形区，特别是我国西部复杂地形区的观测，为勾画更为完整的我国降水分布提供了观测基础。

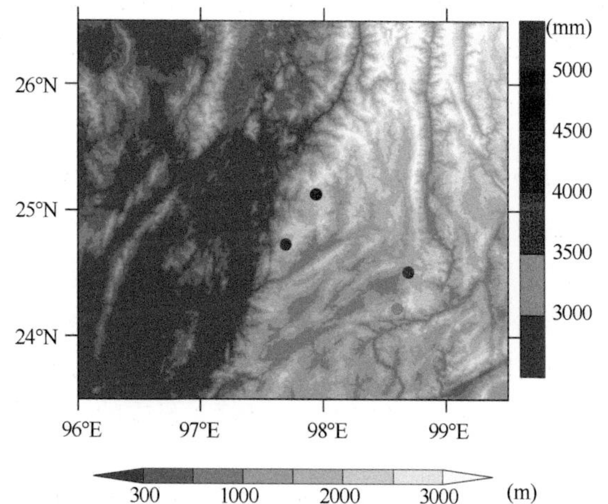

图2-8　2017～2020年历年年平均降水量均在2500mm以上的26°N以南的4个台站

彩色圆点代表台站最大年降水量，填色表示地形高度

需特别指出的是，部分台站因缺测较多未纳入分析，在滤去的台站中，有些是季节性观测的山地站，这些台站往往具有极高的降水频率，并有可能突破本书中给出的部分极值。

第二节 降水的季节变化

我国降水的季节变化进程，多与夏季风的进退相关联，即随着5月南海夏季风的爆发和推进，我国主要降水区也会经历季节性的维持和进退（Sampe and Xie，2010；Ding and Chan，2005；陶诗言等，2004；陈隆勋等，2000；Ding，1992；陶诗言，1980）。事实上，就我国东部而言，在春季，雨带首先维持在江南到华南地区，称为江南春雨（万日金和吴国雄，2006）、前汛期雨季（包澄澜，1980）、春季连阴雨（吴宝俊和彭治班，1996；中国科学院大气物理研究所二室，1977）或春季持续降雨期（Tian and Yasunari，1998）。5月中下旬到6月上旬雨带维持在华南地区，即华南前汛期。随着副热带高压北跳，雨带移至江淮地区，即江淮梅雨，此时雨带不仅出现在中国的江淮流域，在日本和朝鲜半岛也十分明显。之后副热带高压再次北跳，雨带停留在淮河以北至华北，即华北雨季（赵汉光，1994；梁平德，1988）。在此之后，我国西部广大地区降水增多，这就是华西秋雨（高由禧和郭其蕴，1958；何敏，1984；白虎志和董文杰，2004）。最后，南海地区迎来雨季，即南海秋雨（肖潺等，2013）。

图2-9给出了我国所有台站平均的降水量季节变化曲线，该曲线可反映我国降水季节变化的最基本特征：夏季降水集中，春秋次之，冬季最少。7月是全国降水最多的月份，降水量约为5.13mm/d；12月降水最少，仅为0.61mm/d。从四个季节占全年降水量的比例来看，夏季（6～8月）占了47.6%，接近全年降水量的一半，而冬季（12月至次年2月）仅占7.8%；春秋两个过渡季节中春季降水较多，占24.9%，秋季为19.7%。

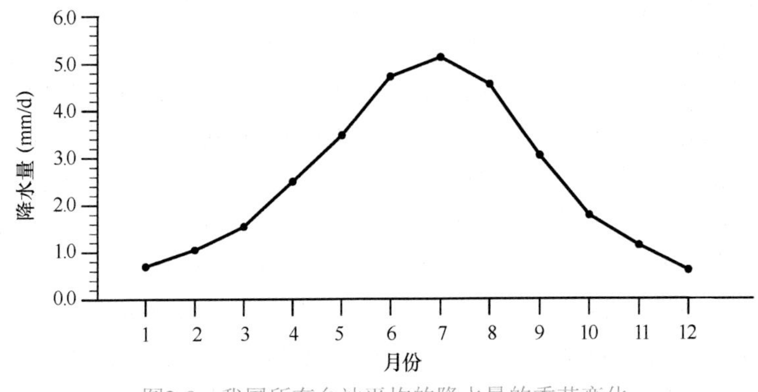

图2-9　我国所有台站平均的降水量的季节变化

图2-10进一步给出了基于TRMM 3B42降水分析产品的四个季节降水量空间分布。在春季（图2-10a），降水量大值区位于我国东南部，110°E以东、30°N以南的大部分区域降水量在5mm/d以上，自此大值区域向北、向西降水量迅速降低。但向西经过横断山脉后，在藏东南、滇西北地区有另一个降水量大值区，此降水中心主要由青藏高原南缘对流层低层西风气流遇横断山脉阻挡后爬升导致（Li et al.，2011）。冬季降水量的空间分布特征（图2-10d）与春季很像，两个季节降水量的空间相关系数达到了0.946。尽管从全国平均来看，春季降水量仅约占全年降水量的1/4，但春季降水量空间分布与图2-2给出的年平均降水量空间分布有很好的相关性，两者的空间相关系数达到了0.920，为四个季节中最高的（略高于夏季的0.898）。由图2-10b可知，夏季降水量大值区主要分布在我国华南沿海和广西、云南南部。长江流域有一系列区域降水中心，降水量整体向北降低，上游地区降水量整体偏低，但在伊犁河谷与天山山脉有明显降水量大值区。秋季降水量较夏季明显降低，但其空间分布型（图2-10c）延续了夏季的一些特征，两者的空间相关系数达到了0.785。

降水量季节变化的另一个主要特征是年内降水峰值的出现时间。基于逐站逐候序列分析，将每个站所有峰值中降水量最大的峰值视为其主峰值，各站降水主峰值的发生时间如图2-11所示。可以看出，降水

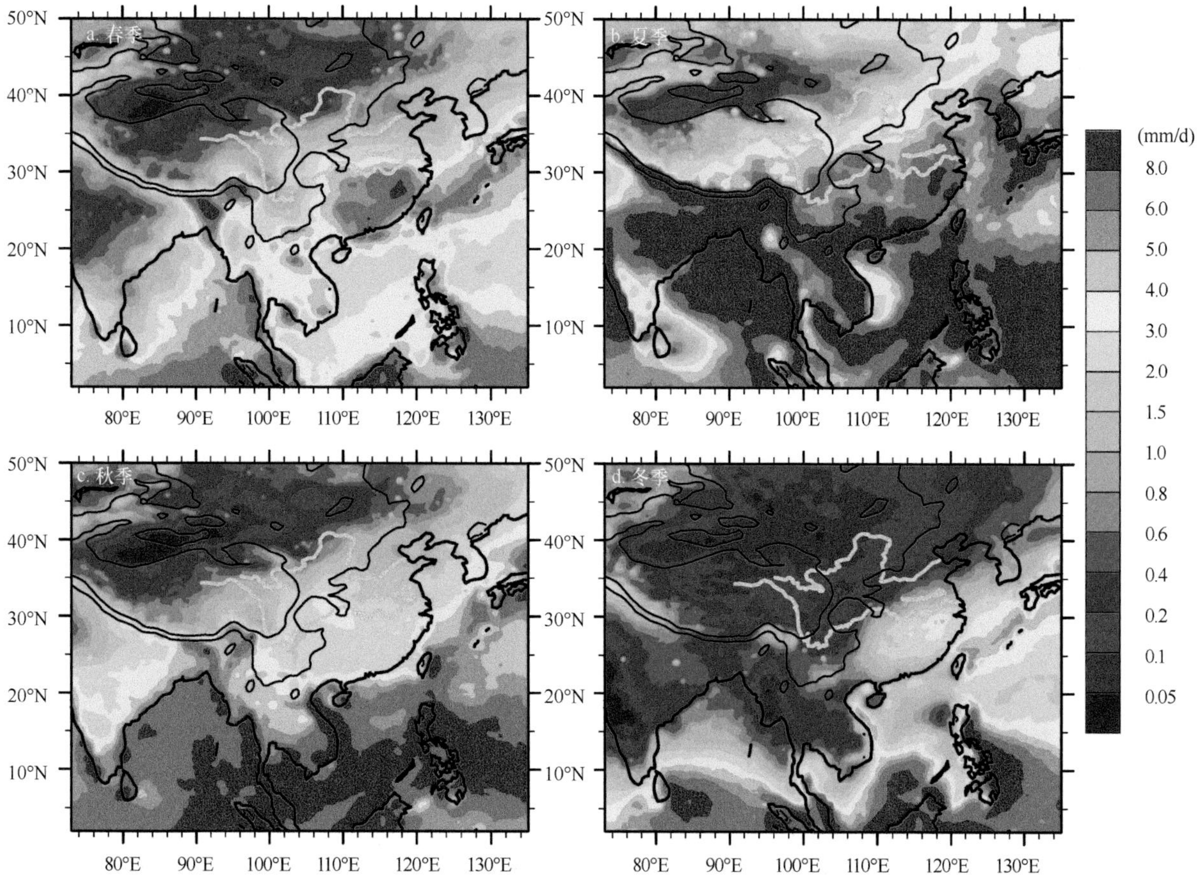

图2-10　基于TRMM 3B42降水分析产品的四个季节降水量空间分布

灰色实线表示黄河、淮河和长江，黑色细实线表示1000m和3000m等高线

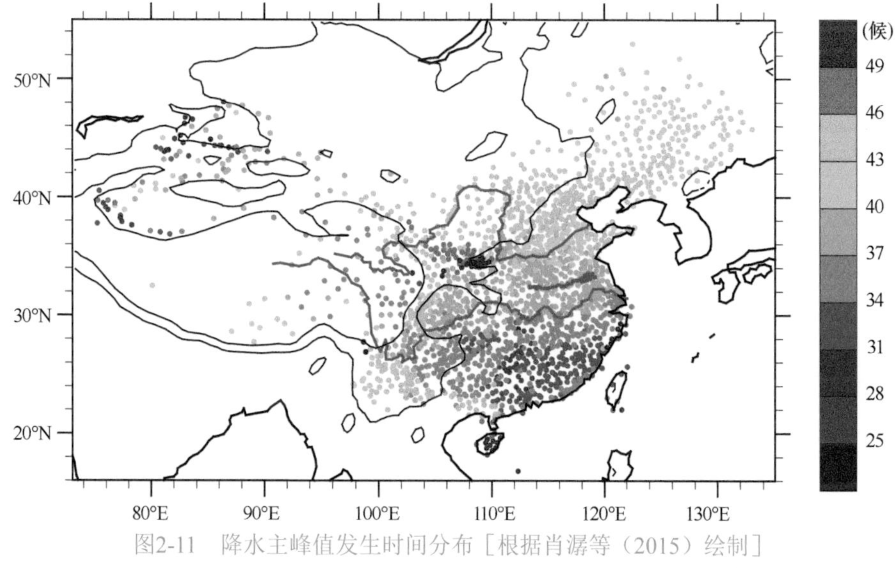

图2-11　降水主峰值发生时间分布［根据肖潺等（2015）绘制］

灰色实线表示黄河、淮河和长江，黑色细实线表示1000m和3000m等高线

主峰值的发生时间总体上与夏季风的推进、副热带高压的北进西伸相一致。降水主峰值发生时间最早的地区是云南西北部、西藏东南部的横断山脉中西部地区，降水主峰值发生时间为25候之前。随后（25～27候），降水达到主峰值的地区位于湖南、贵州和江西等省交界处。在28～31候，降水向东扩展，降水主峰值出现在华南北部和江南南部。随着夏季风爆发并推进，降水主峰值发生时间向北、向西逐步推后。降水主峰值最晚来到的有两个地区，一个是秦岭北侧的关中地区，另一个是广东雷州半岛及海南岛地区。浙江

沿岸及台湾南部也有个别台站降水主峰值到来时间较晚。

降水主峰值发生时间东西向的演变以沿着27°N降水主峰值发生时间（图2-12）为例进行探讨。可以看出，在横断山脉中西部地区（98°E以西）降水主峰值发生在21候之前，该地区的云南福贡站降水主峰值发生在19候；在26～27候，江南地区（113°E附近）迎来了主峰值；随后，主峰值发生时间自江南地区向西、向东逐步滞后，向西到横断山脉东部的云南中北部地区，主峰值发生时间最迟出现在40候左右。

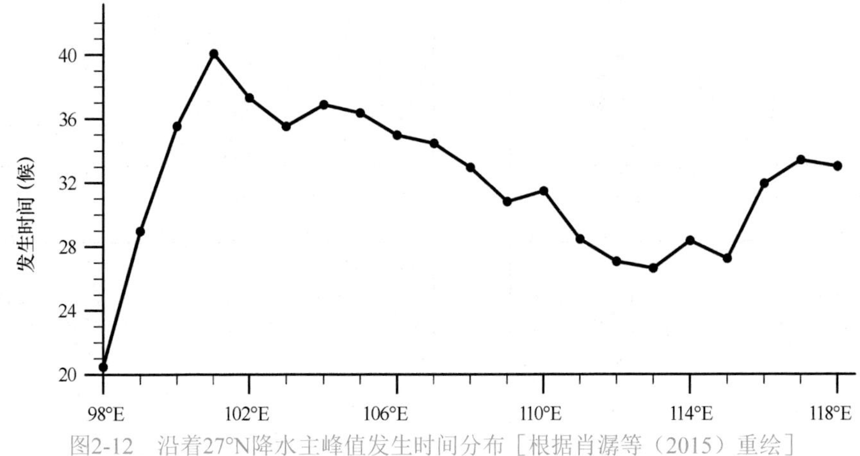

图2-12　沿着27°N降水主峰值发生时间分布［根据肖潺等（2015）重绘］

进一步考察降水季节变化的纬向演变。图2-13给出了26°～28°N纬度带内4个站点（自西向东分别为云南福贡站、云南宁蒗站、贵州都匀站和湖南永州站）的降水量季节变化曲线。福贡站位于99°E以西、横断山脉西部，该站年降水量主峰值在4站中出现最早（4月上旬），在3～4月有一个突出的春季降水峰值。另外3个台站中，第一个达到主峰值的是湖南永州站，最大降水量出现在5月中旬；贵州都匀站的峰值时间略晚，在6月中旬至下旬；云南宁蒗站主峰值时间最迟，在7月中旬。永州、都匀和宁蒗三站的降水量主峰值呈现显著位相差，从5月至7月，自东向西逐步滞后。宁蒗和福贡分别位于横断山脉中段相近纬度的中部和西部，相距约200km，但降水的季节差异突出，福贡进入主雨季时，宁蒗基本还处在其最干季节，两站的主峰值时间相差3个多月。

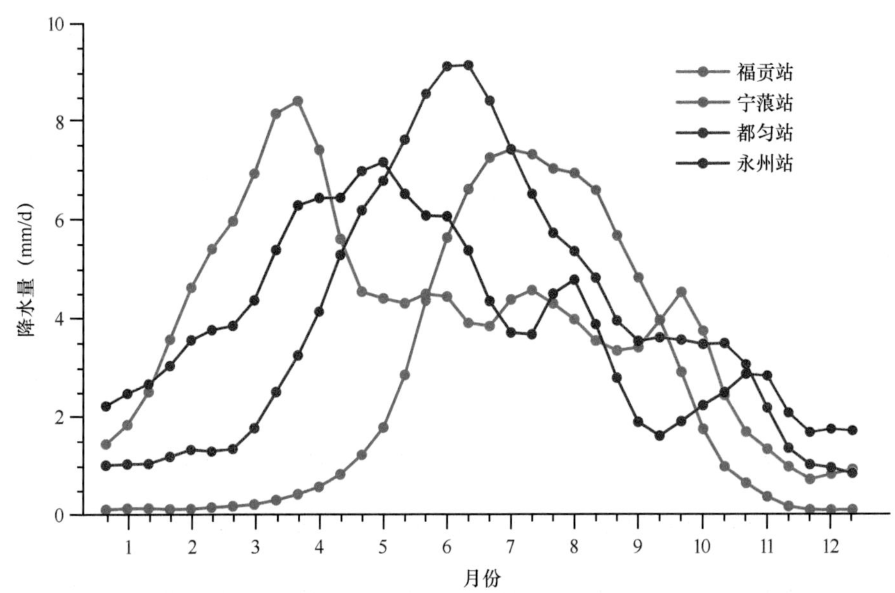

图2-13　云南福贡站、云南宁蒗站、贵州都匀站和湖南永州站4个台站的逐旬降水量

降水主峰值发生时间南北向的演变特征以沿110°E为例进行探讨。图2-14给了沿110°E降水主峰值发生时间，其中18°N以南为TRMM资料计算结果。我国中东部地区降水主峰值发生时间在副热带地区（23°～28°N）最先出现（在31～34候），然后分别往北和往南推进。往北推进表现在：主峰值发生时间往

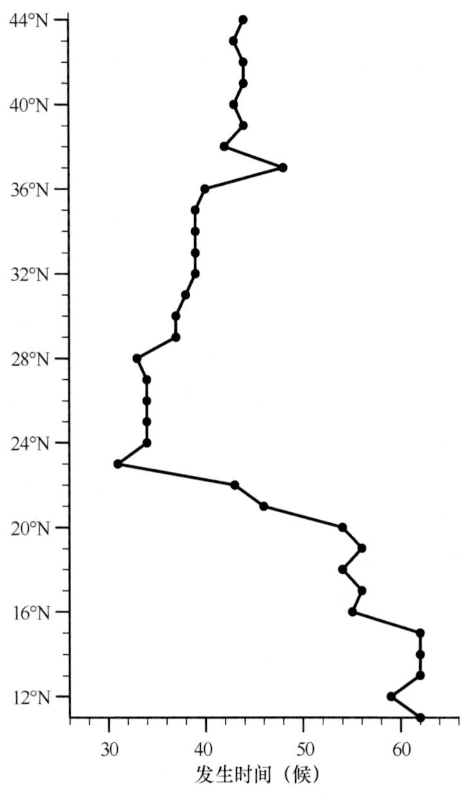

图2-14　沿着110°E降水主峰值发生时间分布［根据肖潺等（2015）重绘］
其中18°N以北（南）为台站资料（TRMM资料）计算结果

北的发展经历了两次显著的北跳和停顿，第一次北跳至29°～36°N，主峰值发生时间维持在37～40候，第二次北跳至38°N以北，主峰值发生时间维持在42～44候。这与夏季副热带高压的两次北跳和停滞特征相一致。往南推进表现在：在23°N以南，降水主峰值显著推迟，到了20°N以南，即琼州海峡以南，主峰值发生时间就已经推迟到55候左右，对应于南海秋雨；在15°N以南，主峰值发生时间继续推迟，可达到62候左右。

关注19°～23°N显著的降水主峰值时间差异，图2-15给出了110°E附近4个台站（自北向南为广西玉林站、广西陆川站、广东徐闻站和海南琼中站）的降水季节变化曲线。广西玉林站的降水主峰值出现在6月上旬；位于玉林站以南约40km的广西陆川站，年降水最大值出现时间已推迟至8月上旬；位于雷州半岛南端的广东徐闻站，降水主峰值出现在8月下旬到9月上旬；到了19°N附近的海南琼中站，降水主峰值进一步推迟至10月中旬。

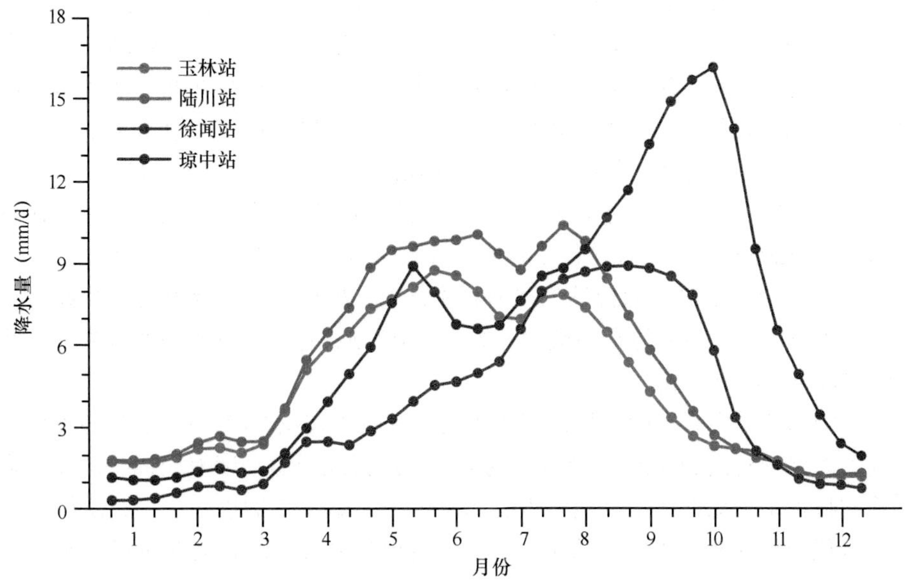

图2-15　广西玉林站、广西陆川站、广东徐闻站和海南琼中站4个台站的降水季节变化

第三节　降水气候分布与地形的关联

地形起伏通过一系列动力、热力过程对降水有多尺度、多方面的复杂影响（Houze，2012）。我国西部有世界上海拔最高的青藏高原，高原及其周边有一系列大型山地；青藏高原以北的我国西北地区有天山、阿尔泰山；我国东部地区分布着大兴安岭、小兴安岭、长白山、太行山、伏牛山、大别山、罗霄山、武夷山、南岭等一系列山地。多山地的地形特征，使得我国降水分布与地形的关系亦十分复杂，两者之间的关系一直都是气象学家关注的重点问题。早期研究发现，我国各地夏季大到暴雨的日频率分布和雨量分布都受到地形的显著影响，在东南季风盛行的区域，暴雨高发区大多位于山脉的东南迎风坡（陶诗言，1980）。彭乃志和傅抱璞（1995）统计了地形对我国降水影响的气候特征，指出湿润地区山地迎风坡的暴雨频率比山前平坦地区高20%，地形使干旱地区（湿润地区）的暴雨强度增大10～30mm/d（25～35mm/d），增幅达100%～150%（35%～40%）。Xie等（2006）指出中尺度地形对亚洲夏季风期间的降水分布有重要的定位作用，地形对季风气流的抬升使得强降水中心出现在狭长山地的迎风坡一侧，此类地形雨带不仅是一种局地现象，还可调节大尺度季风环流。基于热带测雨卫星搭载的测雨雷达的探测结果，傅云飞等（2008）分析了季节尺度亚洲降水的空间分布特征，指出亚洲山地强迫不但可引起迎风坡上千公里长度的降水频率升高和降水带增强，而且会导致其下风方向降水频率降低。聚焦于某一具体地区，我国科学家已针对太行山、天山、秦岭、南岭、祁连山、泰山、黄山等典型山地地形区开展了大量分析与模拟工作（庞茂鑫和斯公望，1993；徐国强和苏华，1999；臧增亮等，2004；毕宝贵等，2006；殷雪莲等，2008；孙晶等，2009；陈乾等，2010；丁仁海和周后福，2010；刘裕禄和黄勇，2013；阎丽凤等，2013；张正勇等，2015），指出了不同地区地形对降水强度、范围和落区的重要影响。在本节中，我们仅就地形对降水气候态分布的影响进行分析，本书后文（第六章第五节）将重点关注典型山地的降水并讨论其具体特征。

由前文对我国降水气候态的分析可知，降水频率和降水强度的空间分布均与地形有显著关联。青藏高原东部、云贵高原东部及大兴安岭、长白山、天山等大型山脉的降水频率明显高于周边地区，平原地区（如东北平原和华北平原）降水频率偏低。而在很多区域，降水强度却呈现出相反特征：青藏高原和云贵高原东部及我国东部的一系列主要大型山脉的平均降水强度都很低，而平原和盆地地区的平均降水强度相对较高。总的来看，高原和大型山地通过其较大空间尺度的地形效应，显著影响降水多维度特征的气候态分布，主要体现为高海拔地区的高降水频率和下方低海拔地区的高降水强度。除这种大地形导致的雨带整体性空间差异外，局地地形通过其降水触发和降水增幅作用，也会对气候态降水产生深刻影响，如图2-4所示，不同于大型山地，我国东部尺度较小的孤立山地地形区具有很高的降水强度，形成区域强降水中心，如黄山、南岳、泰山等。接下来将重点分析降水在局地范围内的不均匀性及其与地形的关联。

为了定量表征降水的局地不均匀性，定义了局地降水中心这一概念：若一台站的气候态降水量大于其周边（100km半径范围内）所有台站，且较周边台站降水量均值高出10%以上，则认为该台站为一局地降水中心。从上述定义可知，局地降水中心的确定将敏感于站网密度。图2-16给出了本章所用站网中每个台站周边100km半径范围内的台站数目。所有台站平均100km半径范围内台站数为11.2个，但我国西部和北部台站稀疏，有60个台站100km半径范围内无其他台站。周边台站数在5个及以上的台站有1648个，在10个及以上的台站有1191个，在20个及以上的台站有204个，较集中地分布在华北平原、关中平原、四川盆地和长江中下游平原，其中周边台站数最多的台站为河南新密站（100km半径范围内的台站数为29）。为了保证一定的站网密度，在本节中，仅对周边台站数大于等于5的台站进行局地降水中心判断，这些台站绝大多数（1552个）位于99°E以东、43°N以南。

按照上述条件，全国范围内共有63个局地降水中心，其位置在图2-17a中用黑色圆点标出，图中填色为地形起伏度，用地形数据各格点20km半径范围内的最高、最低地形的高度差表征。从局地降水中心的分布来看，一个很突出的特点是平原地区中部基本没有降水中心，如在33°N以北、第二阶梯地形以下的平原地区，除了泰山站没有任何局地降水中心。从第二、第三阶梯分界线向西、向北可以看到，局地降水中心的

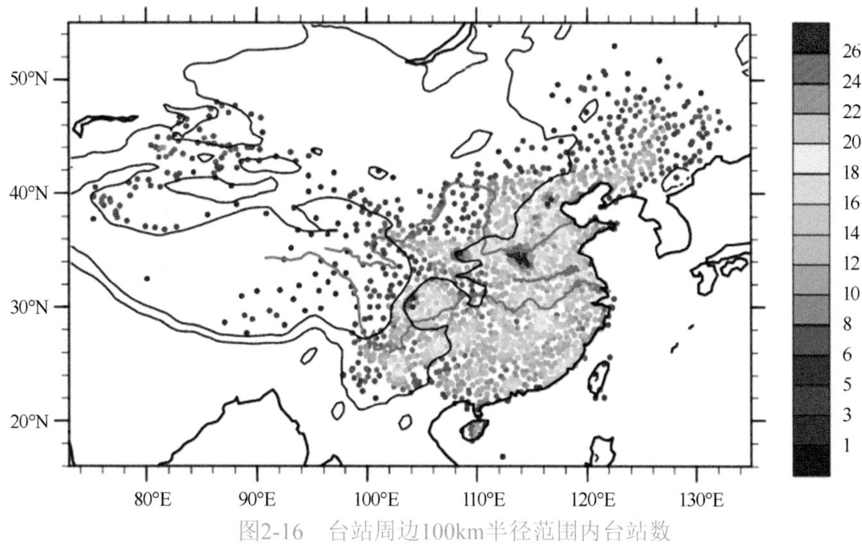

图2-16　台站周边100km半径范围内台站数

灰色实线表示黄河、淮河和长江，黑色细实线表示1000m和3000m等高线

分布基本和地形的逐步抬升有关，且多位于地形梯度较大（起伏度大）的地方，如整个青藏高原东缘均有局地降水中心沿高原坡面走势的准均匀分布。考虑到由于台站稀疏，我国北部和西部很多地区的局地降水中心无法判断，接下来将重点关注99°E以东、43°N以南的地区（图2-17b）。该范围内有58个局地降水中心，另外5个中心分别位于天山山脉（3个）和长白山西侧（2个）。

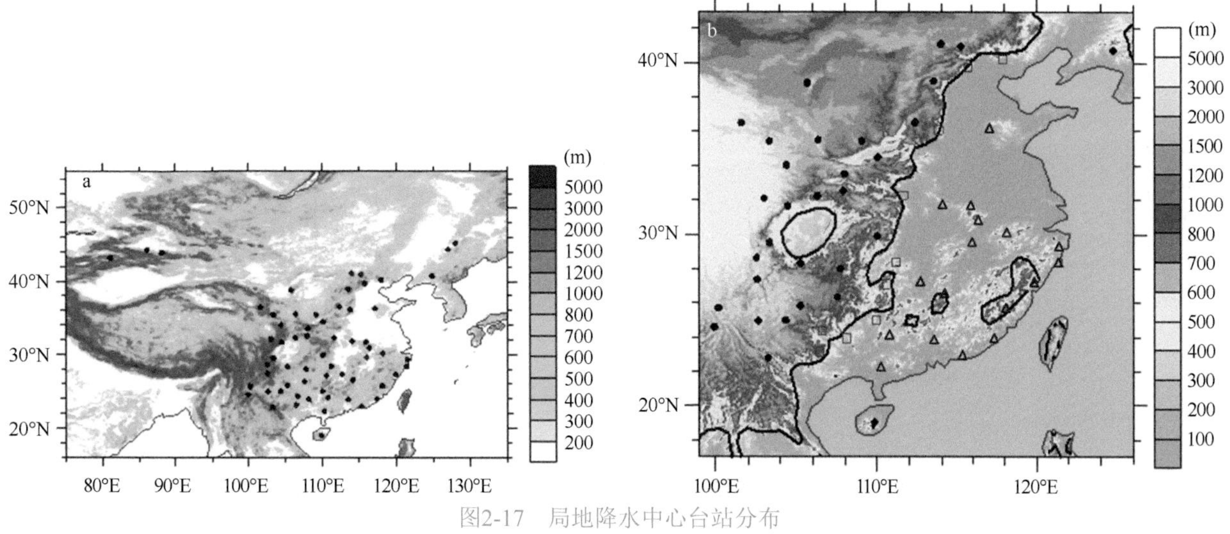

图2-17　局地降水中心台站分布

a中填色为地形起伏度；b中填色表示地形高度，红色三角和蓝色方框分别表示我国东部地区、第二阶梯地形东缘的局地降水中心，黑色等值线为500m地形等值线

由本章第二节对降水频率、降水强度的空间分布特征的描述可知，我国东部孤立山地和西部大尺度地形对降水的影响存在显著差异。在接下来的分析中，选取了位于第二阶梯地形以下、我国东部地区的17个局地降水中心（图2-17b中以红色三角标示）和第二阶梯地形东缘的10个局地降水中心（图2-17b中以蓝色方框标示），分别对其地形特征进行定量分析。

图2-18对这两类局地降水中心台站及其100km半径范围内的周边台站的相对海拔（本章所用台站海拔为以台站为中心、5km半径范围内地形的海拔均值，相对海拔为各台站海拔与100km半径范围内所有台站海拔的平均值之差）和地形起伏度（本章所用台站地形起伏度为以台站为中心、20km半径范围内的最高最低地形的高差）进行了统计。对我国东部的17个局地降水中心而言，其100km半径范围内共有209个非中心台站。由图2-18a可知，非中心台站大部分具有较低的海拔，74.16%的非中心台站相对海拔低于0m，最低可

达–283.7m，非中心台站的相对海拔均值为–22.0m，中位数为–41.5m。相较于灰色柱，深红色柱代表的局地降水中心台站相对海拔明显偏高，以正的相对海拔为主，仅1个台站较周边平均海拔低（–52.7m）。17个局地降水中心台站的相对海拔均值为328.3m，中位数为287.6m，8个台站的相对海拔在400m以上，有1个台站的相对海拔超过了900m。由图2-18b可知，东部地区局地降水中心台站与其他台站在地形起伏度上也存在很大差别。17个局地降水中心台站中，地形起伏度最小为301m，有15个台站的地形起伏度在500m以上，其中最大地形起伏度为1428.9m，17个台站的平均地形起伏度为804.6m。而非中心台站中，30.14%的台站地形起伏度在300m以下，平均地形起伏度仅为494.4m。上述结果说明东部地区局地降水中心的海拔明显高于周边其他台站，且周边地形落差也明显大于其他台站。

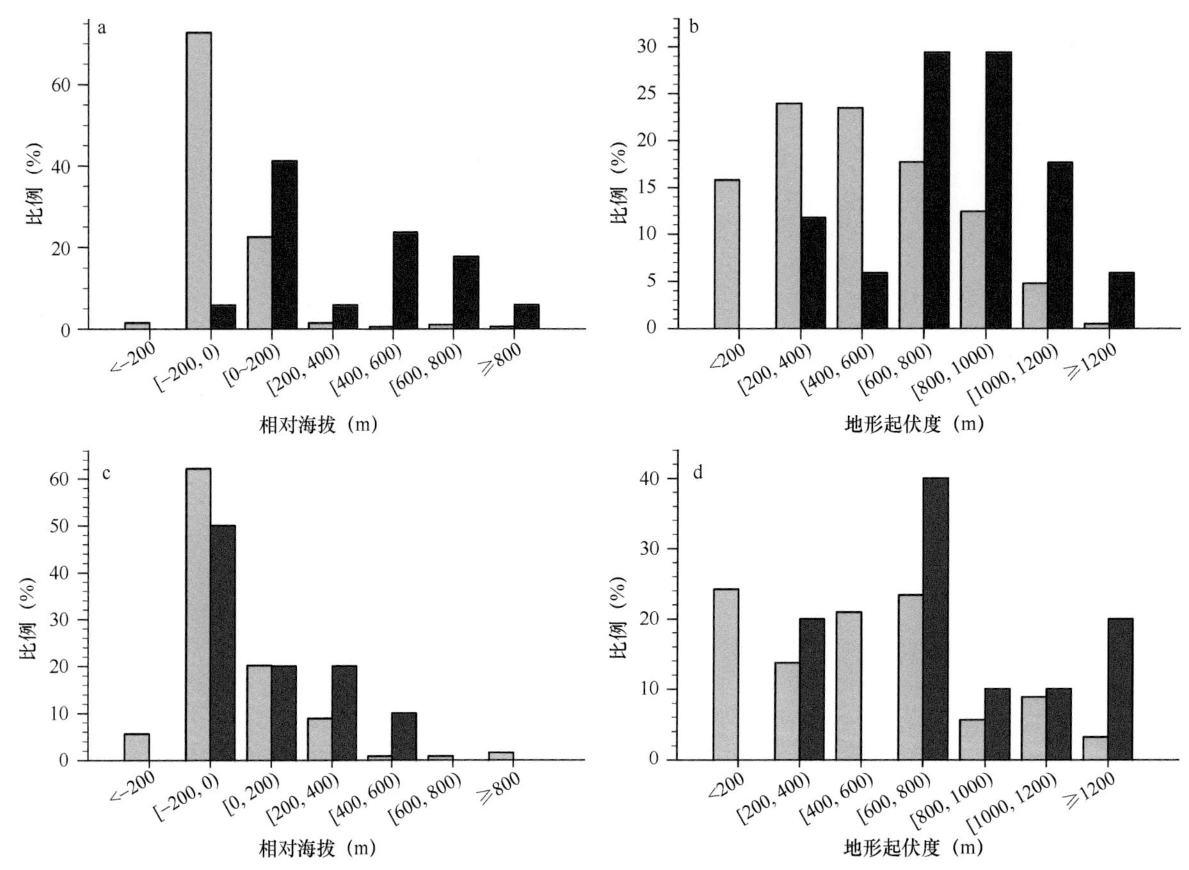

图2-18　我国东部地区局地降水中心台站占比（a、b中深红色柱）和第二阶梯地形东缘局地降水中心台站占比（c、d中蓝色柱）随相对海拔（a和c）和地形起伏度（b和d）的分布

灰色柱为两类局地降水中心台站各自100km半径范围内非中心台站占比的分布

由图2-18c可知，第二阶梯地形东缘的降水中心台站相对海拔在0m以下的比例较周边台站偏低17.74%，其中5.65%的周边台站相对海拔低于–200m，而中心台站相对海拔均高于–200m，最低相对海拔为–158.0m。在高海拔段，第二阶梯地形东缘的10个中心台站相对海拔均不超过600m（最高为483.6m），而其周边的124个非中心台站中有2.42%的台站相对海拔超过了600m，最高相对海拔可达860.0m。从地形起伏度来看，第二阶梯地形东缘的中心台站的平均地形起伏度为804.9m，较明显大于周边台站（522.7m），且中心台站中地形起伏度超过1000m的台站的占比（30.00%）也显著大于周边台站（12.10%）。上述结果说明第二阶梯地形东缘的局地降水中心台站相较于周边台站更多的位于海拔分布的中段，即第二阶梯地形东缘大尺度地形的坡面，且具有较大的地形起伏度。

前文对图2-3、图2-4的分析分别指出，大尺度山地高海拔地区降水频率偏高，但降水强度偏低，这一特征在局地降水中心中也有体现。在第二阶梯地形东缘的10个局地降水中心所在的100km半径范围内分别挑选降水频率、降水强度的区域最大站，发现10个区域中3个变量最大值位于同一台站的区域有2个。降水量、降水频率和降水强度最大台站的平均海拔分别为360.6m、646.0m和252.8m，与前文基于空间分布得出的定性认识一致。图2-19以第二、第三阶梯地形交界区华北段为例，给出了降水量、降水频率和降水强度随地形的分布特征。如图2-19a所示，基本沿地形梯度方向，自西向东划分了7个区域，其中1～3区位于第二阶梯地形，3区海拔最高（1003.3m），4区（776.8m）、5区（116.5m）为坡面区，6区（44.6m）、7区（33.9m）为平原区。每个分区内所有台站降水量、降水频率和降水强度的统计以盒须图显示，可知降水量峰值位于4区，即坡面高处；降水频率峰值位于3区，即第二阶梯地形上方最高海拔处；降水强度峰值位于平原地区。降水频率与地形高度呈正相关分布，而降水强度表现为自东向西准线性递减的特征。

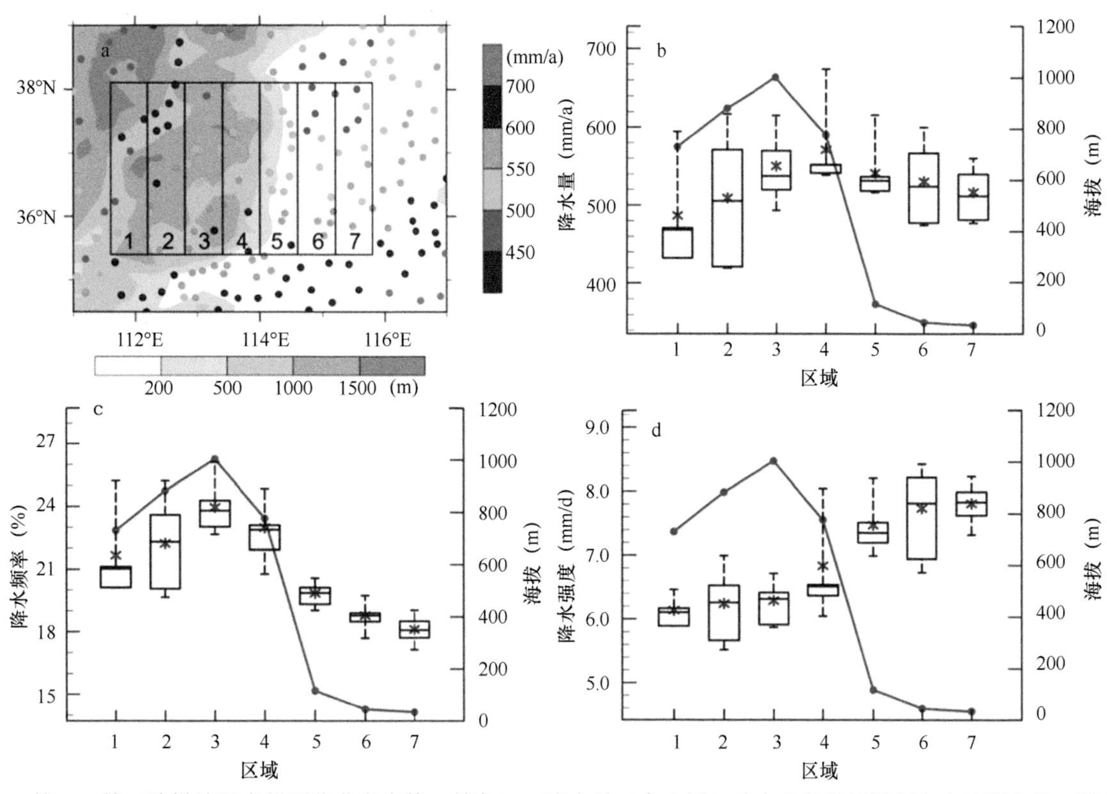

图2-19 第二、第三阶梯地形交界区华北段海拔（填色）、降水量（实心圆）分布及各子区域所有台站降水量、降水频率和降水强度的盒须图统计

盒体表示第25～75百分位数范围，盒体内横线表示中位数，蓝色星号表示均值，棕色点线为各区域内台站平均海拔

由上述分析可知，不同尺度的山地地形对降水气候态分布均有显著影响，大型山地可导致大范围的多雨带形成，局地地形则有助于形成局地降水中心。而这些影响或是通过与地形相关的降水触发作用，或是通过对已有降水系统的增幅作用，均相对于其他区域提高了降水效率，从而改变降水气候态。采用年均降水量与年均可降水量的比值来表征气候态降水效率，图2-20a给出了各台站降水效率的空间分布；作为对比，图2-20b给出了各台站20km半径范围内地形起伏度的空间分布。相较可知，气候态降水效率与台站周边地形起伏度的空间分布有很大相似性：青藏高原及横断山脉有很大的地形起伏度，且降水效率很高；在我国西北，大型盆地处地形起伏度小、降水效率极低，但天山等山地地区降水效率较高；东北平原、华北平原和四川盆地等地形较平坦的地区，降水效率低；我国东南部地区降水效率整体较高，一方面缘于该地区降水影响系统活跃，另一方面此区域复杂的局地地形也提供了相对较大的地形起伏度。

图2-21按图2-20a所示的分区，给出了我国东南地区、西北地区和华北地区逐月降水效率与地形起伏度的关联。在我国东南地区（图2-20a中框3）的441个台站间，降水效率和地形起伏度的空间型相关系数达到了0.594，即地形起伏度越大的台站降水效率越高。从逐月来看，4～6月的空间相关系数达到全年高值，最大值出现在5月（0.607），10～11月为负相关（图2-21a）。这种季节变化一方面说明地形对降水效率的影响敏感于不同类型的降水系统，另一方面说明季风雨带的季节性移动会调制降水效率与地形的关系。在36°N以北、105°E以西的我国西北地区（图2-20a中框1）共有148个台站，该区域气候态降水效率与地形起伏度之间的空间相关系数为0.620。从季节变化来看，高相关系数主要在暖季，除11月至次年3月

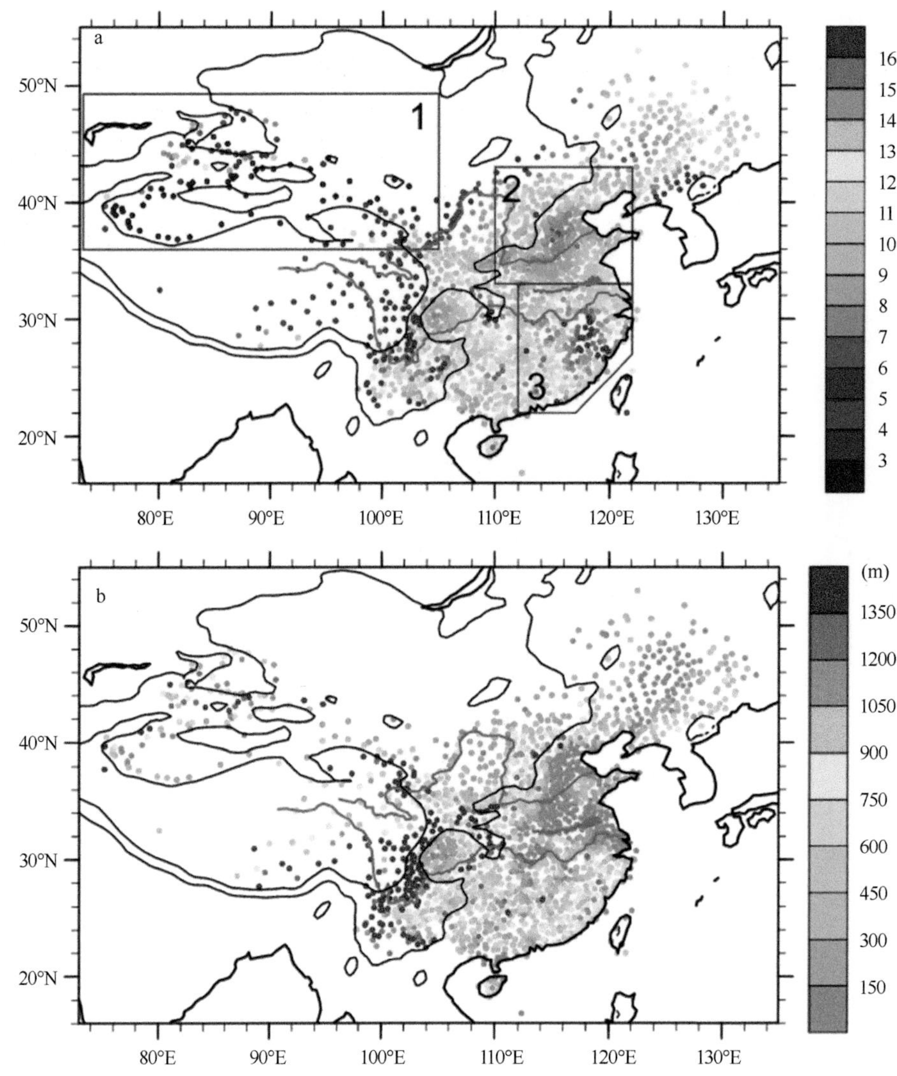

图2-20 各台站降水效率（a）及周边20km半径范围内地形起伏度（b）的空间分布

灰色实线表示黄河、淮河和长江，黑色细实线表示1000m和3000m等高线，a中自西向东、自北向南的三个棕色框分别标示我国西北地区（框1）、华北地区（框2）和东南地区（框3）

外，其他月份的空间相关系数均在0.50以上，5～7月的空间相关系数超过了0.60，最高出现在6月（0.636）（图2-21b）。在我国华北地区（图2-20a中框2），448个台站间降水效率与地形起伏度的空间相关系数为0.411，全年最大空间相关系数出现在9月，达到了0.639（图2-21c）。

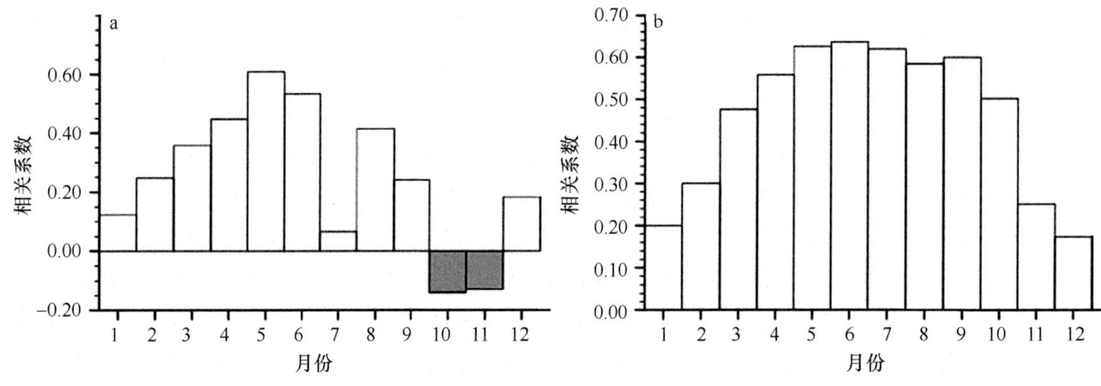

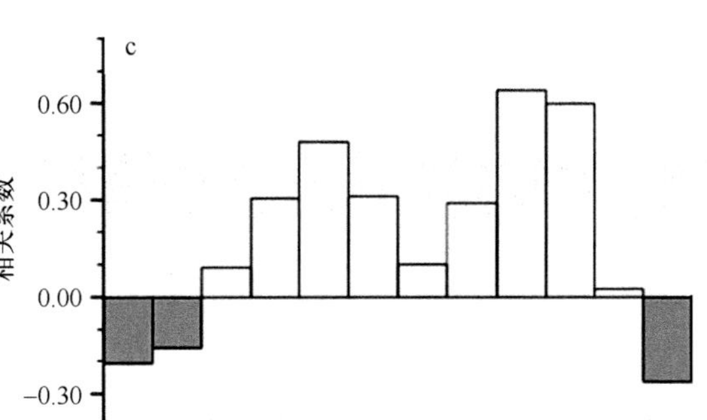

图2-21　我国东南地区（a）、西北地区（b）及华北地区（c）逐月降水效率与地形起伏度的空间相关系数

总的来看，地形对我国降水的气候态分布有重要的调制作用。青藏高原和一系列大型山地直接影响我国降水频率和降水强度较大尺度的空间分布特征，不同尺度地形交错起伏的综合影响造就了一系列与地形有关的局地降水中心。本节仅对地形与气候态降水分布的关联进行了初步描述，在后文中将选取典型山地对地形影响降水的具体特征进行深入分析。

第三章 中国降水日变化的基本气候特征

本章利用中国国家级地面气象站近15年的逐小时降水资料，对各台站降水日变化的基本气候特征及由此揭示的区域特征进行了系统分析，重点关注降水日变化的峰值分布及其统计特征、区域差异及其关联、不同地区区域平均的降水日变化特征等。从季节内变化和全年季节变化两方面分析了降水日变化随季节的循环演变特征。第一节首先给出整体平均的降水量、降水频率和降水强度日变化峰值时间位相与振幅的分布特征；在此基础上，第二节重点分析讨论中国降水日变化的区域差异，指出中国降水日变化主要存在三种典型位相特征；第三节则进一步分析三种典型位相的代表性区域降水日变化的演变特征；第四节主要是对中国降水日变化在夏季风环流影响下的季节内差异作进一步分析，并于第五节分析降水日变化的全年季节演变特征。

第一节　降水日变化的基本特征

Yu等（2007b）利用中国气象局国家气象信息中心提供的1991～2004年588个地面国家基准气候站和国家基本气象站观测的逐小时降水资料，对中国夏季（6～8月）降水量日变化峰值时间位相和振幅进行了分析研究，首次给出了中国夏季降水日变化的区域分布，指出了中国夏季降水日变化显著，且区域特征丰富。为了更全面地反映我国降水日变化的基本特征，本节利用2001～2015年2100余个国家级地面气象站（对我国西部地区有更好的覆盖）5～10月的逐小时降水观测资料进行更细致深入的分析。但Yu等（2007b）只分析了降水量的日变化，这里将统筹分析降水量、降水频率和降水强度的日变化峰值时间位相与振幅的分布特征。本章中，24个时次中任意时次的平均小时降水量为该时次总降水量除以该时次非缺测小时数，平均小时降水频率为该时次有降水的小时数占该时次非缺测小时数的百分比，降水强度为该时次总降水量除以该时次有降水的小时数。降水量、降水频率和降水强度的日变化演变曲线用24h逐时均值除以24h均值的时间序列表示，降水日变化振幅用24h逐时最大值与24h均值的比值表示。本章所有时刻均为当地时间（LST）。

图3-1a给出了上述2100余个台站2001～2015年5～10月整体平均的降水量、降水频率和降水强度的日变化演变曲线。降水量的日变化曲线显示的是几乎均等的“双峰”位相，位于16～17LST的峰值略高于5～6LST的峰值，对应的有两个低谷分别在11LST和23LST。降水频率的日变化主峰值出现在6LST，主要低谷在12LST，下午后逐步到达一个相对较高状态并维持到前半夜，随后逐步增大并于清晨达到峰值。降水强度呈现出单峰型特征，在17LST达到峰值，下午以外时段的平均小时降水强度差别不大。总的来看，降水量的清晨峰值主要源于降水频率的贡献，而降水量的午后峰值与降水强度的关系更为紧密。

对降水量、降水频率和降水强度的日变化主峰值出现在不同时刻的台站数量进行了统计，图3-1b给出了各时刻主峰值台站数占总台站数的比例。多数台站降水量和降水强度的主峰值出现在15～18LST，而多数台站降水频率的主峰值出现在6LST前后，在6LST降水频率达到主峰值的台站数占总台站数的19.4%。在中午前后出现降水量和降水频率主峰值的台站很少，特别值得指出的是，没有一个台站在12LST出现降水频率主峰值。

除位相外，振幅是降水日变化的另一个重要特征，图3-1c中给出了各时刻降水量、降水频率和降水强度的日变化主峰值对应的平均振幅。无论是降水量还是降水频率和降水强度，主峰值发生在各时刻的台站平均振幅都在1.2以上，降水量的振幅最大，降水强度的振幅次之，降水频率的振幅最小。值得注意的是，虽然降水量和降水频率主峰值发生在午夜的台站数占总台站数的比例并不突出，但其平均振幅都相对较大。也就是说，夜间降水偏多的台站数不算多，但其夜雨特征大多比较显著。

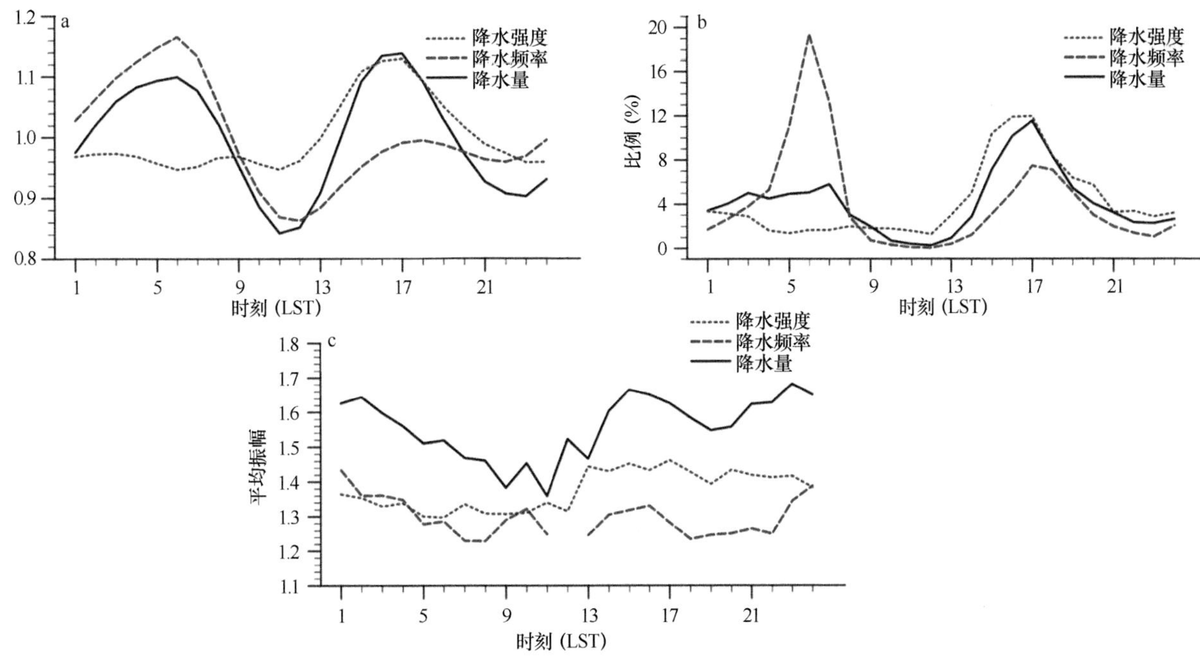

图3-1　中国2100余个台站2001～2015年5～10月整体平均的降水量、降水频率和降水强度的日变化演变曲线（a），日变化主峰值出现在不同时刻的台站数占总台站数的比例（b），日变化主峰值出现在不同时刻的台站的平均振幅（c）［根据宇如聪和李建（2016）重绘］

第二节　降水日变化的区域差异

图3-2a和图3-2b分别给出了2100余个台站2001～2015年5～10月平均的降水量日变化峰值时间位相和相应的降水量日变化振幅的空间分布。为了更清晰地显示峰值时间位相的区域特征，将峰值时间位相分为4类并用不同颜色表示：夜间（22LST至次日3LST，蓝色）、清晨（4～9LST，绿色）、中午（10～13LST，棕色）和下午（14～21LST，红色）。值得注意的是，并未采用等时段分类，下午时段包括了傍晚，占8h，而中午时段只占4h，这主要是考虑到图3-1显示的中国降水日变化的整体峰值时间位相分布。图3-2最为显著的特征是：①106°E以西的青藏高原东部降水量峰值多出现在夜间，且日变化振幅大，很多台站在峰值时段的

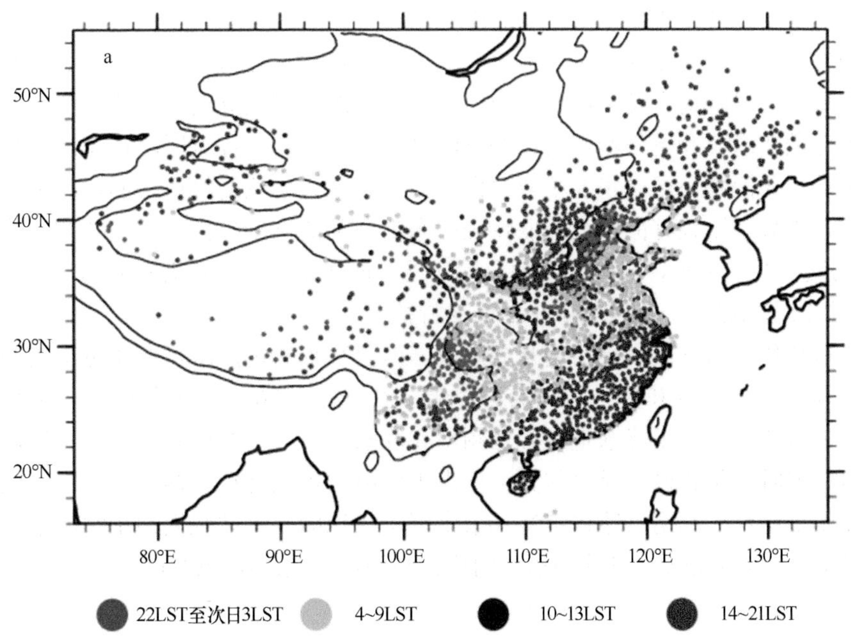

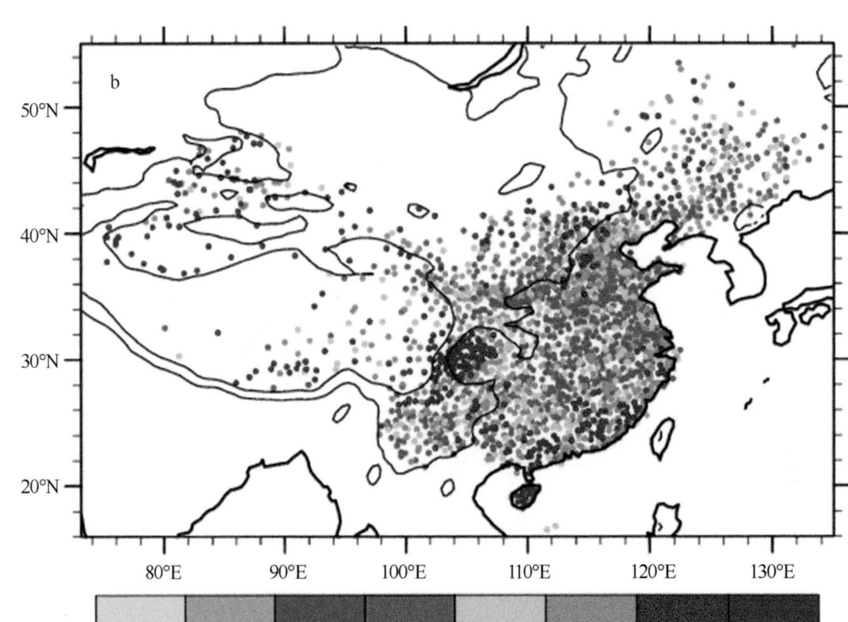

图3-2 中国2100余个台站2001～2015年5～10月平均的降水量日变化峰值时间位相（a）和振幅（b）的空间分布［根据宇如聪和李建（2016）重绘］

每个台站用颜色标示出峰值时间位相所在时段，黑色细实线表示1000m和3000m等高线

降水量超过24h平均降水量的2倍，表明这些地区降水的夜雨特征很显著；②上述西南夜雨区以东、112°E以西的大片台站在清晨达到降水量峰值，华北平原东部近海区域和东南沿海（特别是海岛站）也表现为清晨峰值，但这些地区日变化振幅相对较小；③105°E以东和35°N以北的大部分台站及东南内陆地区的降水量峰值多出现在下午时段，且日变化振幅较大，多在1.5以上；④中东部地区位于长江和黄河之间的台站，日峰值的区域一致性差，多种位相相间分布，且日变化振幅相对较小，多在1.5以下；⑤降水量峰值出现在中午时段的台站很少；⑥我国95°E以西的地区降水量日变化振幅均较大，该区域36.6%（9.16%）的台站降水量日变化振幅在2（2.5）以上。比较图3-2和Yu等（2007b）的结果，虽然后者是对夏季6～8月平均，这里是对5～10月平均，资料的年份也不同，但图3-2所揭示的降水量日变化峰值时间位相和振幅的区域分布与Yu等（2007b）的结论比较接近。这一方面说明中国降水日变化的基本特征是稳定的，不会因为数据年代的差异而有明显变化；另一方面也表明了中国降水日变化的平均特征主要体现的是夏季或暖季的降水日变化，这是由于夏季风降水主导了全国大多数台站的总降水。

但是，更高密度站网资料还是揭示了一些更精细的降水量日变化特征：华北平原及其西南部的部分台站夜雨特征也很明显；清晨峰值台站多出现在夜间峰值台站的东部或周边，两者可能具有某种关联性；中午峰值台站主要是分散在清晨和下午峰值台站的过渡区，没有连片，没有区域性特征；从川西高原到四川盆地再向东偏南和从华北西部山区到华北平原再向东南，呈现出一致的峰值时间位相空间演变，均依次为下午、夜间、清晨，都显示了很好的区域关联特征；东南内陆的下午峰值与其西北侧的清晨峰值形成了清晰的东北-西南向的交界线。另外，虽然海上的台站缺乏，但在华南沿海从海岛到内陆，也基本可看出，降水量峰值时间位相依次出现清晨、中午和下午的演变特征。

此前已有降水日变化的研究主要针对的是降水量，但要真正通过降水日变化更深刻理解降水的过程演变特性，至少还应认识降水频率和降水强度的日变化。Zhou等（2008）结合2000～2004年的地面台站观测和卫星反演的降水资料，比较了降水量、降水频率和降水强度的日峰值时间位相差异，基本结论是降水量和降水频率的日峰值时间位相没有显著差异。但由于资料的年限过短、样本少及卫星反演数据的不确定性，分析结论存在不确定性。利用上述15年2100余个国家级地面气象站观测的小时降水资料，我们同时分析了各台站的降水频率和降水强度日变化峰值时间位相与振幅（图3-3，图3-4）。

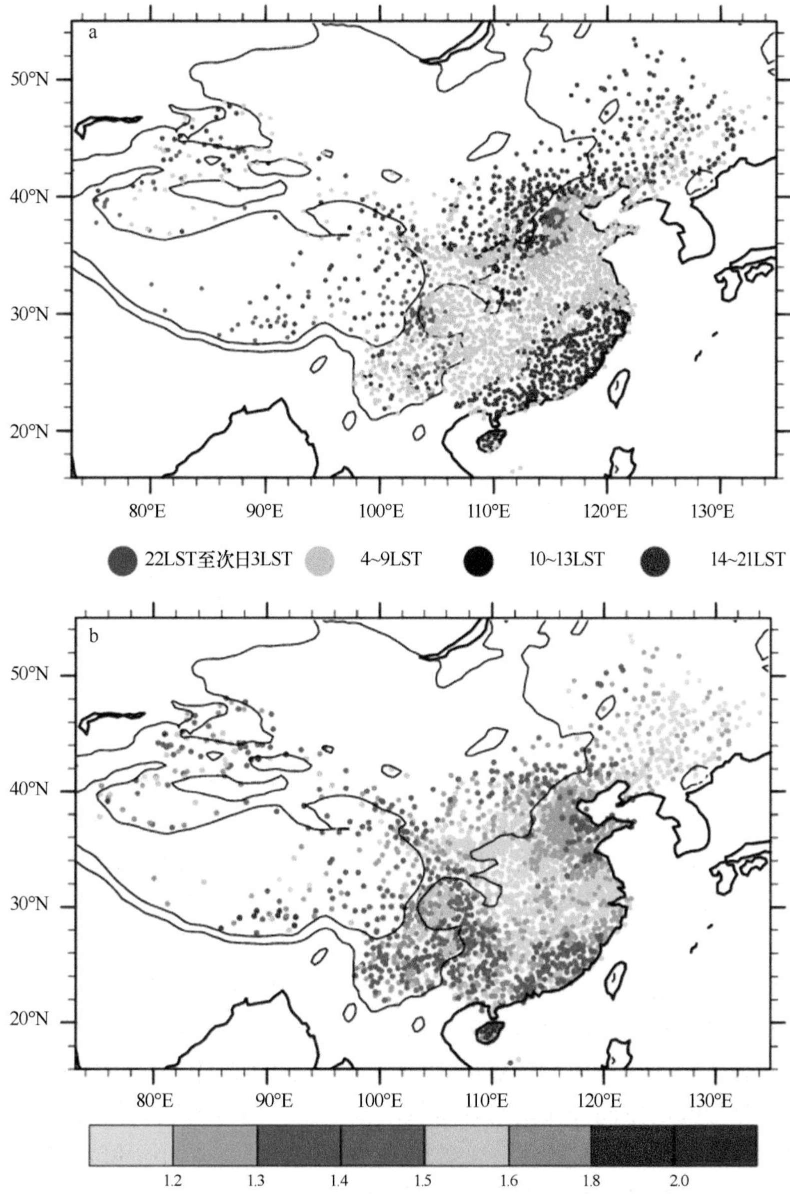

图3-3　中国2100余个台站2001～2015年5～10月平均的降水频率日变化峰值时间位相（a）和振幅（b）的空间分布［根据宇如聪和李建（2016）重绘］

每个台站用颜色标示出峰值时间位相所在时段，黑色细实线表示1000m和3000m等高线

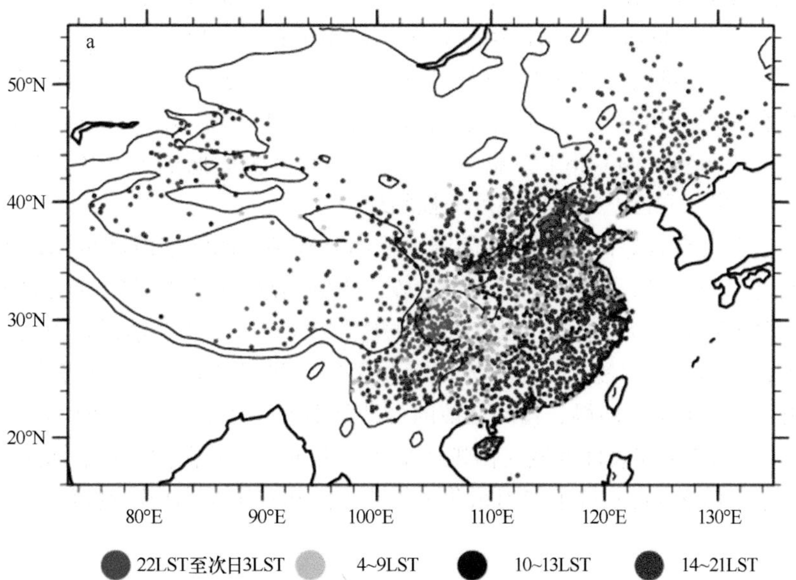

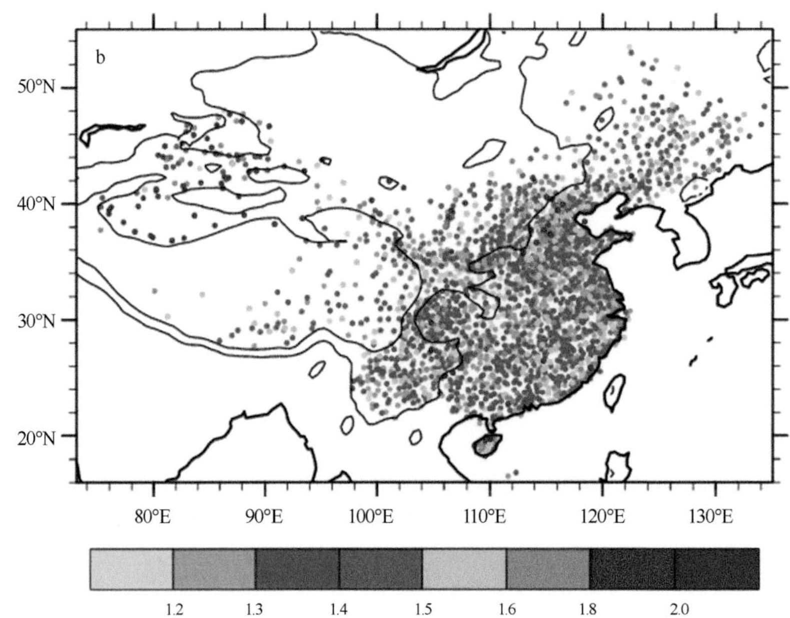

图3-4 中国2100余个台站2001～2015年5～10月平均的降水强度日变化峰值时间位相（a）和振幅（b）的空间分布［根据宇如聪和李建（2016）重绘］

每个台站用颜色标示出峰值时间位相所在时段，黑色细实线表示1000m和3000m等高线

比较图3-3与图3-2，相对于降水量，降水频率的峰值时间位相空间分布最突出的特点是清晨峰值台站大幅增加，清晨峰值台站数占总站点数的比例从图3-2a中的25.3%上升至52.6%，这与图3-1b中降水频率的清晨峰值台站占比高相一致。青藏高原东部的夜间峰值区明显向西收缩，而其东部的清晨峰值区大幅扩大，与中国中东部地区和华北东部的清晨峰值区相连接，并继续向东北延伸至东北地区东部，形成贯穿中国西南—东北地区的大范围清晨峰值区，同时中国西北地区的清晨峰值台站数也显著增加。在105°E以东，自北向南基本为午后—清晨—午后的分布，北方和东南地区的午后峰值台站数均显著减少。华北地区出现下午峰值的台站更局限在相对高海拔山区，夜间峰值台站清晰地处于下午和清晨峰值台站的分界处，显示了更好的区域关联性。东南内陆的下午峰值与清晨峰值的分界线较图3-2a中的位置更偏向东南。比较图3-2b和图3-3b，降水频率日变化振幅的空间分布型与降水量基本一致，两者的空间相关系数达到0.71；最明显的差异是降水频率振幅整体偏小，绝大多数台站（98.0%）的降水频率振幅小于降水量；图3-3b中大部分台站（89.6%）的振幅在1.5以下，振幅大于2.0的台站仅有9个，所有台站中最大振幅为2.32，而图3-2b中振幅在2.0以上的台站有189个，最大振幅达到3.83。

图3-4a、b分别为对应的降水强度日变化峰值时间位相和振幅的空间分布。降水强度日变化峰值主要出现在下午，除西南地区的夜间峰值区和其东侧的清晨峰值区外，大部分地区（63.2%的台站）都在下午达到降水强度的日峰值。与降水量的峰值时间位相分布相比，伴随着下午峰值的增多，清晨峰值台站大幅减少（仅为10.2%），华北平原东部近海区域的清晨峰值区几近消失。与图3-2a、图3-3a相比，图3-4a中峰值时间位相的区域一致性和关联性相对较差。降水强度日变化的振幅（图3-4b）从量值看，基本介于降水量和降水频率之间；从空间分布看，图3-2b中青藏高原东部和四川西侧的振幅大值区与东南内陆地区的大值区在图3-4b中均显著减小，华北和西北地区的强度振幅则均较大。

综合上述分析，依据具有较好区域一致性的降水量和降水频率的峰值时间位相，中国降水日变化的典型峰值时间位相主要是位于下午、清晨和夜间3个时段。为突出这3个典型时间位相的区域分布特征，绘制图3-5a，该图只显示了降水频率和降水量的峰值时间位相属于同一（下午、清晨、夜间）时段的台站降水量峰值时间位相，此类台站具有较“稳定”的降水日变化模态。共有1534个台站具有这种一致的降水量、降水频率峰值时间位相，其中下午、清晨、夜间峰值的台站分别占49.8%、37.4%和12.8%。基于台站峰值时间位相的区域特征，标示出了7个代表性区域（由黑色多边形表示），并在图3-5b中标注每个区域的名称。从图3-5a可见，最突出的下午峰值台站位于我国东北至华北山区和我国东南内陆地区，分别对应图3-5b中标记

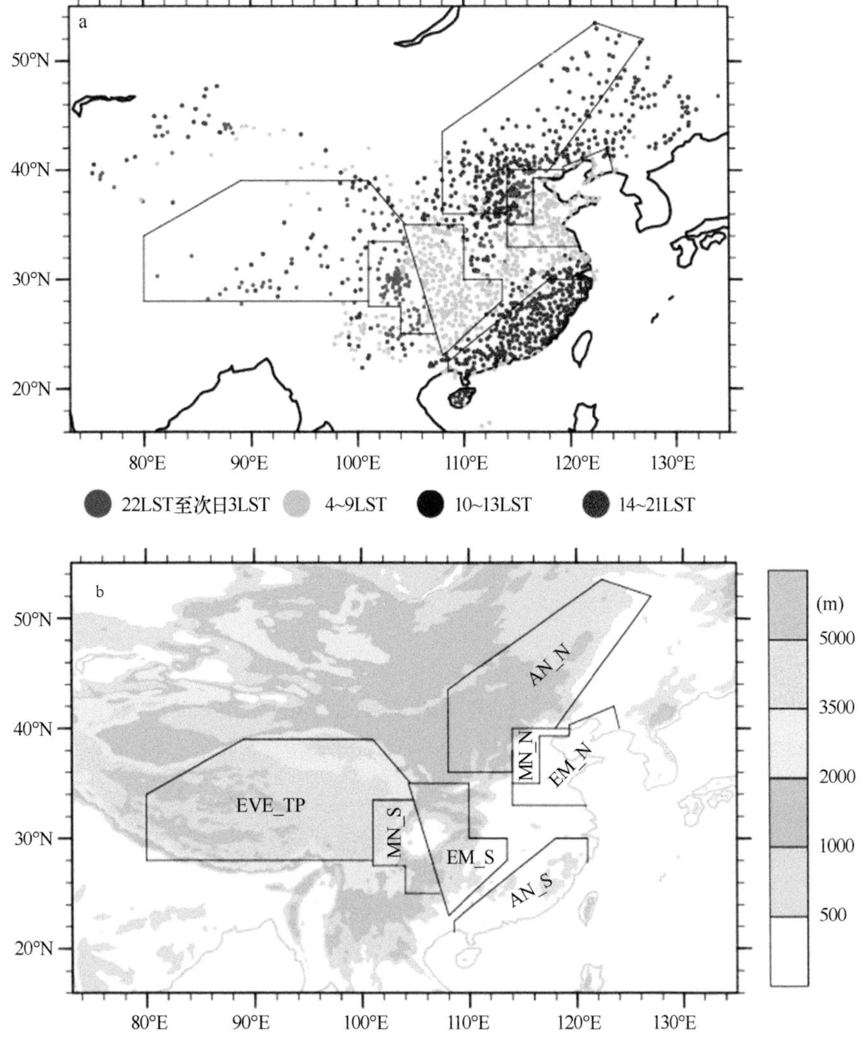

图3-5　中国1534个台站2001～2015年5～10月平均的降水量日变化峰值时间位相的空间分布（a）及7个代表性区域的示意范围、名称和地形高度（b）［根据宇如聪和李建（2016）重绘］

a图仅绘制出降水量和降水频率的峰值时间位相属同一时段的台站，每个台站用颜色标示出峰值时间所在时段（黑色多边形框标示了7个代表性区域的范围）

的AN_N和AN_S区域，分别代表北部和南部的下午峰值区；峰值时间位相为清晨的台站主要分布在华北平原东部和秦巴山区至华中西南部，图中分别标记为EM_N和EM_S，分别代表北部和南部的清晨峰值区；夜间峰值台站最集中的是在四川盆地西部云贵高原东部（MN_S，南部夜间峰值区），其次是在华北平原西部贴近太行山脉和燕山山脉的区域（MN_N，北部夜间峰值区）。另外，位于青藏高原主体的台站，峰值位相多出现在傍晚至夜间时段，记为EVE_TP，高原傍晚峰值区，基本代表了青藏高原主体的降水日变化特征。

对应于图3-5a，图3-6绘出了降水量和降水频率峰值时间位相不在同一时段且几乎相反的台站降水量的峰值时间位相的空间分布，即降水量和降水频率峰值时间位相一个是下午而另一个是清晨，或一个是夜间另一个是中午。这类台站共有415个，其中绝大多数（96.6%）都表现为降水量的下午峰值和降水频率的清晨峰值。由图3-6可知，降水量和降水频率峰值时间位相相反的台站主要分布在各代表性区域的交界或分离处，说明此类台站的降水日变化具有某种“过渡性”。“反位相”台站比较集中的区域是中国中东部地区，既是图3-2a中降水量峰值时间位相一致性差的区域，又是Yu等（2007b）指出的区域平均降水量日变化表现为“双峰”的区域。

在图3-5a和图3-6中，降水量和降水频率峰值时间位相一致或相反的台站共有1949个，突出了中国降水日变化的主要区域特征。同时，这样的区域划分更加清晰地反映了降水峰值时间位相的区域特性及各区域间的关联，如AN_N南部至MN_N再至EM_N的变化与EVE_TP东部至MN_S再至EM_S的变化，均表现出更

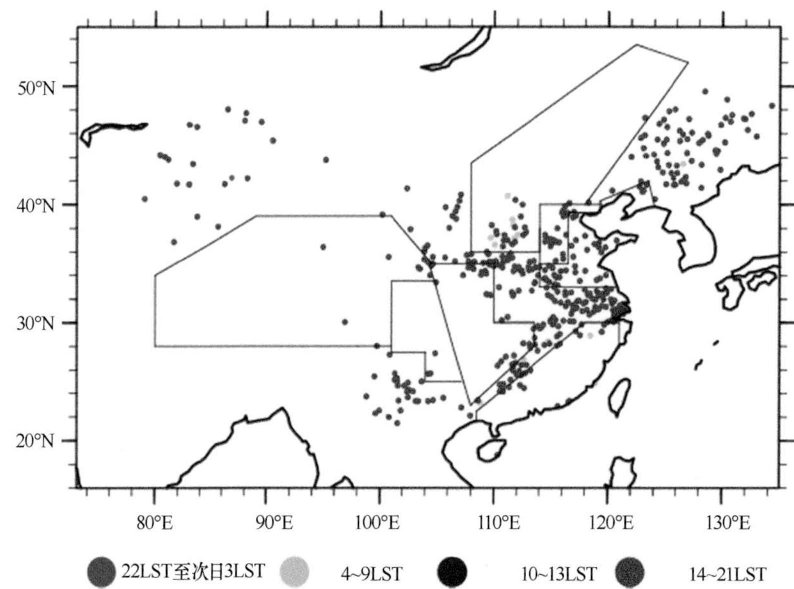

图3-6 降水量和降水频率的峰值时间位相相反台站降水量日变化峰值时间位相的空间分布［根据宇如聪和李建（2016）重绘］

鲜明的峰值时间位相自西北向东南滞后的特征。

由于我国西部及海上台站分布较少，为了更全面地了解这些地区的降水日变化分布特征，图3-7进一步给出了基于TRMM 3B42降水分析产品2001～2015年5～10月平均的降水量、降水频率和降水强度的日变化

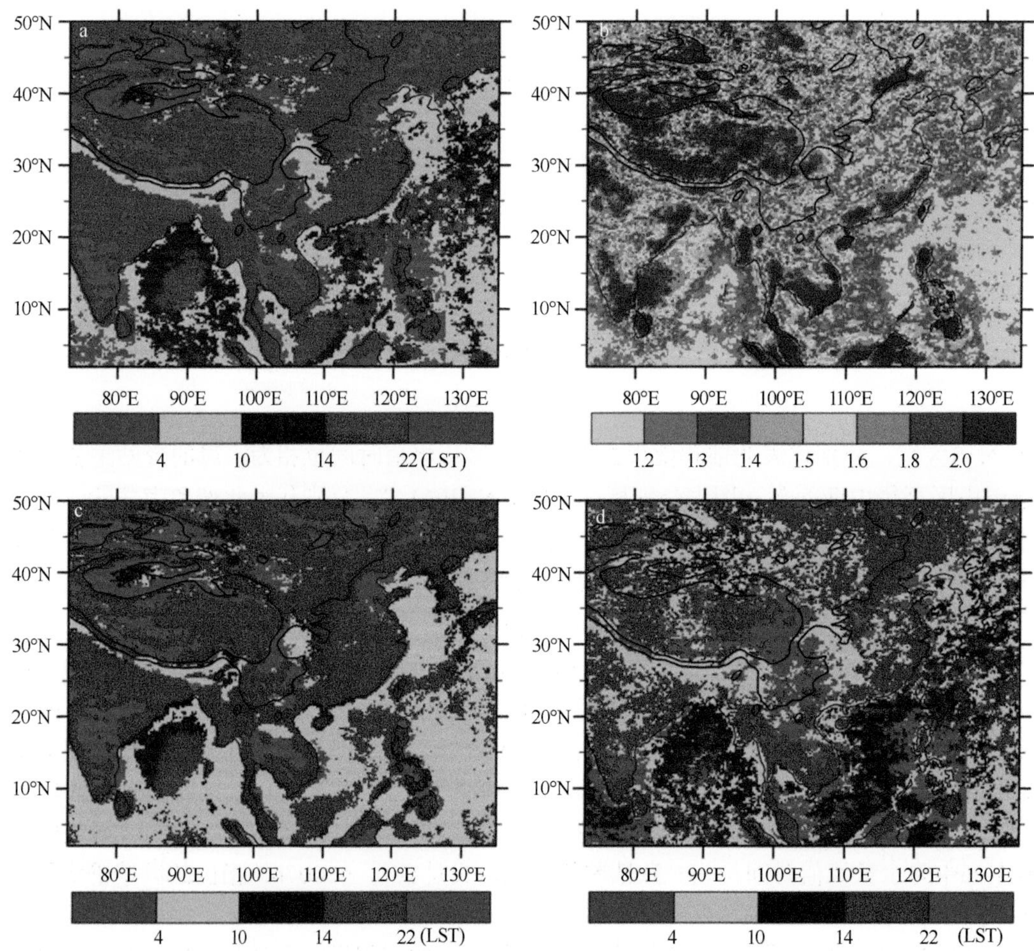

图3-7 基于TRMM 3B42降水分析产品的2001～2015年5～10月平均的降水量日变化峰值时间位相（a）和振幅（b）的空间分布及降水频率（c）和降水强度（d）日变化峰值时间位相的空间分布

黑色细实线表示1000m和3000m等高线

峰值时间位相与振幅（50°N以南）。总体来看，在100°E以东，TRMM 3B42降水分析产品中的降水量日变化峰值时间位相与台站观测较为一致，但江淮和黄淮地区清晨峰值区范围较台站观测偏小（图3-7a）。降水频率的下午峰值区范围明显偏大（图3-7c），降水强度的夜间至清晨峰值区范围偏大（图3-7d）。这说明TRMM 3B42降水分析产品可能部分高估了陆地地区的午后弱降水事件，而低估了清晨的弱降水事件，这种偏差对降水频率和降水强度的日变化峰值时间位相影响较大，因此后续主要关注TRMM 3B42降水分析产品揭示的降水量日变化特征。

在台站分布较稀疏的青藏高原的东部和北部地区，降水量峰值大多出现在下午，而在青藏高原西部和藏南谷地，降水量峰值则多出现在夜间。在塔里木盆地（35°～42°N，75°～95°E），大部分地区为夜间出现降水量峰值，但在盆地中央的塔克拉玛干沙漠附近，降水量峰值出现在中午至下午。在青藏高原及塔里木盆地，降水量日变化的振幅较大，均在1.5以上，一些地区峰值时刻的降水量超过平均值的2倍。在渤海和黄海，降水量峰值主要出现在清晨，沿海地区存在部分夜间和下午降水量峰值。在东海及南海，除清晨降水量峰值外，还存在部分的中午和下午降水量峰值。

第三节 代表性区域的降水日变化演变

在上一节，基于中国台站降水量和降水频率的日变化峰值时间位相的对比分析，揭示了中国三种典型降水日变化峰值时间位相主要出现在7个区域，共涵盖了1464个台站。各区域内的台站数分别为238（AN_N）、297（AN_S）、222（EM_N）、281（EM_S）、155（MN_N）、156（MN_S）和115（EVE_TP）。接下来将给出这些典型区域平均的降水量、降水频率和降水强度的日变化演变特征。

图3-8a、b分别给出了降水日变化峰值出现在下午的东北至华北山区（AN_N）和东南内陆地区（AN_S）两个代表性区域平均的降水量、降水频率和降水强度的日变化演变曲线。两图显示的降水量、降水频率和降水强度的日变化演变特征基本相近，降水强度（频率）均超前（滞后）于降水量峰值时间，降水量的日变化振幅最大，降水强度和降水频率的日变化振幅相当，降水频率日变化存在清晨次峰值。两个区域的差异在于AN_N的降水量最小值出现在11LST，而AN_S的降水量最小值发生在午夜，且AN_S的日变化较AN_N更为显著。

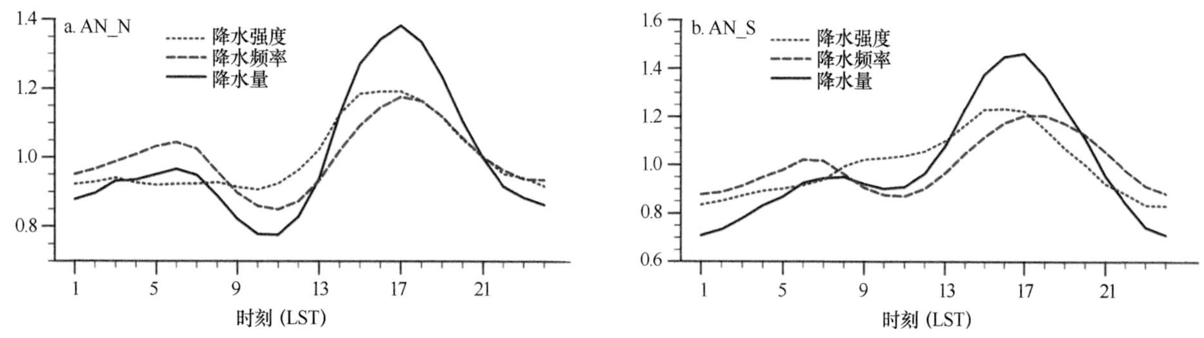

图3-8 两个下午峰值代表性区域平均的降水量、降水频率和降水强度的日变化演变［根据宇如聪和李建（2016）重绘］

图3-9a、b分别为两个清晨峰值代表性区域EM_N和EM_S平均的降水量、降水频率和降水强度的日变化演变。两图显示的降水量和降水频率的日循环特征基本相近，均为清晨峰值，EM_N的降水量（降水频率）最大值出现在5（6）LST，EM_S的降水量、降水频率峰值均在6LST。两个区域的降水强度日循环特征都不显著，各时次的降水强度差异不大。EM_N和EM_S的主要差异在于：EM_N的降水量和降水频率的日最小值都出现在13LST，在午后略有增加，而EM_S的降水量和降水频率的日最小值都出现在21LST前后；EM_N的降水强度在17LST最大，而EM_S的降水强度峰值与降水量和降水频率峰值属于同一时段，出现在5LST。

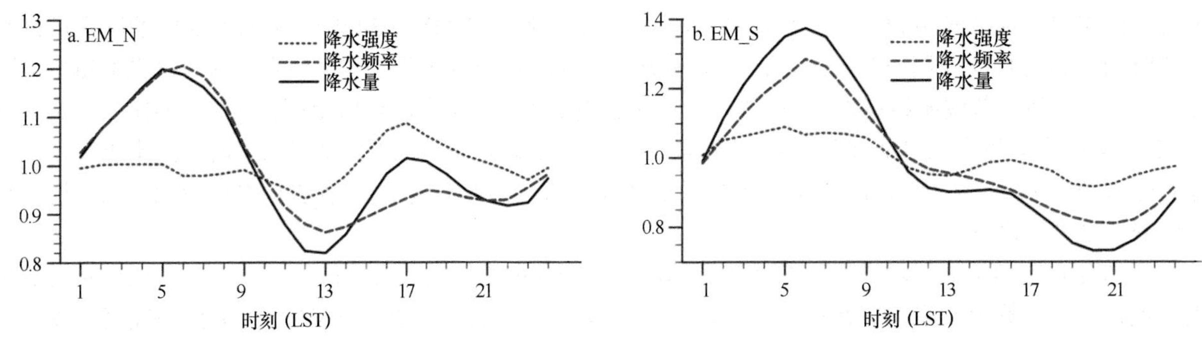

图3-9 两个清晨峰值代表性区域平均的降水量、降水频率和降水强度的日变化演变［根据宇如聪和李建（2016）重绘］

图3-10a、b分别给出了夜间峰值代表性区域MN_S和MN_N平均的降水量、降水频率和降水强度的日变化演变。两图都显示出了白天低、夜间高的日位相特征，但MN_S区域平均的降水量、降水频率和降水强度夜间峰值特征更突出，没有次峰值，以1LST为起点的3条曲线都是近乎标准的余弦曲线，降水量和降水频率的日变化振幅都是已给出的6个典型区域中平均日变化振幅最大的。从3条曲线的整体位相差来看，降水量位相居中，略滞后于降水强度位相，略超前于降水频率位相。从峰值时间位相来看，MN_S区域平均的降水强度、降水量和降水频率日变化的峰值位相时间分别是当地时间1LST、2LST和3LST，即降水强度（降水频率）日变化的峰值位相时间超前（滞后）于降水量的峰值时间位相1h。从图3-10b的3条曲线整体分布来看，MN_N区域平均的降水日变化峰值时间位相也具有与MN_S区域类似的降水强度在前、降水量次之、降水频率居后的特征。考虑到MN_N区域内包括了一定比例的反位相台站（图3-6），为了更好地了解该地区的夜雨特征，在图3-10c中给出了区域内降水量和降水频率峰值均出现在夜间的台站的平均降水日变化演变。这些台站的降水量和降水强度在22LST达到峰值，降水频率在2LST达到峰值，中午时段降水量、降水频率和降水强度均达到日最小值。与图3-10b比较可知，图3-10c与MN_S（图3-10a）有更相似的日变化演变特征，且夜雨特征更加明显。

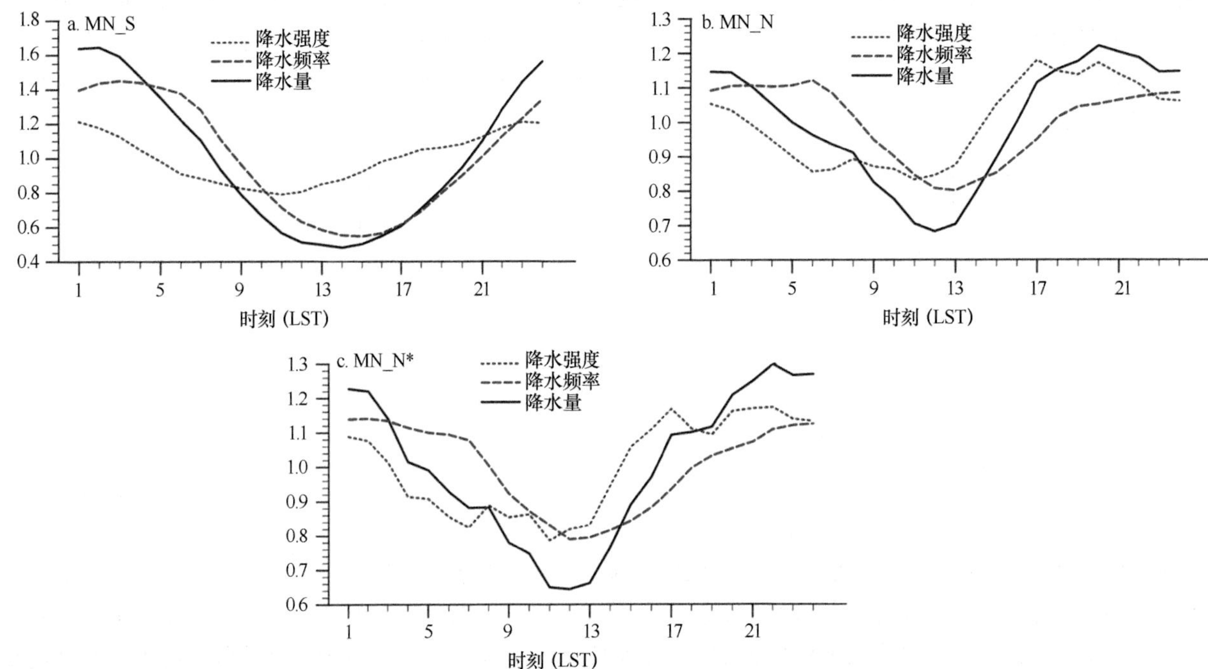

图3-10 两个夜间峰值代表性区域平均的降水量、降水频率和降水强度的日变化演变［根据宇如聪和李建（2016）重绘］

MN_N*表示MN_N区域中降水量与降水频率峰值均出现在夜间的台站

考虑到青藏高原主体降水主要表现为下午和夜间两类峰值（图3-2～图3-4），图3-11a、b分别给出了EVE_TP区域峰值出现在下午和夜间时段的台站平均降水日变化演变曲线。尽管两图中峰值时间位相分别属于下午和夜间时段，但图3-11a的下午峰值时间位相偏向傍晚，而图3-11b的夜间峰值时间位相偏向上半夜，位相只差约4h，属于傍晚至午夜的时段，而谷值的位相基本一致，均位于中午时段。从整体位相分布来看，两者都具有显著的降水强度超前、降水量居中、降水频率居后的特征，且日变化振幅都较大。

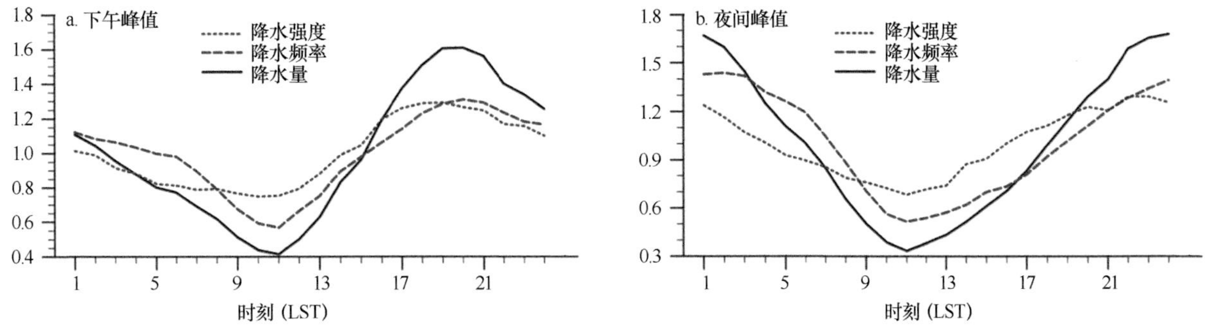

图3-11　EVE_TP区域下午峰值台站（a）和夜间峰值台站（b）平均的降水量、降水频率和降水强度的日变化演变［根据宇如聪和李建（2016）重绘］

图3-8～图3-11显示，7个代表性区域平均的降水日变化特征显著。那么在代表性区域以外的台站，其降水日变化情况如何呢？大家通过阅读后续的章节会逐步得到更全面的认识。我国西部的一些地区由于台站分布相对稀疏未能体现出很好的区域一致性，在这里没有标示出代表性区域。而我国中东部地区有些台站或区域的降水过程多样，有的地方降水特性的季节（内）差异大，影响降水日变化的综合强迫相对复杂，需要进一步细化分析。例如，中东部地区（30°～40°N，110°～120°E）涉及图3-5中的5个代表性区域的交界处，是图3-6中降水量和降水频率“反位相”的主要台站分布区，汇集了37.4%的“反位相”台站，Yu等（2007b）的结果表明，该区域平均的降水量日变化是下午和清晨相当的“双峰”位相。分析该区域降水量和降水频率日变化主峰值时间“反位相”台站的平均降水量、降水频率和降水强度的日变化演变（图3-12）可知，“反位相”主要是降水量的下午主峰值对应降水频率的清晨主峰值，且降水量和降水频率都分别有相反的清晨和下午次峰值位相。降水强度表现为单峰特征，日最大强度出现在17LST。主导降水频率清晨峰值和下午强降水的降水物理过程或强迫可能存在显著差异。这种差异有可能与不断变化着的大气环流相关，也有可能受季节性的强迫变化影响，后续章节会进一步讨论分析。

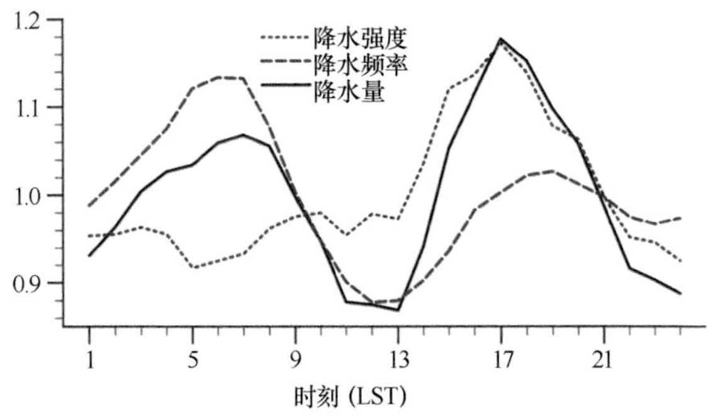

图3-12　中国中东部地区降水量和降水频率的峰值时间位相属相反位相的台站平均的降水量、降水频率和降水强度的日变化演变［根据宇如聪和李建（2016）重绘］

第四节　降水日变化的季节内差异

由于我国降水主要集中在5～10月，而就现有的台站观测，北方地区只有5～10月的小时降水资料更为完整，本节重点分析暖季（5～10月）降水日变化的季节演变特征。另外，由于春末夏初（5～6月）、盛夏（7～8月）和秋季（9～10月）的中国主要降水区域或夏季风雨带的主要位置存在明显差异，本节将通过比较这三个时期中国降水日变化的位相和振幅来揭示中国降水日变化季节内的演变特征。

图3-13a（图3-14a）、图3-13b（图3-14b）和图3-13c（图3-14c）分别给出了春末夏初、盛夏和秋季降水量（降水频率）的日变化峰值时间位相分布。比较图3-13与图3-2a及图3-14与图3-3a可以看到，位相

分布的基本特征相似，上一节给出的几个代表性区域的位相特征也基本一致，但分别细致地比较图3-13a（图3-14a）、图3-13b（图3-14b）和图3-13c（图3-14c）可以看出，在5～10月降水量（降水频率）日位相存在明显的季节内差异，差异的最显著的体现是同一峰值出现在不同时段的台站数发生了系统性明显变化。

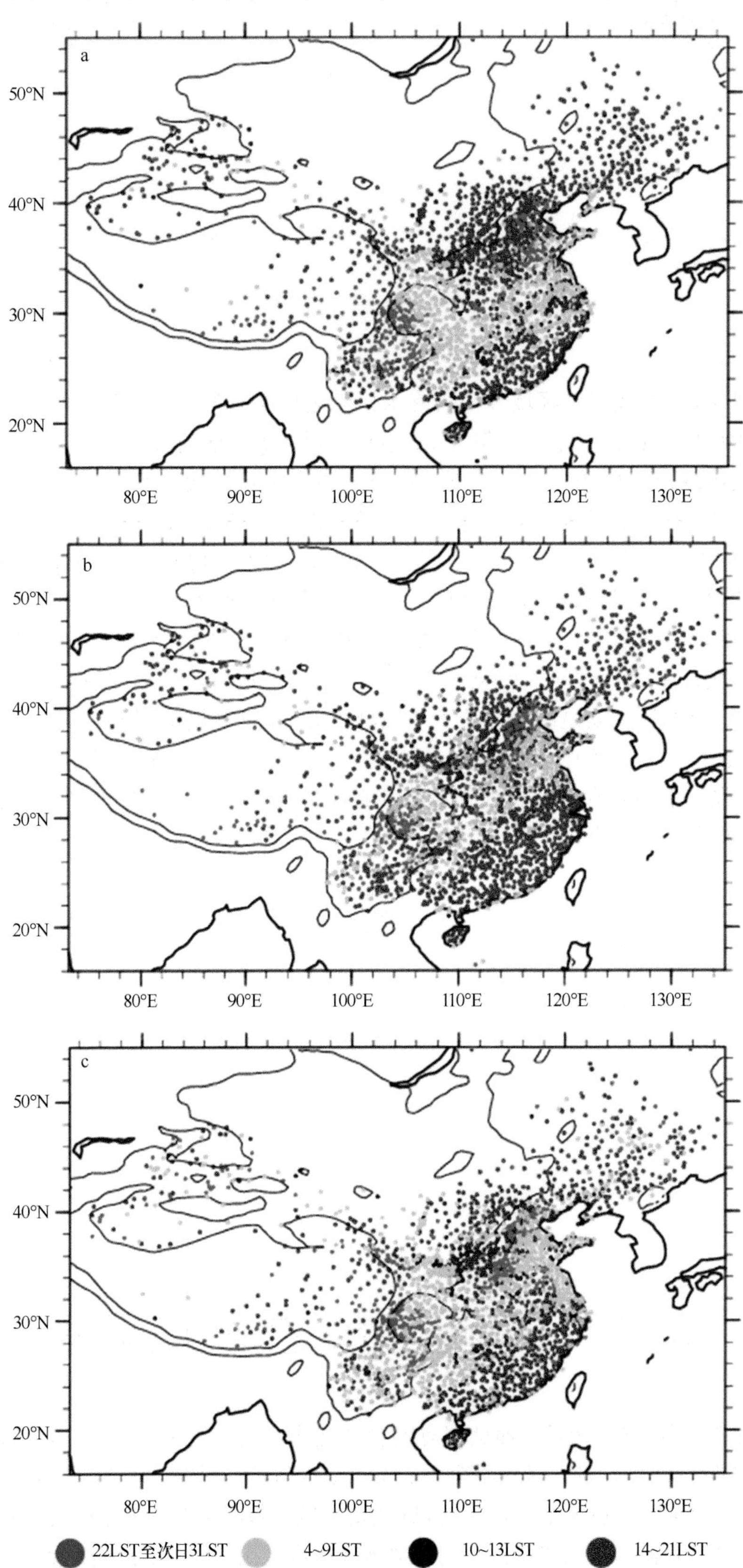

图3-13 春末夏初（5～6月）（a）、盛夏（7～8月）（b）和秋季（9～10月）（c）降水量日变化的峰值时间位相分布

黑色细实线表示1000m和3000m等高线

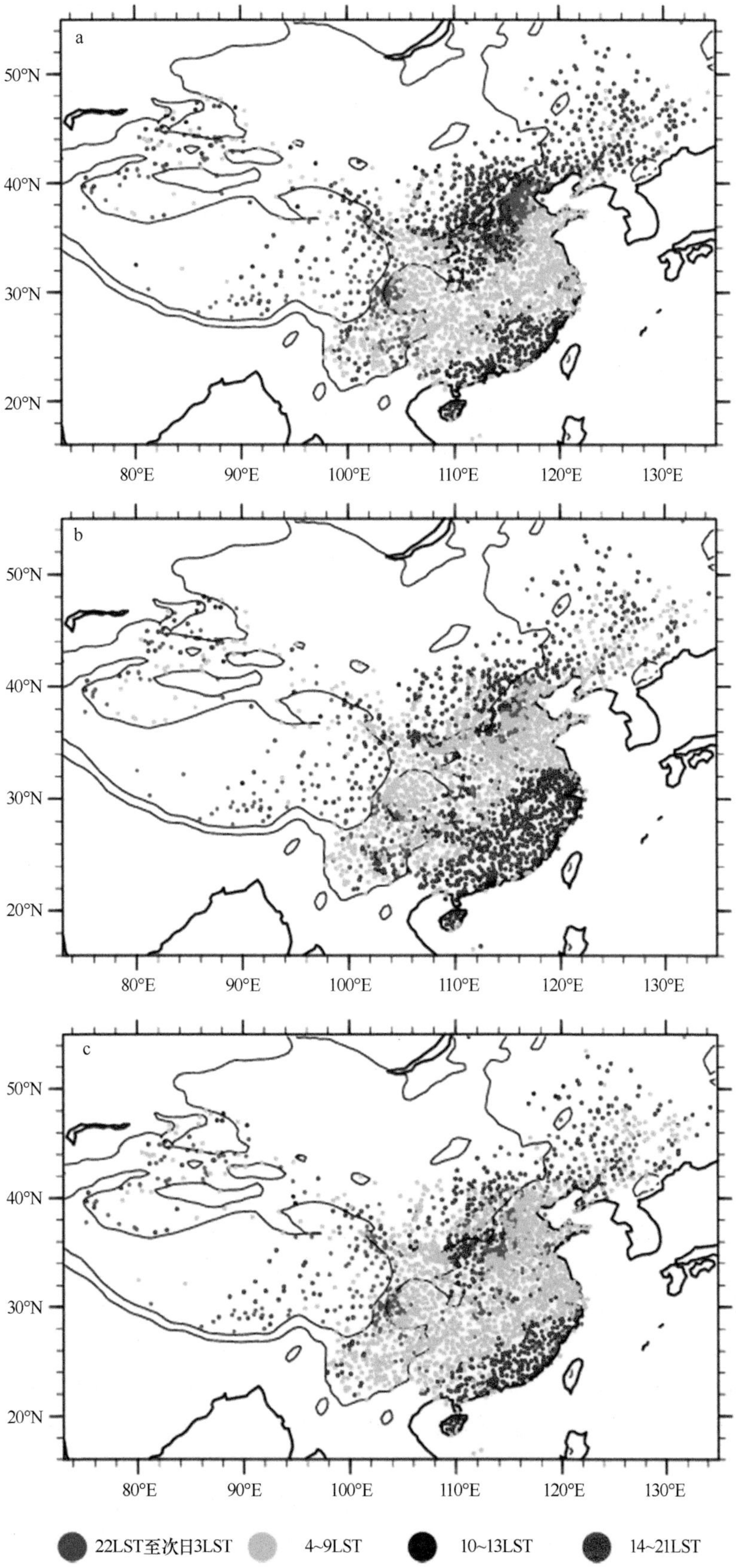

22LST至次日3LST　4~9LST　10~13LST　14~21LST

图3-14　春末夏初（5～6月）（a）、盛夏（7～8月）（b）和秋季（9～10月）（c）降水频率日变化的峰值时间位相分布

黑色细实线表示1000m和3000m等高线

为进行定量比较，图3-15a～c分别给出了降水量、降水频率和降水强度的峰值出现在不同时刻的台站比例。由图3-15a可知，图3-13a、b显示的春末夏初和盛夏降水量日变化峰值出现时次最多的台站都是在17LST前后，春末夏初的降水量在16～18LST达到峰值的台站数占总台站数的24.5%，在盛夏更为突出，可以达到32.1%。而图3-13c显示的秋季降水量日变化峰值出现在6LST前后的台站最多，显示了秋季降水量日变化与春、夏季的明显差异。三个时期的峰值出现在12LST前后的台站都是最少的。图3-15b显示了三个时期降水频率日变化峰值都是出现在6LST前后的台站最多，与图3-1b反映的5～10月平均特征基本一致。春末夏初、盛夏降水频率峰值出现在5～7LST的台站比例分别为33.8%和34.3%，秋季清晨峰值的台站比例最为突出，可以达到41.1%。值得注意的是，春末夏初（图3-14a）、盛夏（图3-14b）和秋季（图3-14c）降水频率日变化峰值出现在下午时段的差异明显。如图3-15b所示，春末夏初（秋季）下午峰值台站占比最多的是18（19）LST，盛夏峰值台站占比最多的时间有所提前，出现在17LST，且占比是三个时期中最高的（8.9%）。图3-15c显示出降水强度日变化峰值多出现在16～17LST，在盛夏尤为突出（22.6%），春末夏初和秋季降水强度在16～17LST出现峰值的台站占比相近，较盛夏明显偏少，仅分别为16.5%和14.7%。

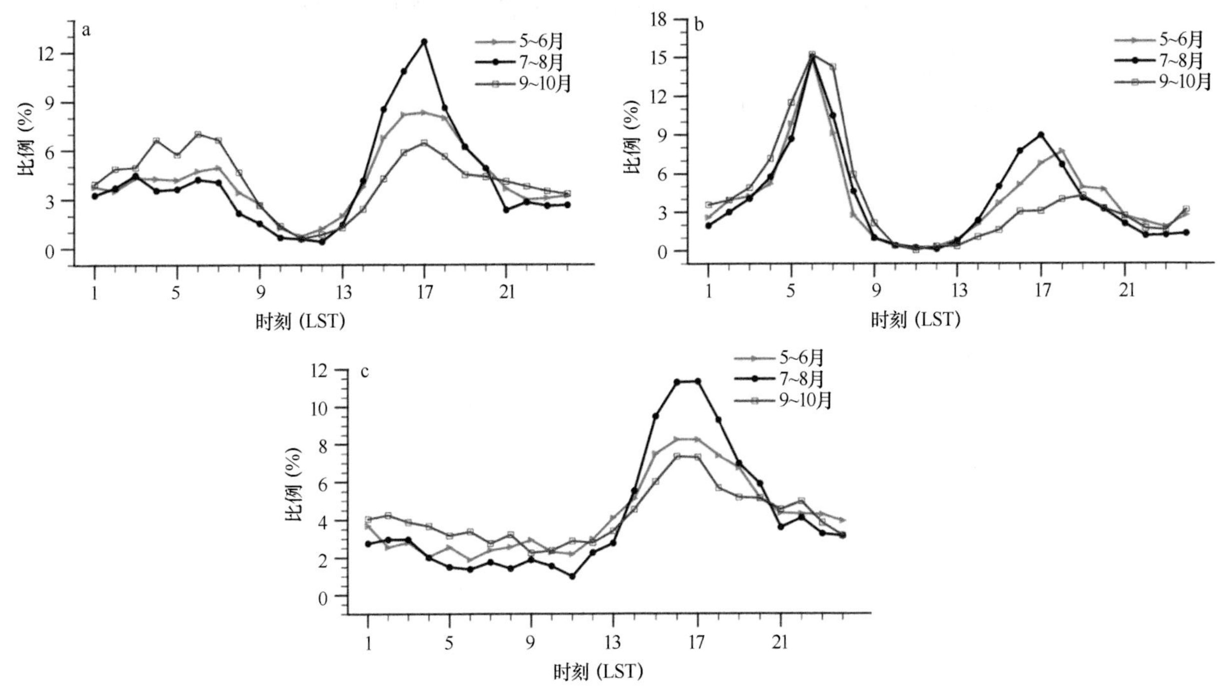

图3-15 降水量（a）、降水频率（b）和降水强度（c）在春末夏初、盛夏、秋季的峰值出现在不同时刻的台站数占总台站数的比例

图3-16a～c分别给出了我国所有台站平均的降水量、降水频率和降水强度在春末夏初、盛夏、秋季三个时期的日变化演变曲线。由图3-16a可知，三个时期的降水量日变化都是“双峰”型，但春末夏初和秋季的主峰值出现在清晨，只是秋季的位相超前1h（位于5LST），而盛夏的主峰值出现在17LST。图3-16b和图3-16c分别表现出三个时期我国平均的降水频率和降水强度日变化曲线差别不如降水量显著。与图3-1一致，降水频率的主峰值都出现在清晨时段，集中在6LST，而降水强度的主峰值都出现在17LST前后，只是降水频率秋季的清晨峰值更突出，降水强度盛夏的下午峰值更突出。图3-16同时也表明三个时期降水日变化的平均振幅变化不大。

为了能更定量化地认识降水日变化的季节内差异，这里设定如果某台站盛夏降水量（降水频率）的日变化峰值时间位相与春末夏初和秋季的差值都小于6h，则认为该台站的降水量（降水频率）日变化在暖季的季节内差异不大；反之，如果盛夏降水量（降水频率）的日变化峰值时间位相与春末夏初或秋季的差值大于6h，且降水量（降水频率）的日变化振幅大于1.5（1.25），则认为该台站的降水量（降水频率）日变化在暖季的季节内差异显著。图3-17a（图3-18a）和图3-17b（图3-18b）分别显示了降水量（降水频率）日变化暖季季节内差异不显著和显著的台站及其盛夏降水量（降水频率）日变化的峰值时间位相。

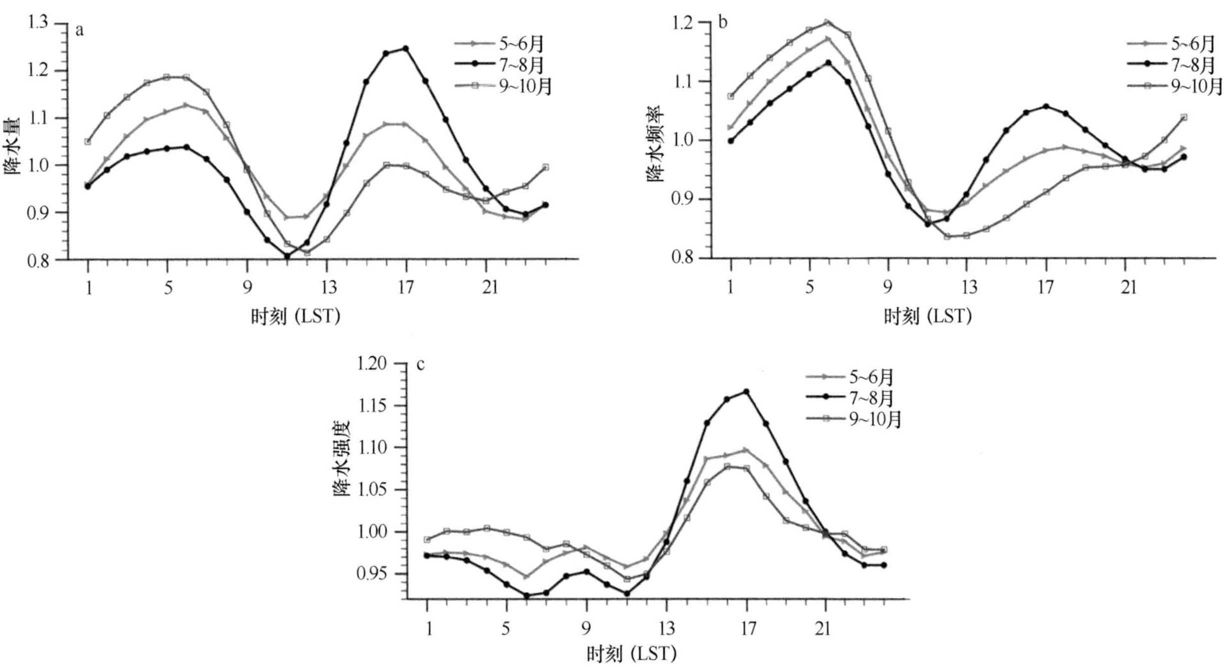

图3-16　我国所有台站平均的降水量（a）、降水频率（b）和降水强度（c）在春末夏初、盛夏、秋季的日变化演变曲线

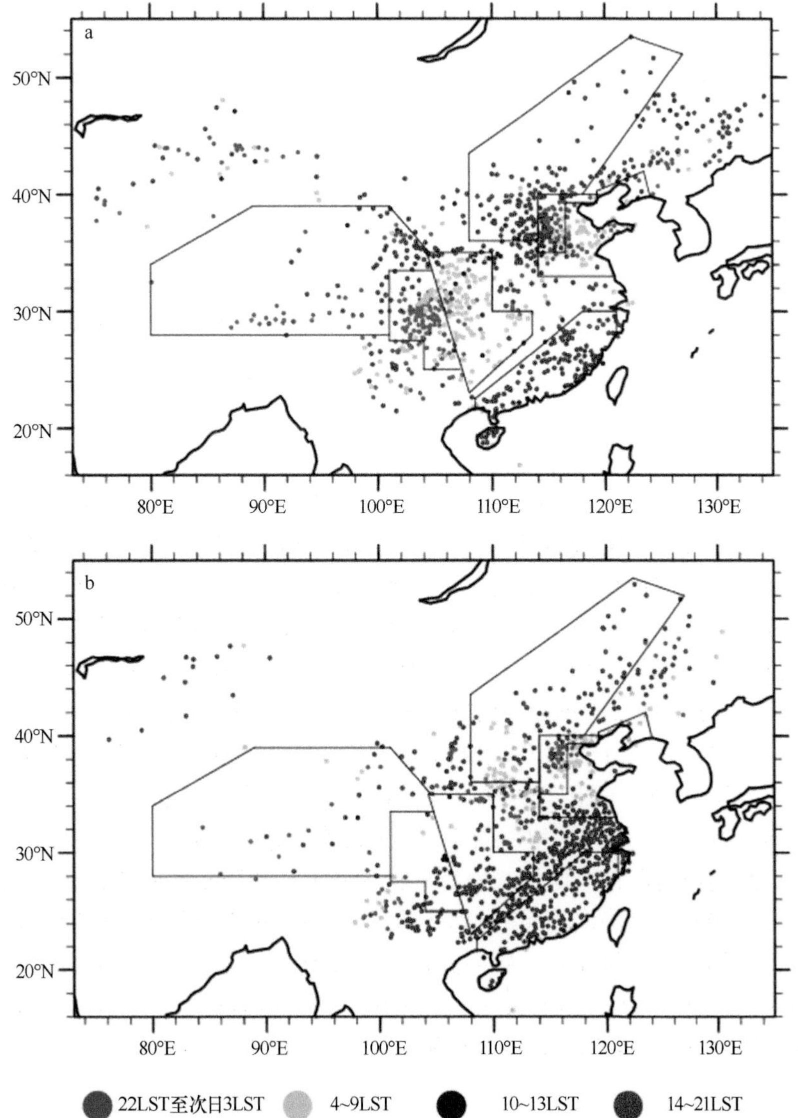

图3-17　降水量日变化暖季季节内差异不显著（a）和显著（b）的台站及其盛夏降水量日变化的峰值时间位相分布

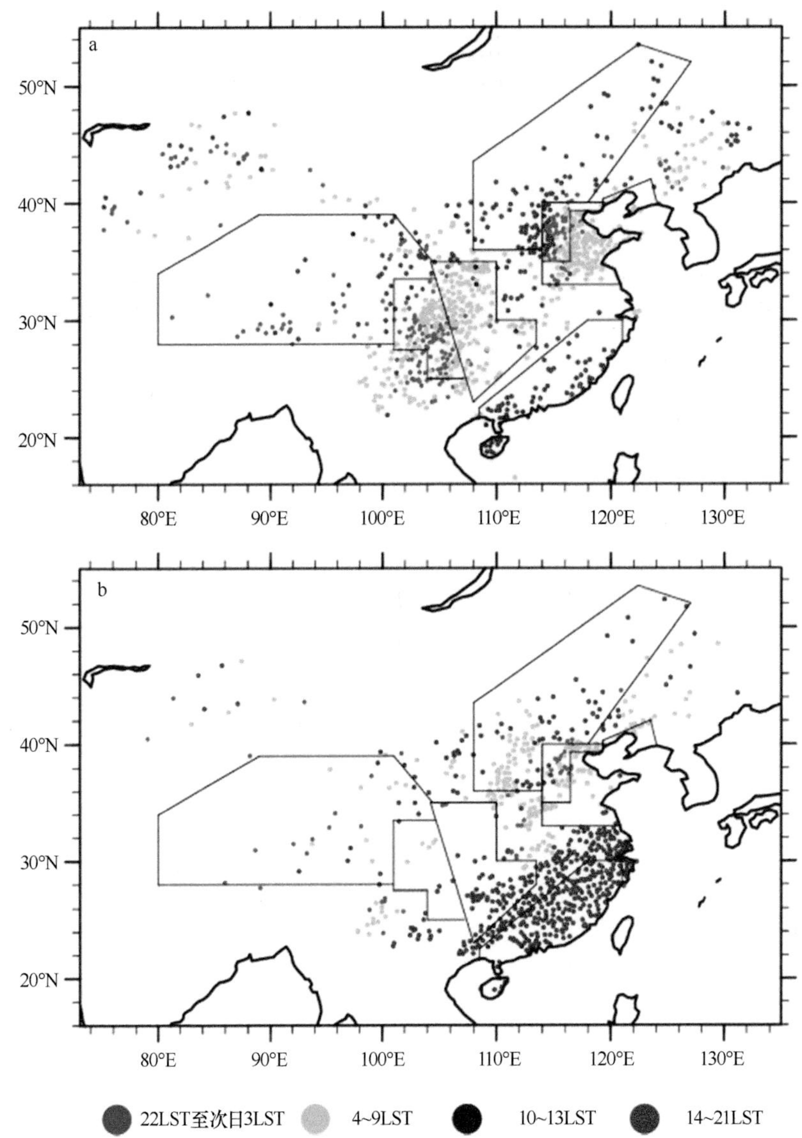

图3-18 降水频率日变化暖季季节内差异不显著（a）和显著（b）的台站及其盛夏降水频率日变化的峰值时间位相分布

将图3-17a和图3-18a与图3-5a对比可知，第二节、第三节中讨论的代表性区域的日变化位相特征稳定，暖季季节内差异不大，特别是AN_N、AN_S、MN_S、EM_S和EVE_TP区域，大多数台站满足盛夏降水量（降水频率）的日变化峰值时间位相与春末夏初和秋季的差值小于6h。比较图3-17b和图3-18b与图3-6可以看到，降水量（降水频率）日变化暖季季节内差异显著的台站多数分布在各峰值时间位相代表性区域的边缘或交界处，或降水量和降水频率日变化不一致的区域，最突出的是AN_S与EM_N和EM_S的交界或边缘区域，这里盛夏降水量和降水频率日变化的峰值时间位相均为下午时段且振幅较大。

为了更清楚地了解在AN_S与EM_N和EM_S的交界或边缘区域降水日变化的季节内差异，图3-19给出了我国东南部（22.5°～32.5°N，107°～122°E）降水量与降水频率均存在显著季节内差异的台站平均的5～10月逐旬（共18个旬，其中第1旬表示5月上旬，以此类推）降水量占比和降水频率占比的日变化。

图3-19清楚表明了此类台站在春末夏初、盛夏、秋季降水量和降水频率的日变化差异。6月下旬（第6旬）之前，该地区平均的降水量和降水频率的日变化峰值时间位相主要位于清晨时段，而6月下旬至9月中旬（第14旬），该地区平均的降水量和降水频率的日变化峰值主要出现在下午时段，降水频率的峰值时间滞后降水量峰值时间约1h。日变化振幅在盛夏最大。从9月下旬（第15旬）往后，降水量和降水频率的日变化峰值时间位相重回清晨时段，振幅都与春末夏初相当。

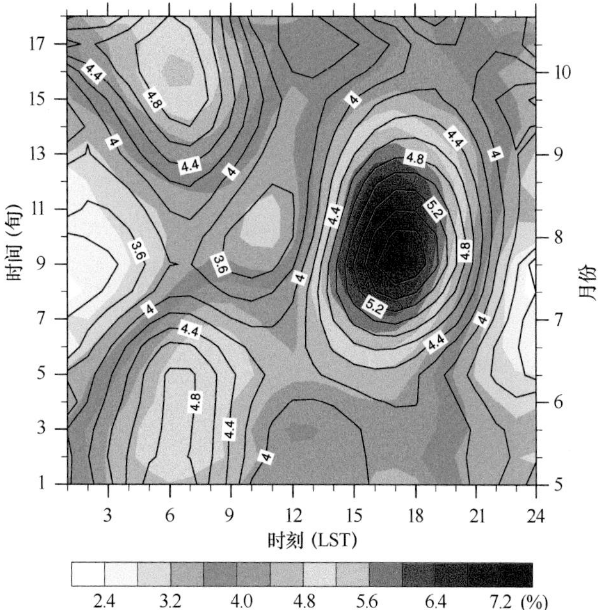

图3-19　AN_S与EM_N和EM_S的交界或边缘区域降水量和降水频率日变化暖季季节内差异显著的台站平均的降水量占比（填色）和降水频率占比（等值线，单位：%）日变化在5～10月的逐旬变化

为了定量分析降水日变化暖季季节内演变在相邻区域之间的关联性，考虑到降水日变化季节差异较大的台站主要集中在中国东部地区，且主要表现为清晨和下午峰值的交替，分别计算了东部地区各台站各旬在1～9LST和13～21LST降水量与降水时数占日总降水量和降水时数的比例，占比的大小可以综合反映日变化位相和振幅的基本特征。

图3-20a（图3-20b）给出了25°N到40°N之间110°～120°E纬向平均的1～9LST（13～21LST）降水量和降水时数占全天总量的比例在5～10月的逐旬演变。在33°N以南，5～10月的降水量和降水频率日变化的主峰值时间位相都经历了从清晨到下午再到清晨的暖季季节内转变，而在34°N以北，降水量和降水频率日变化的主峰值时间位相则明显经历了从下午到清晨的转变。从春末到盛夏，清晨主位相自南向北逐渐推进，随之南部转为下午主位相；进入秋季后，清晨主位相逐步向南扩展，直至主导大部分区域。这与东亚夏季风雨带的南北进退有关，将在第七章作进一步分析。

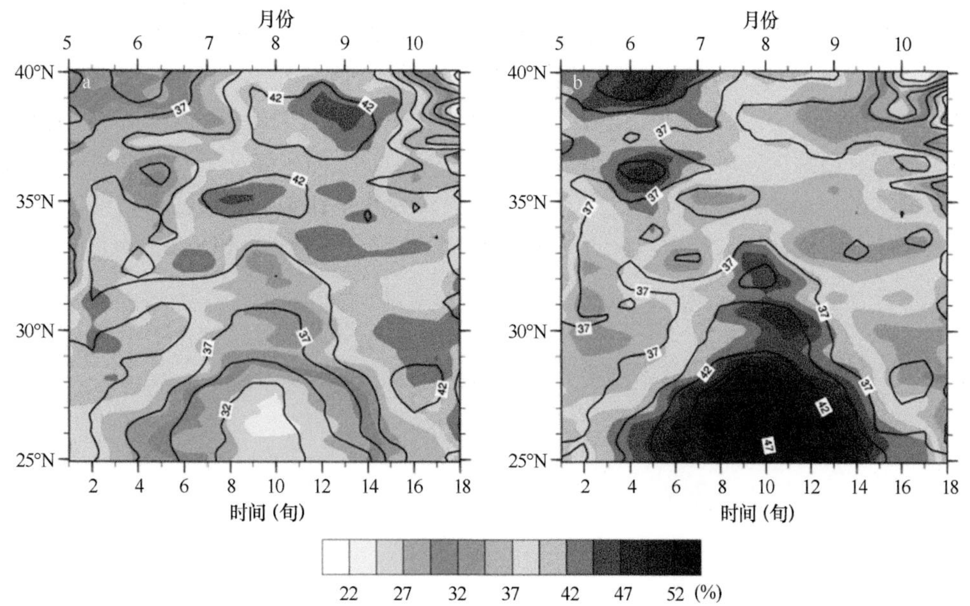

图3-20　25°N到40°N之间110°～120°E纬向平均的1～9LST（a）与13～21LST（b）降水量占比（填色）和降水时数占比（等值线，单位：%）在5～10月的逐旬分布

图3-21a（图3-21b）给出了105°E到120°E之间23°～28°N（33°～37°N）经向平均的13～21LST（1～9LST）降水量和降水时数占全天总量的比例在5～10月的逐旬演变。在华南西部（大致111°E以西），春末夏初和秋季午后降水比重少，盛夏午后降水增多；在华南东部（大致111°E以东），午后降水在整个18旬间都保持较大比例，最大比重出现在盛夏。华北110°E以东的地区，呈现出与华南类似但反位相的演变特征：110°～115°E春末夏初和秋季的清晨降水比重少，115°E以东地区整个5～10月都是清晨降水占优。华北110°E以西的地区，清晨降水比重整体较大，且春末夏初和秋季为两个大值中心，其中最为突出的秋季高占比清晨降水反映了西部秋雨的日变化特征。另外，图3-21a（图3-21b）反映的一个关键特征是华南（华北）从春末到盛夏高占比的下午（清晨）降水自东向西推进，盛夏后再自西向东撤退。

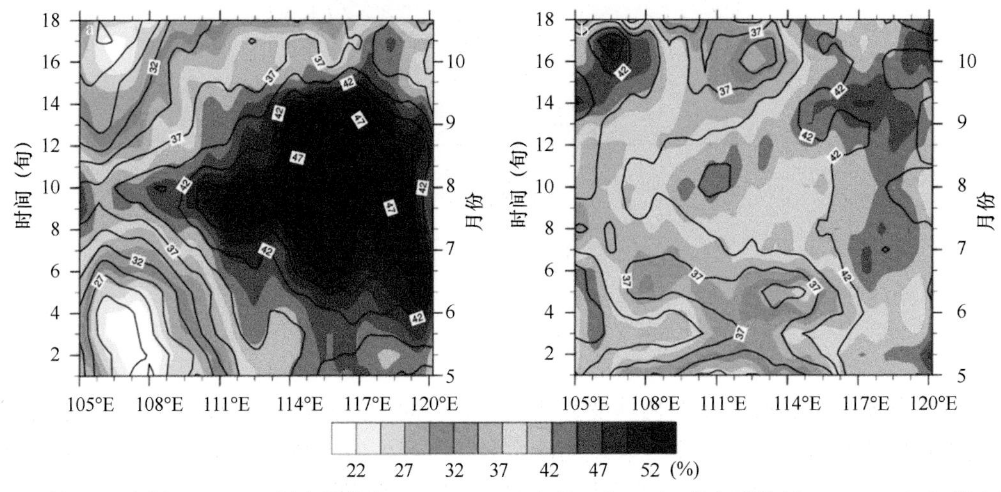

图3-21　105°E到120°E之间23°～28°N经向平均的13～21LST（a）和33°～37°N经向平均的1～9LST（b）降水量占比（填色）和降水时数占比（等值线，单位：%）在5～10月的逐旬分布

第五节　降水日变化的全年季节差异

第四节的结果基本表明了降水日变化暖季内的季节转换特征。在对全年的季节演变进行分析时，考虑到冬季有逐小时降水资料的台站主要集中在35°N以南和96°E以东，因此重点对这一区域进行考察。

图3-22和图3-23分别给出了降水量和降水频率在夏季（6～8月）、秋季（9～11月）、冬季（12月至次年2月）和春季（3～5月）日变化峰值时间位相的分布。从夏季到秋季，最明显的变化发生在EM_S区域与AN_S区域的交界和边缘处，降水量峰值出现在清晨（下午）的台站数增加（减少），两类台站的分界线向东南方向迁移。从图3-23给出的降水频率峰值分布来看这一趋势更为明显：进入秋季后降水频率在清晨达到峰值的台站大幅增多，而降水频率峰值位于午后的台站主要集中在临近东南沿海内陆的小片区域。从秋季到冬季，无论是降水量还是降水频率，东南地区的下午峰值都几乎消失；MN_S区域的夜间峰值明显向东

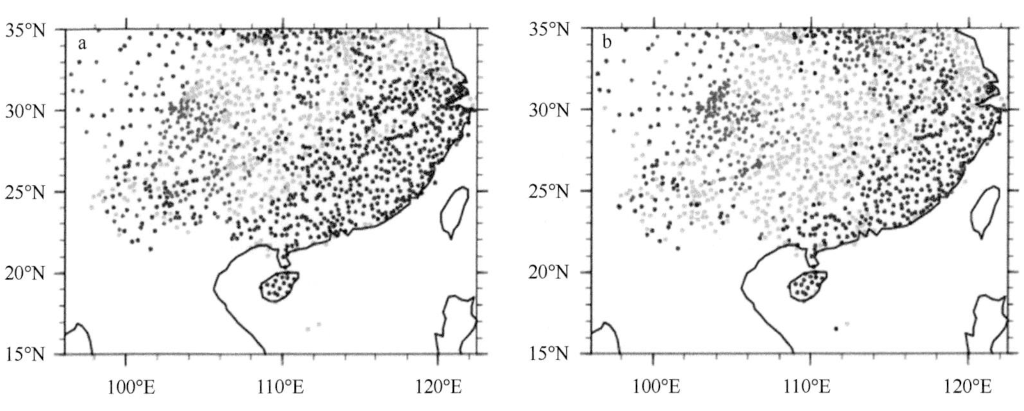

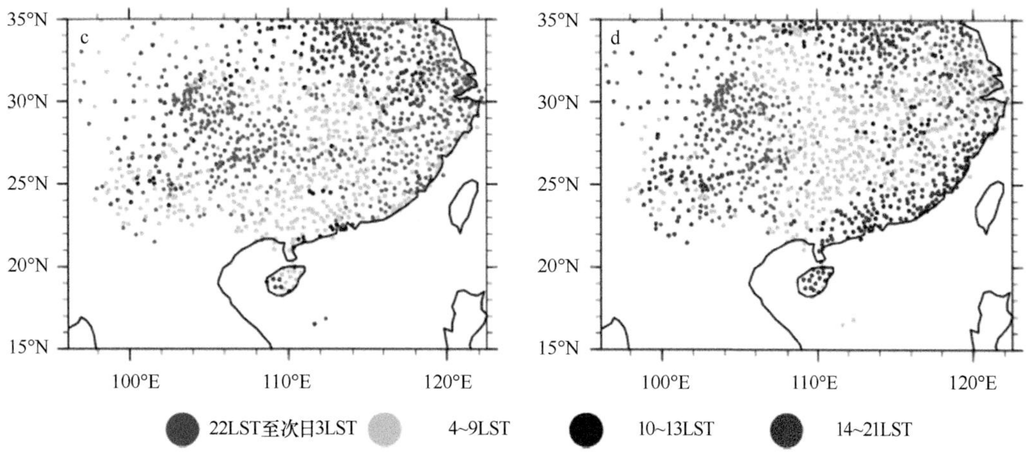

图3-22　夏季（6～8月）（a）、秋季（9～11月）（b）、冬季（12月至次年2月）（c）和春季（3～5月）（d）降水量日变化的峰值时间位相分布

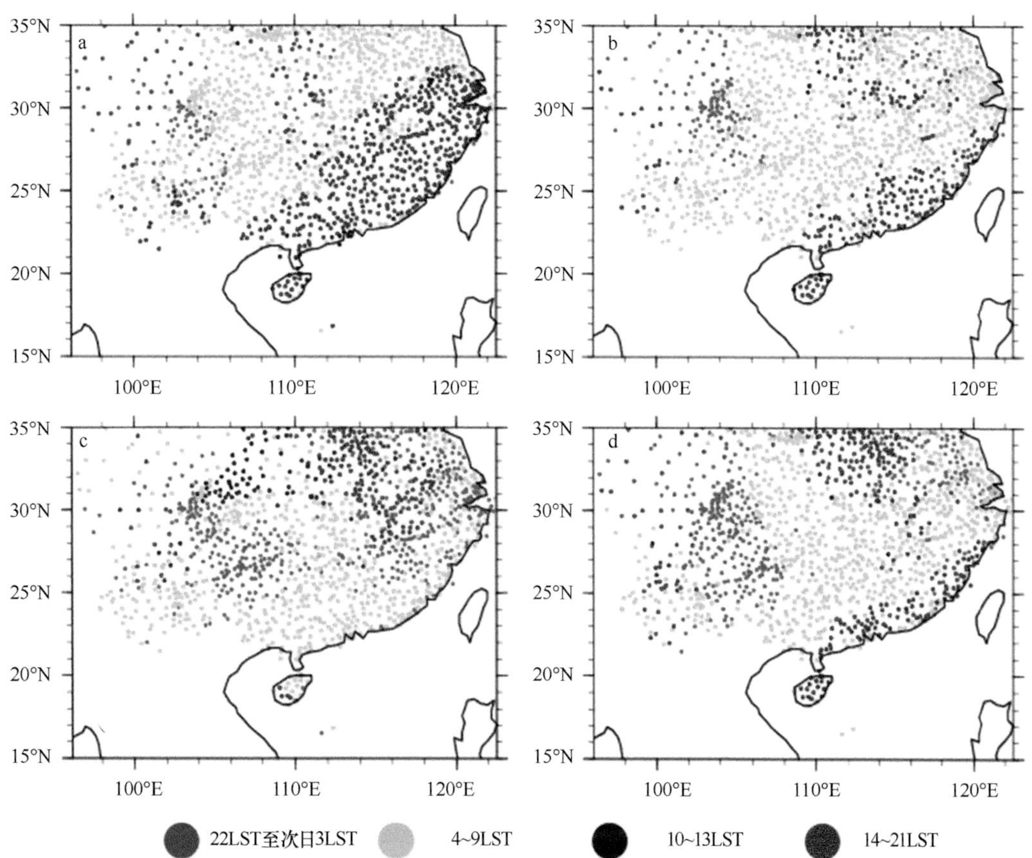

图3-23　夏季（6～8月）（a）、秋季（9～11月）（b）、冬季（12月至次年2月）（c）和春季（3～5月）（d）降水频率日变化的峰值时间位相分布

扩展，在115°E以东也出现了很多夜间峰值台站。从冬季到春季，夜间峰值台站减少，清晨峰值台站增加，东南地区下午峰值台站重新出现。从春季到夏季，夜间和清晨峰值台站均减少，下午峰值台站在东南地区大幅增加。

鉴于在前文暖季季节内变化部分已分析过以盛夏为基准的日变化演变特征，这里我们主要关注秋、冬、春三个季节间的日变化差异。图3-24a和图3-24b类似于图3-17a和图3-17b，图3-24c和图3-24d类似于图3-18a和图3-18b，分别给出了以冬季降水量和降水频率日变化为参照并与前后季节比较而得出的日变化的季节差异显著和不显著的台站分布情况。如图3-24b和图3-24d所示，季节差异不显著的台站主要在MN_S和

EM_S区域，位于江苏和浙江的部分夜间峰值台站冷季季节差异也不大。综合图3-24a和图3-24c，降水量和降水频率均发生显著变化的台站主要分布在EM_S区域以东和AN_S区域，表现为冬季清晨峰值与春、秋季下午峰值之间的转变。

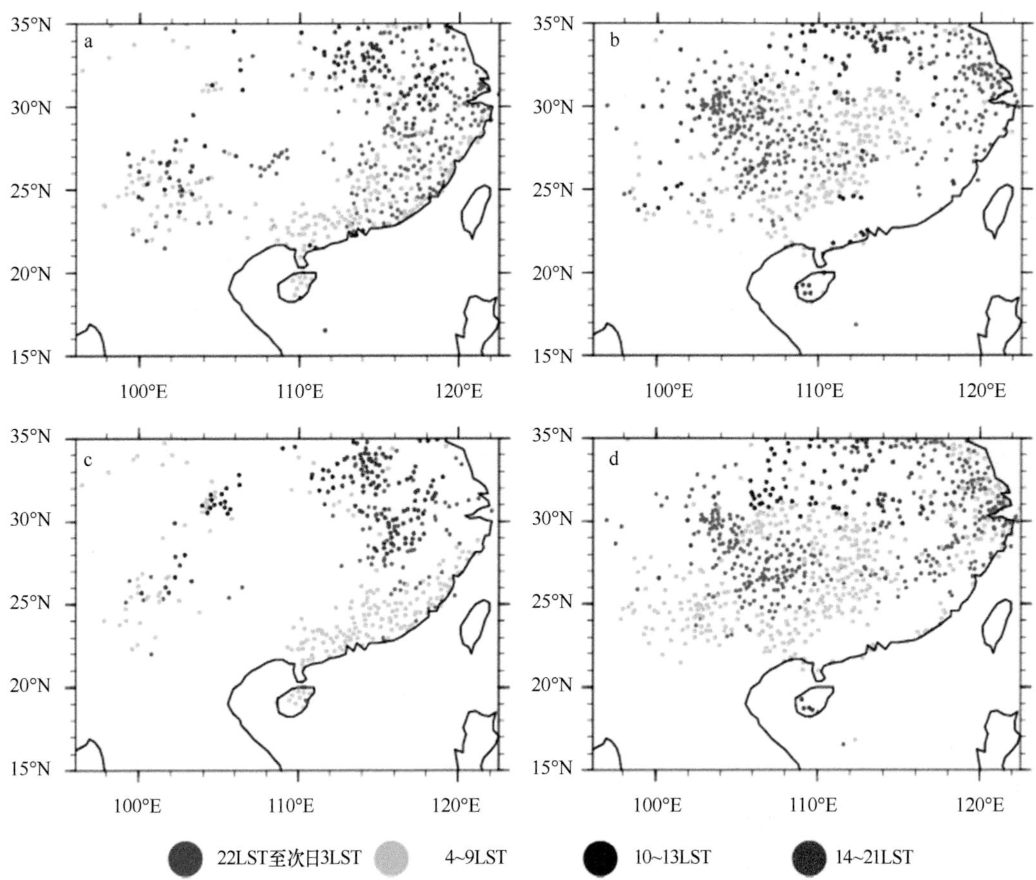

图3-24　以冬季降水量日变化为参照并与前后季节比较而得出的日变化的季节差异显著（a）和不显著（b）的台站冬季降水量日变化的峰值时间位相，以及降水频率差异显著（c）和不显著（d）的情况

第四章
单站降水事件及其日变化

包括上一章在内的此前有关降水日变化的研究，主要局限在对单个台站（单点）日内不同时段降水的基本气候统计分析。这样的结果对理解多尺度地形或不均匀地表强迫对当地降水系统的综合影响，对开展天气或气候数值模式对当地降水的模拟或预报效果的综合评估等都有很好的指导作用。然而，任何降水都有一个发生、发展、衰亡的过程，着眼于这样的过程研究，才更加有利于深刻认知降水的精细化演变规律。但全球大气是联通的，各地的天气过程不仅自身的前后左右相关联，还存在着异地同时、超前或滞后的遥相关。何为一次降水事件或天气事件？无论是在时间域还是空间域都难有绝对的切割。

我们日常的气象服务，通常是针对一个点或一个具体区域来进行的。对每个固定的台站（点），每次降水过程至少存在开始、结束、持续等时间特征。对一个固定区域降水来说，至少还有一个降水区域覆盖面和均匀性的问题。本书主要从天气预报和服务的实际出发，立足于一个台站（点）或一个关注区域（固定的面）来理解降水的演变过程。本章和下一章将分别立足于台站和固定区域，着眼于在某种界定下完整的降水过程或降水事件开展降水日变化的分析研究。通过研究不同降水事件演变过程的日变化气候特征，可以获取与降水日变化演变过程有更直接物理关联的科学认知，从而更有利于增进对降水形成机制的理解。研究成果也将更有利于指导具体的精准预报和精细服务。

第一节　单站降水事件的定义

本章把发生在一个台站（点）的连续降水过程称为该台站（点）的一次降水事件，并着眼于降水事件的开始、峰值、结束时间和强度及持续时间等开展降水日变化的气候特征分析，以加深对降水演变过程的科学认知。

这里首先是要确定一个降水阈值，按日常地面台站观测数据的阈值，将逐时累积降水量大于等于0.1mm的时次判定为有降水时次，否则视为无降水时次。接下来是明确降水的开始和结束。考虑到有无降水的阈值是0.1mm，而不是0，这里设定分开前后两个降水事件，至少其间要有2h“无降水”（小时降水量小于0.1mm），即一次降水事件开始后，只有当某一降水时次之后连续2h没有降水时，才判定这一时次是该降水事件的结束时刻，降水事件开始时次为降水开始时刻。将降水事件从开始时次至结束时次的总小时数定义为该次降水的持续时间。降水事件开始、峰值和结束时间发生频次定义为统计时段内降水在各时刻开始、达到峰值和结束的总次数。

以图4-1北京站2011年7月19日8LST至20日12LST的观测降水序列为例，说明单站降水事件的定义。在这一时段，有两次降水事件发生。第一次降水事件于7月19日11LST开始（1.1mm），12LST结束（0.2mm），峰值发生在开始时次，为一次持续2h的短时降水事件。事件平均降水强度为0.65mm/h，峰值强度为1.1mm/h，累积降水量为1.3mm。第二次降水事件于7月20日1LST开始，9LST结束，峰值出现在2LST，为一次持续9h的降水事件。事件平均降水强度为3.64mm/h，峰值强度为14.7mm/h，累积降水量为32.8mm。

图4-2为中国2001～2015年5～10月（184d）平均的降水事件数的空间分布，可见降水事件数大致呈自南向北减少的趋势。5～10月降水事件发生最频繁的台站位于青藏高原东南侧横断山脉、云贵高原和华南沿海，平均发生降水事件150次以上。四川盆地与长江流域以南年平均的降水事件均在100次以上。华北高地形周边降水事件发生频次较下游平原高。东北地区东部降水事件发生较西部更频繁。

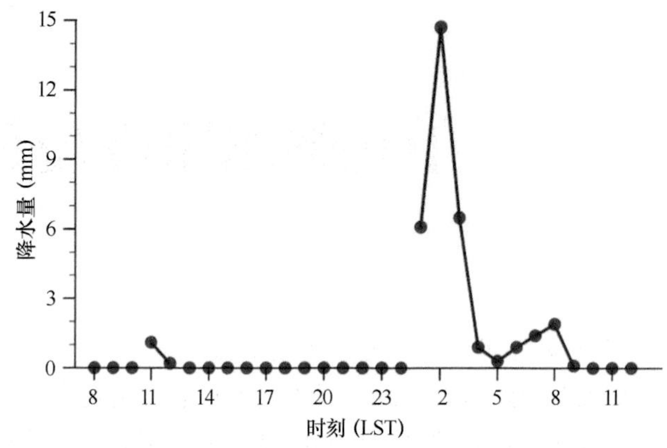

图4-1 北京站2011年7月19日8LST至20日12LST观测降水量

图中每个实心圆为一个时次，红色实线连接有降水的时次

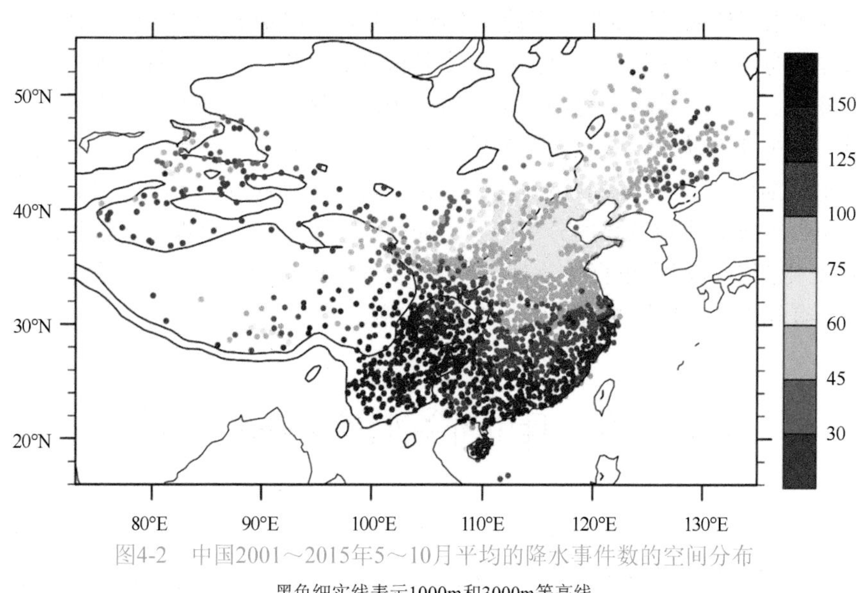
图4-2 中国2001～2015年5～10月平均的降水事件数的空间分布

黑色细实线表示1000m和3000m等高线

图4-3给出了中国2001～2015年5～10月平均的降水事件的平均持续时间（图4-3a）和最长持续时间（图4-3b）的空间分布。全国85.8%的台站平均持续时间在3～4.5h，平均持续时间大值区位于长江和黄河之间的区域。中东部28°N以南和38°N以北地区的降水平均持续时间相对较短，大多数台站的持续时间不到3.6h。青藏高原和西北地区多数台站降水平均持续时间在3h以下。76%的台站最长持续时间在10～30h。在

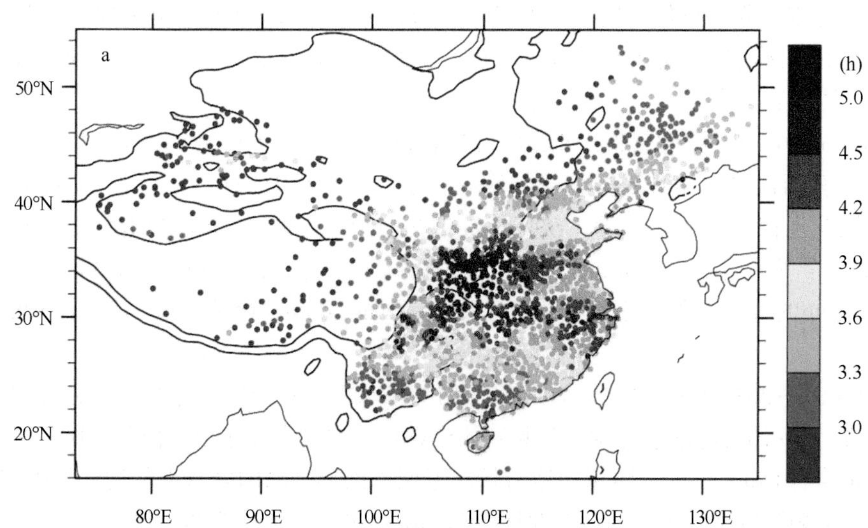

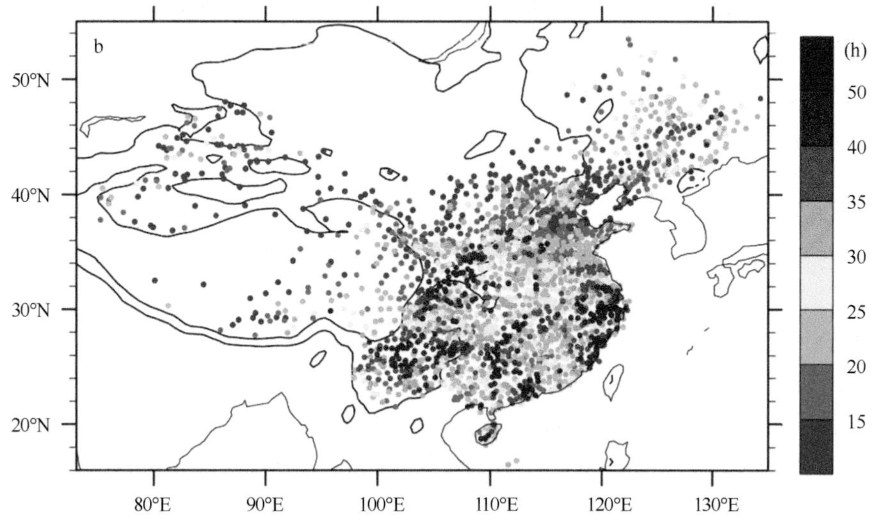

图4-3　中国2001～2005年5～10月降水事件的平均持续时间（a）和最长持续时间（b）的空间分布

黑色细实线表示1000m和3000m等高线

100°E以东，最长持续时间的分布与地形密切相关，大多数最长持续时间超过30h的台站位于高地形周边及其东侧，许多台站的最长持续时间超过40h。持续时间最长的台站为浙江上虞站，达73h。

第二节　单站降水事件的日变化特征

第三章给出了中国5～10月降水量、降水频率和降水强度的日变化，本节从单站降水事件的角度，考察降水事件开始、峰值和结束时间频次等的日变化特征。

图4-4a给出了中国2100余个台站5～10月平均的降水开始、峰值和结束时间频次的日变化曲线。各台站降水事件平均的开始、峰值和结束时间的日变化均表现出“双峰”特征，且午后至傍晚峰值高于午夜至凌晨峰值。降水开始和峰值时间频次的主峰值均出现在16LST，而结束时间频次的主峰值滞后2h，表明下午多出现短时降水，或很多降水在开始后很快就达到峰值。开始、峰值和结束时间频次的午夜至凌晨次峰值表

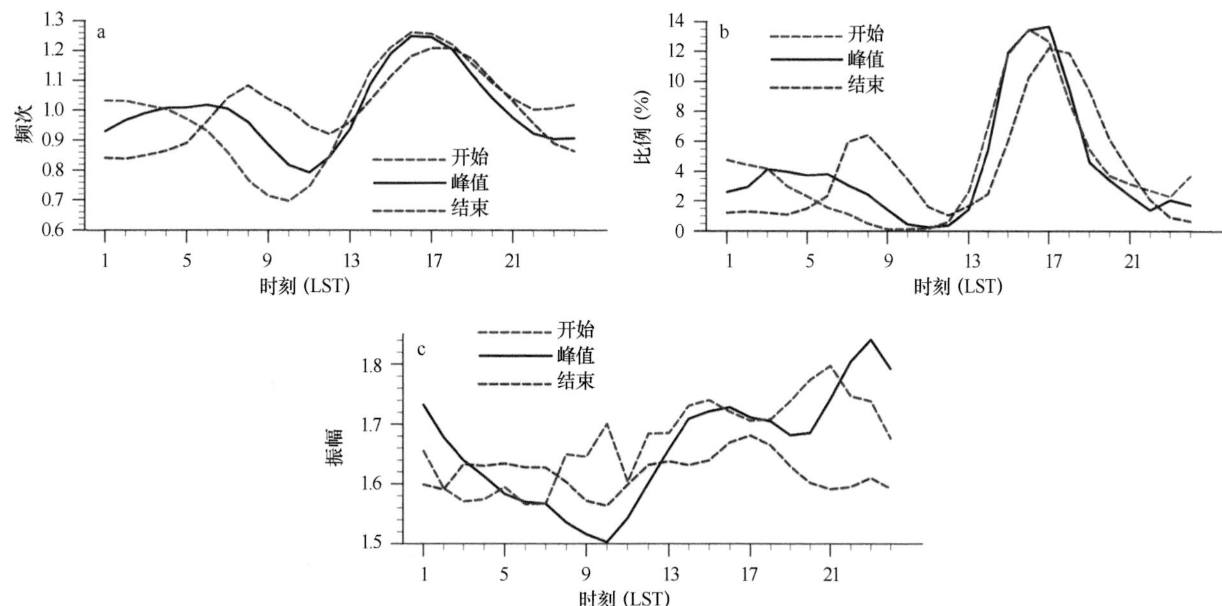

图4-4　中国2100余个台站5～10月平均的降水开始、峰值和结束时间频次的日变化曲线（由日平均频次标准化）（a），各时刻出现最高频次降水开始、峰值和结束的台站数占总台站数的比例（b），峰值出现在不同时刻的台站的平均振幅（c）

现出更明显的长持续降水特征，开始时间易于出现在1LST，峰值（结束）时间易于出现在6（8）LST。开始、峰值和结束时间频次的谷值均出现在上午至中午。

通过对中国2100余个台站各自降水事件开始、峰值和结束时间频次的日变化进行分析，统计各台站最高频次降水开始、峰值和结束的时间，图4-4b给出了各时刻出现最高频次降水开始、峰值和结束的台站数占总台站数的比例。降水开始、峰值和结束时间最频繁出现在下午（14～21LST）的台站数分别占65.8%、64.3%和62.4%。降水开始最多出现在16LST的台站数最多，降水峰值和结束最多出现在17LST的台站数最多。也有相当数量的台站，降水开始、峰值和结束时间主要出现在午夜至清晨，特别是有相当数量的台站降水多在清晨结束。

同样基于2100余个台站降水开始、峰值和结束时间频次的日变化曲线，分别计算有相同日变化峰值时间位相的台站的平均日变化振幅，得到图4-4c。总体来看，在各时刻降水开始、峰值和结束时间频次日变化的多数台站平均振幅较大，达1.5以上，说明多数台站的降水开始、峰值和结束的时间段相对比较集中，这也表明各台站降水日变化的特征比较显著，尤其是在傍晚至夜间降水开始和达到峰值的台站，平均振幅更大，表明夜雨区的夜雨率很高。

图4-5给出了中国5～10月降水开始时间日变化的主峰值时间位相和振幅的空间分布。与图4-4b一致，大

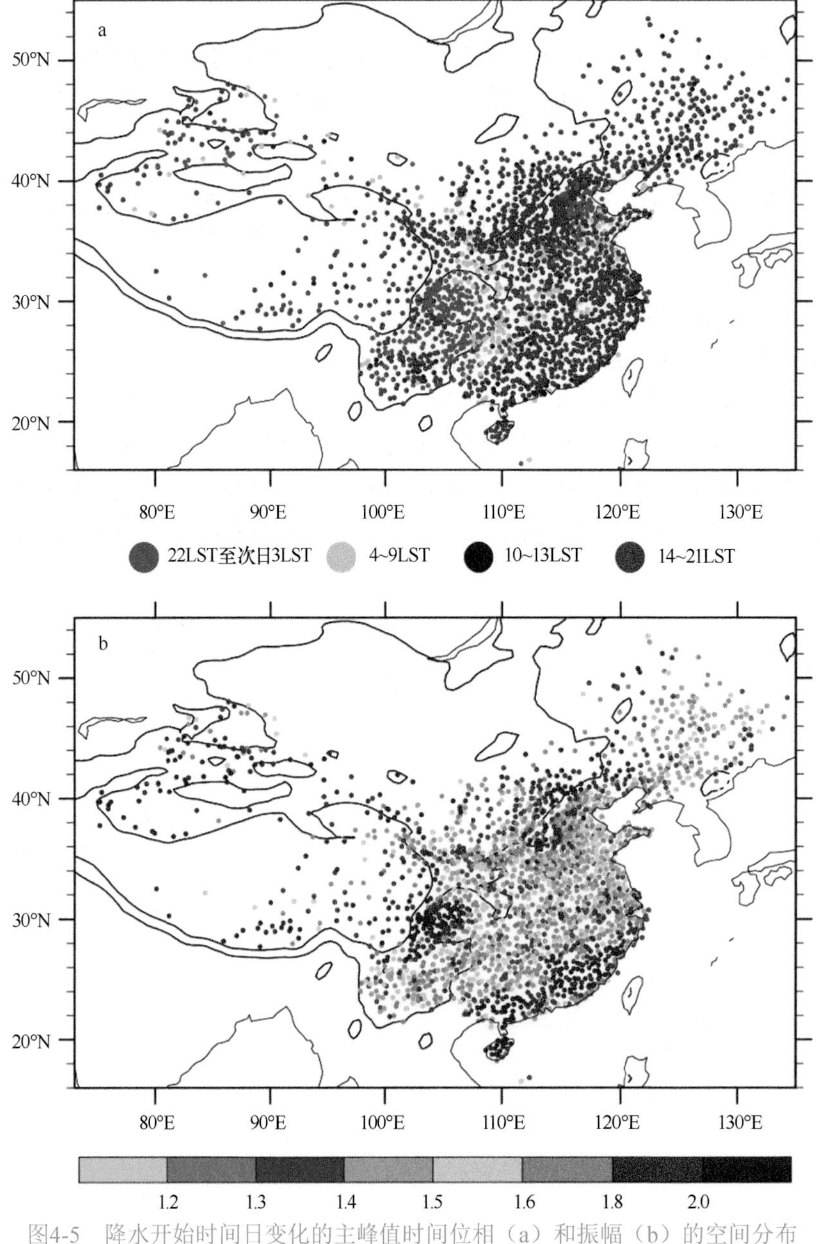

图4-5　降水开始时间日变化的主峰值时间位相（a）和振幅（b）的空间分布

黑色细实线表示1000m和3000m等高线

多数台站的降水多在下午时段开始，其次是在夜间时段和部分清晨时段，中午时段基本没有降水开始。下午至夜间时段开始降水的台站，日变化振幅都较大，特别是西藏、新疆、甘肃、青海、内蒙古的大部分台站，以及位于AN_S、AN_N和MN_S区域的主要台站。中东部地区台站降水开始时间的主峰值时间位相一致性相对较差，振幅也相对较小。

图4-6为中国5～10月降水峰值时间日变化的主峰值时间位相和振幅的空间分布。大多数台站降水事件的最强降水时间仍主要在下午时段，降水峰值时间的日变化振幅大值区与开始时间几乎一致，大值区均出现在西部地区、四川盆地、东南内陆和华北中西部地区。但相比于图4-5a，在清晨出现峰值的台站明显增加，在四川盆地东部和华北中东部沿海区域，峰值时间多明显滞后于开始时间，出现在清晨。

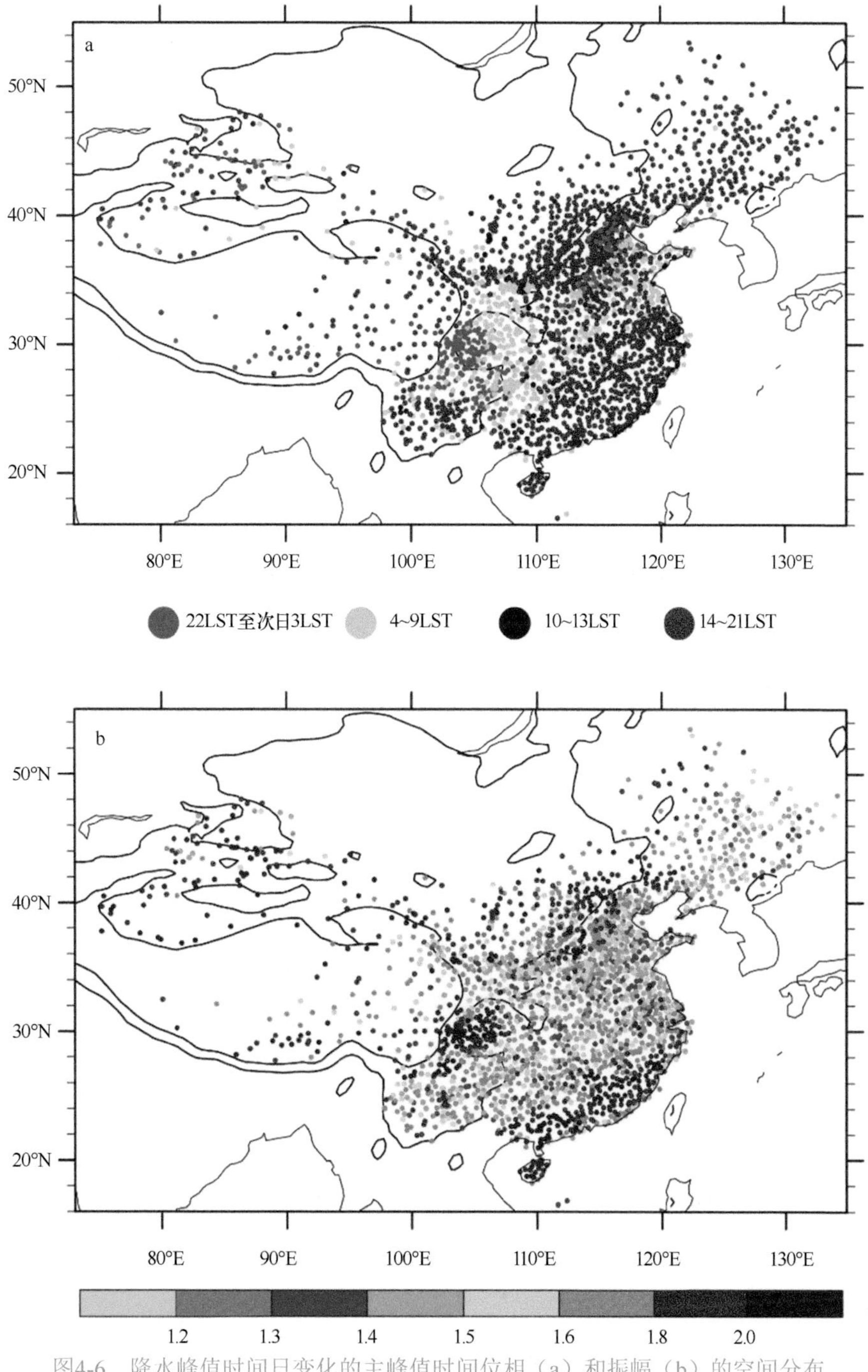

图4-6　降水峰值时间日变化的主峰值时间位相（a）和振幅（b）的空间分布

黑色细实线表示1000m和3000m等高线

降水结束时间的日变化主峰值主要出现在下午和清晨（图4-7a），日变化振幅相较于开始时间和峰值时间略小（图4-7b）。比较图4-5～图4-7，降水开始、峰值和结束时间日变化主峰值时间位相和振幅的区域分布较为一致，尤其是降水事件在下午时段开始的台站，其峰值和结束时间也多出现在下午时段，主要是午后局地阵性降水频发所致。夜间至清晨降水开始的台站，结束时间出现在清晨的台站更多，但不同区域存在差异。青藏高原东坡至四川盆地西部，降水多在下午开始，在夜间达到峰值，而在清晨结束。在四川盆地东部及其以东地区，降水事件多在夜间开始，但峰值和结束多在清晨。华北也有部分台站存在类似的特征。

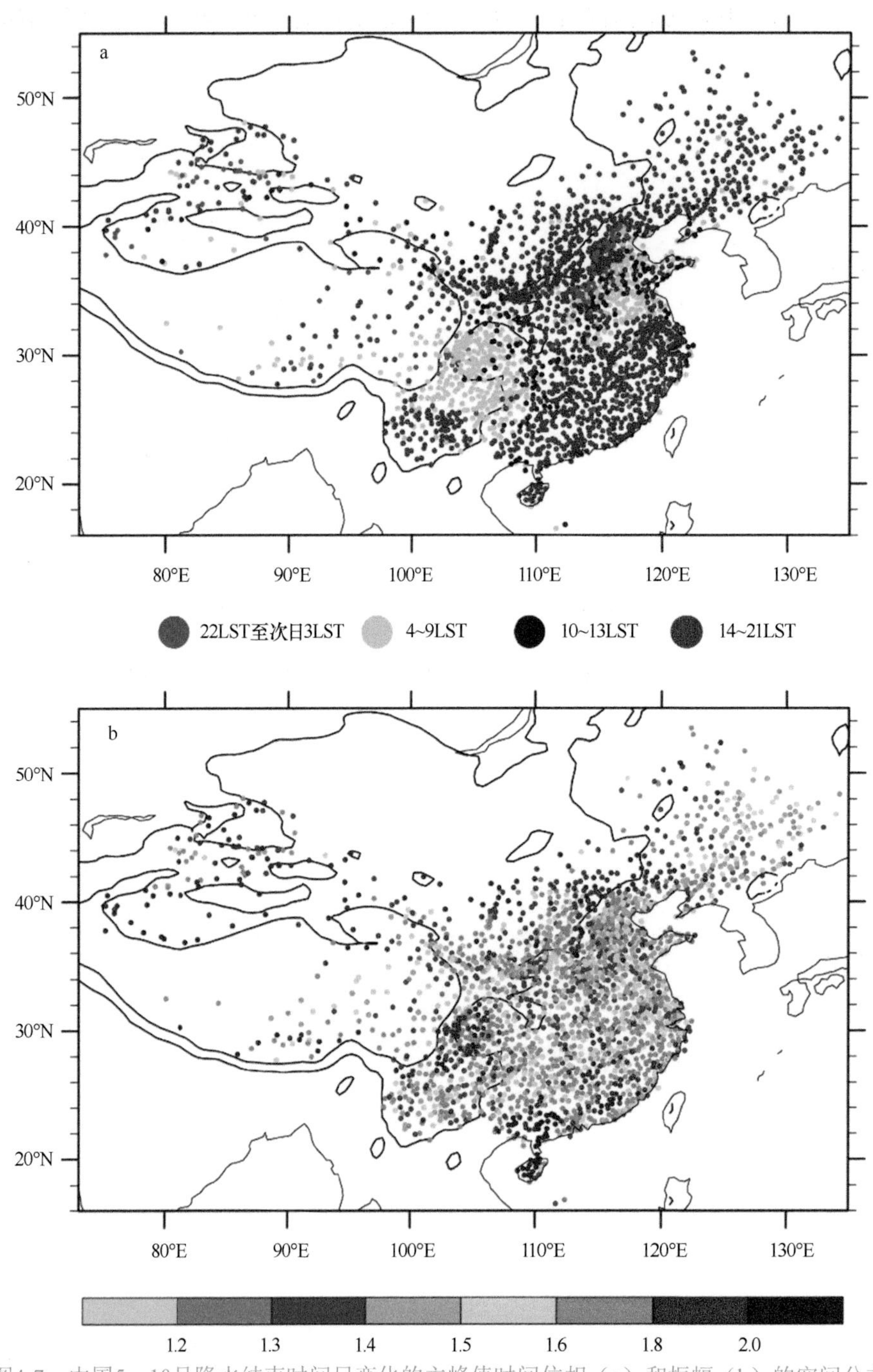

图4-7 中国5～10月降水结束时间日变化的主峰值时间位相（a）和振幅（b）的空间分布

黑色细实线表示1000m和3000m等高线

第三节　不同持续时间单站降水事件及其日变化

Yu等（2007a）研究指出，我国中东部地区降水"双峰"特征来自不同持续时间降水事件的贡献。本节基于2100余个台站的5～10月降水观测资料进一步细致分析不同持续时间降水事件的特征。利用Yu等（2007a）的方法，根据降水持续时间将降水事件分类，对不同持续时间降水事件分别进行统计。除降水量外，还分析不同持续时间降水事件的发生频次与小时强度。由于不同事件的样本数不同，因此定义每一类事件在统计时段内的发生总频次为该类事件的发生频次，而小时强度定义为某时次该类事件的累积降水量除以该类事件在该时次的总发生频数。

图4-8比较了中国5～10月短时降水（持续时间为1～3h）和长持续降水（持续时间超过6h）事件的降水频次与降水量对总降水事件的贡献。与Yu等（2007a）的结果一致，短时降水发生更为频繁，但长持续降水对总降水量的贡献更大。短时（长持续）降水事件的降水频次及其对总降水量贡献的空间分布型与平均持续时间的分布型相反（相同）。中东部28°N以南和38°N以北地区大多数台站持续时间为1～3h的短时降水发生频次占比超过59%，且贡献了超过21%的降水量。在长江和黄河之间的台站，尽管短时降水发生频次占比也在50%左右，但对总降水量的贡献不到21%，有些台站只在10%左右。而持续时间超过6h的长持续降水事件，虽然只占总降水事件的20%上下，但对长江和黄河之间的降水量的贡献超过60%。同时，在东部沿海地区的大部分台站，长持续降水事件对总降水量的贡献也超过55%。

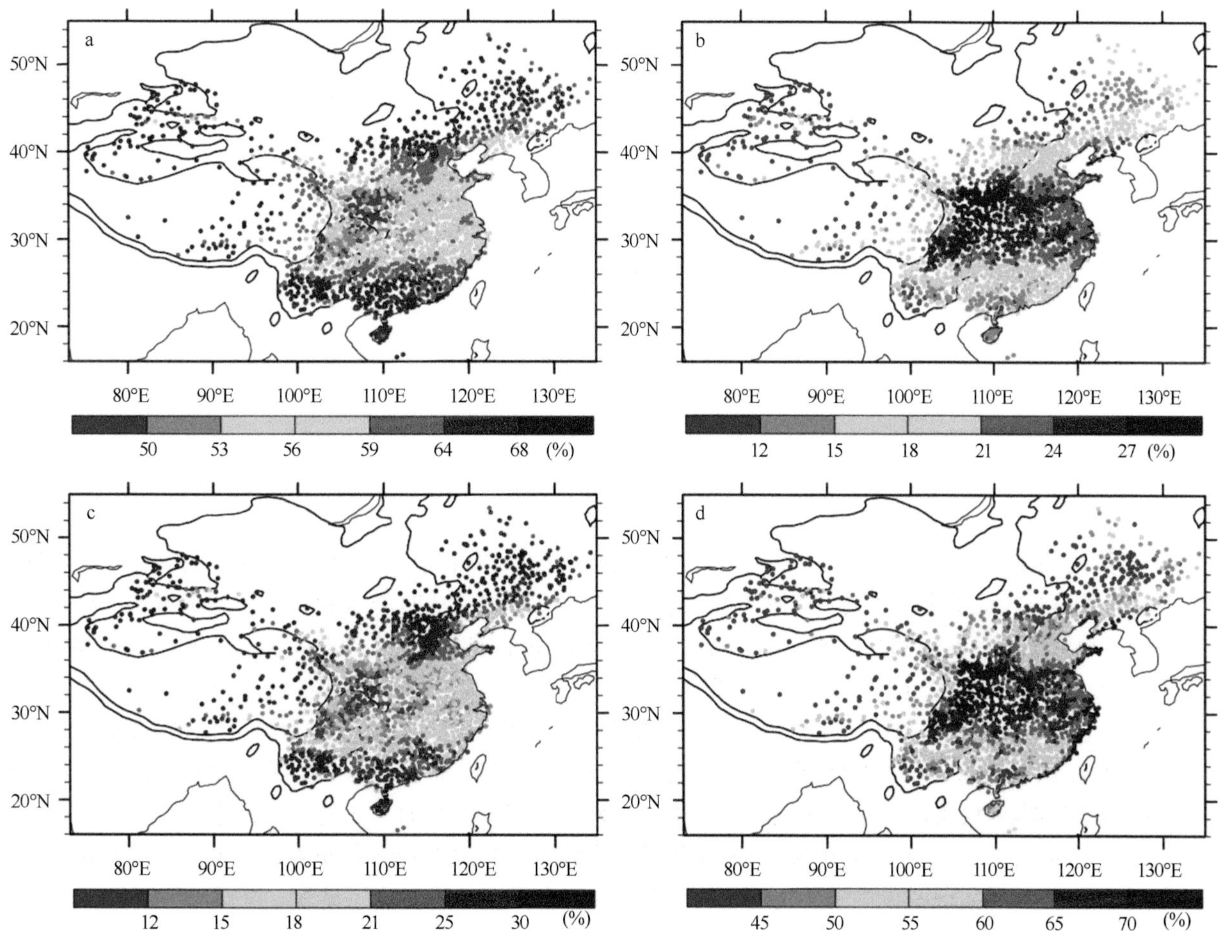

图4-8　中国5～10月短时降水（a，c）和长持续降水（b，d）事件的降水频次（a，b）与降水量（c，d）占总降水事件的比例

黑色细实线表示1000m和3000m等高线

图4-9给出了中国2100余个台站5～10月平均的不同持续时间降水事件累积降水量和降水频次的日变化。为便于比较不同降水事件的日变化特征，图4-9给出的是各时次的降水量和降水频次除以不同持续时间降水事件日平均的标准化后的值。可以看出，较长持续时间的降水事件的平均日变化位相与只持续1～3h的短时降水事件截然不同，也验证了上一节关于图4-4a的讨论。短时降水事件平均的降水量和降水频次的主峰值均出现在午后，降水量的日变化振幅明显大于其他持续时间更长的降水事件，降水频次的峰值时间略滞后于降水量的峰值时间。同时注意到，短时降水的降水量表现为午后单峰的特征，但降水频次存在清晨的次峰值。长持续降水事件平均的降水量和降水频次的日峰值均出现在清晨。持续时间为4～6h的降水事件整体平均的降水量和降水频次的日变化均表现为“双峰”位相，且降水量的主峰值在下午，降水频次的主峰值在清晨。总体来说，降水量的日变化振幅要大于降水频次的振幅。

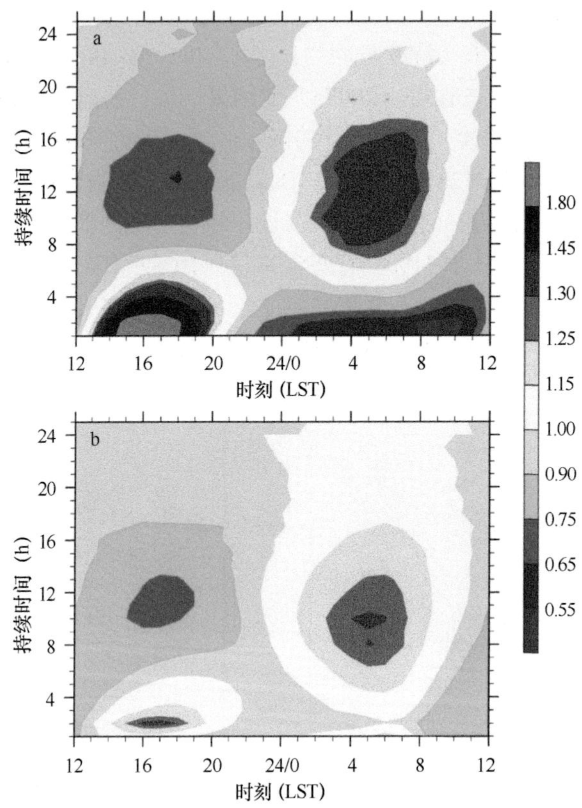

图4-9　中国2100余个台站5～10月平均的不同持续时间降水事件累积降水量（a）和降水频次（b）的日变化（由日平均值标准化）

图4-9给出的是所有台站整体平均的不同持续时间降水事件的日变化。这样的关系是否存在较大的区域差异？结合图4-3a（降水事件平均持续时间的空间分布）和图4-8（短时降水和长持续降水事件的降水频次与降水量占总降水事件的比例），比较图4-5a（降水开始时间的空间分布）和图4-6a（降水峰值时间的空间分布）与图3-5b（7个降水日变化代表性区域划分），有必要对7个代表性区域的降水事件的持续时间与日变化的关联进行分析比较，以进一步认识有关降水事件中降水持续时间与降水日变化关联的区域差异。

图4-10给出了AN_N与AN_S区域台站5～10月平均的不同持续时间降水事件累积降水量和降水频次的日变化。粗略地与图4-9相比，这两个区域与整体平均一样，仍然具有短时（长持续）降水事件的日变化在午后（清晨）最显著的特征。但在AN_N和AN_S区域，持续时间分别直到6h和9h的降水事件的日变化都是以午后峰值为主。AN_S区域的长持续（超过9h）降水事件降水频次的日变化不显著，振幅也很小。

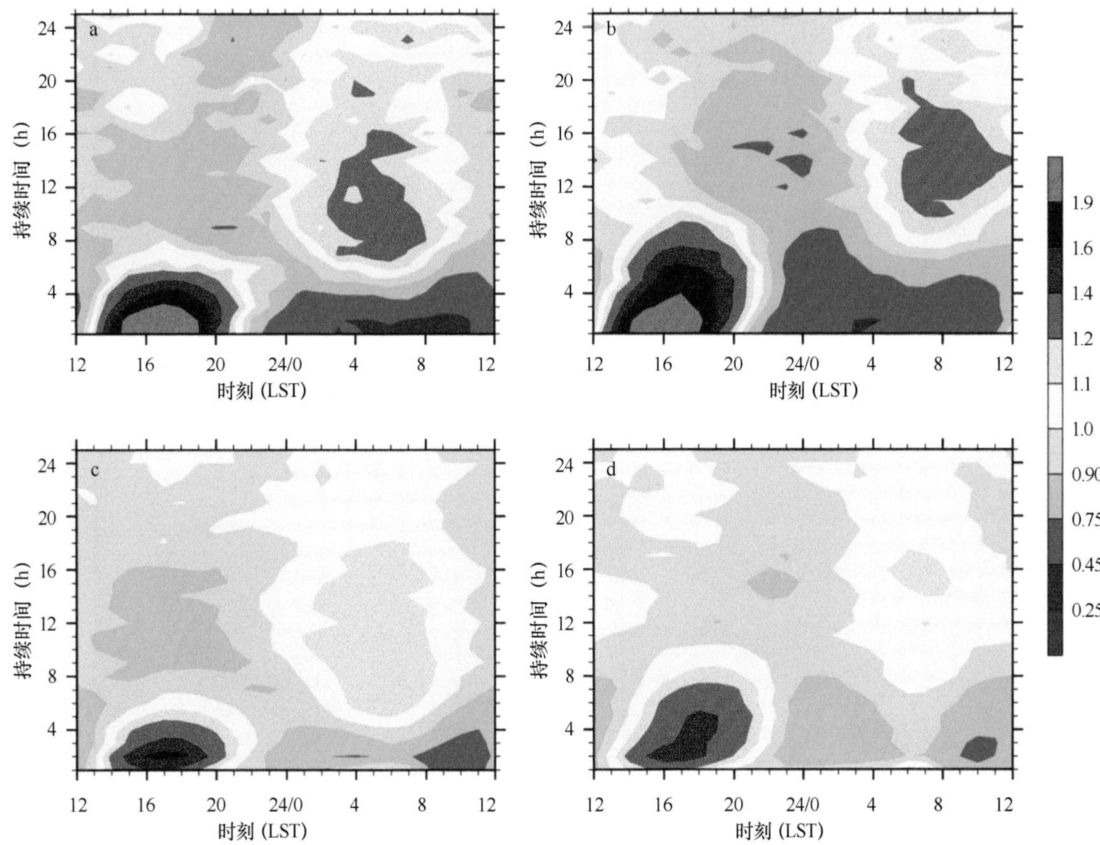

图4-10　AN_N（a，c）与AN_S（b，d）区域台站5～10月平均的不同持续时间降水事件累积降水量（a，b）和降水频次（c，d）的日变化（由日平均值标准化）

图4-11给出了MN_N与MN_S区域台站5～10月平均的不同持续时间降水事件累积降水量和降水频次的日变化。图4-11与图4-9已不太有可比性，说明单站降水事件中持续时间与日变化的关联存在显著的区域差异。在MN_S区域，无论持续时间长短，所有降水事件频次都只在午夜至清晨出现峰值，且振幅都很大（图4-11d）；从降水量来看，也只有1～2h的短时降水事件主要出现在午后，持续时间在3h以上的降水事件的主要降水都发生在夜间，日变化的振幅比频次更大（图4-11b）。在MN_N区域，无论是降水量（图4-11a）还是降水频次（图4-11c），降水日变化峰值时间位相都呈现出随持续时间增长而逐渐滞后的特征。降水量日变化的这种特征更突出，短时降水事件的峰值时间位相集中在午后，持续时间超过3h的降水事件的峰值时间位相逐步滞后，持续时间超过15h的峰值时间位相主要集中在清晨。降水频次日变化的峰值时间位相在持续时间超过6h后主要集中在午夜至清晨。

图4-12给出了EM_N与EM_S区域台站5～10月平均的不同持续时间降水事件累积降水量和降水频次的日变化。这两个区域降水事件的持续时间和日变化的关联性比较相近，且与2100个台站整体平均的图4-9相似度也很高。但就降水量来说，无论是短时降水事件午后的峰值时间位相，还是长持续降水事件清晨的峰值时间位相，EM_S区域都较EM_N区域显著。在EM_S区域，即使是1～3h的短时降水事件，降水频次日变化的主峰值也出现在清晨，午后只是次峰值。另外，值得关注的是，在图4-12和图4-9中，降水频次的午后峰值在2h持续时间最显著。

图4-13给出了EVE_TP区域台站5～10月平均的不同持续时间降水事件降水量和降水频次的日变化。可以看出，与MN_N区域相似（图4-11），降水日变化峰值时间位相都呈现出随持续时间增长而逐渐滞后的特征，只是在持续时间超过6h后，峰值时间位相就基本稳定，降水量的峰值时间位相在0LST前后，降水频次滞后约2h。

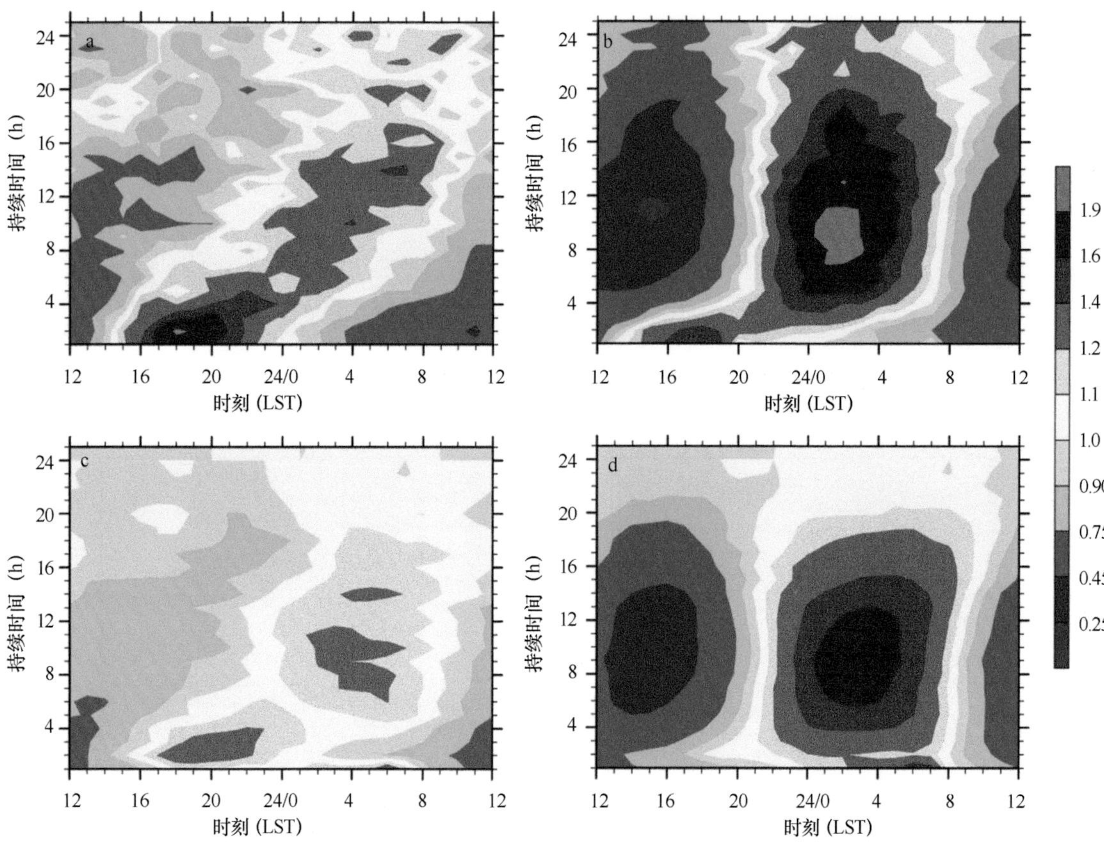

图4-11　MN_N（a，c）与MN_S（b，d）区域台站5～10月平均的不同持续时间降水事件累积降水量（a，b）和降水频次（c，d）的日变化（由日平均值标准化）

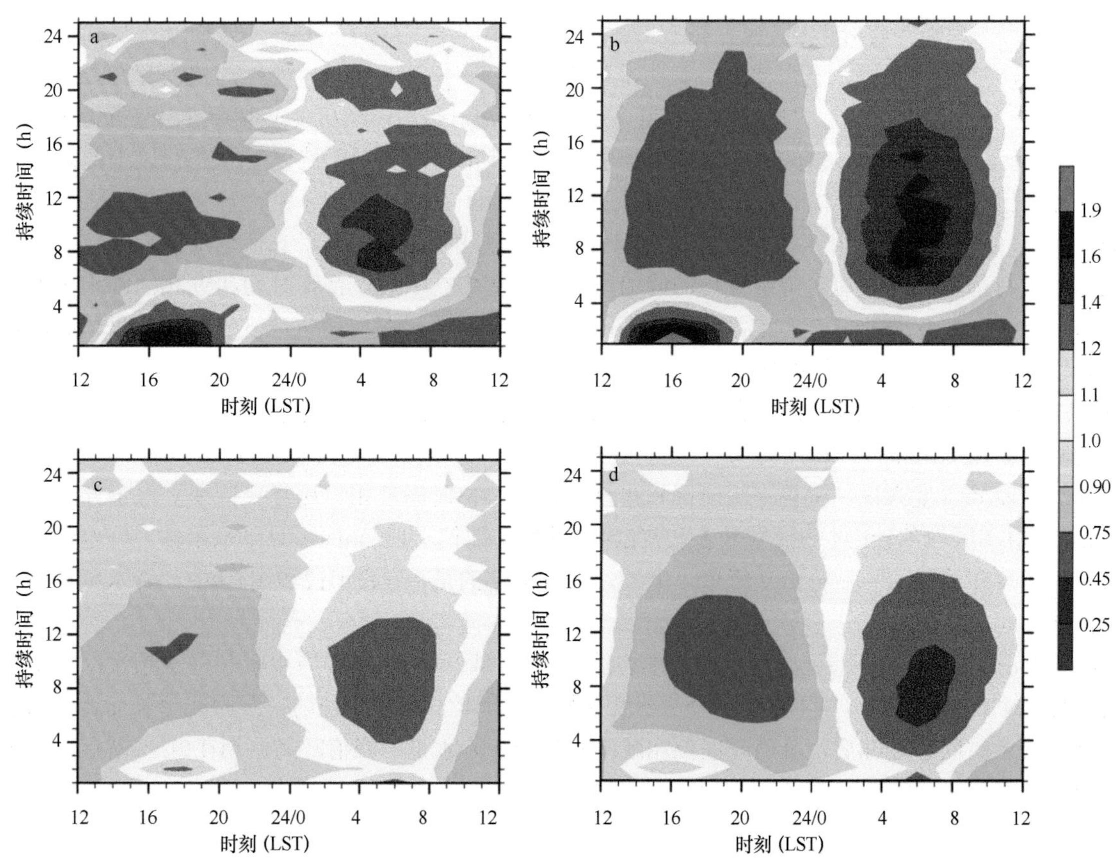

图4-12　EM_N（a，c）与EM_S（b，d）区域台站5～10月平均的不同持续时间降水事件累积降水量（a，b）和降水频次（c，d）的日变化（由日平均值标准化）

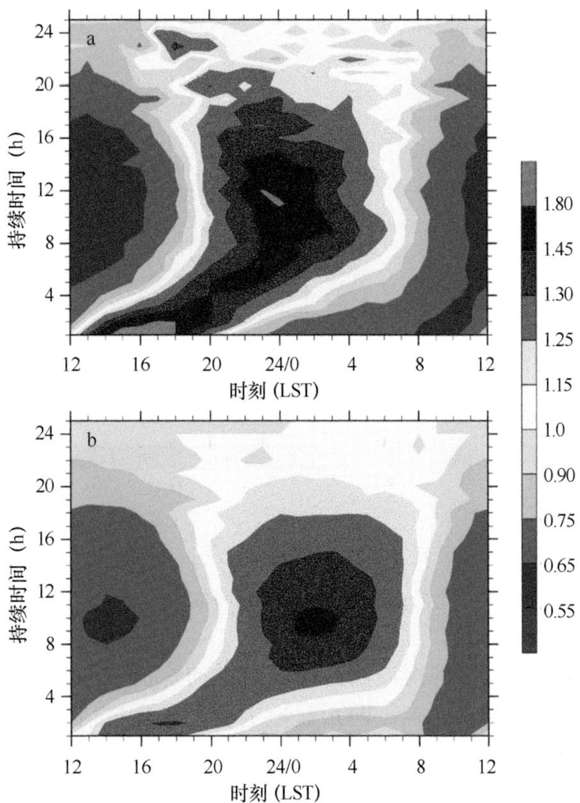

图4-13　EVE_TP区域台站5～10月平均的不同持续时间降水事件累积降水量（a）和降水频次（b）的日变化（由日平均值标准化）

回到按前述整体平均的短时（持续时间为1～3h）和长持续（持续时间超过6h）降水事件分类，图4-14给出了短时与长持续降水事件降水量和降水频次日变化主峰值时间的空间分布。与图4-10～图4-13比较，短时降水事件降水量（图4-14a）和降水频次（图4-14b）的主峰值在大多数站出现在下午时段，主要是MN_S区域降水量和降水频次的峰值较多地出现在午夜，EM_S区域降水频次的峰值较多地出现在清晨。在华北平原东部地区淮河以北等也存在分散的午夜或清晨峰值的台站，但分析表明，这些短时降水事件的夜间峰值主要来自小强度降水事件的贡献。长持续降水事件的降水量（图4-14c）和降水频次（图4-14d）的主峰值在大多数台站均出现在午夜至凌晨，只有AN_S区域的长持续降水仍表现为下午峰值。这是因为在AN_S区域，直到9h持续时间的降水事件，降水日变化峰值时间位相仍然是午后主导，且很显著（图4-10）。

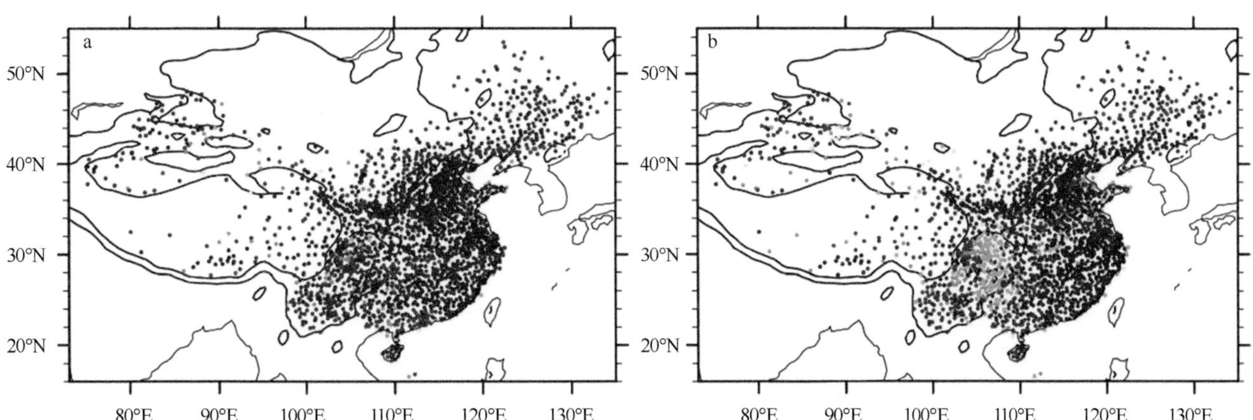

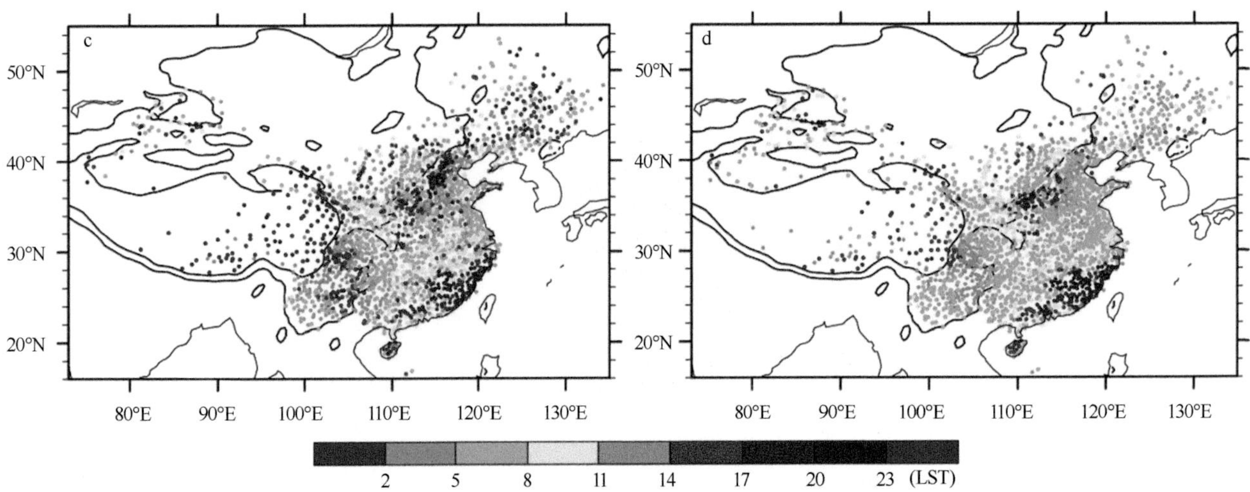

图4-14 5～10月短时（a，b）与长持续（c，d）降水事件降水量（a，c）和降水频次（b，d）的日变化主峰值时间的空间分布

黑色细实线表示1000m和3000m等高线

另外注意到，沿长江流域及其以南地区，长持续降水量的峰值时间呈现明显的自西向东滞后的特征，长江上游的青藏高原东部的峰值出现在傍晚，四川盆地主要为午夜峰值，长江中游为清晨峰值，至下游长江以南地区主要为中午到下午峰值。

图4-15给出了2100个台站5～10月短时和长持续降水开始时间、峰值时间和结束时间的频次日峰值时间位相的分布。除略有时间差外，图4-15a、c、e与图4-14b很相近，图4-15d与图4-14d也有很高的相似度。由图4-15b、d、f可知，除东南陆地区域外，长持续降水事件多在傍晚和午夜开始，午夜到上午达到最强，且多在中午前结束。东南部地区的长持续降水多在傍晚至午夜结束。

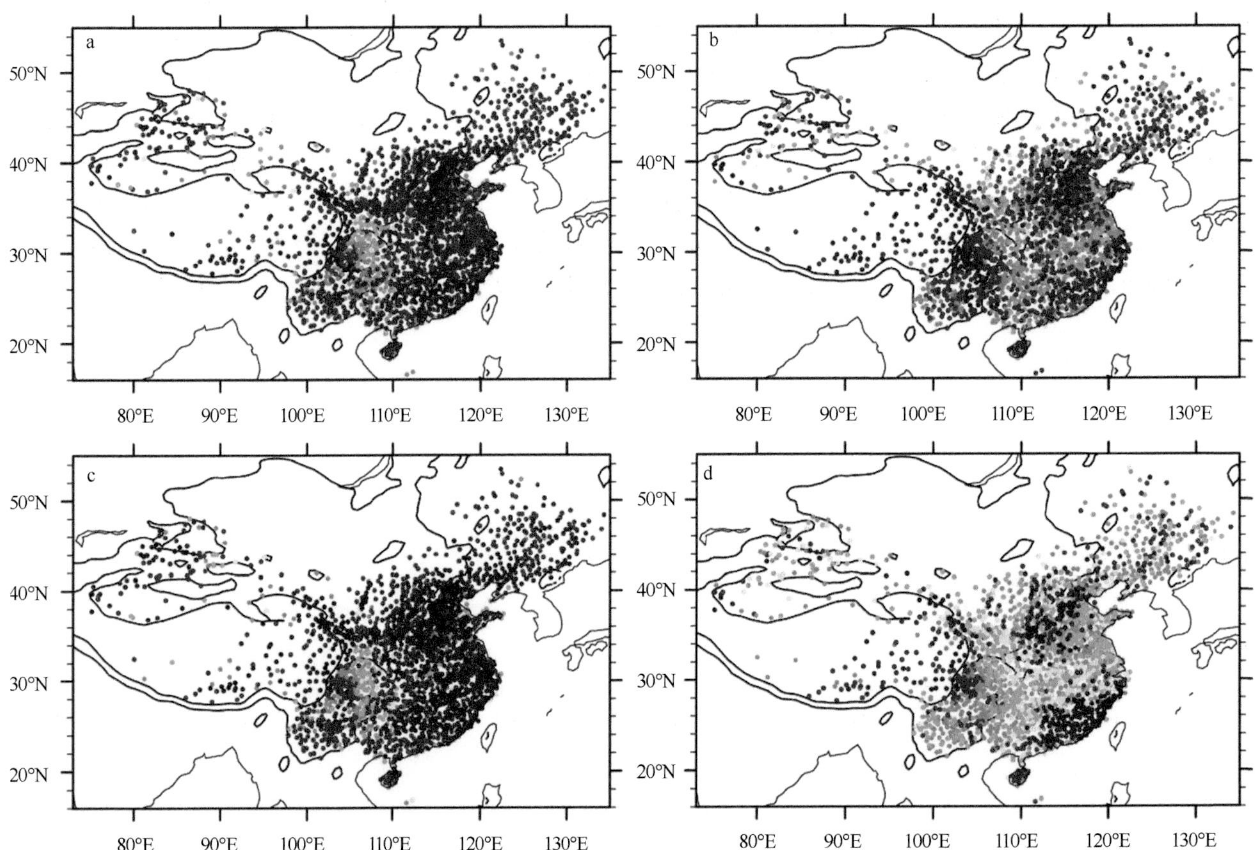

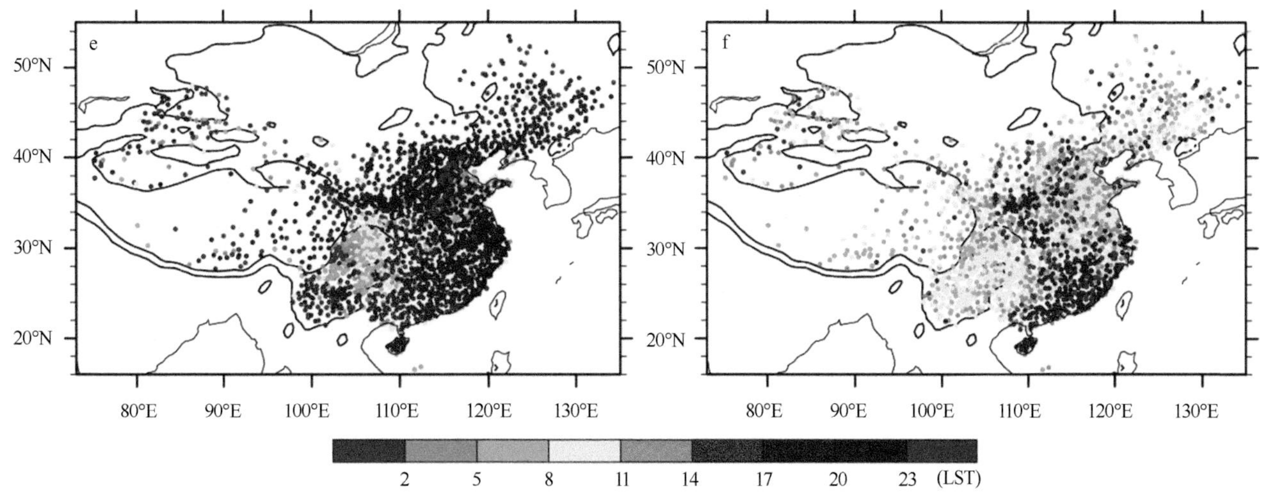

图4-15　中国2100个台站5～10月短时（a，c，e）与长持续（b，d，f）降水开始时间（a，b）、峰值时间（c，d）和结束时间（e，f）的频次日峰值时间位相的分布

黑色细实线表示1000m和3000m等高线

图4-16～图4-19比较了7个降水日变化代表性区域5～10月平均的总降水及参考图4-10～图4-13分解各自短时降水和长持续降水的开始、峰值和结束时间频次日变化的区域差异。AN_N与AN_S区域台站平均的降水开始、峰值和结束时间频次的主峰值均出现在下午（图4-16a、b），但在后半夜至清晨存在弱的次峰值。AN_N与AN_S区域台站平均的降水开始和峰值时间频次的主峰值均约出现在16LST，且在1～2h后降水结束。从日变化曲线的整体位相特征看，两个区域台站平均的降水结束时间较峰值时间的滞后比开始时间较峰值时间的超前都更突出。参照图4-10给出的不同持续时间降水事件日变化特征，图4-16c、e分别比较了AN_N区域持续时间不超过6h和长于6h降水的开始、峰值和结束时间频次日变化。AN_N区域持续时间不超过6h的降水开始、峰值和结束时间频次日变化曲线与图4-16a类似，而持续时间长于6h的降水表现为易于在前半夜开始、在午夜至清晨达到峰值而在上午至中午结束的特征。在AN_S区域，不超过9h的降水事件开始时间与峰值时间日变化均与所有降水事件平均结果类似，但结束时间较峰值时间滞后的特征更显著，滞后峰值时间3～4h（图4-16d）。AN_S区域持续时间超过9h的降水事件（图4-16f），除下午存在开始和峰值时间的次峰值外，此类降水多在午夜开始，在清晨达到峰值，在入夜前结束。

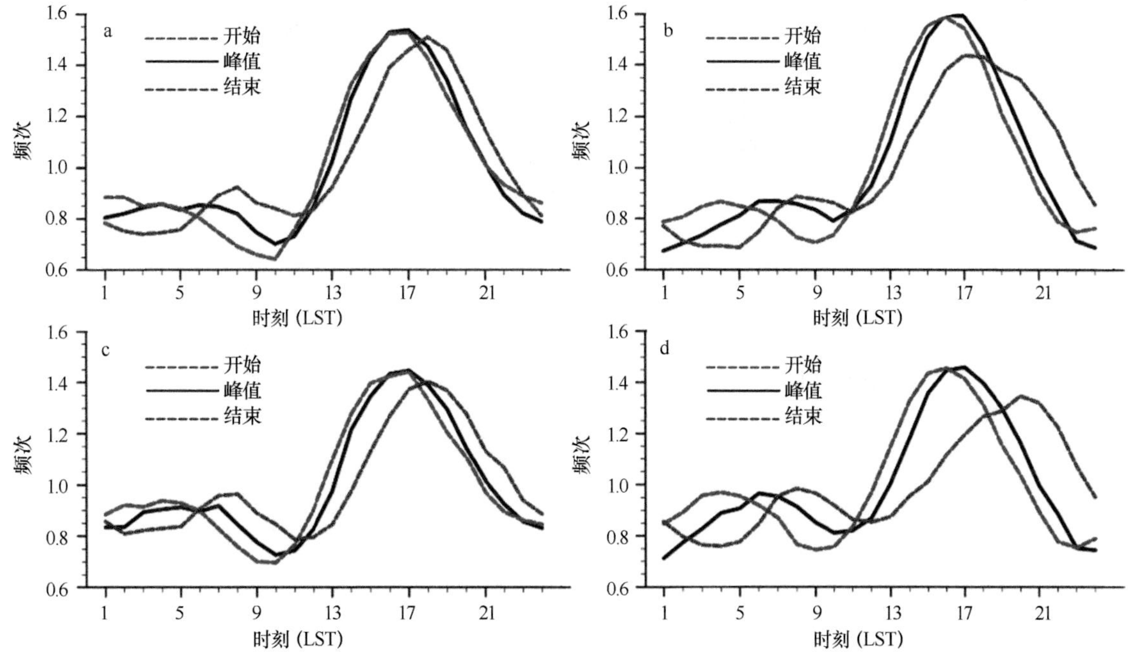

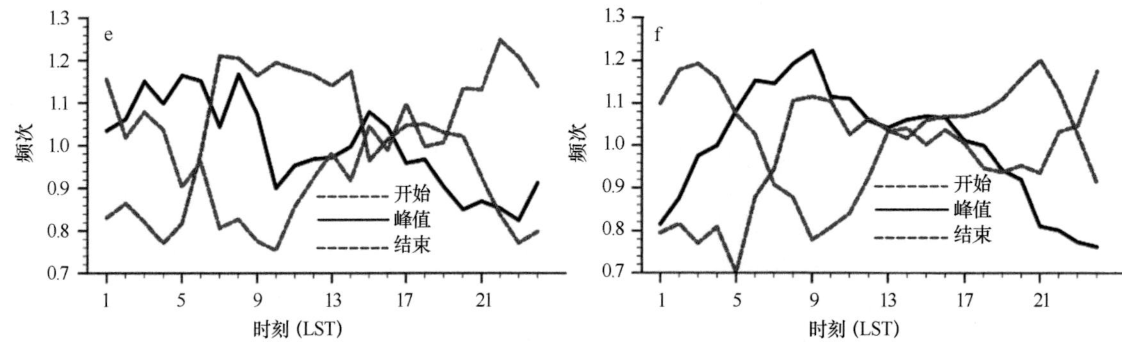

图4-16　AN_N（a，c，e）区域台站5～10月平均的总降水（a）、持续时间不超过6h的降水（c）及持续时间长于6h的降水（e）的开始、峰值和结束时间频次的日变化曲线（由日平均频次标准化）；以及AN_S（b，d，f）区域台站5～10月平均的总降水（b）、持续时间不超过9h的降水（d）及持续长于9h的降水（f）的开始、峰值和结束时间频次的日变化曲线（由日平均频次标准化）

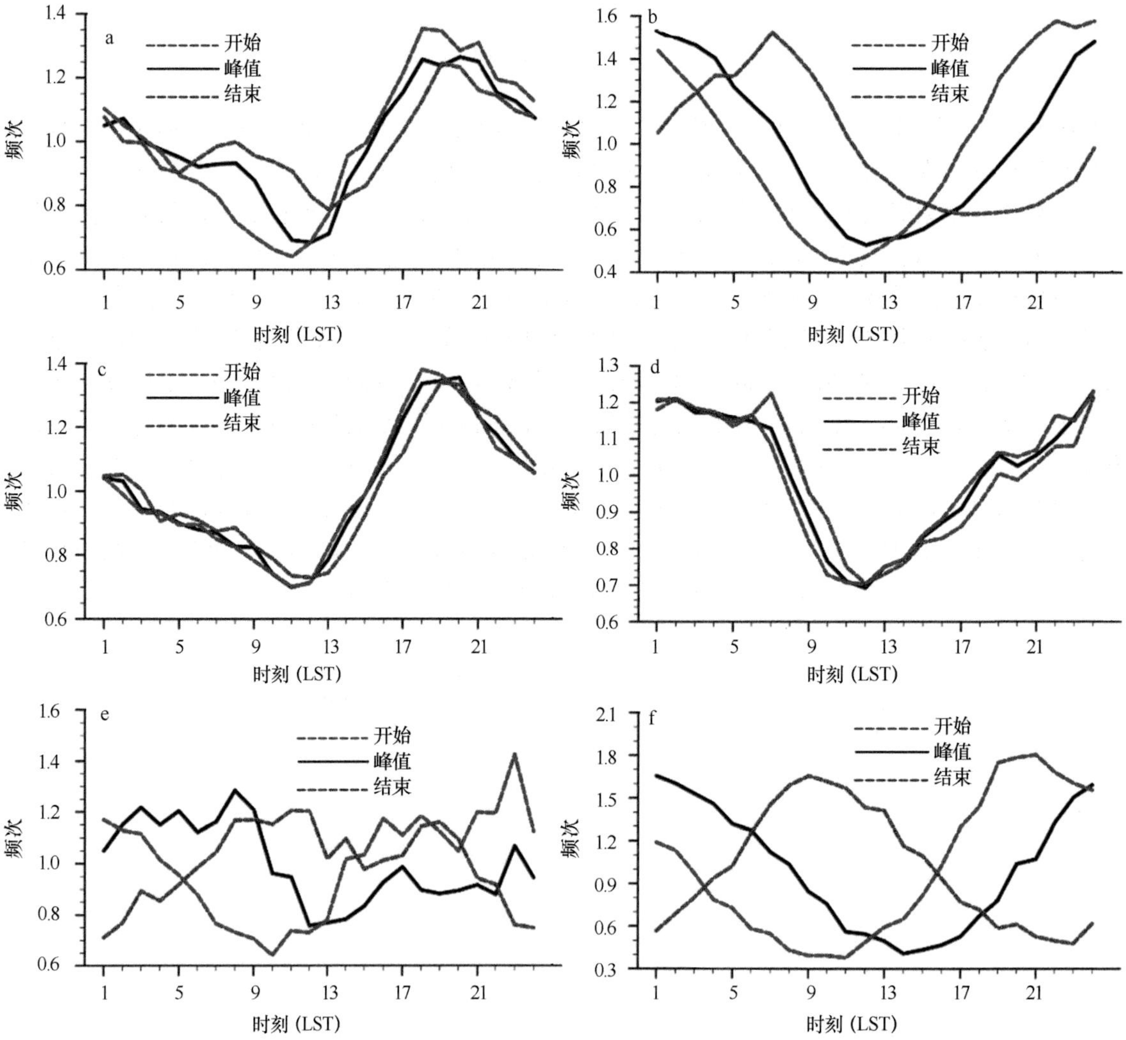

图4-17　MN_N（a，c，e）与MN_S（b，d，f）区域台站5～10月平均的总降水（a，b）、持续时间不超过3h的降水（c，d）及持续时间长于3h的降水（e，f）的开始、峰值和结束时间频次的日变化曲线

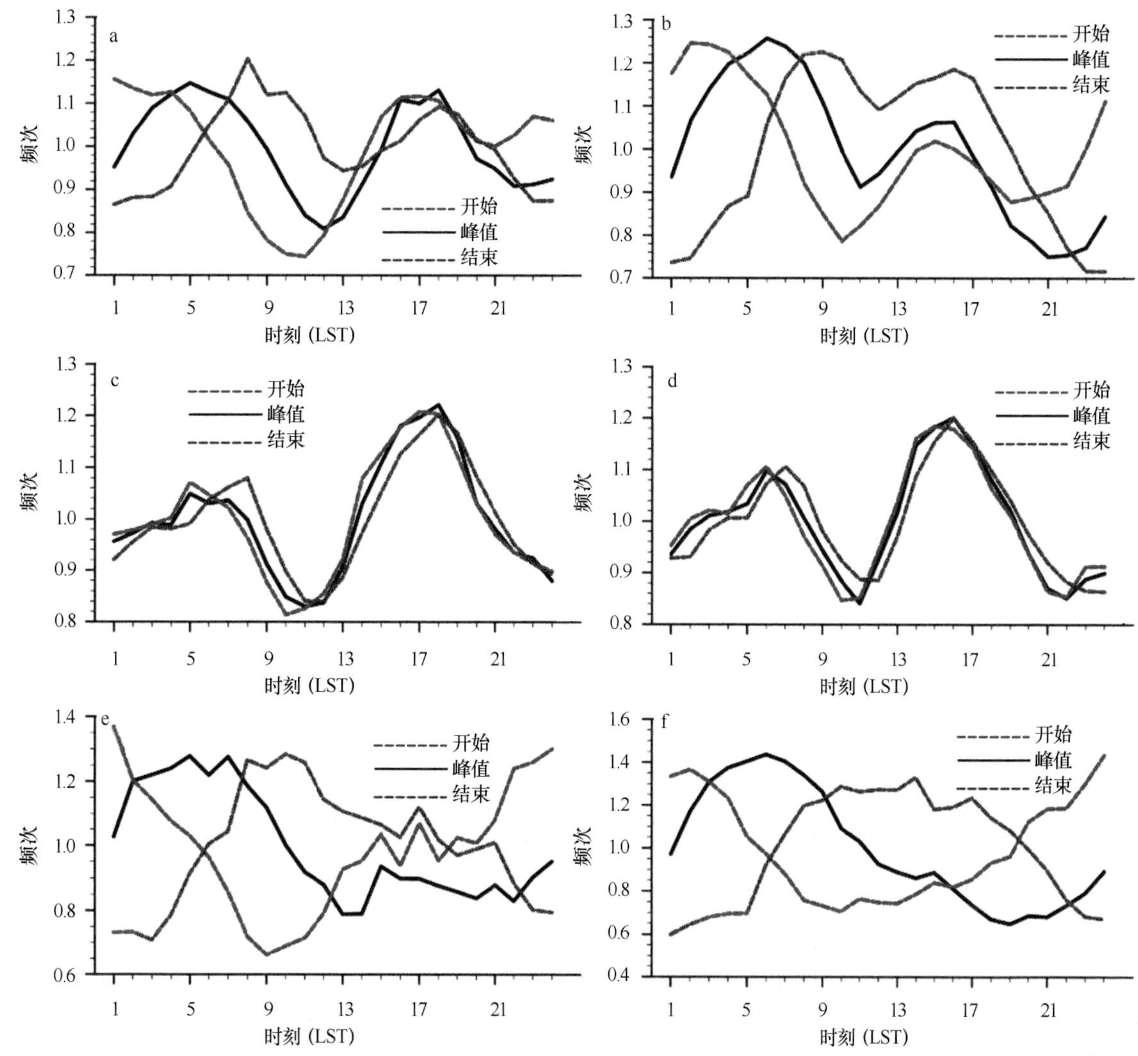

图4-18　EM_N（a，c，e）与EM_S（b，d，f）区域台站5～10月平均的总降水（a，b）、持续时间不超过3h的降水（c，d）及持续时间长于3h的降水（e，f）的开始、峰值和结束时间频次的日变化曲线

图4-17给出了MN_N和MN_S区域台站5～10月平均的总降水、持续时间不超过3h的降水及持续时间长于3h的降水的开始、峰值和结束时间频次的日变化曲线。在MN_N区域，总降水和持续时间不超过3h的短时降水的开始、峰值和结束时间接近，主要都表现为傍晚峰值（图4-17a、c），而持续时间长于3h的降水主要是在下午至傍晚开始，在午夜后至清晨达到峰值，在上午至下午结束（图4-17e），日变化不够显著。在MN_S区域，降水事件起始时刻的日变化与MN_N区域明显不同，即便是不超过3h的短时降水，开始、峰值和结束时间的主峰值也出现在午夜至清晨（图4-17d），更长持续时间降水事件（图4-17f）与总降水事件（图4-17b）一致，易于在傍晚开始、在午夜达到峰值、在清晨结束。

图4-18给出了两个典型清晨降水峰值区的情况。可见在EM_N与EM_S区域，总降水及持续时间不超过3h的短时降水的开始、峰值和结束时间位相的“双峰”特征明显。对持续时间超过3h的降水，两个区域都多从午夜开始，在清晨达到峰值。EM_N区域降水主要在中午前结束，而EM_S区域不少降水可到中午过后结束。

图4-19给出了EVE_TP区域各台站降水事件平均的结果。根据图4-13，按小于等于3h和超过3h区分短时与长持续降水事件。无论是总降水、短时降水还是长持续降水，开始和峰值时间的日变化都很显著，主峰值突出，但是存在位相差。短时降水事件开始、峰值和结束时间均早于所有降水事件的平均结果，而长持续降水开始时间的频次峰值出现时间与所有降水事件接近，但峰值和结束时间较总降水事件明显滞后。长持续降水事件的开始、峰值和结束时间的日变化特征最显著，主峰值分别出现在下午至傍晚、傍晚至午夜和清晨至上午。

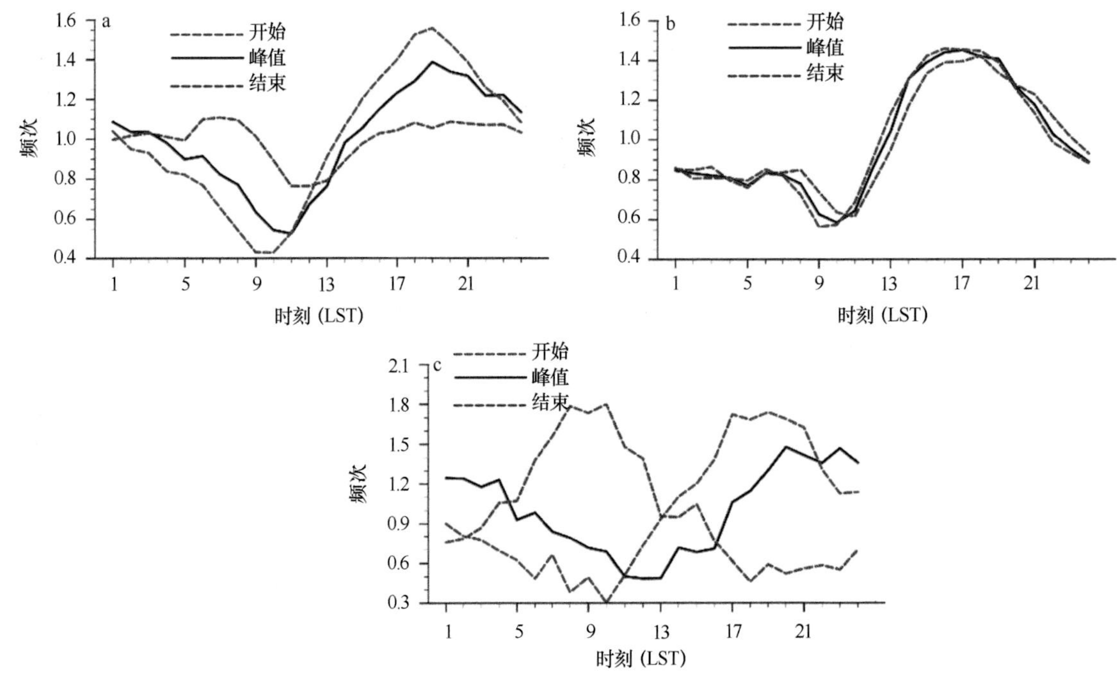

图4-19　EVE_TP区域台站5～10月平均的总降水（a）、持续时间不超过3h的降水（b）及持续时间长于3h的降水（c）的开始、峰值和结束时间发生频次的日变化曲线

第四节　单站降水演变过程的不对称性及其日变化

大家从此前章节的介绍中应该注意到了有关降水量、降水频次和降水强度日变化峰值时间位相超前、滞后的描述。这些超前或滞后的位相关系是统计的随机现象还是降水过程的一种重要特征？是否有重要的物理内涵？为回答这样的问题，在本节，通过把降水事件按降水峰值时间合成分析，揭示降水演变过程存在的不对称性及其物理内涵，且包括这种特征与日变化的关联。

由于是以降水的峰值时间合成，显然峰值强度较高时合成的结果更具有统计显著性，因此下面的合成分析通常针对强、弱两类降水事件分别进行，并主要是突出强降水事件。这里各台站的强、弱降水事件分类以该次降水事件的最大小时降水量是否超过该台站2001～2015年小时降水第99百分位降水强度（图4-20）为标准，达到或超过（未超过）就归类为强（弱）降水事件。我国5～10月平均的小时强降水阈值

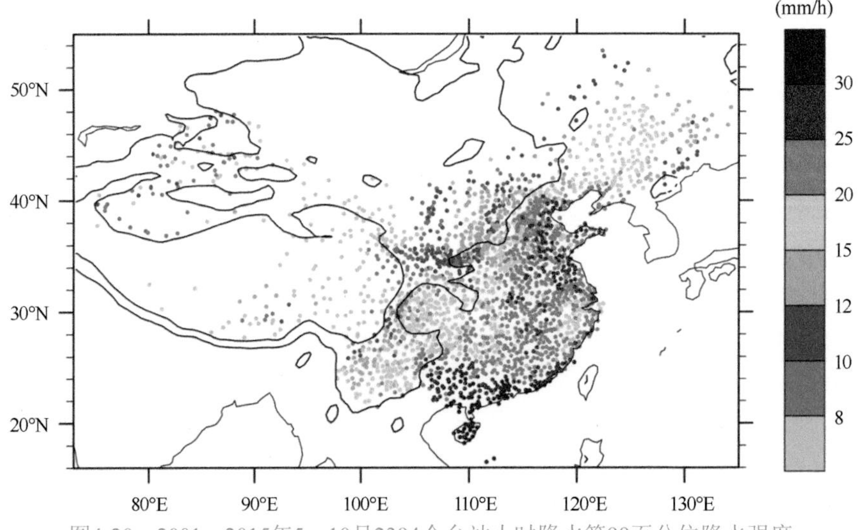

图4-20　2001～2015年5～10月2394个台站小时降水第99百分位降水强度

黑色细实线表示1000m和3000m等高线

（第99百分位降水强度）为17.84mm/h。从空间分布上看，小时降水强度自西北向东南方向递增，其中福建和广东沿海地区、广西和海南岛降水强度较高，第三阶梯地形区台站的强降水阈值基本都在全国平均值以上，中西部地区四川盆地的强降水阈值也较高，盆地内大多数台站强降水阈值可达全国平均值以上。强降水阈值的最大值出现在广东阳江站，为44.57mm/h，最小值出现在西藏波密站，仅有1.14mm/h。

通过将我国南方地区（20°～35°N，102°～122°E）各台站降水事件按强、弱两类事件以降水量达到峰值的时刻为中心进行合成，图4-21a给出了合成平均的峰值小时降水发生前后12h内，强、弱两类降水事件各时刻降水频率占峰值频率的比例。可以看出，强降水和弱降水事件均显示出较强的不对称性，主要表现为降水峰值前的降水频率明显小于峰值后。这说明一个降水事件一般会在降水发生后较短时间内达到峰值，而在峰值过后降水会维持相对更长时间。比较图4-21a中强降水和弱降水事件可知，强降水事件演变过程的不对称性更明显，强、弱降水的差别在降水峰值后更显著。弱降水事件中峰值前12h累积降水频率为峰值后12h的66.2%，而强降水事件为53.8%。

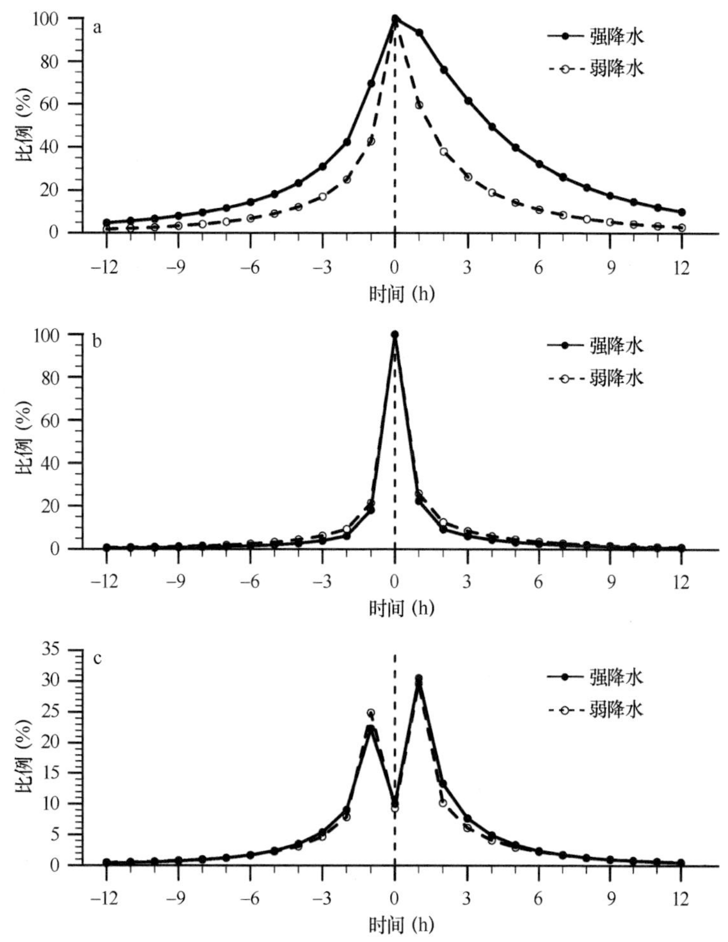

图4-21　以降水峰值时间为中心合成的我国南方地区的降水演变过程［根据宇如聪等（2013）重绘］

平均区域：20°～35°N，102°～120°E。a. 降水峰值前（–）、后（+）12小时内各个时刻的降水频率占峰值时刻频率的比例；b同a，但为降水强度；c. –12～–1和1～12时刻为该时次降水强度超过峰值强度30%的降水时次占总时次的比例，0时刻表示在峰值前后1h降水强度均达到峰值强度30%以上降水时次所占的比例

与降水频率特征不同，降水强度在峰值时非常突出，在峰值前后增减均较快（图4-21b）。由图4-21c可知，在降水峰值前1h（图4-21c中–1时刻），强降水事件中强度超过峰值强度30%的降水时次，只占该时刻总降水时次的22.5%；降水峰值后1h（图4-21c中1时刻），该比例略大，为31.2%，这说明降水达到峰值后的减弱比达到峰值前的增强稍缓；而峰值前后1h均达到峰值强度30%以上的降水事件仅占10%左右（图4-21c中0时刻）。在距离降水峰值前后2h或更长时间时，该比例大多数则迅速减小到10%以下（图4-21c中–12～–2时刻和2～12时刻）。相对于强降水事件，弱降水事件的降水强度在峰值前增强以及峰值后衰减

的速度均稍慢，但变化趋势一致。图4-21a～c中强、弱两类降水事件的特征比较显示出强降水事件的不对称性更强。

在2100个台站以降水事件达到峰值时刻为中心按强、弱两类事件分别进行合成，图4-22给出了各台站弱、强两类降水峰值前后12h内平均降水频率比值的空间分布。与图4-21结果一致，弱降水事件（图4-22a）降水峰值前后的降水频率更为接近，降水不对称性较强降水事件（图4-22b）偏弱。图4-22显示了降水不对称性存在明显的区域差异。粗略地看，以110°E为分界线，我国西部地区降水事件的不对称性较东部地区更强，特别是在强降水事件中更明显。在青藏高原的东缘和南缘、横断山脉、云贵高原及两广的丘陵地带，存在强降水事件不对称性极强（峰值前后平均降水频率比值小于0.4）的区域。在西藏、新疆、青海、甘肃、京津冀及华南地区也存在部分台站，降水峰值前后的平均降水频率比值小于0.5。同时注意到，中东部地区及沿海地区的降水不对称性较弱，比值在0.7以上，即降水峰值前后的降水时间相当。

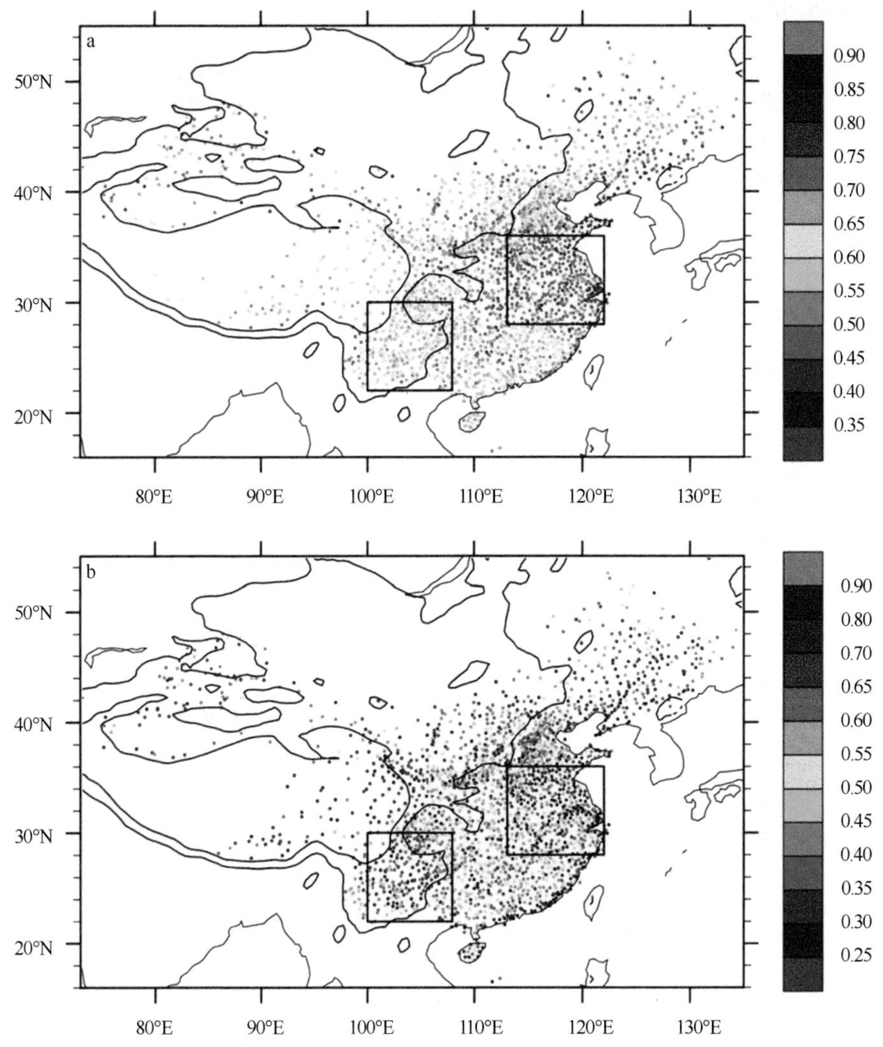

图4-22 弱（a）、强（b）降水峰值前后12h内平均降水频率比值的空间分布［根据宇如聪等（2013）重绘］

黑色细实线表示1000m和3000m等高线，黑框为西部和东部地区

选取不对称性较强的西部（22°～30°N，100°～108°E）和较弱的东部（28°～36°N，113°～122°E）地区，图4-23进一步对比了西部和东部地区平均的强降水事件中各时刻的降水频率占峰值时刻频率的比例。可以看出，西部地区峰值前降水频率占峰值时刻频率的比例较东部地区明显偏低，而峰值后的比例则是西部地区更高。

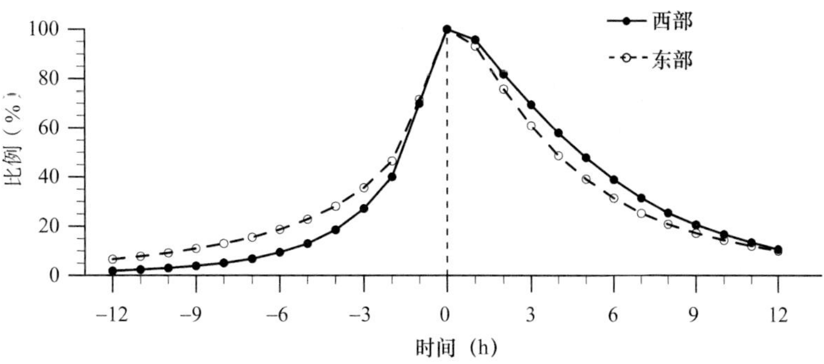

图4-23　西部和东部地区平均的强降水峰值发生前（–）、后（+）12h内各个时刻的降水频率占峰值时刻（0）频率的比例［根据宇如聪等（2013）重绘］

前述的研究表明，短时降水与长持续降水的日变化位相特征及降水量、降水频率和降水强度峰值时间位相的超前、滞后关系等都存在明显差异，一定意义上表明了两种降水事件在降水过程的不对称性特征上存在差异。考虑到1～3h的持续时间难以完整比较分析降水过程峰值前后的变化，为更好地考察短时降水事件的演变过程，此处将持续时间不超过6h的降水事件定义为短时降水事件。图4-24分别给出了短时降水（持续时间不超过6h）和长持续降水（持续时间6h以上）峰值前后12h内平均降水频率的比值。与总降水相比，短时降水的不对称性更强。对于短时弱降水（图4-24a）来说，图中所示区域平均的峰值前后降水频率之比为0.54，而短时强降水仅为0.40（图4-24b）。但是，短时降水的不对称性的区域差异相对较小。对于短时弱降水，东、西部平均的峰值前后降水频率之比分别为0.55和0.53，短时强降水分别为0.40和0.35。从图4-25也可以看出，虽然前述的结果表明东、西区域短时强降水事件的日变化位相等特征区域差异较大，但其按峰值时间合成的降水频率占比逐时演变曲线却基本相同。

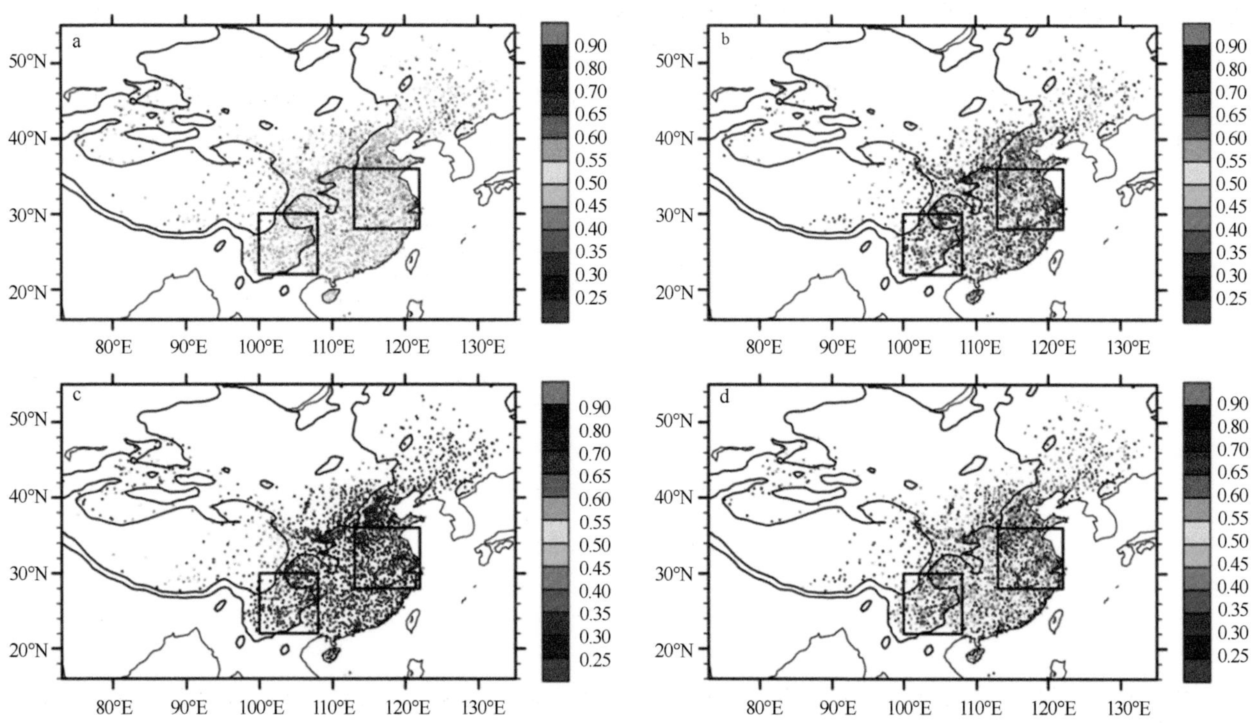

图4-24　短时弱降水（a）、短时强降水（b）、长持续弱降水（c）和长持续强降水（d）峰值前后12h内平均降水频率比值的空间分布［根据宇如聪等（2013）重绘］

黑色细实线表示1000m和3000m等高线

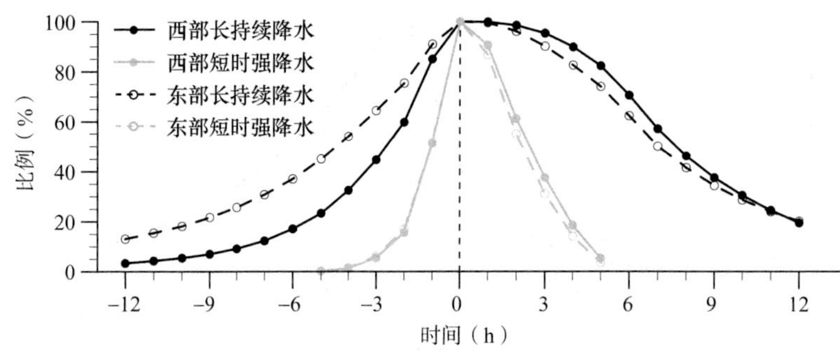

图4-25 西部和东部地区平均的强降水峰值发生前（–）、后（+）12小时内各个时刻的降水频率占峰值时刻（0）频率的比例［根据宇如聪等（2013）重绘］

强、弱长持续降水峰值前后12h内平均频率比值的空间分布（图4-24c、d）与总的强、弱降水非常相似。相关系数分别可以达到0.95和0.99。长持续弱降水的降水不对称性较弱且区域差异不明显，全国平均值较长持续强降水大0.14，降水峰值前后的降水频率比值在0.7以上的台站共1651个，占所有台站的76%，另有近5%的台站比值超过0.9。长持续强降水的不对称性区域差异明显。青藏高原的南缘和东缘、云贵高原、两广丘陵及华北地区降水的不对称性明显。由此可推断，总降水峰值前后不对称性的区域差异主要来自长持续强降水的贡献。

从东、西两区域平均的长持续强降水的演变过程（图4-25）来看，两区域的差异主要表现在峰值前的降水过程，即降水事件从开始至达到峰值的过程，西部地区经历的时间较东部地区明显偏短，达到峰值后两区域降水事件减弱速度相近。

由上述内容可见，降水过程不对称性的区域差异主要发生于长持续强降水事件中。考虑到降水过程演变存在的日变化差异，我们进一步比较了长持续强降水事件峰值时间位相的日变化与降水演变过程不对称的关联。图4-26给出的是我国南方地区平均的峰值出现在不同时段的长持续强降水事件的各时刻降水频率占峰值时刻（0）频率的比例。对比图4-26中4条曲线可以发现：4个时段中，峰值出现在20LST至次日2LST的长持续强降水的不对称性最强，降水峰值前频率仅为降水峰值后的42%；在下午时段（14～20LST），降水峰值前频率是降水峰值后的50%；在上午时段（8～14LST），降水的不对称性最弱，峰值前后的频率比值可达83%。

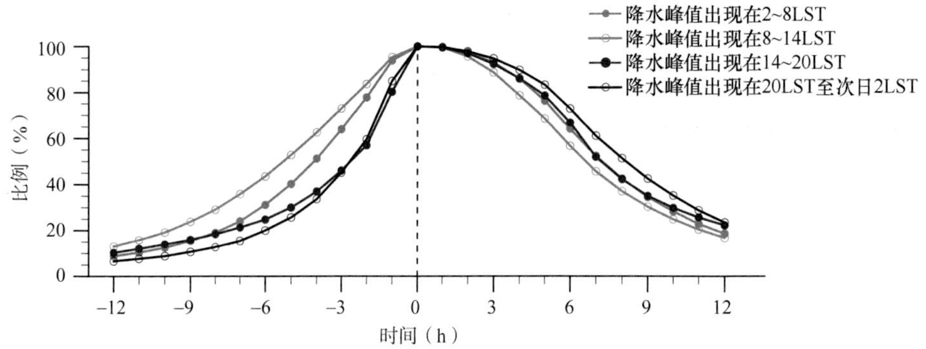

图4-26 我国南方地区平均的长持续强降水峰值发生前（–）、后（+）12h内各个时刻的降水频率占峰值时刻（0）频率的比例［根据宇如聪等（2013）重绘］

将降水不对称性最强的两个时段合并，分析下午至前半夜（14LST至次日2LST）达到峰值的长持续强降水事件频率不对称性的空间分布（图4-27）。比较图4-27和图4-24d，长持续强降水事件的降水峰值发生在14LST至次日2LST的降水过程不对称性较全天平均来说更强，并且云贵高原与中东部地区的差异也更为明显。长持续强降水的强不对称性区主要位于青藏高原、横断山脉、云贵高原及华北中部等复杂陡峭地形区。图4-28表明，峰值出现在14LST至次日2LST的长持续强降水事件，降水不对称性的东西区域差异更显著。分析西部地区长持续强降水强度的演变特征可知，虽然降水峰值前的强度变化特征与整个区域平均的总降水强度的变化特征差异不大，但在降水峰值过后，峰值出现在14LST至次日2LST的长持续强降水会在高强度维持相对更长时间。以降水峰值后2h为例，对于全天平均的降水来说，仅有15%的降水可以维持在峰值时降水强度的30%或以上水平，而这一比例在峰值出现在14LST至次日2LST的长持续强降水中可以达到近20%。

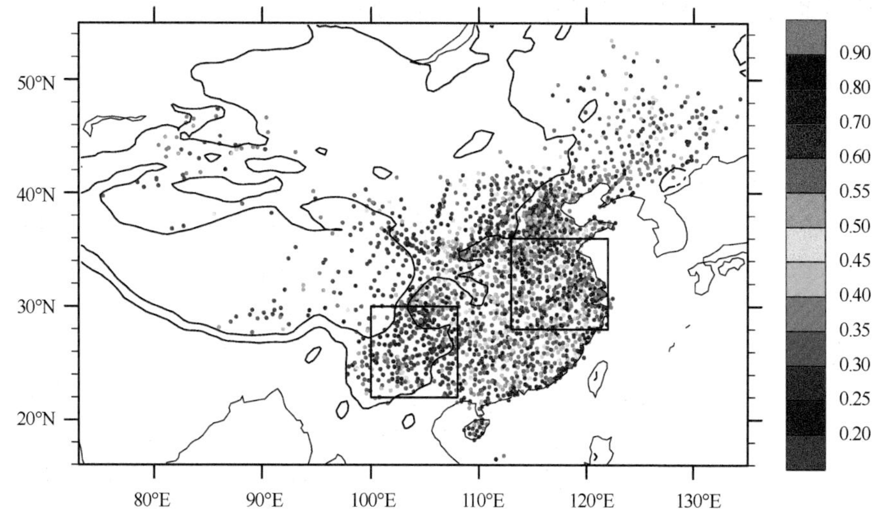

图4-27　峰值出现在14LST至次日2LST的长持续强降水事件峰值前后12h内平均降水频率比值的空间分布

黑色细实线表示1000m和3000m等高线

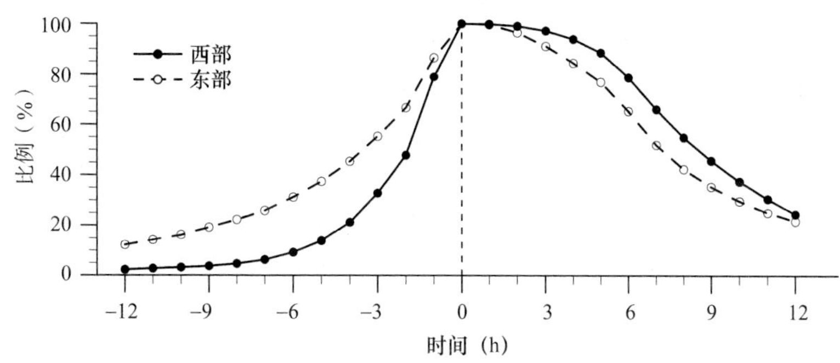

图4-28　峰值出现在14LST至次日2LST的长持续强降水峰值发生前（−）、后（+）12h内各个时刻的降水频率占峰值时刻（0）频率的百分比例［根据宇如聪等（2013）重绘］

综上，降水过程演变的不对称性突出，主要表现为降水在开始后至达到峰值时所需时间较短，而在降水峰值之后维持时间较长。强降水事件在降水峰值前后，降水强度的增减都很迅速。降水过程的不对称性与降水发生地的地形、降水持续时间和强降水峰值发生时间相关。不对称性在西部地区更为显著，强不对称地区主要位于青藏高原的东侧及横断山脉、云贵高原和华北山区，沿海地区及中东部地区降水过程的对称性相对较好。短时降水事件的不对称性更强，但区域差异很小；长持续降水的不对称性相对弱，但区域差异明显，特别是长持续强降水。降水峰值出现在下午至前半夜的降水事件的不对称性最强，而峰值出现在上午的降水事件演变过程的不对称性最弱。

另外，对比张春山等（2004）给出的我国崩塌、滑坡、泥石流灾害危险性分布图可知，地质灾害多发于云南、贵州、四川和甘肃地区，与本研究中降水强不对称区域相对应。两者的定量关系，需要结合相关地质灾害的数据进行进一步分析。但我国中西部地区这种强降水过程的显著不对称性应在滑坡、泥石流等地质灾害防御相关工作中给予高度关注。

第五章 区域降水事件及其日变化

第四章着眼于单个台站，通过定义单站降水事件，细致分析讨论了单站降水过程的日变化演变特征。但降水的发生和演变通常也存在复杂的空间上的分布变化特征，且降水的时空演变并不相互独立（Moseley et al.，2013；Moron et al.，2010；Soltani and Modarres，2006；Venugopal et al.，1999），也就是说，降水的演变在时域上变化的同时，在空域上也不断变化。在一定的区域范围内，不同时段降水所涉及的降水区域差异可以很大，有时只在某局地发生，有时可覆盖整个区域。而局地降水和区域降水往往表现出不同的演变特征，局地降水多与中小尺度对流系统相联系，其持续时间往往较短且空间范围相对较小，而基本覆盖全域的区域降水多与较大空间尺度和较长持续时间的天气系统（如锋面、气旋、低涡等）有关（Toews et al.，2009）。而同时，在相似的大气环流条件下，在一定时间内的降水往往也具有某种随机性，降水可能随机出现在某局部地区，降水强度的空间分布也可能存在很大的不确定性。

本章主要是针对日常气象服务的预报需求，对特定的关注区域，提出区域降水事件（regional rainfall event，RRE）的概念，并开展发生在特定的关注区域内的降水过程研究，提高对该区域内降水精细化演变过程的认识，为提高区域降水精细化预报能力提供科学支撑。区域降水事件不仅存在开始、结束和持续时间等过程特征，更突出的是还有降水区域覆盖面和均匀性的问题。本章首先给出区域降水事件的定义；然后，结合基于更长时间序列的国家级台站资料、近年来的高密度区域自动站资料和高分辨率融合降水产品，综合示范分析我国区域降水事件的降水日变化及其相关的小时尺度降水特征；最后，为增强对基于台站降水日变化相关特征的物理内涵的理解，利用TRMM PR探测的2A25数据产品，开展包括日变化在内的对流和层状云降水相关特征的比较分析。

第一节　区域降水事件的定义

为了更好地认识和理解区域降水在小时尺度分辨率的过程特征，本章除了采用中国国家级地面气象站逐小时降水数据集（V2.0）的资料，还采用了中国气象局国家气象信息中心发布的2008～2015年高密度国家级和区域自动站数据集及逐小时0.1°分辨率的中国地面与CMORPH融合逐小时降水产品（CMPA）。

基本思路是通过重构一个代表给定区域整体降水演变的降水序列，应用分析单站降水事件对降水逐小时演变过程的研究方法，突出关注降水演变过程中给定区域的空间变化，同步开展区域内降水的时空演变特征研究。假设在设定的有限区域内有N个台站，对于每一时刻t，首先定义区域内该时刻所有站的最大降水强度$P_{xt}=\max(P_{it})$，其中P_{it}为台站i在t时刻观测到的有效降水量（≥0.1mm/h）。以新构建的P_{xt}的时间序列表示所选区域内的逐小时降水演变（是特定意义的强度演变），基于第四章中单站降水事件的定义，采用P_{xt}序列定义区域降水事件。另外，也可以用t时刻区域平均降水强度$P_{mt}=\frac{1}{N}\sum_{i=1}^{N}P_{it}$（$i$=1, 2, …, N）来表示区域降水的演变情况。计算结果表明，基于两种序列的统计分析结果基本相同，但结合两种序列的综合分析可以获得更加丰富的科学认知。

为定量描述降水时空特征的协同变化，定义区域降水系数（RRC），时刻t降水的RRC记为RRC_t，区域降水事件累积降水的RRC记为RRC_E。假设在一个设定的区域内，共有N个台站，对于任意一次RRE，降水过程是从降水开始的t_1时至降水结束的t_2时，在t_1至t_2时段内，区域内各台站（i）在t时刻的降水强度记为P_{it}，t时刻发生有效降水的台站数记为N_a，将P_{it}按由大至小进行排序，即$P_{1t}\geqslant P_{2t}\geqslant\cdots\geqslant P_{N_\mathrm{a}t}\geqslant$0.1mm/h。由此，$t$时刻的区域降水系数$RRC_t$定义为$RRC_t=\frac{2P_{mn}}{P_{1t}+P_{N_at}}\times\frac{N_a-1}{N-1}$，其中$P_{mn}=\frac{1}{N_a}\sum_{i=1}^{N_a}P_{it}$。$RRC_t$第一项反映了发生有效降水的各台站降水强度的分布情况，由于P_{it}为单调递减序列，第一项基本表示有半数测站的降水强度高于平均强度时，RRC_t较大，这意味着发生降水的台站降水强度差异较小。RRC_t第二项表示有效降水台站数占总台站数的比例，反映降水所覆盖的范围大小。与此类似，利用各站从降水开始的t_1时至降水结束的t_2时的过程累积降水量P_{is}取代P_{it}，可计算得到RRC_E，其中$P_{is}=\sum_{t=t_1}^{t_2}P_{it}$。

现以北京的平原区域为例，示范说明区域降水事件的定义。如图5-1所示，区域内包含8个台站（N=8），台站名称见表5-1。这8个台站的5～10月降水平均强度均接近2mm/h。但在每次降水事件中，不同台站观测到的降水演变特征存在很大差异。表5-1给出了2011年7月19日21LST至20日9LST北京平原地区的一次降水过程中8个台站观测的降水强度。图5-2给出了此次降水过程中区域内各台站逐小时降水演变和根据上述定义给出的两种区域降水事件（RRE）序列与逐小时区域降水系数（RRC_t）变化，以说明RRE和RRC的含义。可以看出，区域内最大降水强度P_{xt}和区域平均降水强度P_{mt}相关性很高，且表现出类似的演变趋势，只是量值大小有差异。另外，从P_{xt}的序列中也能看出RRE演变过程中存在不对称性特征，如从3LST到4LST，RRE的强度迅速增加，区域内单站最大降水强度在1小时内从6.5mm迅速增加到33.1mm的峰值，但随后的1小时单站最大降水强度仅减少5mm。

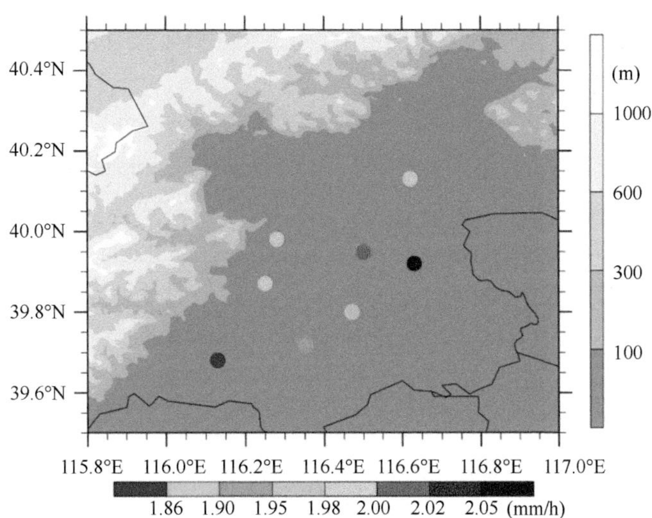

图5-1 北京平原地区8个国家级台站的降水强度分布［根据Yu等（2015）重绘］

实心圆的颜色表示2001～2015年5～10月平均的降水强度（底部色标），灰度填色表示地形高度（右侧色标）

表5-1 2011年7月19日21LST至20日9LST北京平原地区8个台站观测的降水强度 （单位：mm/h）

台站	时刻（LST）												
	21	22	23	24/0	1	2	3	4	5	6	7	8	9
北京	0.00	0.00	0.00	0.00	6.10	14.70	6.50	0.90	0.30	0.90	1.40	1.90	0.10
房山	0.00	0.00	0.00	0.00	0.00	0.00	0.00	0.40	11.00	1.70	0.00	0.00	0.00
海淀	0.40	0.40	0.10	0.10	2.20	4.30	0.90	0.00	0.20	8.20	5.10	0.30	0.00
顺义	0.00	0.00	0.00	0.00	0.00	1.80	0.90	33.10	28.10	11.40	3.20	2.80	0.00
丰台	0.00	0.00	0.00	0.00	0.00	0.00	0.60	2.40	0.40	2.00	5.60	0.70	0.00
通州	0.00	0.00	0.00	0.00	0.00	0.00	0.90	12.30	7.80	8.40	5.30	0.50	0.00
朝阳	0.00	0.00	0.00	0.50	0.00	0.00	0.00	0.50	2.20	10.50	7.90	0.50	0.20
大兴	0.00	0.00	0.00	0.00	0.00	0.00	1.80	5.10	1.20	0.00	0.00	0.00	0.00

注：表中时刻为当地时（LST）

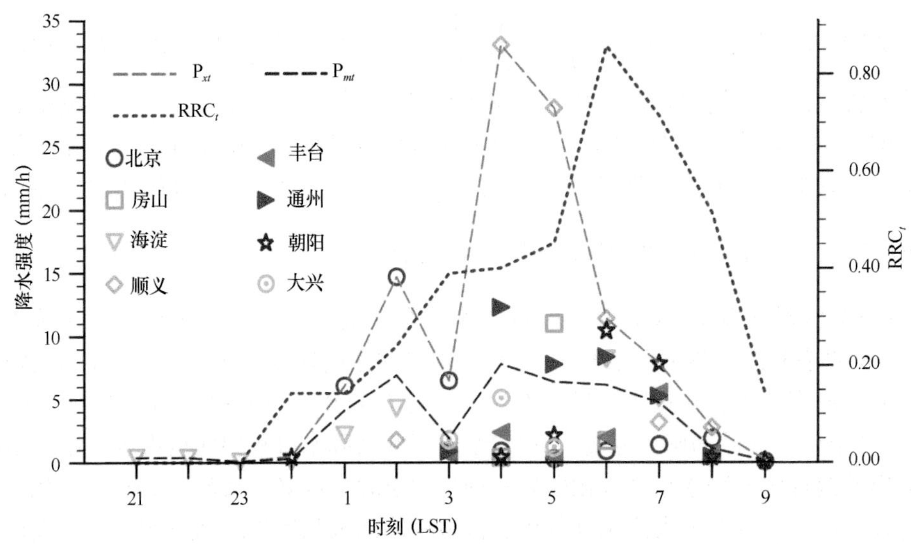

图5-2　台站观测的2011年7月19日21LST至20日9LST的降水强度及两种RRE序列与逐小时RRC_t的变化［根据Yu等（2015）重绘］

根据RRC的定义，此次整个降水事件的RRC_E为0.63，属于一次区域性的降水事件。由表5-1和图5-2可清楚地看出，区域内的多数台站均观测到有效降水。为进一步考察此次降水事件空间分布随时间的演变，图5-2还给出了RRC_t随时间的变化，可见RRC_t较好地反映了区域降水事件的空间范围分布变化。在7月19日21～23LST区域降水事件刚开始时，只有一个台站观测到有效降水，此时RRC_t=0。随着更多台站观测到有效降水，RRC_t逐步增加并在20日6LST达到最大，较P_{xt}峰值出现时刻晚2h，在一定程度上反映了局地对流逐步发展成有组织对流或层状云降水的过程。RRC不仅可用于代表降水系统的空间覆盖范围，还可表征区域内降水强度分布的均匀度。例如，在20日4LST，RRE强度P_{xt}达到峰值时，在7个台站均观测到了有效降水，但是强度相差很大，单站最大强度达33.10mm/h，而有4个台站观测到的降水强度不到3mm/h。7个台站中有5个台站观测到的降水弱于该时次的平均值（P_{mn}=6.84mm/h），因而尽管该时次区域内大多数台站均观测到有效降水，但是RRC_t只有0.40。而在RRC_t最大的20日6LST，尽管单站最大强度只有11.40mm/h，但超过平均强度的4个台站降水强度均较为接近，表明降水在区域内分布相对较为平均，因而RRC_t可达0.82。

第二节　区域降水事件示范分析

为了与前述相关章节的分析比较，本节仍使用国家级台站逐小时降水资料，突出区域降水事件基本内容的示范分析，拓展对单站降水日变化及其相关小时尺度降水特征的理解，提高对降水精细化演变过程的更全面认识。为简化分析，将全国划分为0.5°×0.5°的网格，并定义网格几何中心为区域中心点，以每个区域中心点为圆点的0.5°半径范围确定网格区域实际覆盖面积。显然相邻的网格区域有约一半重复，目的是希望能尽可能看到更多较完整的区域信息。根据本章第一节区域降水事件的定义，不难理解，区域降水事件的重要特征参数依赖区域内的台站数及其分布，台站数越多且台站分布越均匀，区域降水系数等对区域降水特征的把握就越全面、越准确。为了使区域内有基本的台站数目，在此设定：如果上述区域范围内有5个以上的数据基本完整的国家级台站，则该网格区域被确定为有效网格区域。全国可确定约800个有效网格区域，几乎全部在100°E以东，其中超过97%的网格区域在图5-3所示的范围内，图5-3中圆点标示出各有效网格中心点位置。由于相邻网格区域有约一半重复，因此按约100km边长的正方形区域确定的独立网格区域数应只是上述对应数字的约1/4。

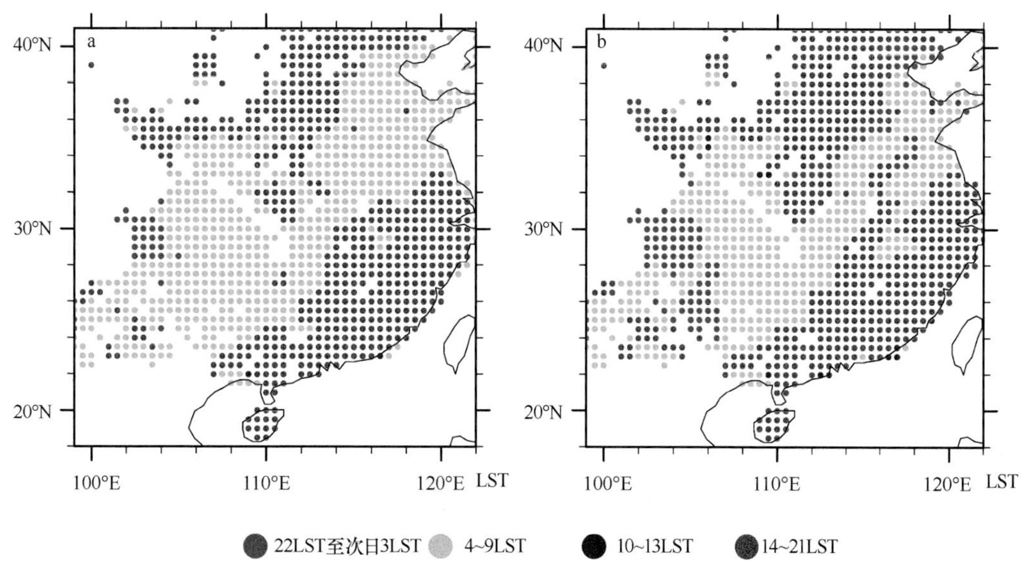

图5-3　中国中东部约100km网格内区域降水事件在2001～2015年5～10月平均的降水频率（a）和降水量（b）的日变化主峰值时间位相的空间分布

图5-3a、b分别给出了有效网格区域相对比较集中的中国中东部网格区域降水事件在2001～2015年5～10月平均的降水频率和降水量的日变化主峰值时间位相的空间分布。与第三章单站降水分析（图3-2，图3-3）比较可知，网格区域平均降水量和降水频率的日变化峰值时间分布的基本区域特征与台站单点平均降水量和降水频率的日变化峰值时间分布特征相似，但区域特征更加清晰。就图3-5b所示的7个代表性区域来说，除EVE_TP区域因台站过于稀疏而无法进行网格区域事件分析外，其他6个代表性区域分别代表的南北方的下午、夜间和清晨3种典型的日变化峰值时间特征在图5-3都有较清晰的显示。

考虑到国家级台站相对比较稀疏，很多地区无法进行区域降水事件分析，即使在图5-3中被确认的网格区域，很多也仅有5个有效台站，涉及空间分布的分析效果有限，这里重点基于国家级台站相对比较密集的北京、上海、广州、成都及其附近台站观测的区域降水事件，突出区域降水事件日变化的示范分析。分别以北京、上海、广州和成都各台站为中心的0.5°范围内的台站降水数据构成具体的北京、上海、广州和成都的区域降水事件。在相应的4个区域内，分别包含15个、16个、10个和15个台站。更全面覆盖的区域降水比较分析将在下一节基于高密度的台站和格点资料进行。

为了便于理解区域降水事件日变化等精细化降水特征，有必要先了解区域降水事件涉及的几个参量的物理含义及其关联。这里以网格中所有站的最大降水强度P_{xt}构建的降水序列定义该格点的区域降水事件作示范分析。类似于单站降水事件，同时定义区域降水事件的开始（t_1）、峰值（t_x）、和结束（t_2）时间，峰值时间的降水强度（P_{xt_x}）为区域降水事件的峰值强度，区域降水事件开始至结束降水强度平均值（$\frac{1}{t_2-t_1+1}\sum_{t=t_1}^{t_2}P_{xt}$）为区域平均降水强度。图5-4a给出的是2001～2015年5～10月北京、上海、广州、成都4个区域所有区域降水事件平均的平均降水强度与区域内单站最大降水强度的关联。可见，区域降水事件的平均降水强度随着降水事件峰值强度的增强几乎均呈线性增加的趋势，表明这两者之间具有近乎一致的变化趋势。图5-4b进一步显示了4个区域内降水事件的平均累积降水量与最大降水强度的近单调线性关系，即一般来说，区域降水事件的单站最大降水强度可部分体现区域内过程累积降水量。同时，这也部分表明了在本节定义的区域范围内开展区域降水事件分析的一定合理性。

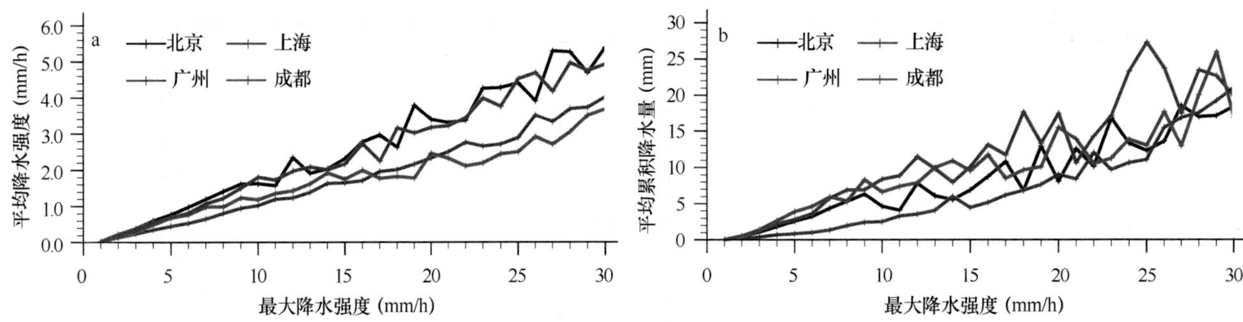

图5-4 2001～2015年5～10月北京、上海、广州、成都4个区域内降水事件平均的平均降水强度（a）和平均累积降水量（b）随区域内最大降水强度的变化

由图5-4可以看出，对于区域内出现同样大小的单站（或单点）最大降水强度，广州降水事件的平均累积降水量和降水时段内区域平均降水强度都相对较小，表明无论是逐小时降水强度还是累积降水量，广州及其周边地区降水的空间区域分布都相对很不均匀，或者说整个降水过程的对流特征都相对更为突出。当区域内单站最大降水强度较大（＞20mm/h）时，相比广州降水事件，成都降水事件的平均降水强度更小，表明成都较强降水事件在出现峰值降水期间的空间不均匀性更大，或者说，成都区域的较强降水事件，在出现峰值降水期间的对流降水特征更突出。

为了考察降水过程中区域内单站最大降水强度和区域平均降水强度的关联，对持续时间超过6h的区域降水事件，图5-5a～d分别给出了北京、上海、广州和成都以区域降水事件过程中出现区域内的峰值降水强度为基准时刻（0时刻），对其前后6h，合成的降水过程中平均单站最大降水强度和区域内台站平均降水强度的演变过程。可以看出，二者在数值上都差异较大，但演变趋势都很相近，尤其是基准时刻的降水强度都明显强于其前后6h的降水强度。图5-4和图5-5进一步说明了本章第二节中利用单站最大降水强度P_{xt}代表区域降水强度开展相关分析的合理性，其结果与用区域内台站平均降水强度构成的序列分析结果基本一致。所以，本章后续有关区域降水事件的过程分析，都是基于区域内单站最大降水强度构成的序列。

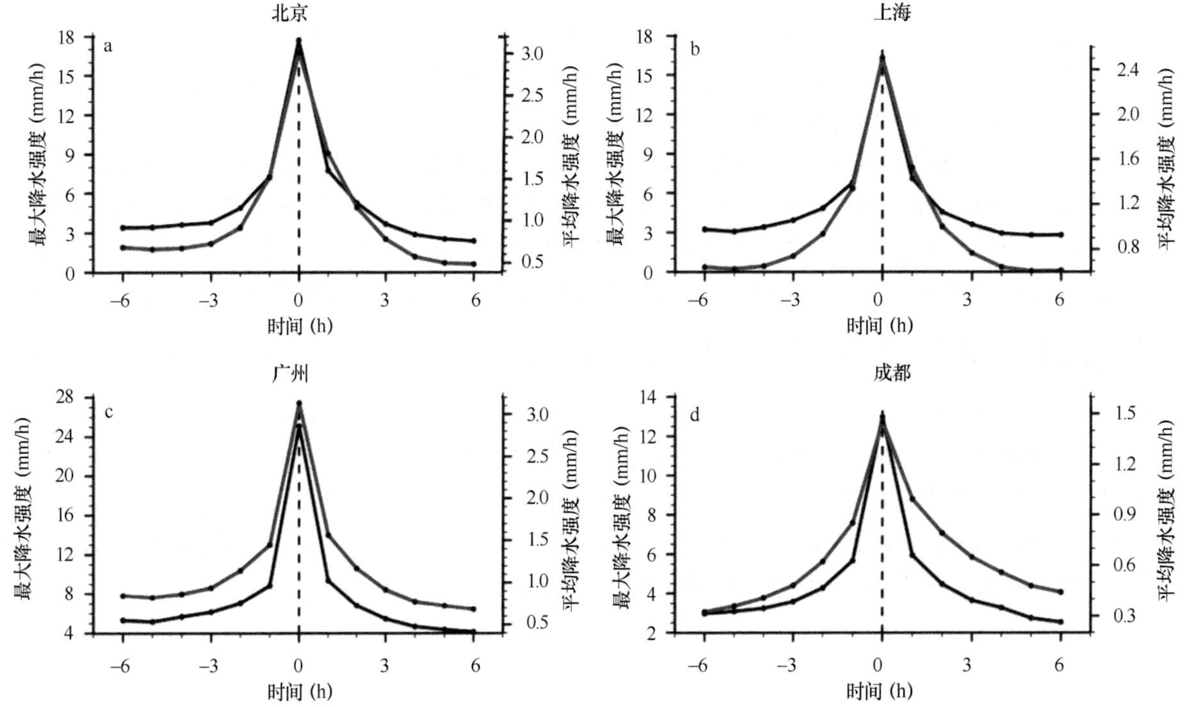

图5-5 北京、上海、广州和成都的区域降水事件峰值前后6h内合成的平均单站最大降水强度和平均降水强度的演变过程

图5-6进一步比较了2001～2015年5～10月不同区域降水事件数占总降水事件数的比例、平均持续时间和RRC_E随区域内最大降水强度的变化。图5-6a表明，不同区域降水事件数随最大降水强度的增加都迅速减小，弱于5mm/h的区域降水事件发生频率均超过80%，但广州及其周边地区弱（强）区域降水事件的比例要小于（大于）其他三个区域。区域降水事件的平均持续时间和RRC_E随最大降水强度的增加均呈现增加趋势，亦即较强区域降水事件多为长持续的区域降水事件。成都和上海不同强度区域降水事件平均持续时间均要长于北京和广州。广州及其周边地区降水的RRC_E随最大降水强度的增加几乎呈线性增加趋势。其他区域弱降水随强度的增加RRC_E增加较快，对于强于5mm/h的区域降水事件，RRC_E均值多在0.5左右，随强度的增幅较小（图5-6c）。降水平均持续时间也表现出类似的变化特征（图5-6b）。对于区域内最大降水强度小于20mm/h的区域降水事件，广州及其周边地区的RRC_E明显小于其他区域，这也同样说明了该区域降水的空间分布相对很不均匀（图5-4）。同样，最大降水强度较大（＞22mm/h）时，也可以看到成都及其周边地区的RRC_E最小。

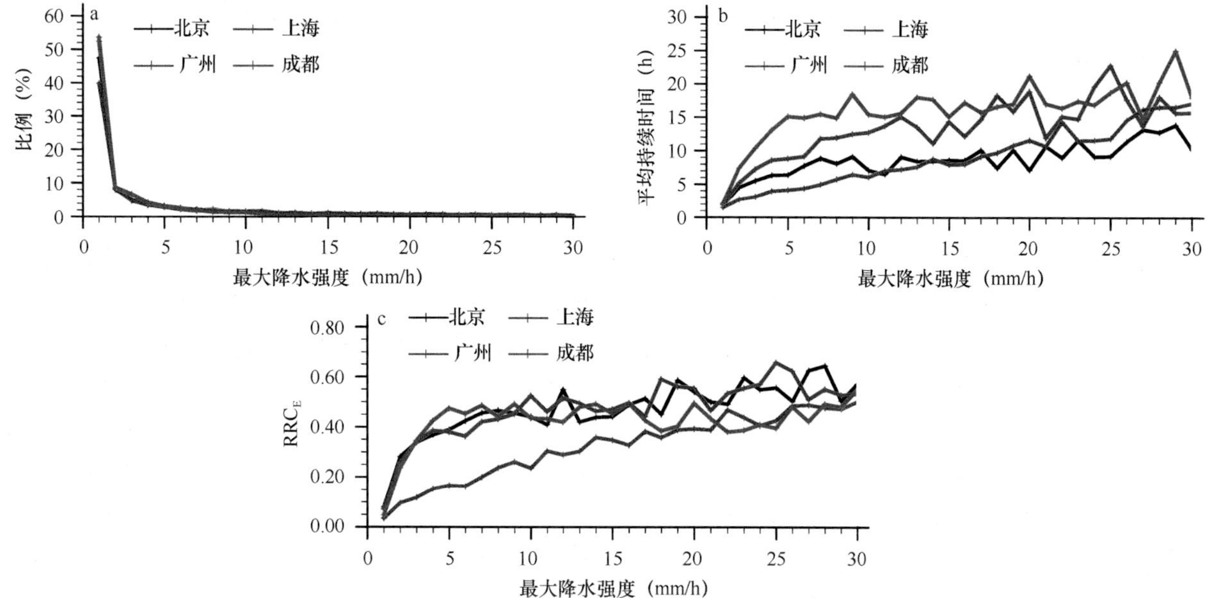

图5-6 2001～2015年5～10月北京、上海、广州、成都4个区域降水事件数占总降水事件数的比例、平均持续时间和RRC_E随最大降水强度的变化

相比单站降水事件，区域降水事件分析主要是可获得更加丰富的降水空间分布及其演变规律或特征的认知。图5-7a分别给出了北京、上海、广州、成都不同区域降水系数（RRC_E）的降水事件数占总降水事件数的比例，可见各地的情况相近。对于RRC_E＜0.2的区域降水事件，其发生频率多高于5%，而对于RRC_E≥0.4的区域降水事件，其发生频率均相对较小且随RRC_E进一步增大的变化不明显。为进一步考察区域降水事件小时特征随RRC_E的变化，图5-7b～d分别给出了不同区域内单站最大降水强度（图5-7b）、平均累积降水量（图5-7c）、降水事件平均持续时间（图5-7d）随RRC_E的变化。在RRC_E小于0.8左右时，单站最大降水强度随RRC_E上升而增大，但在RRC_E进一步增大时，强度反而减小。平均累积降水量和平均持续时间均随RRC_E的增加持续上升。虽然上述4个区域5～10月降水量和降水强度存在较大的差异，但北京、上海和成都的最大降水强度和平均累积降水量随RRC_E的变化关系较为接近，而对应于任意确定的RRC_E，广州的最大降水强度和平均累积降水量都明显高于其他3个区域。区域降水事件的平均持续时间随RRC_E的变化差异较明显，在RRC_E为1.0时，广州降水事件的平均持续时间较北京要长一天左右，而在RRC_E小于0.6时，广州降水事件的平均持续时间都明显短于成都。对应于任意确定的RRC_E，北京降水事件的平均持续时间最短，这是意料之中的。

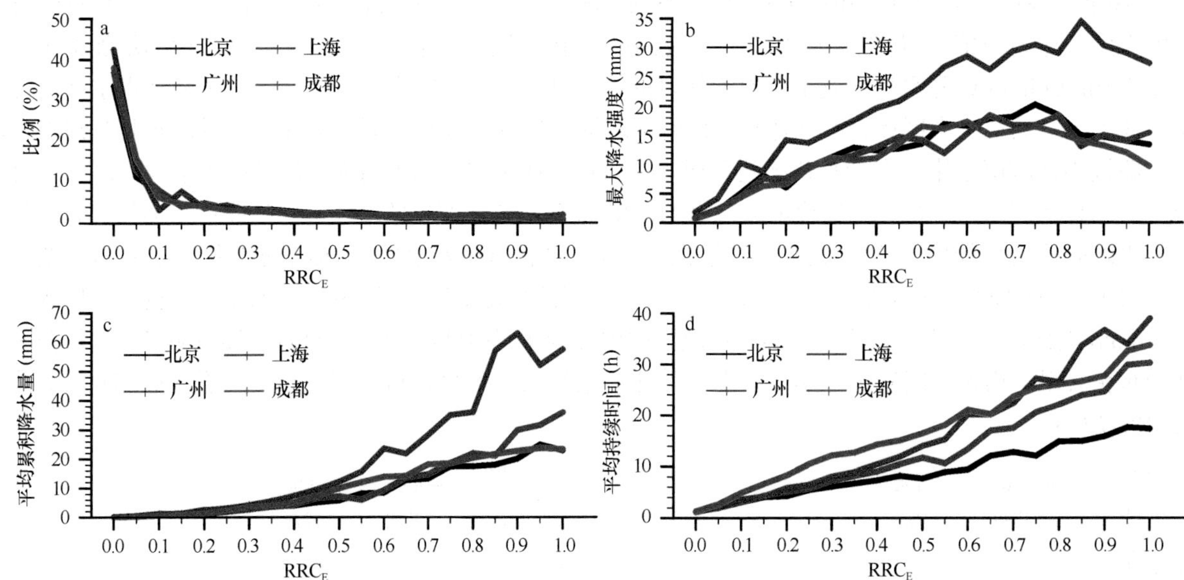

图5-7 区域降水事件数占总降水事件数的比例（a）、区域内单站最大小时降水强度（b）、区域降水事件的平均累积降水量（c）、区域降水事件平均持续时间随RRC_E的变化（d）

图5-8a～d分别给出了北京、上海、广州和成都不同RRC_E的区域降水事件的平均降水量和降水频率的日变化。对于4个区域，RRC_E在0～0.1的降水事件的降水频率和强度峰值均出现在午后时段。随着RRC_E的增大，广州降水事件出现峰值的时间逐渐向中午提前，上午时段降水比例增高，而北京和成都的降水峰值时间位相则逐渐滞后至夜间。对于北京降水事件，随着RRC_E的增大，降水事件的主峰值时间逐渐滞后至傍晚、午夜至清晨时段，而对于成都，RRC_E大于0.2的降水事件主峰值均出现在刚过午夜的时段。在上海，RRC_E在0.8以下的降水事件峰值均出现在午后，而在RRC_E超过0.8时，降水事件峰值出现在6～9LST的清晨时段。对比第四章中图4-10～图4-12可见，图5-8中不同RRC_E区域降水事件的日变化与不同持续时间降水事件的降水日变化特征表现出很强的一致性。RRC_E较小的降水事件表现出的日变化特征与短时降水相似，而RRC_E较大的降水事件则与长持续降水事件的日变化特征相似。

图5-9给出了北京、上海、广州和成都长持续强降水事件在峰值前后各小时降水频率占峰值时间频率的比例。对于4个区域，降水峰值前的频率都明显低于峰值后的频率，且这一现象在北京和成都更为明显。北京降水峰值前降水频率较其他3个区域明显偏低，表明北京降水从发生至出现峰值降水的时间短，其物理含义在于北京降水多以明显的对流降水开始。而成都降水峰值后频率较其他3个区域偏高，表明成都降水在峰值出现后的持续时间较长，其物理含义是峰值降水出现后以层状云降水特征持续维持，这与该区域属于全球中层云高值区（Yu et al.，2004）相一致。

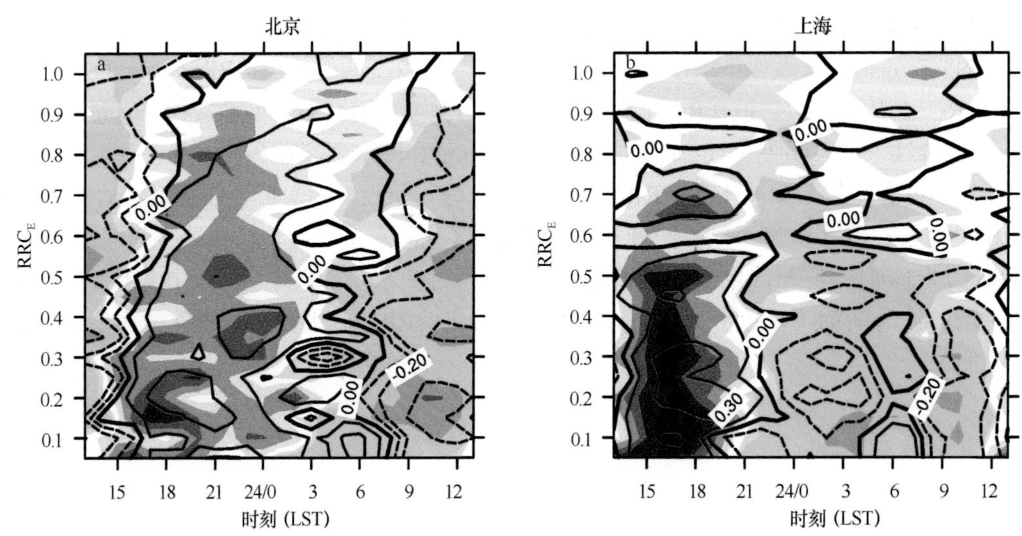

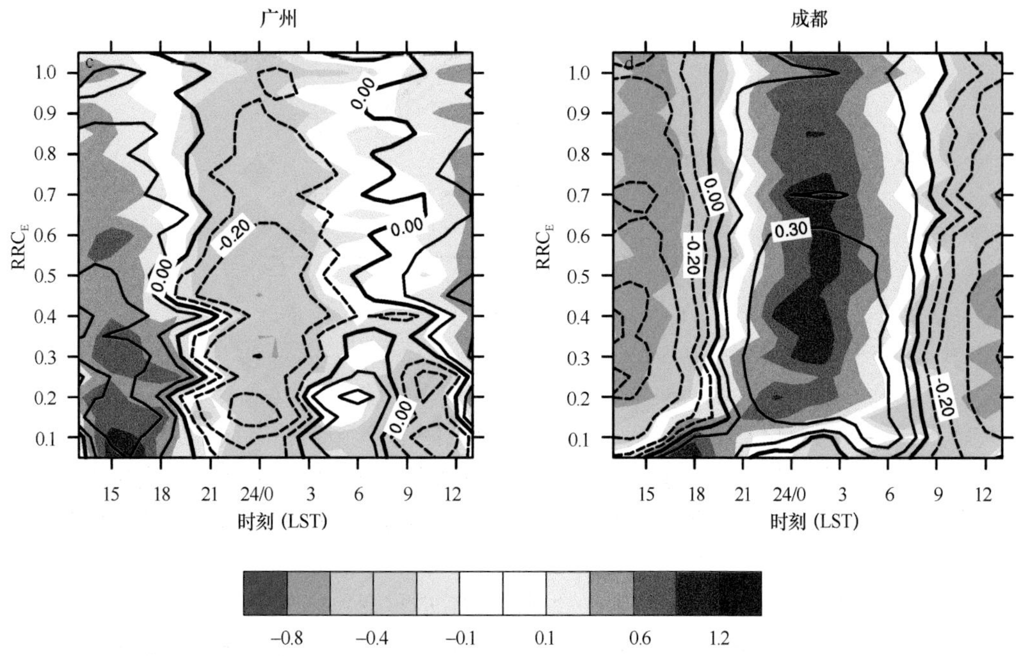

图5-8　北京、上海、广州和成都不同RRC_E的区域降水事件标准化后的平均降水量（填色）和降水频率（等值线）的日变化（标准化基于日均值）

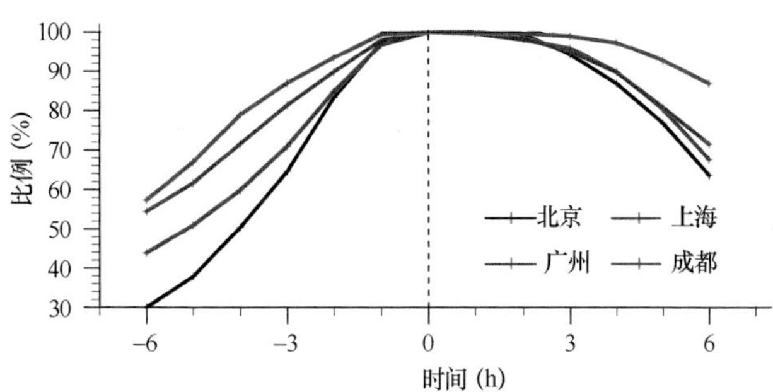

图5-9　北京、上海、广州、成都长持续强降水事件在峰值前后各小时降水频率占峰值时间频率的比例

图5-10a给出了不同区域长持续强降水事件各时刻的RRC_t演变特征，可见各区域降水事件的RRC_t均在降水峰值后达到最大，成都甚至出现在降水峰值后3h，这与前一节基于单站的分析结果一致。图5-10a表明，从降水峰值发生前1h至峰值时间，RRC_t减小或维持，而在峰值时间之后，却都迅速增大。进一步分析本章第一节中给出的RRC_t计算公式的前后两项可以发现，RRC_t在峰值时间前后的快速变化主要是来自表征有效降水台站的降水分布均匀性的第一项的贡献，如图5-10b所示，在降水峰值时间的降水分布最不均匀。这表明的是区域强降水事件演变过程中的又一个重要特征，即区域单站最强降水出现前，区域对流系统能使得水汽在很短的时间内在很有限的范围内迅速聚集形成局地强降水，而后迅速减缓扩展至较大区域范围，降水在相对均匀的区域分布下持续维持。图5-10c给出了RRC_t计算公式的第二项，其表征降水事件各时刻在区

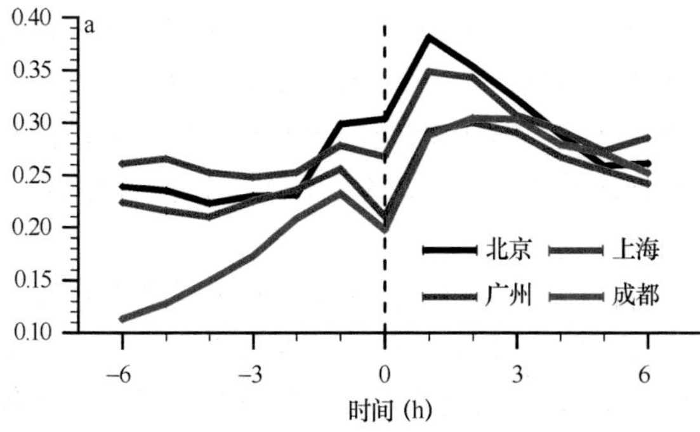

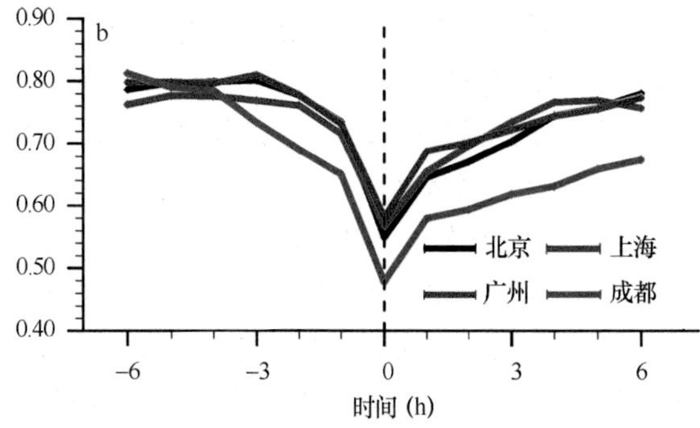

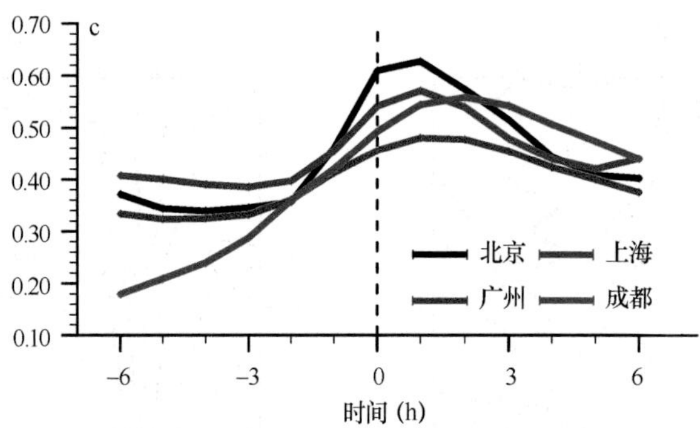

图5-10 北京、上海、广州、成都长持续强降水事件在峰值前后各小时的RRC_t（a）、RRC_t第一项（b）和RRC_t第二项（c）

域内出现有效降水台站数的变化。由此可见，在区域降水演变过程中，在区域单站峰值降水出现前，发生有效降水的台站数逐步增多，但有效降水台站的降水分布越来越不均匀，或者说水汽越来越明显地向某有限区域聚集。在区域单站峰值降水发生后，有效降水台站数仍有短暂的继续增加趋势，而降水在台站的分布越来越均匀。

图5-11还给出了不同区域长持续强降水事件合成的RRC_t的日变化情况。对于不同区域，RRC_t均在夜间至凌晨达到最大。这也说明，夜间降水的空间和时间一致性相对较好，这与夜间降水多由长持续降水贡献有关。4个区域的RRC_t最小值都出现在中午前后，这与中午前后降水的发生概率低（图3-1）有关。在4个区域中，成都的RRC_t日变化特征最显著，广州最弱。

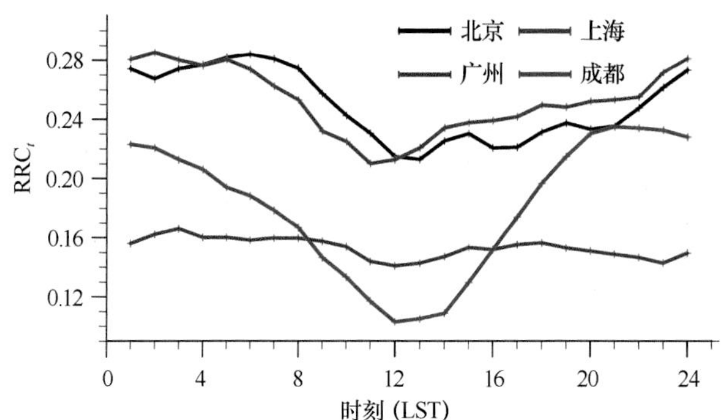

图5-11 北京、上海、广州、成都长持续强降水事件合成的RRC_t的日变化

第三节 区域降水事件的时空演变特征

基于更高密度区域自动站和高分辨率逐小时融合降水产品，在资料空间密度允许的情况下，本节着眼于区域降水事件，分析比较中国不同地区的区域降水事件日变化及其相关的小时尺度降水演变和分布特征。由于区域降水事件的具体特征参数依赖区域的选取，为简化分析，突出分析区域差异，本节采用0.5°×0.5°格点划分具体的分析区域，即约50km边长的方形网格区域，来考察各区域内降水事件的特征。高密度区域自动站的分布及50km边长格点内的台站数如图5-12所示，在我国中东部地区的大部分区域，每个0.5°×0.5°格点均有15个以上的台站，而在青藏高原及其周边地区和东北的北部台站相对较少。为保证所选0.5°×0.5°格点内不同资料均有足够多的样本，本节针对台站的分析选取区域范围内有10个以上的数据基本完整的台站为有效网格区域。下文台站的结果只给出有效网格区域的结果。CMPA为水平分辨率为0.1°的格点资料，在0.5°格点内，CMPA格点数为25个。

相比单站降水分析，区域降水事件分析的最重要参数是表征降水空间分布特征的区域降水系数。图5-13分别基于上述两套资料给出了2008～2015年5～10月按上述0.5°×0.5°格点定义的有效网格区域平均的RRC_t的空间分布。需要指出的是，对任意给定的区域，根据区域降水系数的定义，该系数的具体统计数值

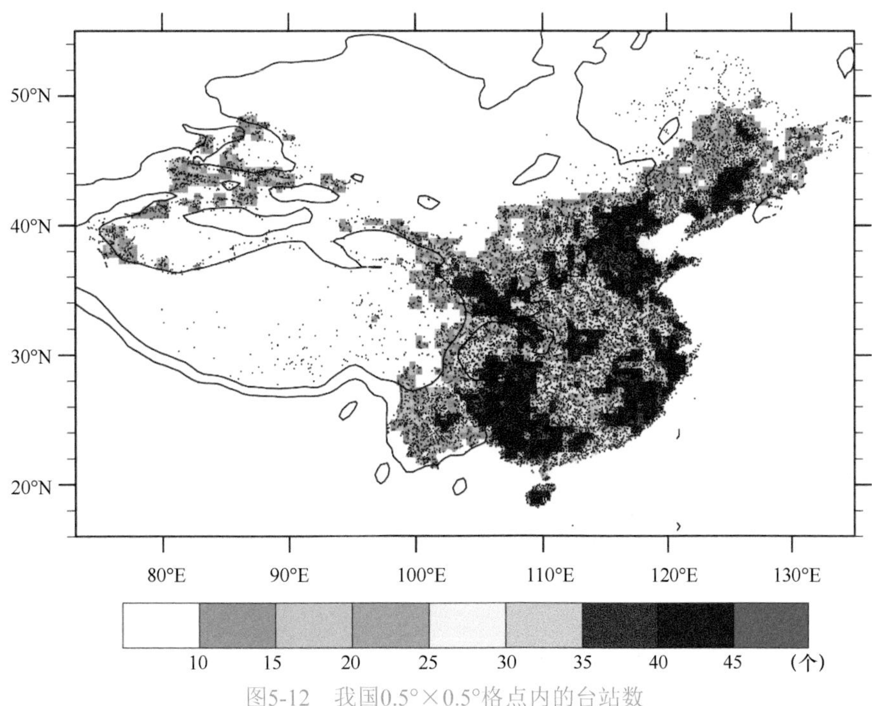

图5-12 我国0.5°×0.5°格点内的台站数

图中黑点表示台站，填色为格点内的站点数，黑色细实线表示1000m和3000m等高线

大小往往与区域内的有效台站或格点数有关。由于区域内有效台站或格点样本数的差异，相同区域由台站与CMPA资料得出的RRC_t及台站资料不同区域RRC_t的具体量值不好严格比较。但注意到在100°E以东两套资料在多数区域内的样本数相对可比，图5-13a和图5-13b给出的平均RRC_t分布特征也是可比的。两者都表明，华南地区是相对小值区，华北平原相对周边地区也较小，长江和黄河之间的RRC_t较大。对比图4-3a可知，小时降水平均的区域降水系数与单站降水平均持续时间的分布特征具有某种可比性，这在物理上是合理的，通常持续时间较长的降水较短时阵性降水具有更好的空间一致性。CMPA资料（图5-13b）给出的青藏高原的平均RRC_t小于我国其他地区，这表明CMPA资料显示高原上的分散性局地降水频发。

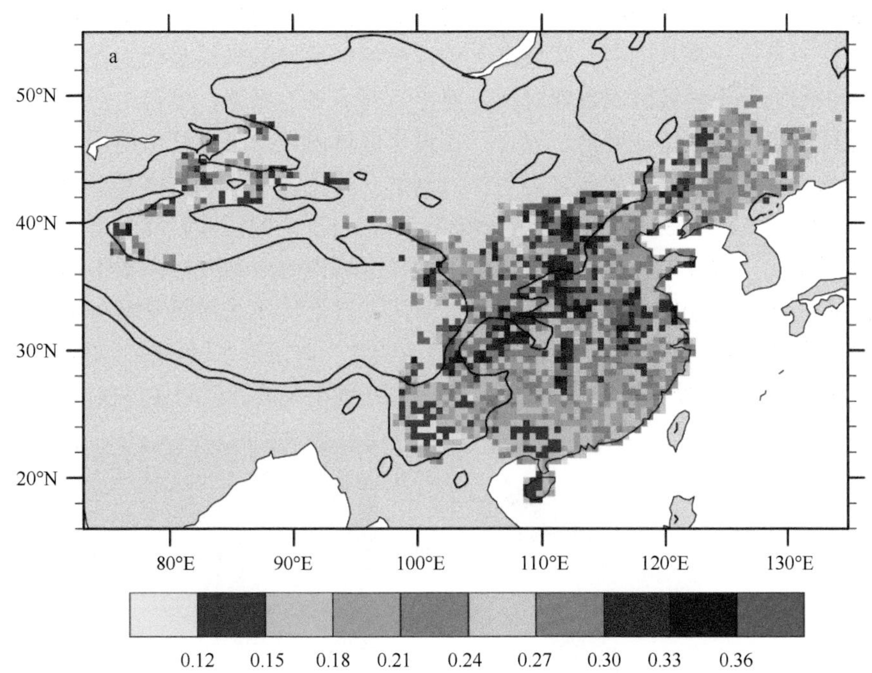

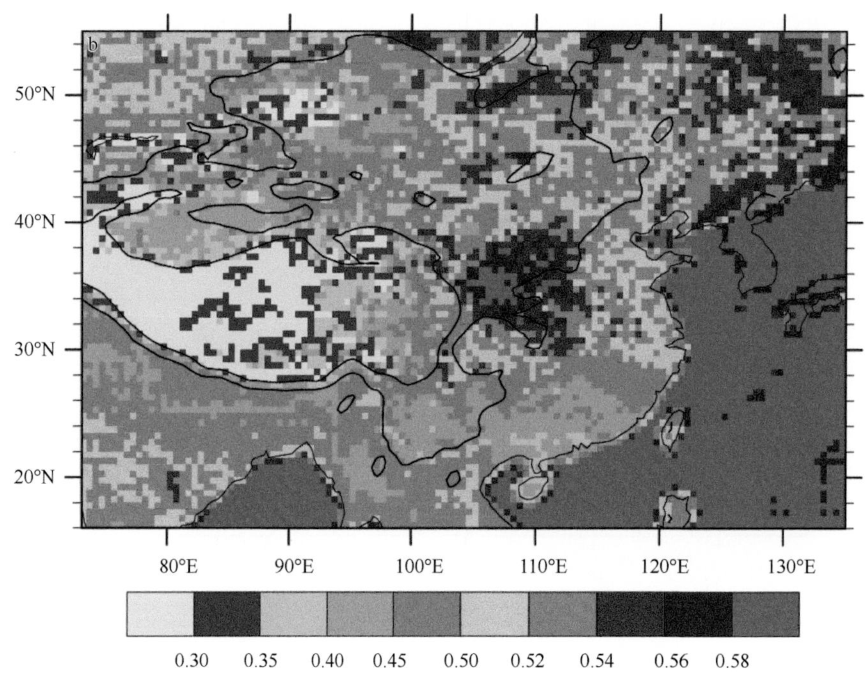

图5-13 2008～2015年5～10月有效网格区域平均的RRC_t的空间分布［根据Chen等（2016）重绘］

a. 高密度区域自动站观测；b. 0.1°分辨率的CMPA融合格点降水产品。黑色细实线表示1000m和3000m等高线

为考察区域降水事件的降水量和降水频率的日变化特征，并对比其与单站降水事件的异同，图5-14分别基于以上两套资料给出了5～10月区域强降水事件（峰值强度超过2mm/h）平均降水量和降水频率日变化主峰值时间的空间分布。由图5-14a和图5-14b可见，区域降水事件平均降水量的峰值时间分布与单站降水量日变化主要的夜间峰值区、清晨峰值区和下午峰值区的峰值时间分布（图3-2）基本相似，并同样在江淮、黄淮之间可能是由于“双峰”值特征，降水峰值时间分布的空间一致性较差。但区域降水事件频率日峰值时间的空间分布（图5-14c、d）与单站降水频率日峰值时间的空间分布（图3-3）差异显著。虽然在午夜和午后峰值主导的区域，区域降水频率主峰值时间分布与单站降水基本一致，但单站降水频率相对于降水量的清晨峰值区域明显偏大，而区域降水事件频率的午后峰值区域明显较大，特别是在江淮和黄淮地区。这种差异是合理的，也是有物理基础的。区域降水事件频率午后峰值突出是因为在关注区域内，任意一个台站有降水就可以识别为一个区域降水事件时次，而午后对流更为频繁，使得午后区域降水事件的频率较高，但午后的对流降水事件局地特征明显，往往只在设定区域内1～2个台站出现，这样对每个具体的台站来说，午后发生降水的频率反而比清晨低。为更深入理解这样的差异，图5-15基于两套资料给出了长江中下游典型“双峰”值区域（29°～32°N，114°～120°E）5～10月平均的区域强降水事件RRC_t日变化曲线，该区域也是单站降水日变化“双峰”并存的区域。由于同样区域内的台站或格点数不同，高密度区域自动站和CMPA资料给出的每个时刻的RRC_t值有量值差异，但两者日变化曲线的演变趋势基本一致，RRC_t的峰值在清晨至上午，最小值在下午。RRC_t的清晨至上午峰值表明这一时段降水区域性较好，一次过程大多数台站均发生降水，波及的站点较多，使得按单站计数的频率易高；而下午的谷值则使得按区域计数的频率易高。

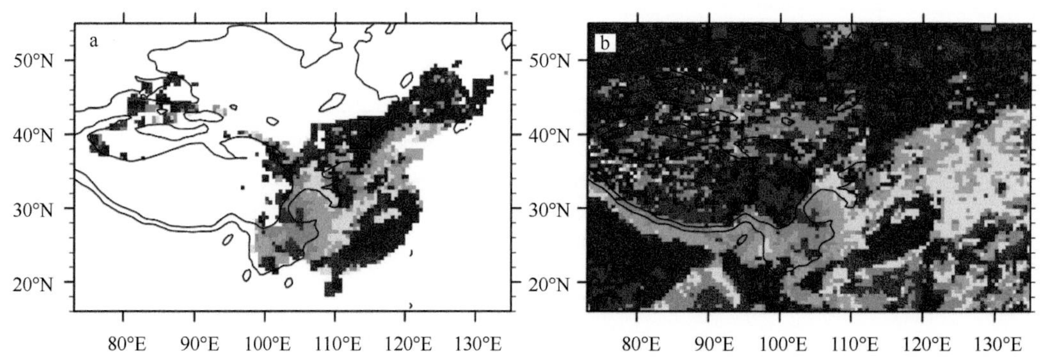

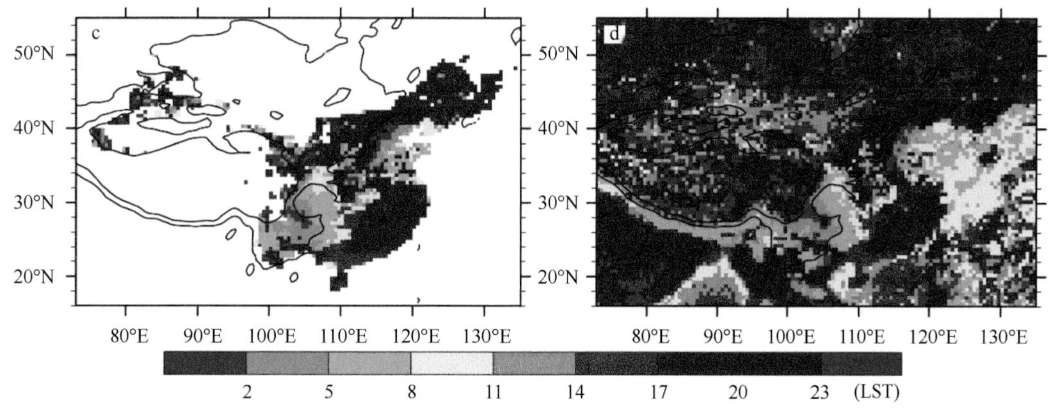

图5-14 5～10月区域强降水事件（峰值强度超过2mm/h）平均降水量（a，b）和降水频率（c，d）的日变化主峰值时间的空间分布［根据Chen等（2016）重绘］

a、c. 高密度区域自动站观测；b、d. 0.1°分辨率的CMPA融合格点降水产品。黑色细实线表示1000m和3000m等高线

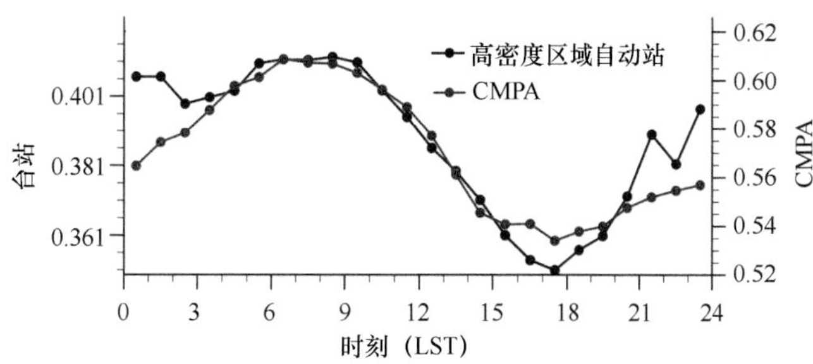

图5-15 长江中下游典型“双峰”值区域（29°～32°N，114°～120°E）5～10月平均的区域强降水事件RRC,日变化曲线［根据Chen等（2016）重绘］

为进一步与单站降水事件比较，图5-16给出了第三章中定义的下午（AN_N、AN_S区域）、清晨（EM_N、EM_S区域）及夜间（MN_N、MN_S区域）峰值代表性区域（图3-5b）平均的5～10月区域降水事件降水量和降水频率的日变化曲线。注意AN_N和MN_S区域内由于台站密度在部分地区相对较小，不能完全覆盖图3-5b中标注的范围，这里只给出达到有效台站数的格点平均值。对于EVE_TP区域，由于高密度区域自动站在高原上只有1个有效格点，因此不对该区域作进一步分析。

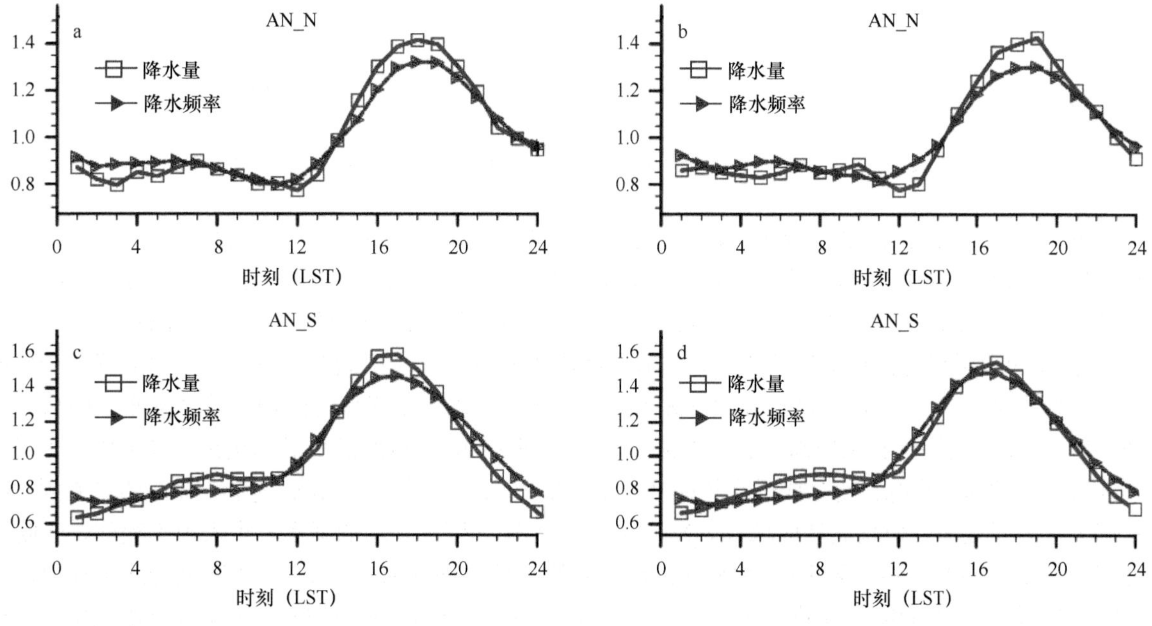

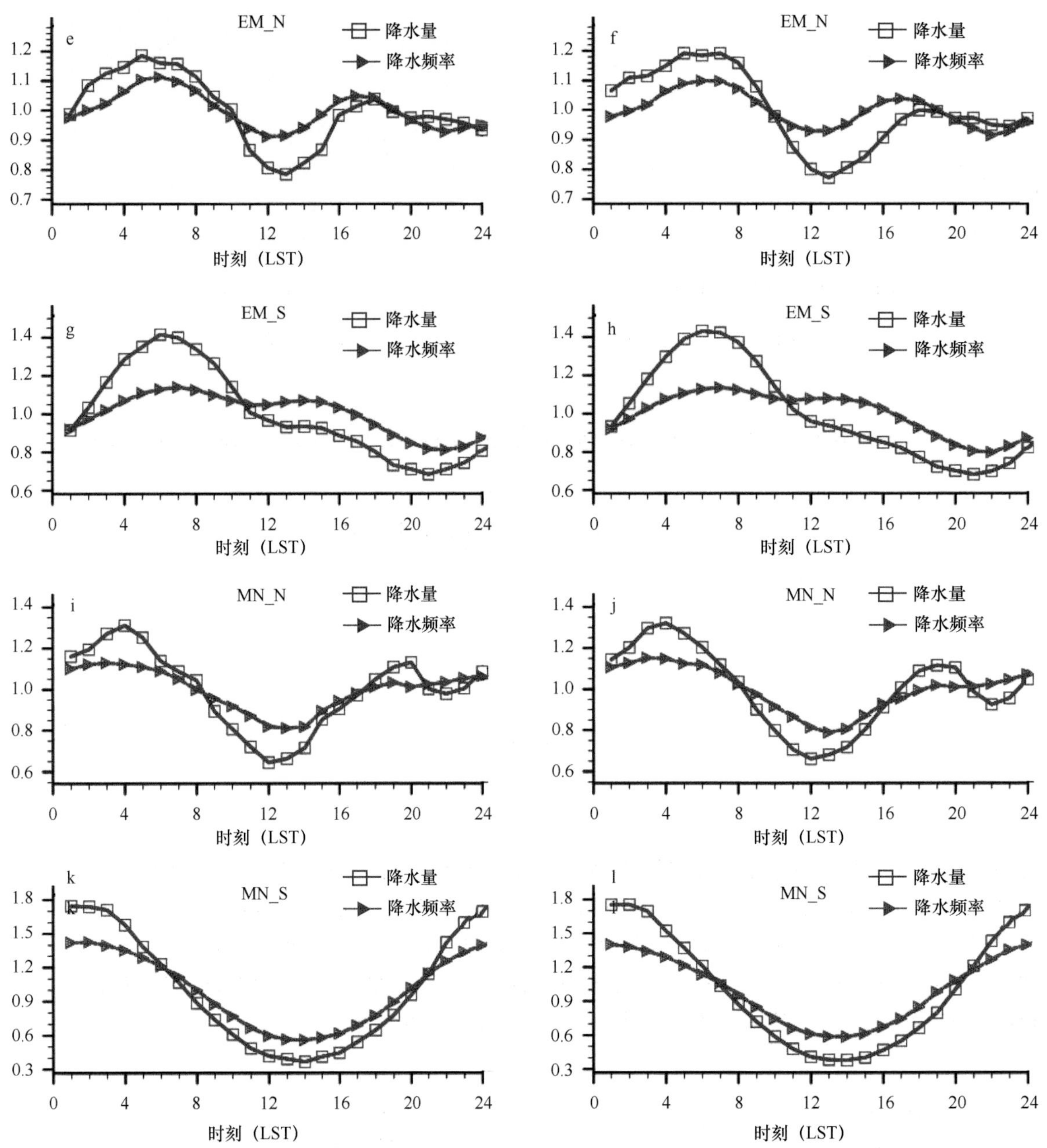

图5-16　区域平均的5～10月区域降水事件降水量和降水频率的标准化日变化曲线

a、c、e、g、i、k. 高密度区域自动站观测；b、d、f、h、j、l. 0.1°分辨率的CMPA融合格点降水产品

对于下午峰值代表性区域AN_N和AN_S区域，降水量和降水频率的日变化演变特征基本相近，均表现为傍晚（18～20LST）单峰结构，降水量和降水频率的峰值时间及日变化振幅也相当，只是AN_S区域（图5-16c、d）的峰值时间早于AN_N区域（图5-16a、b）。与单站降水日变化的结果相比（图3-8），AN_N和AN_S区域降水事件并没有清晨的次峰值。对于清晨峰值代表性区域EM_N和EM_S，降水量和降水频率的日变化主峰值均出现在5～8LST，且EM_N和EM_S区域平均的降水量主峰值时间均与单站降水量峰值时间相近（图3-9）。降水量的日变化振幅大于降水频率。台站观测和CMPA产品均显示出EM_N区域存在傍晚次峰值，降水频率的傍晚次峰值更为明显且超前降水量峰值1～2h，这与傍晚RRC较小、局地热对流频发的时段更早有关。对于夜间峰值代表性区域MN_N和MN_S，MN_N区域平均的降水量也表现为夜间、傍晚“双峰”并存的特征，与AN_N区域相比，MN_N区域傍晚次峰值时间滞后1～2h，表明区域降水事件也反映了与单站降水分析类似的相邻区域间降水峰值时间的滞后关系。MN_S区域平均的降水量和降水频率的午夜峰值特征更突出，平均日变化振幅也是几个代表性区域中最大的，这与单站的结果（图3-10a）也一致。

相对单站分析，图5-16的结果进一步表明了区域降水事件的日变化分析呈现了更高的下午降水频率，而清晨至上午的降水频率降低。这一差别则很好地说明了清晨至上午降水与下午降水在降水演变过程中的时空差异。

为进一步分析区域降水事件演变过程的时空特征，图5-17给出了5～10月按0.5°×0.5°格点定义的区域降水事件的平均持续时间。两套资料均给出了西南和东南沿海区域降水事件持续较长的特征。对比图5-17和图4-3a可见，区域降水事件和单站降水事件的平均持续时间分布存在一定差异。单站降水事件平均持续时间较长的区域主要位于长江流域，而区域降水事件在东南沿海和西北地区东南部也表现出持续时间较长的特征。东南沿海区域降水事件平均持续时间较长与该区域为下午降水频率高值区相对应，而河套地区为RRC_E大值区，其降水的空间分布多较为均匀，这两个区域更长平均持续时间应与不同的降水特性相对应。

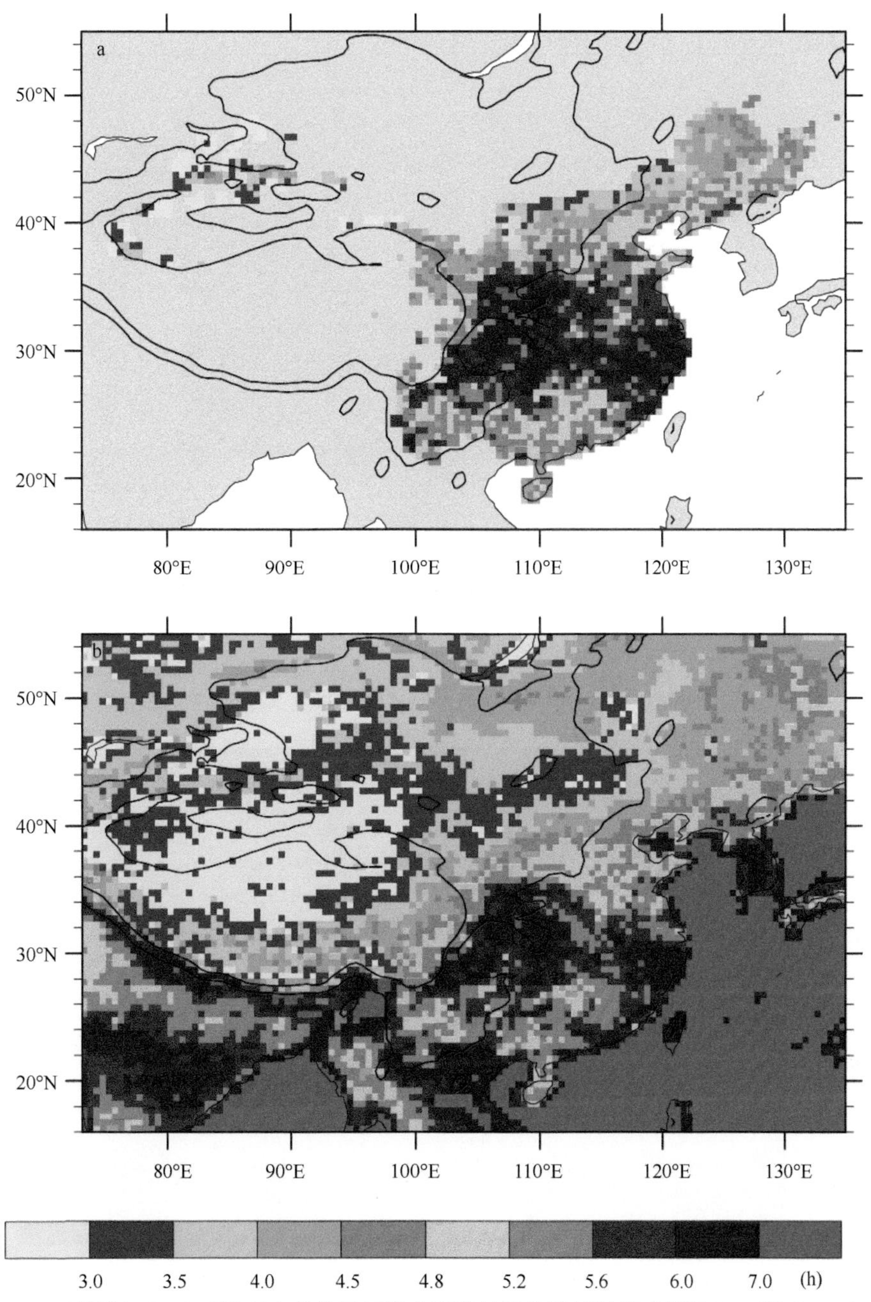

图5-17　5～10月按0.5°×0.5°格点定义的区域降水事件的平均持续时间［根据Chen等（2016）重绘］

a. 高密度区域自动站观测；b. 0.1°分辨率的CMPA融合格点降水产品。黑色细实线表示1000m和3000m等高线

图5-18给出了2008～2015年5～10月有效网格区域内区域强降水事件（峰值强度超过2mm/h）平均的RRC_E的空间分布。对比图5-13可以看出，RRC_E的分布与RRC_r基本相当，100°E以东大部分格点内的平均RRC_E超过了0.48，且与图5-13相比，RRC_E的大值中心也呈现与RRC_r相似的特征，如在长江、黄河流域之间均为大值区，整体而言，长江流域以北区域降水事件的区域性要好于长江流域以南。但两者也存在差异，如在华北平原地区RRC_E与华北西部山区相当，但是华北平原地区RRC_r相对较小，表明华北平原地区的区域降水事件的过程累积降水的分布特征与西部山区类似，但事件过程中各小时降水的分散性特征更明显。对比图5-18和图5-17可见，35°N以北常出现区域性短时降水事件，而广东、福建等南部地区可在一定范围（几十千米）内出现持续时间较长的分散降水事件。为进一步说明南北降水平均持续时间和RRC_E的差异，图5-19给出了华南（21°～24°N，112°～120°E）和华北（38°～42°N，110°～118°E）区域不同持续时间和

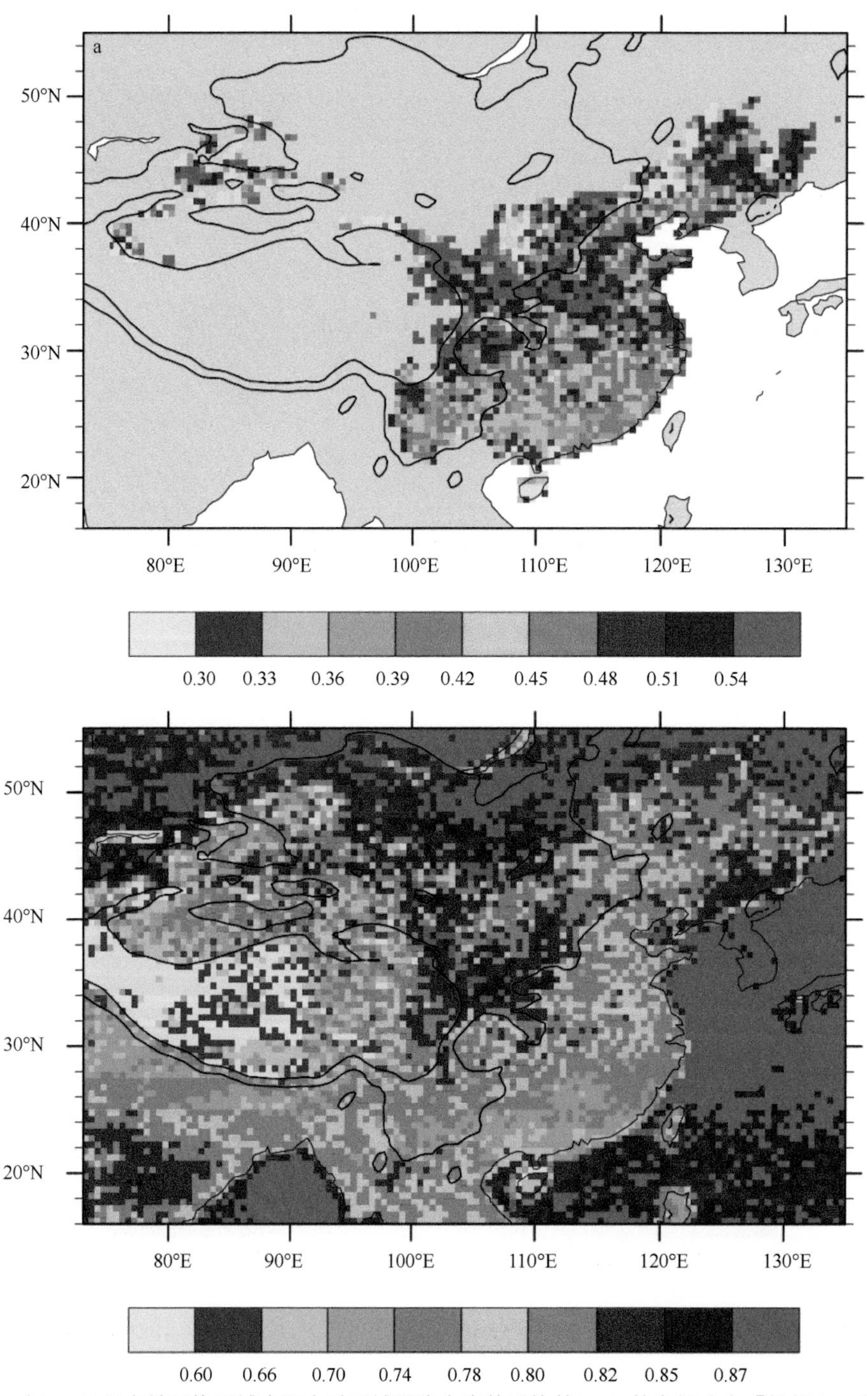

图5-18　2008～2015年5～10月有效网格区域内逐小时区域强降水事件平均的RRC_E的空间分布［根据Chen等（2016）重绘］

a. 高密度区域自动站观测；b. 0.1°分辨率的CMPA融合格点降水产品。黑色细实线表示1000m和3000m等高线

RRC_E的区域强降水事件发生频率占总降水事件发生频率的比例。可以清楚地看到，华南持续时间较长但RRC_E较小的降水事件较华北更为频发，而在华北平均持续时间较短但RRC_E较大的区域降水事件发生频率更高。这样的结果表明，即使在约50km的方形区域内，华南降水也可以在区域内台站或格点上较长时间、连续、分散交替出现；而在华北，降水通常是在50km的区域内同时、短时出现。

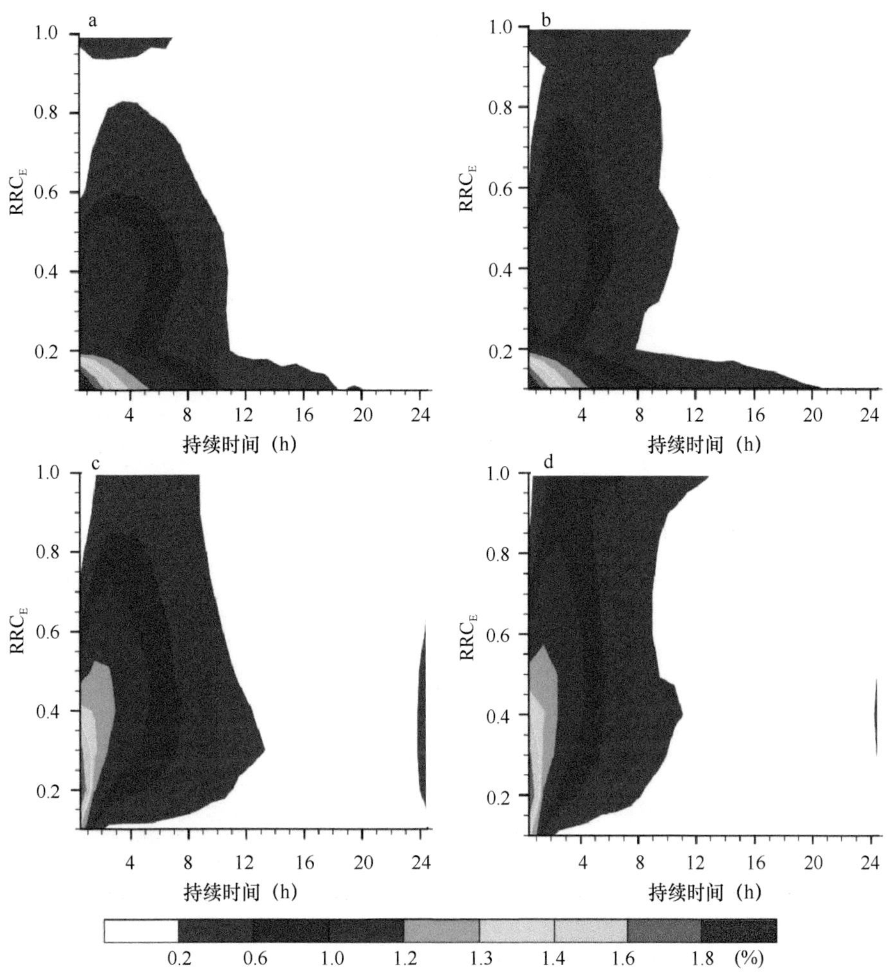

图5-19　华南（a，b）和华北（c，d）区域不同持续时间和RRC_E的区域强降水事件发生频次占总降水发生频次的比例

a、c. 高密度区域自动站观测；b、d. 0.1°分辨率的CMPA融合格点降水产品

降水事件的起止时间是表征降水事件发展演变的重要参量。由于我国大部分区域（MN_S区域除外）短时降水的开始、峰值和结束时间差异较小（图4-15），下面比较长持续区域强降水事件与单站降水事件日变化的异同。图5-20给出了我国5～10月长持续区域强降水事件（持续时间超过6h且峰值强度超过2mm/h）开始、峰值和结束时间频次的日变化主峰值时间的空间分布。粗略地看，长持续区域强降水事件的峰值时间表现出与单站分析类似的特征，即华南长持续区域强降水事件多在中午开始，在傍晚达到峰值，而在午夜结束。在江淮、黄淮流域，此类区域降水事件（RRE）开始时间的频次存在明显的午后、夜间峰值并存的特征，且夜间峰值在台站资料中更为明显。峰值时间以清晨到上午为主，但部分区域也存在傍晚峰值。该区域RRE结束时间的频次峰值分布相对较为一致，以下午峰值为主。华北下午降水开始频次较高，而峰值出现在夜间的更为频繁，同时AN_N区域午后峰值特征不明显。CMPA产品显示，在青藏高原，长持续区域强降水事件多在下午至傍晚开始，在午夜前达到峰值，而多在清晨结束，这与基于青藏高原台站得到的结论（图4-19）是一致的。

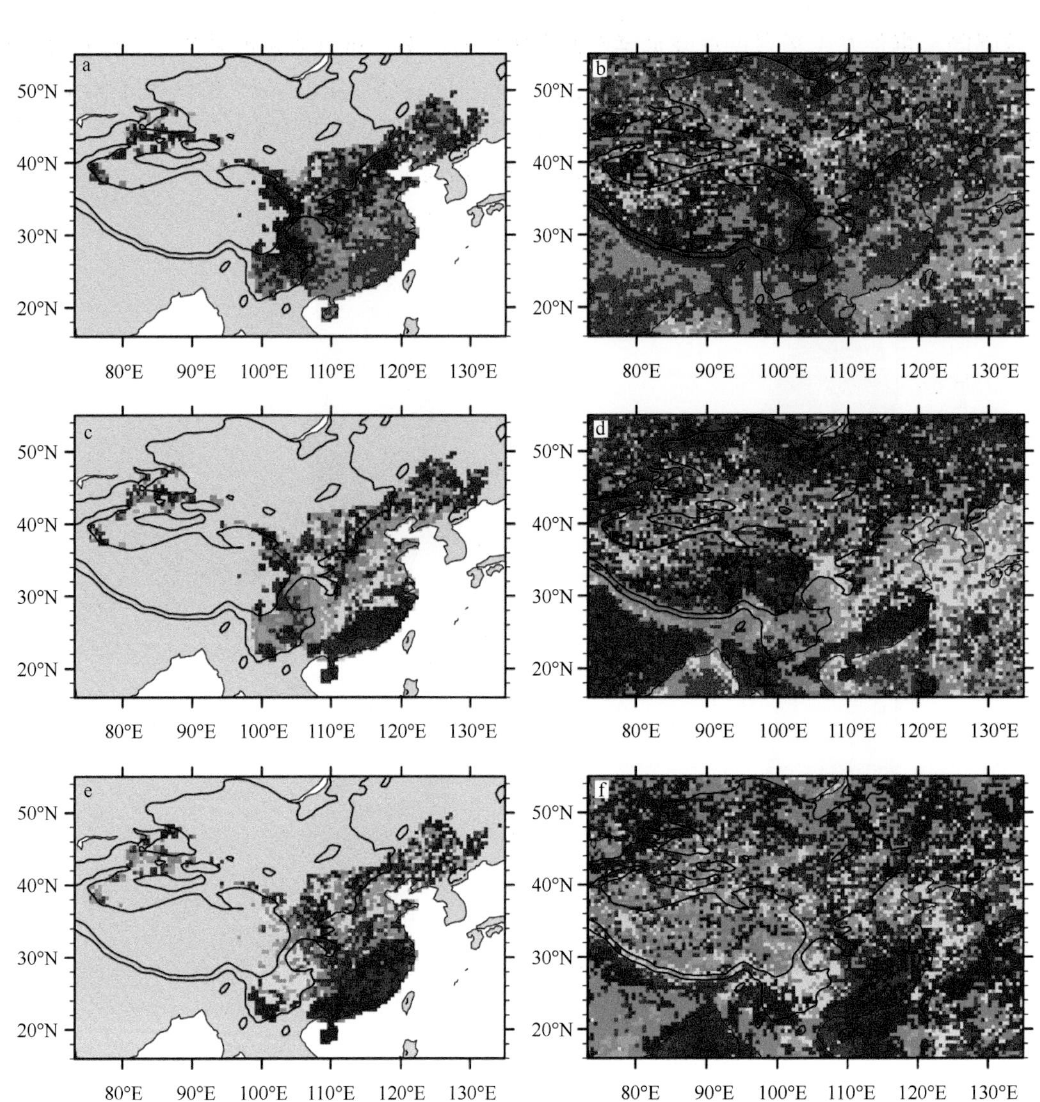

图5-20　5～10月长持续区域强降水事件开始（a，b）、峰值（c，d）和结束时间（e，f）频次的日变化主峰值时间的空间分布

a、c、e. 高密度区域自动站观测；b、d、f. 0.1°分辨率的CMPA融合格点降水产品。黑色细实线表示1000m和3000m等高线

图5-21进一步给出了6个典型代表性区域5～10月长持续区域强降水事件开始、峰值和结束时间频次的日变化曲线，同时为了更好地揭示区域降水事件的演变特征，还给出了此类区域降水事件的RRC_t的日变化曲线。对于两个下午峰值代表性区域（AN_N、AN_S区域），AN_N区域长持续强降水易于在下午至傍晚时段开始，在中午时段结束，峰值时间频次的日变化振幅要弱于开始时间，且傍晚峰值的特征不突出。在AN_S区域，开始、峰值和结束时间频次日变化较AN_N区域更强，且多在中午到下午开始，在傍晚前达到峰值，入夜后结束。AN_S区域开始时间的频次峰值时间要早于AN_N区域，傍晚峰值的特征更明显。尽管不同资料给出的RRC_t日变化存在差异，但AN_N和AN_S区域RRC_t均表现为夜间至上午时段较大，而下午降水开始时间频次增加时RRC_t减小，且RRC_t的谷值均与峰值时间频次最高的时次有较好的对应关系，表明在这两个区域，即便是长持续强降水，午后降水都表现出很强的局地对流特征。对于两个清晨峰值代表性区域（EM_N、EM_S区域），开始和峰值时间的频次峰值均出现在凌晨，而结束时间的频次峰值更多出现在下午。同时RRC_t几乎均滞后于峰值时间频次3～5h，表明这两个区域降水峰值后易出现空间分布更为均匀的层状云降水。对于两个夜间峰值代表性区域（MN_N、MN_S区域），开始和峰值时间的夜间频率峰值特征明显，同样可以看到MN_S区域无论是开始、峰值还是结束时间频次的日变化振幅均在几个区域中最大，且

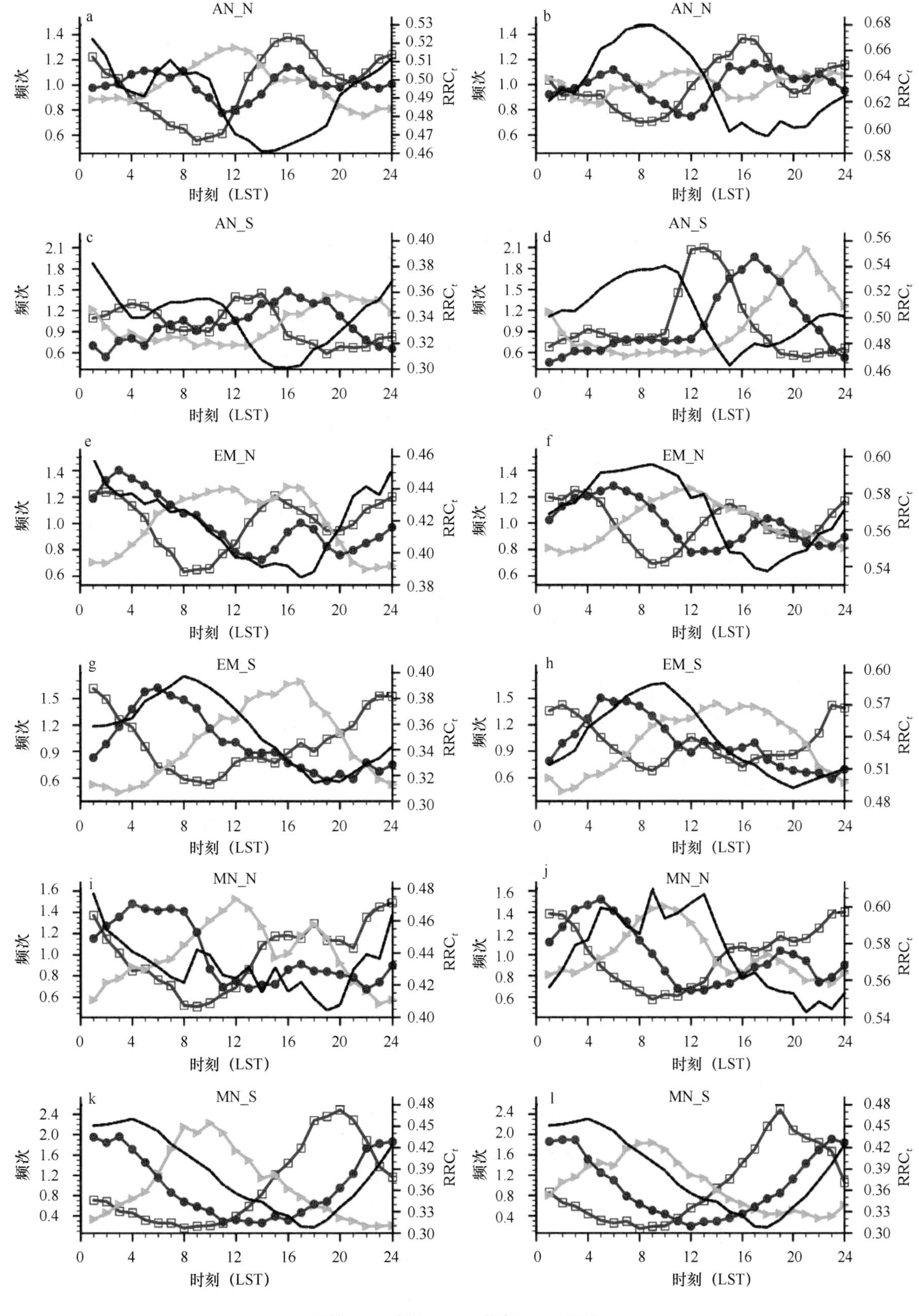

图5-21　区域平均的5～10月长持续区域强降水事件开始、峰值和结束时间频次（左Y轴）及RRC_t（右Y轴）的日变化曲线［根据Chen等（2016）重绘］

a、c、e、g、i、k. 高密度区域自动站观测；b、d、f、h、j、l. 0.1°分辨率的CMPA融合格点降水产品

都表现为单峰值特征。同时，MN_S区域也存在RRC_f滞后于峰值时间频次的特征，但在该区域RRC_f日变化表现出与峰值时间频次接近的演变趋势，峰值时间频次增加后RRC_f也开始增加，且RRC_f日峰值时间只滞后于峰值时间频次1h，表明该区域夜间强降水可能多与有组织的深对流有关，且对流向层状云演变的过程更为迅速，降水过程中层状云的占比可能较高。为进一步深化对这些现象的理解，下面利用卫星降水产品开展相关区域对流和层状云降水的相关分析。

第四节　对流和层状云降水日变化

根据分散在前面相关章节的分析可以形成一个基本认知：大多数主要发生在午后至午夜的降水事件，甚至所有峰值较强的降水事件（无论是单站还是区域降水事件，无论是短时还是长持续降水事件），一般都是降水强度、降水量和降水频率的日变化峰值时间位相先后依次出现，并且降水的时间演变过程有相对较大的不对称性，降水空间分布的区域系数相对较小。这些特征与通常认知的深对流云降水相对应，这样的降水应该是对流降水的占比相对较高。强对流降水的发生、发展、衰亡过程，通常是发展阶段迅速、衰亡阶段相对较缓。在对流发展到极盛阶段，由于云顶的高度远高于冻结高度，出现大量的冰晶，受到高空强稳定层结的影响，云顶趋向平展，形成铁砧状（称为云砧）。在对流降水的衰亡阶段，对流云转化成了层状云，降水强度迅速减弱，但结束过程趋缓。另外，有时高空风速极大，积雨云云砧水平运动加强，使云顶水平铺展到较大空间，降水范围也明显增大。对流降水这样的演变过程符合降水强度、降水量和降水频率的日变化峰值时间位相先后依次出现，以及时间不对称性和空间不均匀性的演变特征。

为加深对上述有关降水过程日变化研究的物理内涵的理解，本节利用TRMM相关探测数据，并与地面台站分析结合，着眼于对流和层状云降水日变化的比较，开展分析研究。本节用到1998～2006年的台站及TRMM 2A25观测的逐小时降水资料，资料介绍见第二章。由于受资料等因素的局限，本节的分析主要集中在我国100°E以东和38°N以南的地区。

先结合TRMM PR探测的两个降水片段及对应的台站降水观测资料，进一步理解两种不同探测/观测方式对降水特征的捕捉和认识。图5-22a、c分别给出了2001年8月13日15时23分及22日13时35分TRMM PR探

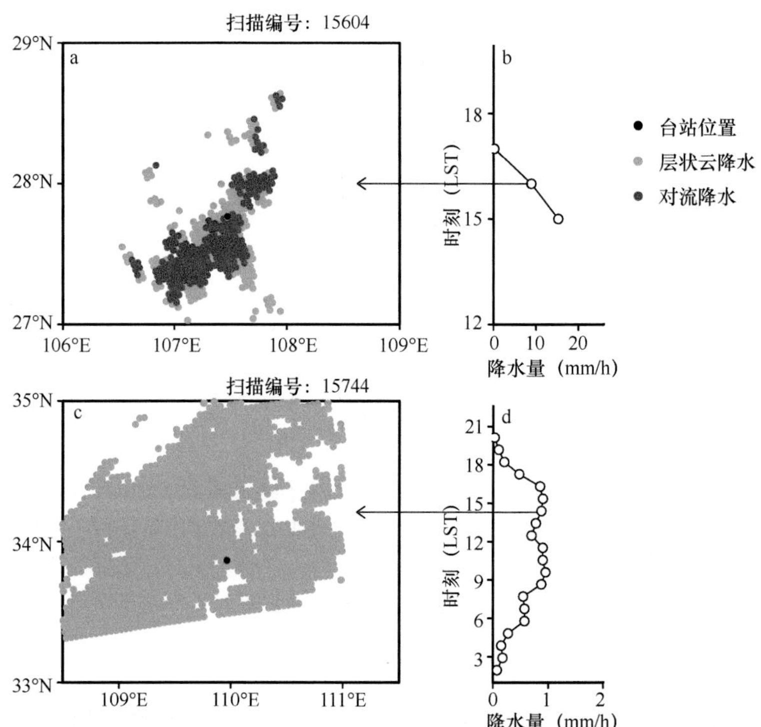

图5-22　TRMM PR探测到的两次降水片段中所有降水像素点的分布（分别为2001年8月13日15时23分及22日13时35分）及降水片段对应的台站观测的整个事件的降水量［根据Yu等（2010）重绘］

测到的两个降水片段。图5-22b、d分别给出了图5-22a、c中的台站观测到的整个降水事件的降水量演变。图5-23给出了同时段相似范围内所有台站观测的降水量。对比图5-22和图5-23可以看出，由对流降水主导的这次降水过程中，图5-22a中所示范围内仅有3个台站观测到降水，其中1个台站降水量近10mm/h，利用图5-23a方框内（TRMM PR片段覆盖范围）各台站降水量计算这一时刻降水的区域系数，为0.32。而由层状云降水主导的降水过程中，图5-23b方框内16个台站中仅有2个未观测到降水，且出现降水的台站观测降水量较为接近，均在0.6～2.9mm/h，区域系数为0.74。所以，图5-22a、c给出的对流和层状云降水片段分别属于一次局地短时和一次区域长持续降水事件。

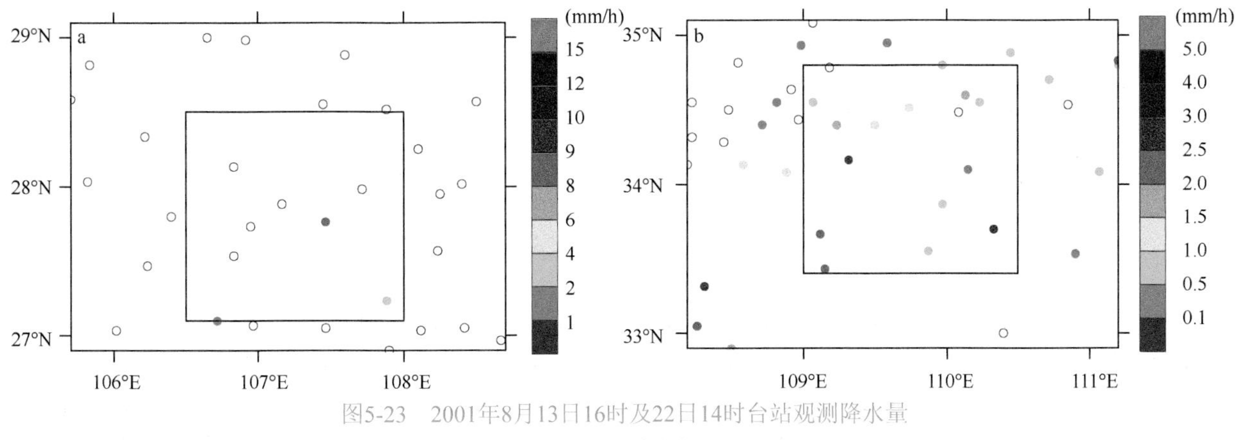

图5-23　2001年8月13日16时及22日14时台站观测降水量

空心圆为无降水台站

由于受降水资料的限制，前人有关降水的研究多集中在总降水上。从物理上认知降水类别，总降水通常分为对流降水与层状云降水两个类别，两者物理特性显著不同（Houze，2014）。对流降水通常对应强烈的上升运动和不稳定层结，局地降水强度较大，但空间一致性较差或降水的区域系数较小。层状云降水通常与相对稳定的层结相联系，平均降水强度不大，但空间一致性较好或降水的区域系数较大。由于降水形成的微物理过程不同，层状云和对流降水的垂直分布也存在区别（Tao et al.，1993）。两者对应完全不同的加热廓线，对流降水加热廓线在对流层中层达到最大；而层状云降水的加热廓线在对流层低层为负，在对流层中层为正。甄别不同类型的降水，有助于理解动力及热力的因素对降水形成的影响。区分两种类型的降水及其垂直分布，有助于理解及模拟大气的能量收支和降水对大气的反馈（Houze，1997）。

在具体分析讨论对流和层状云降水日变化特征之前，先分析TRMM 2A25数据1998～2006年6～8月平均的降水量及对流和层状云降水量的分布情况。图5-24a给出了TRMM 2A25数据中我国南方6～8月平均降水量的空间分布。在长江流域及其以南地区，大体呈现出南北两条雨带：一条位于30°N附近，由三个降水中心组成，分别位于长江上游、中游和下游；另一条位于华南地区，包括云南南部、广西和广东沿海地区。TRMM 2A25数据中的总降水量与台站观测有较高的相似度，二者空间相关系数超过0.9；但TRMM 2A25数

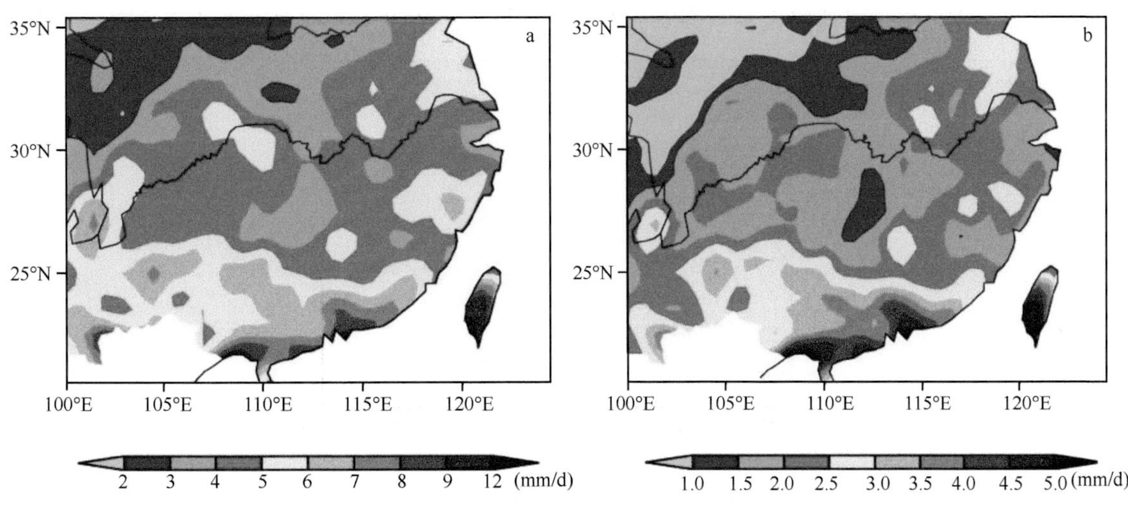

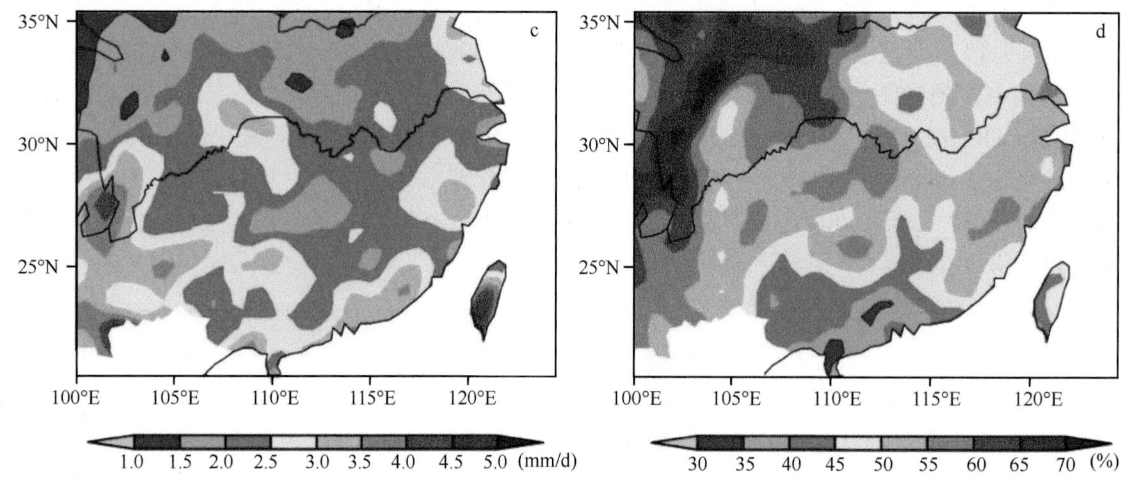

图5-24 TRMM 2A25数据中我国南方1998～2006年6～8月平均的总降水量（a）、对流降水量（b）和层状云降水量（c）及层状云降水量占总降水量的比例（d）的空间分布［根据Yu等（2010）重绘］

据中的降水量较台站观测数据偏小，尤其是在我国南方的西北部及长江流域更为显著，这是TRMM 2A25观测降水资料的一个不足之处，对有关的结论应考虑其不确定性影响。对流降水量（图5-24b）大值区主要分布在华南沿海和江淮地区，而层状云降水量（图5-24c）的大值带则主要分布在我国西南地区和长江中上游。在整个南方的沿海地区也存在一条层状云降水的大值带，但量值较西南地区稍小。从整个南方地区来看，层状云降水量占总降水量的比例略高，但空间分布不均（图5-24d）。与两种类型降水的降水量分布对应，在我国西南及长江中上游地区，层状云降水量占总降水量的60%以上，处于总降水量的主导地位；在江淮地区，两种降水所占比例大致相当；在我国华南地区，层状云降水量占比最低，大约在40%以下。对流降水情形则相反。

图5-25a给出了0.5°×0.5°格点内TRMM 2A25数据中6～8月总降水的发生频率。本节定义TRMM 2A25数据的降水发生频率为各个格点内PR探测到的降水像素占观测总像素（包括非降水像素）的比例，实质上反映了格点内降水面积占探测面积的比例（傅云飞等，2008）。对比降水量的空间分布（图5-24a）可知，降水频率的空间分布与之大致相当，西南地区降水频率最高，华南地区次之，长江流域降水频率略低。与降水量比例不同，层状云和对流降水发生频率占总降水发生频率的比例差别较大。如图5-25b、c所示，在我国西南地区，层状云降水发生频率占总降水发生频率的75%以上，而对流降水发生频率仅占不到15%。东南地区对流降水比例有所增加，但多数也仅占总降水发生频率的15%左右，其中华南地区对流降水发生频率最高，约占总降水的25%。TRMM 2A25数据中降水发生频率的高低，也可表征降水面积。由图5-25c可知，层状云降水在我国西南地区覆盖面积较大，这与我国西南地区覆盖大量中层层状云一致（Yu et al.，2004）。

图5-26a、b分别给出了对流降水强度和层状云降水强度的空间分布。正如所知，对流降水强度较层状云降水强度显著偏高。但与对流降水发生频率分布特征相反，对流降水强度在江淮地区较高，平均强度超

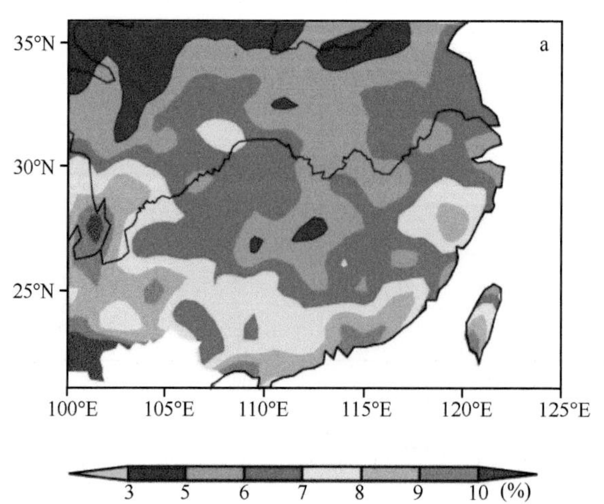

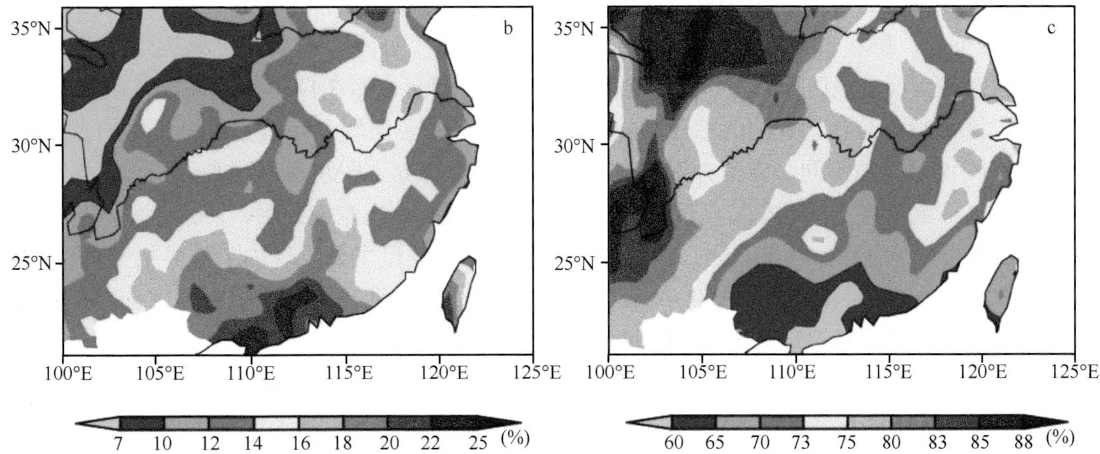

图5-25　TRMM 2A25数据中6～8月总降水发生频率（a）及对流降水（b）和层状云降水（c）发生频率占总降水发生频率比例的空间分布［根据Yu等（2010）重绘］

过10mm/h，而华南地区对流降水强度相对稍低，但也超过了8.5mm/h（图5-26a）。层状云降水强度的大值区主要分布在东南地区，西南地区层状云降水发生频率高，但强度低（图5-26b）。对流降水强度和层状云降水强度在华南地区差别最小（图5-26c），对流降水的强度约是层状云降水的4倍，而在长江流域特别是长江中上游地区，对流降水强度是层状云降水强度的5～7倍。前文提到，与台站观测相比，TRMM 2A25低估了我国西南地区及长江中上游降水，这些区域正对应层状云降水比例较大的区域，层状云降水强度相对较低，而PR对弱降水不敏感（Bowman et al.，2005），可能是低估这些地区降水的原因之一。

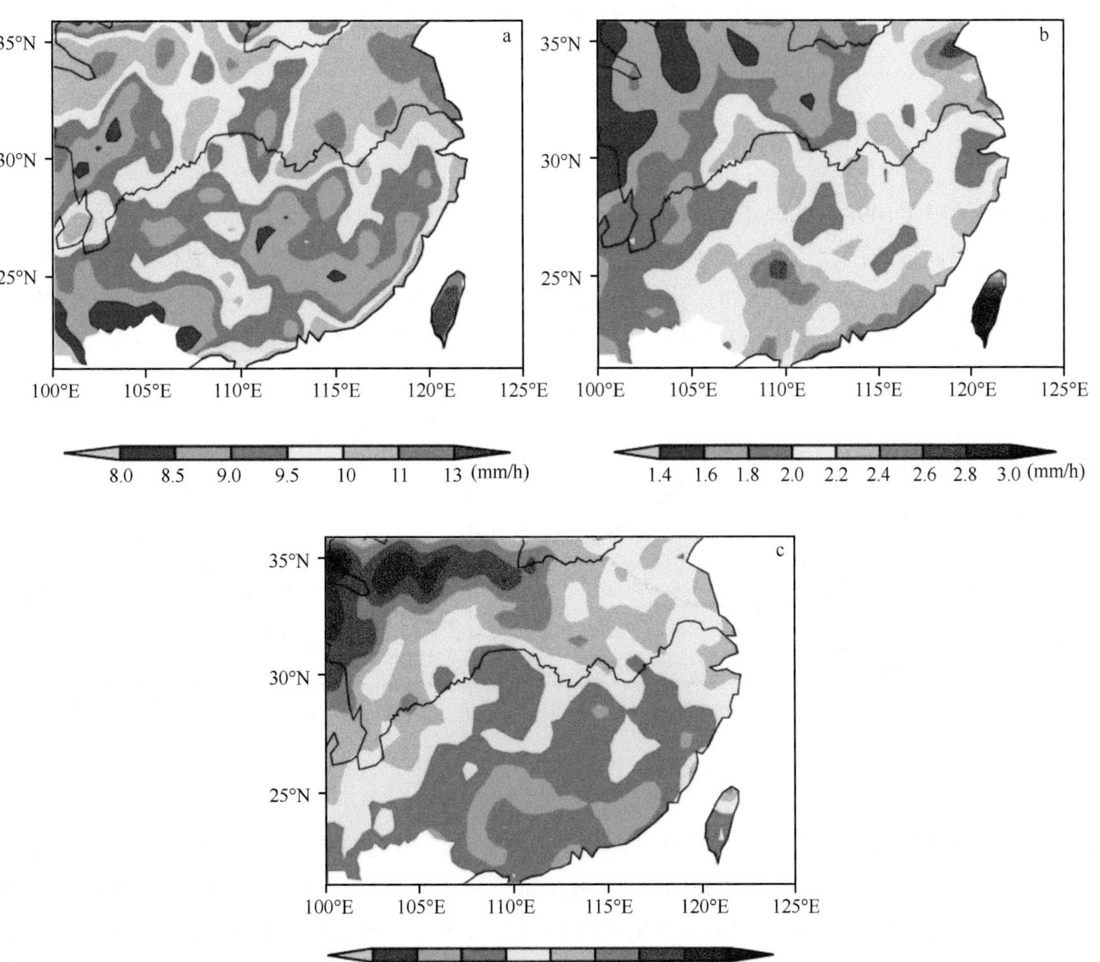

图5-26　对流降水强度（a）和层状云降水强度（b）的空间分布及对流降水强度与层状云降水强度之比（c）

图5-27给出了TRMM 2A25数据中1998～2006年6～8月平均的层状云降水量和对流降水量日变化的峰值时间。由图5-27a可见，层状云降水量的日变化峰值时间与台站观测的总降水量（图3-2）表现出比较一致的空间分布，即在我国西南地区降水量峰值主要出现在夜间至清晨，而在110°E以东地区，主要出现在午后至傍晚。层状云降水特征与台站观测的总降水较为一致，也反映了层状云降水在总降水中的占比较高。根据层状云降水量峰值时间的不同，将南方地区划分为东、西两部分，即东南地区和西南地区，如图5-27所示。在西南地区，降水量峰值出现在午夜至清晨的区域占52.5%；而在东南地区，降水量峰值出现在下午和傍晚的区域占63.8%。与层状云降水不同，对流降水在整个南方地区主要表现为午后峰值（图5-27b），研究范围内有82.3%的地区降水量峰值出现在午后。然而在高原东部的四川盆地，仍有少部分对流降水量峰值出现在午夜至清晨。降水频率的日变化峰值时间与降水量相似。

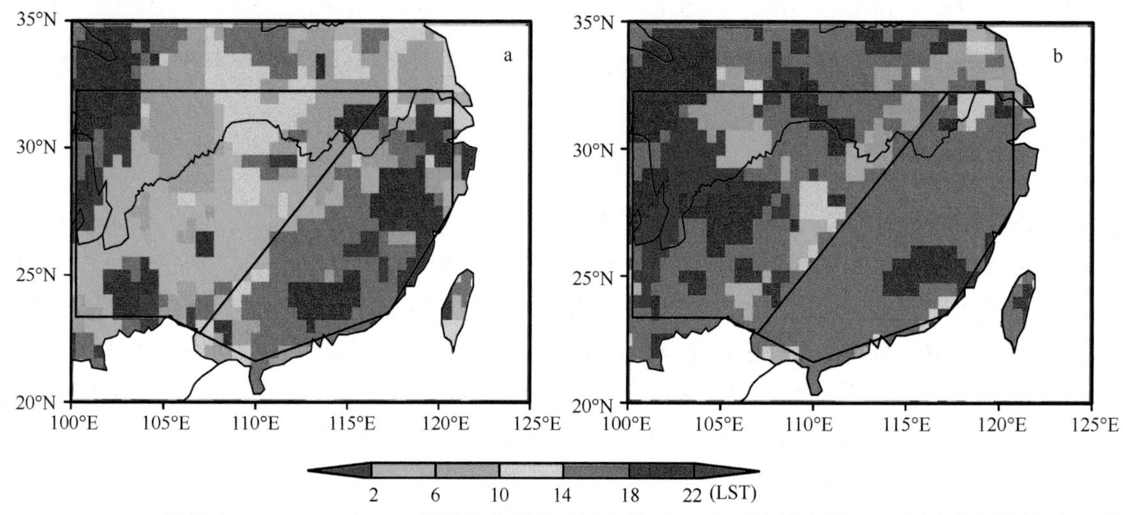

图5-27　TRMM 2A25数据中1998～2006年6～8月平均的层状云降水量（a）和对流降水量（b）日变化的峰值时间［根据Yu等（2010）重绘］

黑框标示出东南和西南地区范围

图5-28分别给出了1998～2006年6～8月平均的西南、东南地区的层状云降水和对流降水量的标准化日变化曲线。在我国西南地区，层状云降水量峰值出现在5LST，对流降水量峰值出现17LST。在我国东南地区，对流降水量从10LST左右开始增加，并于16LST达到最大，日落后对流降水量逐渐减小，在夜间维持在较低水平。而层状云降水量日变化相对较弱，主峰值出现在17LST。但在清晨存在较弱的次峰值，峰值时间在7LST前后。

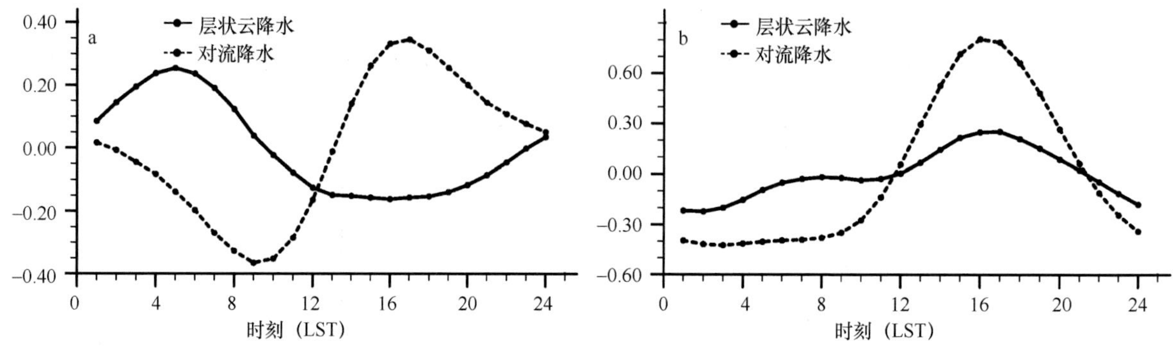

图5-28　1998～2006年6～8月平均的西南（a）和东南（b）地区层状云降水和对流降水量的标准化日变化曲线

对比前述降水持续时间与降水事件日变化特征的关联，短时降水（长持续降水）与对流（层状云）降水的日变化特征更接近。下面，结合TRMM卫星和地面台站观测资料，分析讨论不同持续时间的层状云降水和对流降水的日变化特征。由于TRMM卫星为极轨气象卫星，不能对同一地点的同一降水事件进行连续观测。为分析不同持续时间的层状云降水和对流降水的日变化特征，将TRMM PR和台站观测的降水事件逐一进行对比，然后将TRMM 2A25数据分类。将TRMM 2A25数据中每个降水像素点的观测对应到距离最近的台站降水事件中，若台站观测为长持续降水（降水持续超过6h），则判定该TRMM 2A25降水像素为长持续降水，反之，若对应台站降水事件的持续时间很短，如不超过3h，则判定为短时降水。仍以图5-22为例，13日台站观测降水为短时降水，则将图5-22a中TRMM 2A25降水像素中距离最近台站为黑色圆点的降水像素判定为短时降水；而22日台站观测为空间降水均匀和持续时间较长的长持续降水，则将图5-22c中TRMM 2A25相应像素判定为长持续降水。

从整个南方地区平均（图5-29）来看，无论是层状云降水量还是对流降水量，长持续降水事件的日变化振幅很小，峰值均出现在4LST前后，但长持续对流降水日变化振幅更小。对于短时降水事件，两种类型降水峰值均出现在午后，但短时对流降水日变化振幅更大。

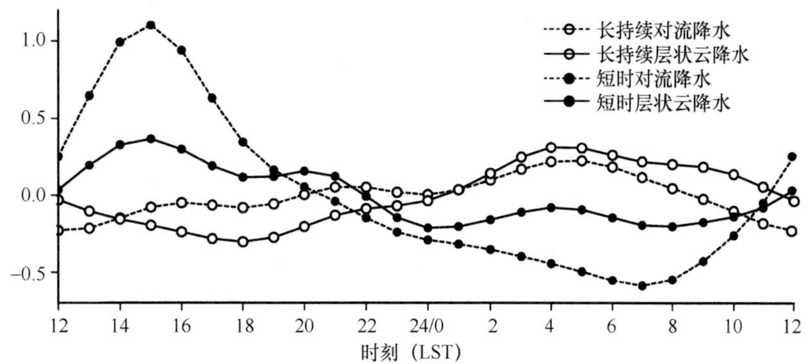

图5-29　南方地区平均的长持续对流降水、长持续层状云降水、短时对流降水和短时层状云降水量标准化日变化曲线［根据Yu等（2010）重绘］

下面分别给出不同云属性的长持续（图5-30）和短时（图5-31）降水峰值时间的空间分布。可见，长持续层状云降水量（图5-30a）与总的层状云降水量（图5-27a）相比，降水量峰值时间变化相对较小，这也说明了层状云降水主要由长持续层状云降水组成。在西南地区，约有62.3%的地区降水量峰值出现在午夜至清晨，相比总的层状云降水有所增加。对于长持续对流降水（图5-30b），降水量峰值时间较总的对流降水（图5-27b）有较大差异。长持续对流降水量峰值出现在午夜至清晨的区域可以占西南地区的54.9%。虽然长持续降水的夜间峰值区域显著增大，但在东南沿海的局部地区，两类长持续降水事件的峰值仍均出现在下午至傍晚。从区域平均的曲线上看（图5-32），西南地区的长持续层状云降水量和对流降水量峰值分别出现在4LST和3LST，但长持续对流降水量峰值出现在前半夜的占总降水的比例高于长持续层状云降水量。在东南地区，长持续对流降水出现在夜间的比例相对总对流降水显著增加，且日变化的振幅增大。

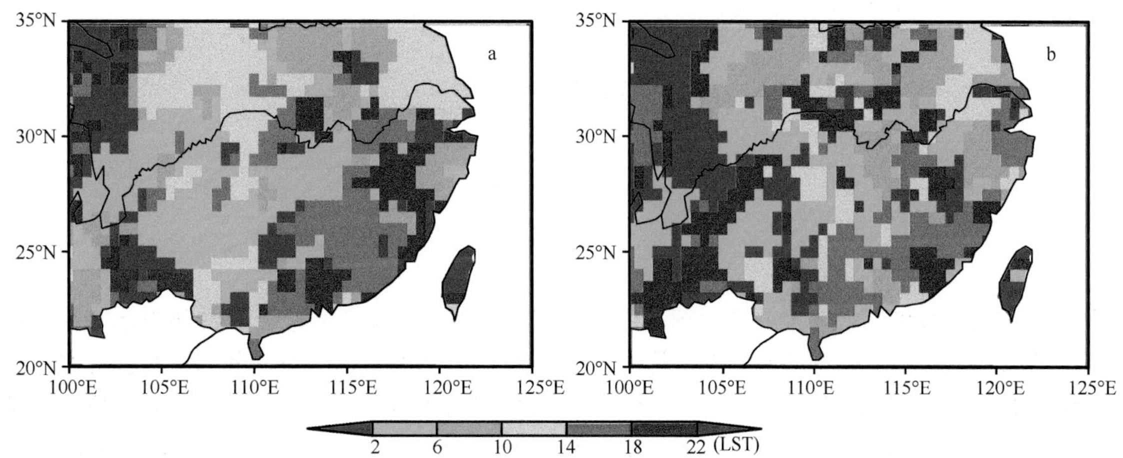

图5-30　TRMM 2A25数据中1998～2006年6～8月平均的长持续层状云降水量（a）和长持续对流降水量（b）日变化的峰值时间［根据Yu等（2010）重绘］

对于短时层状云降水（图5-31a），降水量峰值出现在下午至傍晚的区域较层状云总降水量显著增加。

在整个南方地区，55.1%区域的短时层状云降水量峰值出现在下午至傍晚，但四川盆地仍为夜间峰值。从西南地区平均（图5-32a）来看，短时层状云降水量从傍晚至清晨均维持在较高水平；东南地区则表现为显著的下午峰值。对于短时对流降水（图5-31b），降水量峰值出现在夜间的区域进一步缩小，整个南方地区降水量峰值时间更为一致，有75.7%的区域短时对流降水量峰值均出现在下午至傍晚，午夜峰值仅出现在盆地附近及东部沿海的局部地区。东南和西南地区平均的日变化曲线也表现出午后峰值，且振幅较大（图5-32）。

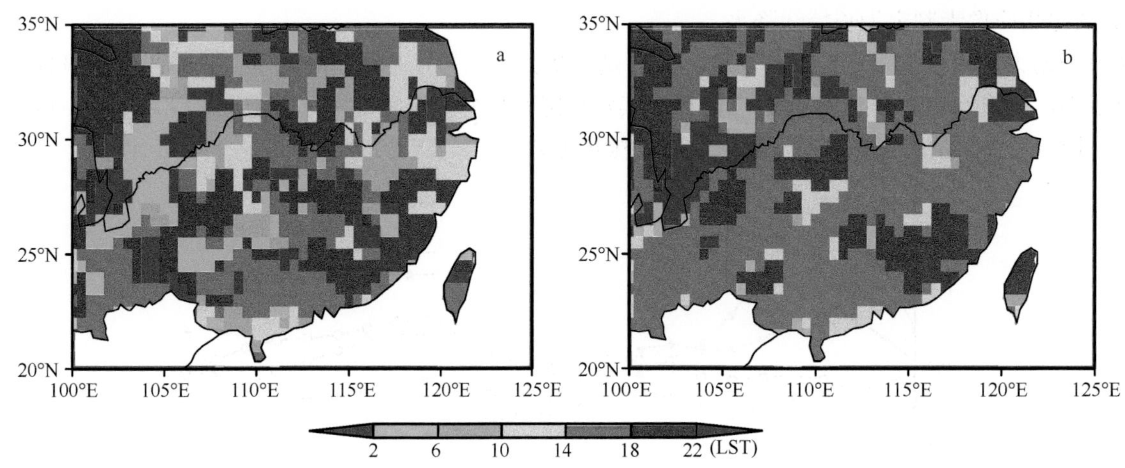

图5-31 TRMM 2A25数据中1998～2006年6～8月平均的短时层状云降水（a）和短时对流降水（b）的峰值时间［根据Yu等（2010）重绘］

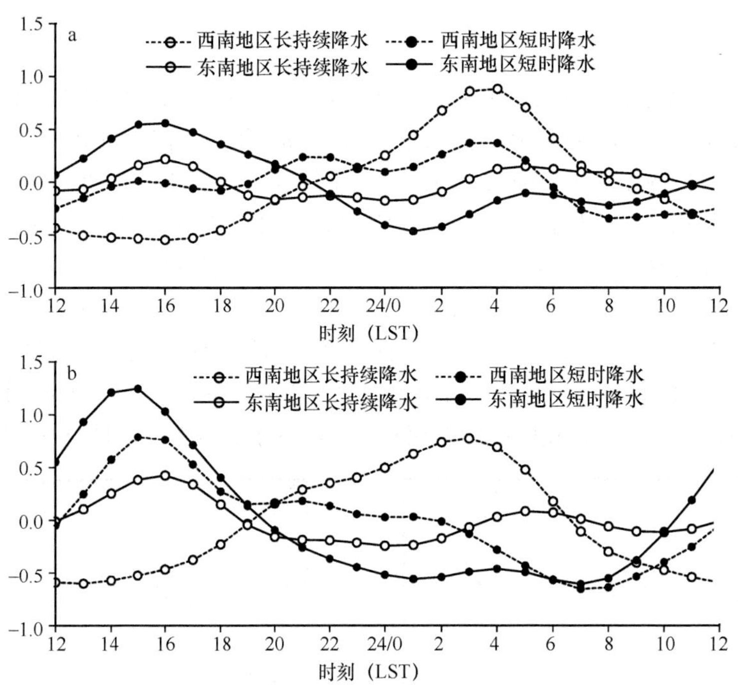

图5-32 西南和东南地区平均的长持续和短时的层状云降水量（a）与对流降水量（b）的日变化曲线［根据Yu等（2010）重绘］

由本节前面的分析可知，我国南方大部分地区的降水日变化特征与降水云属性和降水事件的持续时间有很好的关联。但结合前面章节的分析结论，在MN_S和AN_S的主体区域，降水量峰值时间位相与降水云属性和降水事件持续时间的关联度不高。无论是层状云降水还是对流降水，无论是短时降水还是长持续降水，在MN_S（AN_S）的主体区域，多数地方的降水量峰值均出现在夜间（午后）。当然，在AN_S区域，由图4-10可知，直到9h持续时间的降水事件，降水量日变化峰值时间位相仍然是午后主导，且很显著，这里按超过6h持续时间定义的长持续降水事件，峰值仍然出现在午后也是合理的。而在MN_S区域（图4-11），只是持续时间在1～2h的降水事件的降水量主峰值时间位相在午后，降水频率仍然在午夜后，与上述结论也是不矛盾的。

图5-33a、b分别给出了MN_S和AN_S区域6～8月平均的对流降水量和层状云降水量的标准化日变化曲线。可以看出，MN_S区域平均的层状云和对流降水量峰值均出现在午夜至清晨。对流降水于0LST达到峰值；层状云降水量峰值时间滞后对流降水量约2h，于2LST达到最高，而在16LST降到最低。在AN_S区域内，层状云降水量和对流降水量峰值均出现在17LST，层状云降水量在清晨还存在一个次峰值。

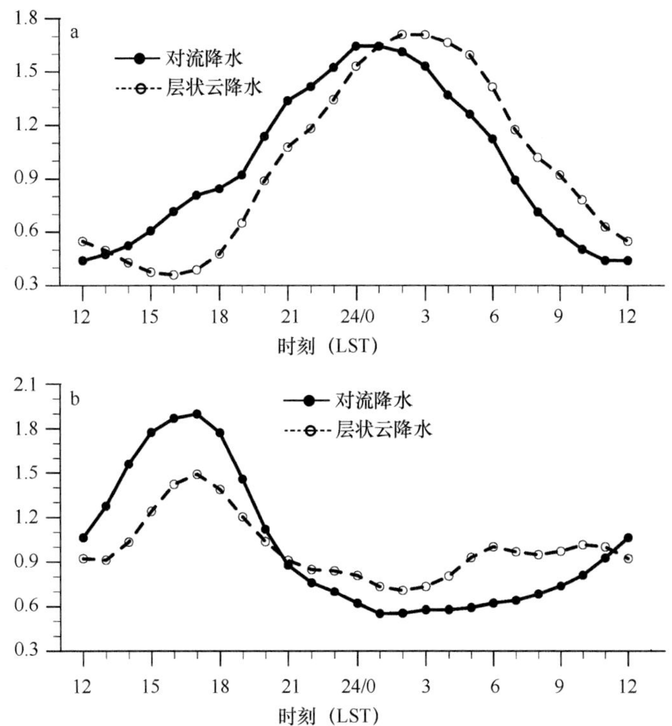

图5-33　MN_S（a）和AN_S（b）区域6～8月平均的对流降水量和层状云降水量的标准化日变化曲线

除地表降水外，图5-34给出了MN_S和AN_S区域6～8月平均的降水廓线在不同时段的垂直分布，分别为夜间（22LST至次日3LST），清晨（4～9LST），上午（10～13LST），下午（14～21LST）。层状云降水的雨顶高度在MN_S和AN_S区域均在9km以下，而对流降水最高雨顶高度可达14km。如图5-34所示，在MN_S区域，对流降水的近地表降水强度与雨顶高度均在夜间达到最大（图5-34a），而层状云降水则在清晨达到峰值，存在一定时差（图5-34b）。在AN_S区域，对流和层状云降水的近地表降水强度与雨顶高度均在下午达到最大（图5-34c、d）。相对于层状云降水，对流降水廓线的日变化振幅更加显著。层状云降水最高和最低的雨顶高度相差仅约1km，而对流降水最高与最低的雨顶高度差可达4km。

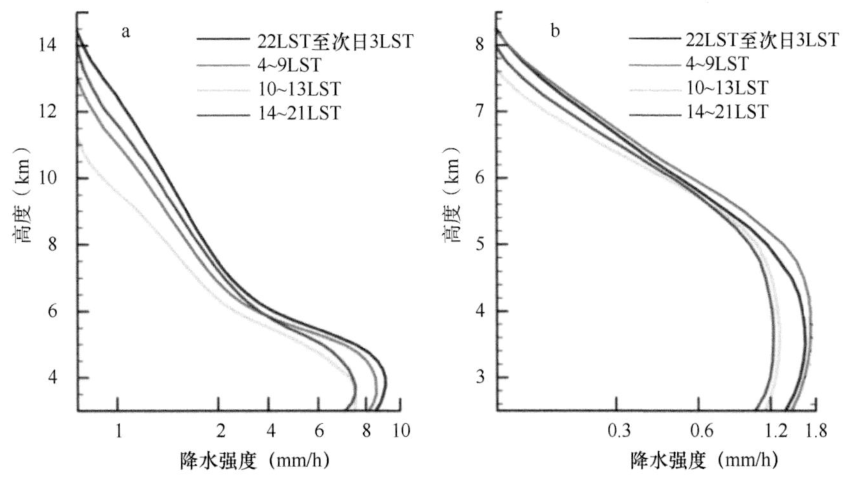

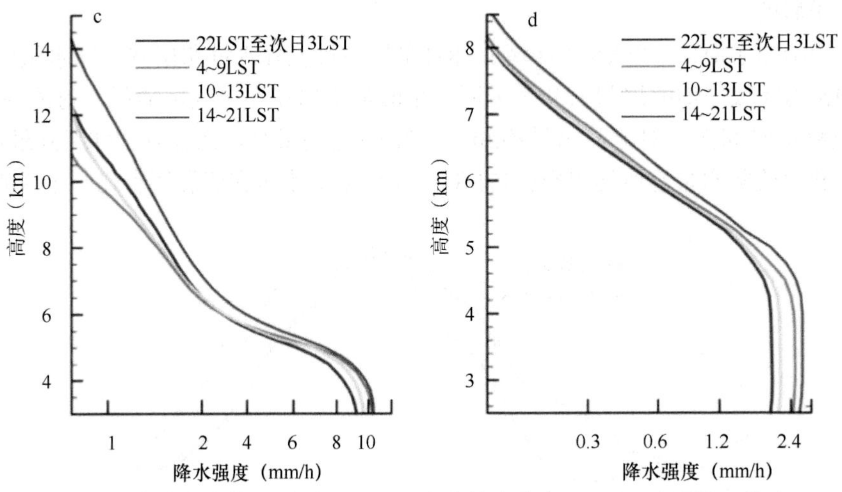

图5-34 MN_S（a，b）和AN_S（c，d）区域6～8月平均的对流降水（a，c）和层状云降水（b，d）垂直廓线

第六章 不同下垫面对降水日变化的影响

降水日变化的区域差异，特别是纬向差异，主要是非均匀的下垫面强迫所致。第三章的分析结果表明，青藏高原及其下游的第一、二、三阶梯地形地带，以及燕山、太行山至华北平原的第二至第三阶梯地形区域，对应大尺度地形海拔的显著变化，降水日变化显示出鲜明的区域性峰值时间位相变化，自西北向东南，大尺度地形从高至低，降水峰值时间位相从下午、傍晚、午夜至清晨逐步滞后。但大尺度地形往往又由不同较小尺度的山体叠加所构成，第一阶梯地形内的高原内部有许多山峰、高山湖泊和盆地，海拔悬殊，高低相差数千米；在第二阶梯地形内，无论是横断山脉东南段、云贵高原、秦岭、巫山山脉，还是华北的燕山、太行山和黄土高原，抑或是东北地区的大兴安岭等，海拔差异也可超过千米；第三阶梯地形内虽主要为平原，但也仍多有山峦起伏，最高山峰也超过千米，且往东向南与海洋相连。不同尺度地形叠加和海陆分布交替等下垫面强迫对于降水的分布和时空演变的影响更加复杂多元。为进一步理解复杂下垫面强迫对降水日变化的影响，本章将基于前述研究，在代表性的阶梯地形区域、相邻阶梯的关联区域和特殊地形区域，结合对小时降水特性的基本分析，开展更细致的降水日变化研究，提升对降水日变化更精细的空间和时间变化特征的认识与理解。

第一阶梯地形的青藏高原主体是世界上最特殊的地理或地形区域，川西高原至四川盆地西部的高原东坡和燕山—太行山及其下游的京津冀平原地区是大尺度地形高度落差阶梯式变化的两个典型区域，以雷州半岛为中心的华南沿海区域可以说是我国海陆分布最有代表性的区域。另外，我国西北地区，由于地形和沙漠交错分布，下垫面情况复杂，并且早期的气象观测台站稀少，前述研究涉及我国西北降水日变化的内容有限，而天山等山脉对我国西北地区降水时空分布影响突出。下面分别就青藏高原主体、青藏高原东坡、华北地区、华南沿海及天山中段的降水日变化开展进一步的深入分析。为了丰富本章内容的知识性和可读性，在对不同地形区的分析研究中，结合分析需要，努力采用不同的分析方法和表达形式，希望本章内容不仅能提高读者对复杂下垫面强迫下降水日变化的科学认识，还能对降水日变化相关的分析研究在分析方法等方面有启发作用。

第一节 青藏高原主体降水日变化

由于青藏高原的地理环境复杂，地面气象观测站稀疏，迄今为止仍缺少较全面的台站观测记录。目前关于青藏高原降水的大部分研究是基于卫星或地基雷达的遥感数据。基于地球静止气象卫星（GMS）红外（IR）观测数据，Murakami（1983）发现青藏高原南部夏季的深对流云存在强烈的日变化，并注意到深对流活动在下午（清晨）时段增强（减弱）；Kurosaki和Kimura（2002）通过分析GMS可见光和红外云图数据论证了日间云活动与地形之间的关系，发现午后高层云的分布与高原上的主要地形相对应，而大尺度的谷地几乎观测不到云。运用TRMM卫星上降水雷达（PR）测到的测雨数据和GMS-IR数据，Fujinami等（2005）发现山脉地区的云量和降水频率大约在18LST（12UTC）达到最大值，随后云量和降水频率的大值区移动到谷地，并于21LST左右达到谷地的最大值，且持续到清晨。此外，Singh和Nakamura（2009）发现在青藏高原地区，降水在丘陵地区、谷地和湖泊地区均表现出明显的日变化，丘陵地区的降水在傍晚达到最强，而谷地和湖泊地区的降水则存在夜间峰值，其中尺度大的湖泊还存在一个早上的次峰值。近年来，青藏高原地区的气象台站数逐步增加，尽管高原西部和北部的地面观测站仍较稀疏，但南部和东部地区的台站已较为密集。本节使用2007～2013年能够收集到的青藏高原地区100个气象站的逐小时降水资料开展分析，这些台站的海拔均高于2500m，已滤除13个缺测率高于15%的台站。同期大气柱水汽总量（TCWV）和10m风来自ERA-Interim再分析数据集。

一、青藏高原主体降水基本特征

首先给出青藏高原所有台站夏季平均的降水量、降水频率和降水强度的气候态分布（图6-1）。可以看出，青藏高原西部及西北部台站非常少，而各种卫星数据显示这些地区的累积降水量极低（Gao and Liu，2013；Tong et al.，2014），这与稀疏台站呈现的结果基本一致（图6-1a）。82°E以西的3个台站和柴达木盆地（36°～39°N，90°～97°E）的6个台站，不仅降水量低，降水频率和降水强度也相当低（图6-1b、c）。

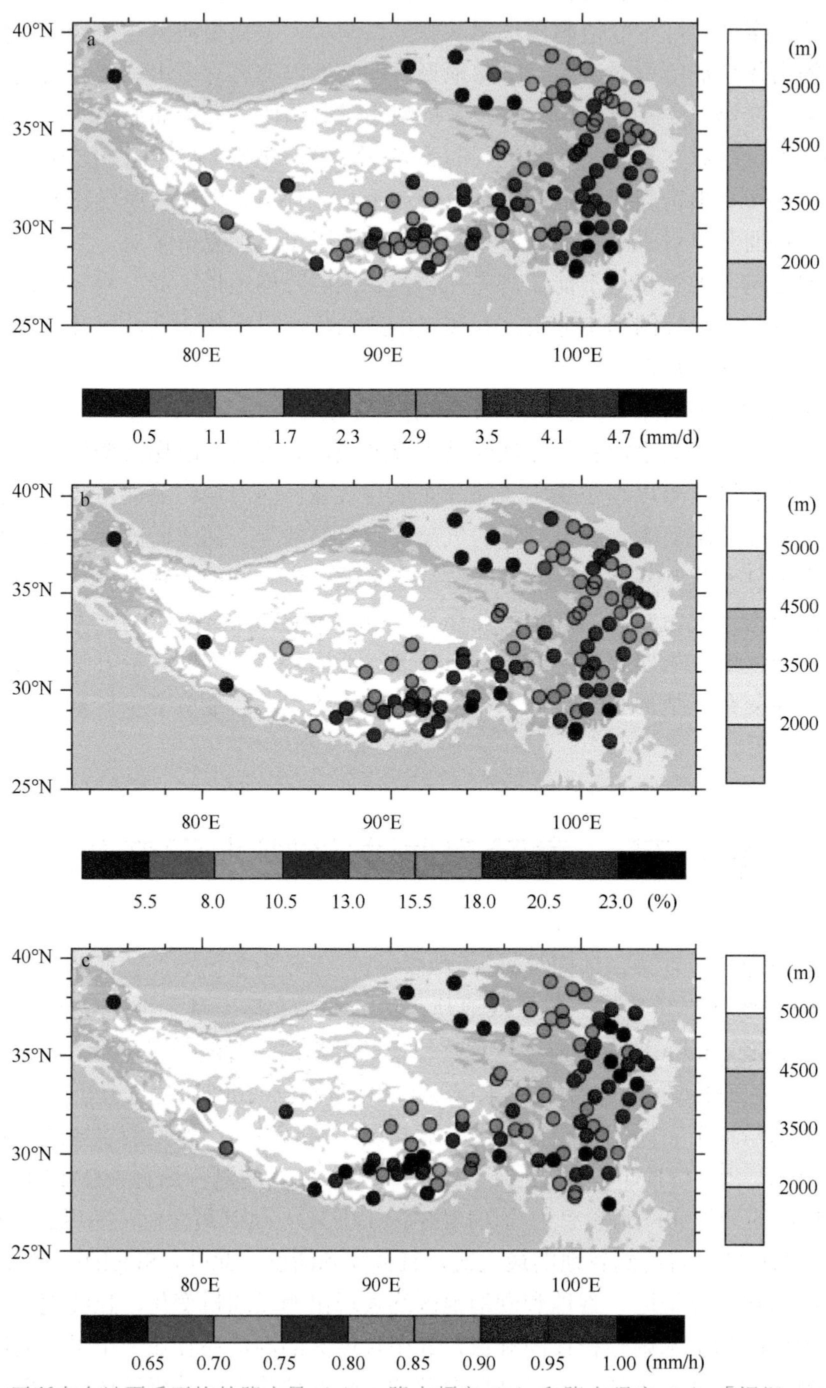

图6-1　青藏高原所有台站夏季平均的降水量（a）、降水频率（b）和降水强度（c）［根据Li（2018）重绘］

填色表示地形高度

降水量的大值区位于青藏高原的南部和东部，其中最大降水量（6.05mm/d）和最大降水频率（25.9%）出现在高原东南部的同一台站上。对比图6-1a～c可发现，东南部高降水量是高频率和高强度的共同贡献。相比之下，高原东北角降水量的相对大值区主要由高强度贡献，而降水频率较低。东北区的17个台站（34°N以北、100°E以东）中，有14个台站的降水强度均高于0.9mm/h，而其中15个台站均表现为较低的降水频率（低于15%）。相似的降水特征也存在于雅鲁藏布江河谷的中游地区（29°～31°N，86°～92°E），高原台站中降水强度的最大值（1.24mm/h）出现在该谷地（拉萨，约29.7°N、91.1°E）。然而，位于雅鲁藏布江流域以南和高原南缘的台站降水发生时数多，而降水强度弱。具体而言，10个强度最低的台站中有4个位于青藏高原南缘，其中强度最小值（0.47mm/h）出现在洛隆站。

为了探讨降水频率和降水强度之间的关系，使用双重E指数拟合方法来定量评估降水频率-强度分布（Li and Yu，2014a）。图6-2a给出了青藏高原台站夏季降水频率-强度分布。基于降水频率的分布，可用公式（6-1）来拟合降水频率-强度分布：

$$\mathrm{Fr}(I)+1=\exp\left[\exp\left(\alpha-\frac{1}{\beta}I\right)\right] \tag{6-1}$$

式中，I表示降水强度，$\mathrm{Fr}(I)$表示强度为I的降水的累积降水频率。对公式（6-1）左右两边取对数，可得

$$\ln\left\{\ln\left[Fr(I)+1\right]\right\}=\alpha-\frac{1}{\beta}I \tag{6-2}$$

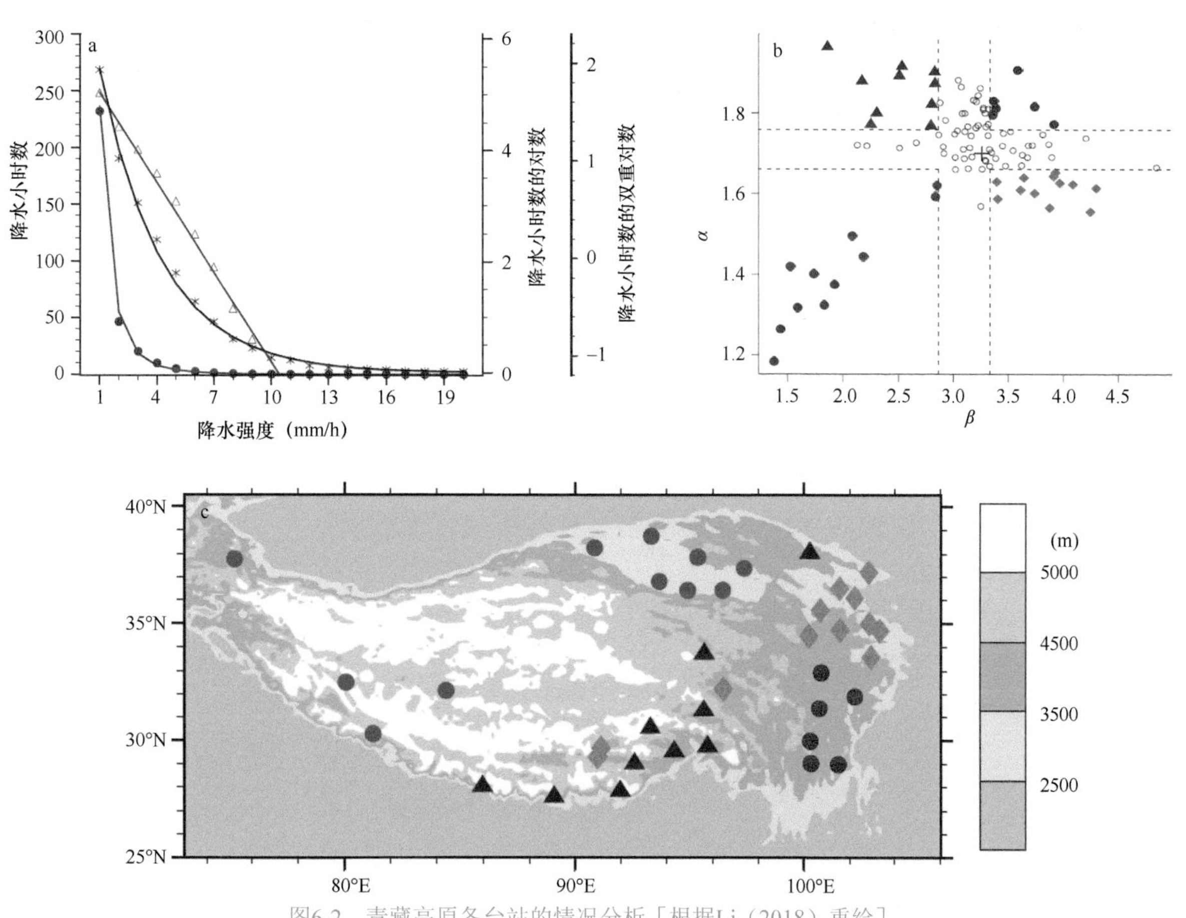

图6-2　青藏高原各台站的情况分析［根据Li（2018）重绘］

（a）青藏高原台站不同强度的夏季降水小时数和相应拟合线，红点为夏季降水小时数，红色曲线为双重E指数拟合线，黑色星号（蓝色三角形）是各种强度下降水小时数的对数（双重对数），黑色（蓝色）线是相应的拟合线；（b）各个台站的参数（α、β）的α-β分布图；（c）四组台站的空间分布，填色表示地形高度

用最小二乘法对公式（6-2）进行拟合，可确定参数α和β。图6-2a中不同强度类别中累积降水小时数的对数和双重对数分别用黑色星号和蓝色三角形表示，黑色和蓝色线条是相应的拟合曲线。由于三条拟合线与观测数值匹配较好，表明双重E指数拟合法适用于评估青藏高原降水频率-强度的特征。

每个台站的降水频率-强度结构拟合对应各自确定的参数α和β，其中，α与降水频率紧密相关，而β反映的是降水强度，α-β分布（图6-2b）可以表示出降水频率-强度结构的关键特征。参数α的值在1.18～1.96，中位数为1.72，β的最小值为1.38，最大值为4.84，中位数是3.23。图6-2b中的水平（垂直）虚线标记α（β）的第25和第65百分位数，这些虚线分出了以红色圆点、棕色三角形、蓝色圆点和绿色菱形块表示的四组台站，图6-2c给出了这四组台站的空间分布。可以看出，α、β值均小的蓝色圆点代表的台站位于青藏高原西部和柴达木盆地，这些地区弱降水和强降水的频率都很低。相比之下，红色圆点代表的弱降水和强降水频率都高的台站集中分布在青藏高原的东南部。绿色菱形块代表台站的降水有小α和大β，这些台站中的大多数位于青藏高原的东北部，其中的2个台站位于雅鲁藏布江河谷，这与图6-1c中的高强度分布区域一致。具有大α和小β的台站（棕色三角形）分布在青藏高原的南缘和高大山脉的迎风坡，这些具有高（低）比例的弱（强）降水台站揭示了相应地区气候态降水的高频率和低强度。

二、青藏高原主体降水事件及其日变化特征

本小节基于第四章对降水事件及其相关特征量的定义，分析青藏高原降水的日变化特征。图6-3a给出了每个台站夏季降水事件的平均持续时间。大体上，高原上降水的持续时间有自西向东增加的趋势，从柴达木盆地的2.4h增加到高原东南角的6.4h，这100个台站的平均持续时间为4.6h。2007～2013年降水事件最长持续时间的空间分布与平均持续时间类似。高原上最长的持续时间（77h）发生在高原南缘的洛隆站。雅鲁藏布江河谷中游的台站的平均和最长持续时间都相对较短。

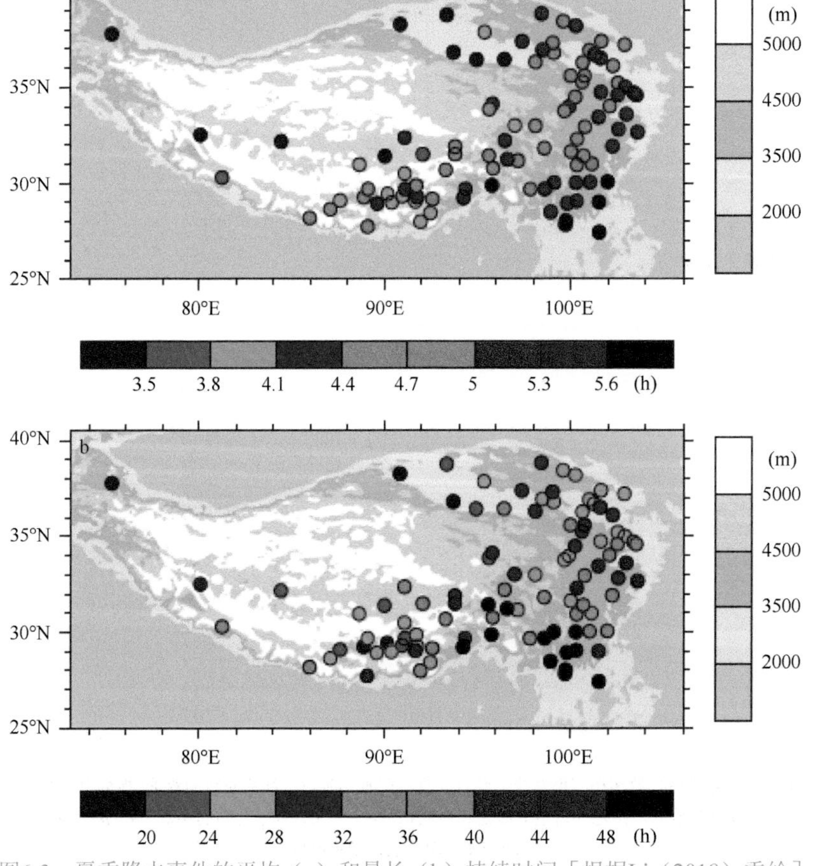

图6-3 夏季降水事件的平均（a）和最长（b）持续时间［根据Li（2018）重绘］

填色表示地形高度

各个台站降水量的日峰值时间位相如图6-4a所示，其中有87个台站呈现出显著的单一峰值（以彩色箭头表示），其他13个台站是双峰（以棕色圆圈表示）或存在多个峰值（以蓝色三角形表示）。在以单峰为特征的87个台站中，有84个台站的降水日峰值出现在15LST至次日3LST，其中45个红色箭头代表下午峰值（15～21LST），39个蓝色箭头代表夜间峰值（21LST至次日3LST），剩下的位于柴达木盆地和东北部低地地区的3个绿色箭头代表清晨峰值（3～9LST）。由第四章的结果可知，降水日变化与降水事件的持续时间紧密相关。这里将所有降水事件根据持续时间进行分类，其中短时（≤3h）和长持续（＞6h）事件的日峰值时间位相分别如图6-4b和图6-4c所示。对于短时降水事件，有80个台站存在明显的日峰值，其中95%的台站有中午峰值（9～15LST，26个台站，棕色箭头）或下午峰值（50个台站）。然而，如图6-4c所示的长持续降水事件有更多（62个台站）的夜间峰值。通过分析各台站长持续降水事件的开始时间，发现其中的52个台站降水的开始时间位于15～21LST。对流在下午触发之后，需要几小时才能积聚足够的水分，从而发展成为有组织的中尺度对流系统，因此最大降水可发生在午夜时分（Laing and Fritsch，1997）。

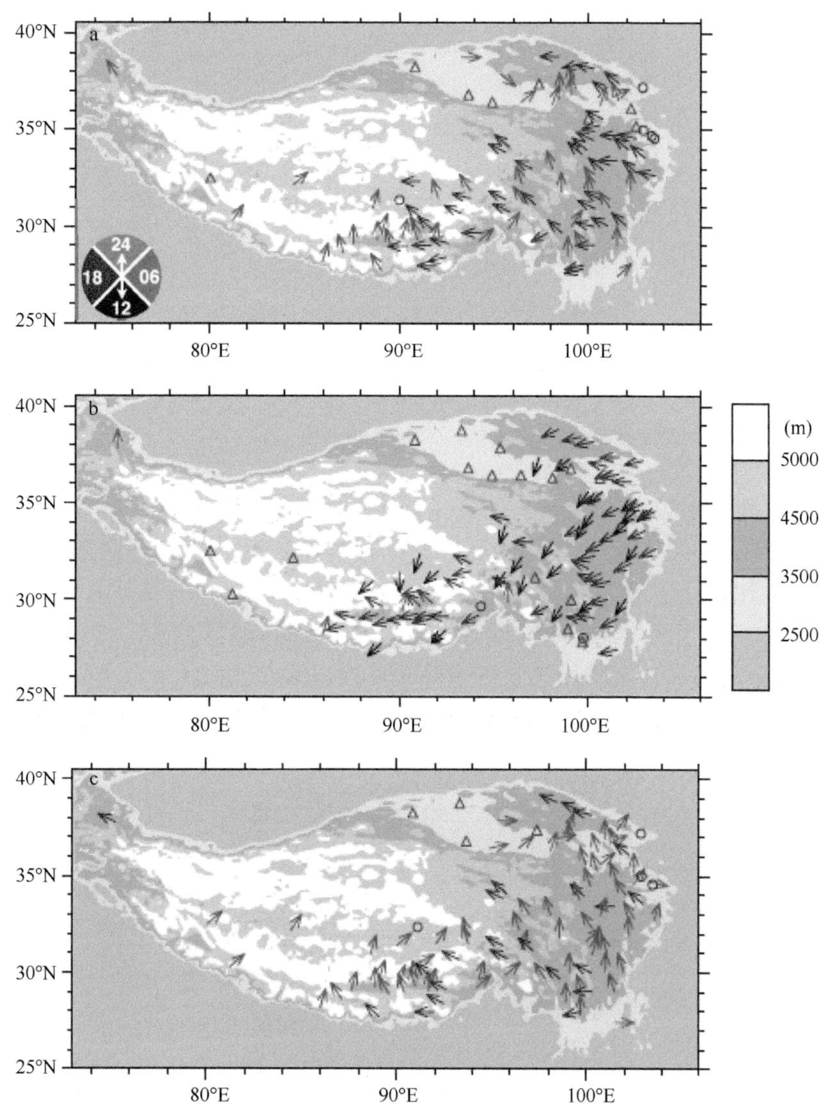

图6-4　夏季总降水（a）、短时降水（b）及长持续降水（c）的降水量日峰值时间位相（矢量箭头）的空间分布
［根据Li（2018）重绘］

红色、蓝色、绿色和棕色矢量箭头分别代表峰值出现在15～21LST、21LST至次日3LST、3～9LST和9～15LST。具有双（多个）峰的台站用棕色圆圈（蓝色三角形）标记，填色表示地形高度

进一步考察所有台站平均的不同持续时间降水事件的降水量日变化特征（图6-5）。可以看出，短时降水的下午峰值和长持续降水的夜间峰值突出。从标准化后的不同持续时间降水事件的日变化可以更加清

楚地识别出两个降水大值区。其中，短时降水的午后峰值时间（16LST）与第四章中揭示的我国东部地区短时降水的峰值时间接近；然而，高原地区长持续降水事件峰值时间与我国东部低海拔地区有明显差异，东部长持续降水峰值通常出现在清晨。除对应于图6-4b、c所示峰值的两种模态之外，中等长持续降水事件（持续3～6h）的峰值时间随持续时间的增加而延后。对于持续3h的降水事件，累积降水量日峰值出现在16LST，持续4h的降水事件的最大降水量出现在19LST，持续5h的事件则多在20LST达到日峰值，当持续时间增加到7h时，降水量在22LST达到最大。

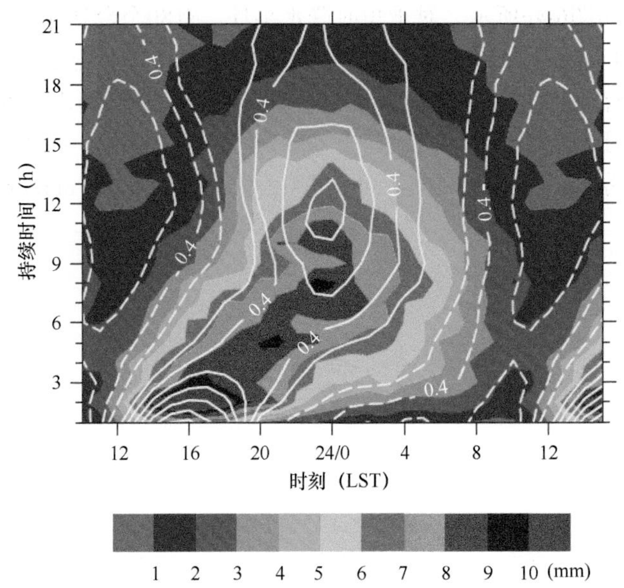

图6-5 不同持续时间降水事件在不同时刻的累积降水量［根据Li（2018）重绘］

白色等值线代表被标准化后的降水量（标准化基于日平均值）

图6-6给出了具有不同降水频率-强度结构的台站的不同持续时间累积降水量的日变化分布。在各组台站中，中等长持续降水事件的日峰值时间均随持续时间增长而延迟。各组台站之间也存在不同的特征。以小α和大β（弱降水的比例小、强降水的比例大）为特征的台站的短时降水在午后时段存在大值中心（图6-6a），表明热力作用产生的对流降水对这些台站的强降水有重要的贡献。与图6-6a不同，图6-6b所示的大α和小β台站的降水量的最大值来自中等长持续降水事件，并在20LST左右达到峰值。具有大α和大β的台站的降水有三个大值区：短时事件有下午峰值（16LST左右），中等长持续事件在傍晚达到峰值，而长持续事件在午夜达到峰值（图6-6c）。

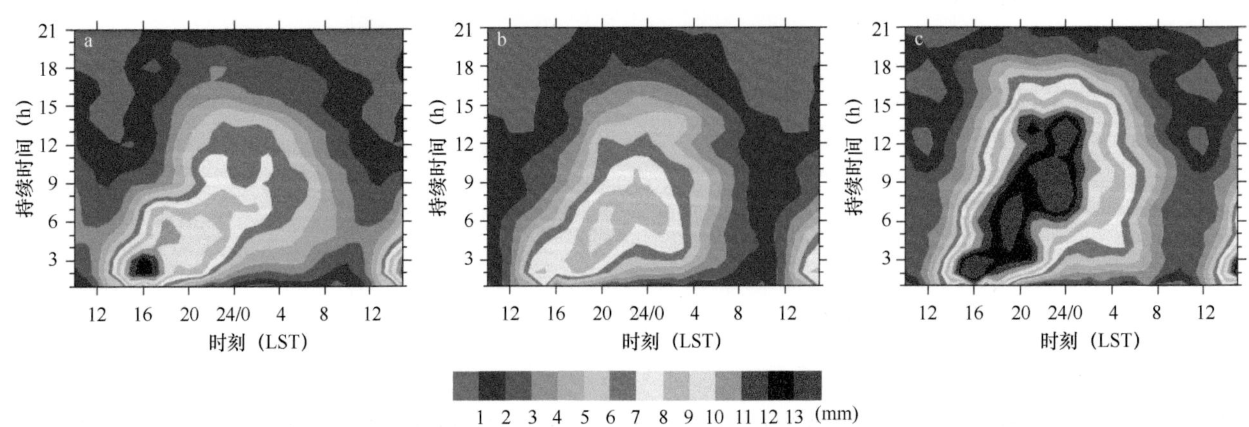

图6-6 具有不同降水频率-强度结构的台站不同持续时间降水事件在不同时刻的累积降水量［根据Li（2018）重绘］

a. 图6-2中的绿色菱形块代表的台站；b. 图6-2中的棕色三角形代表的台站；c. 图6-2中红色圆点代表的台站

同时，由图6-4也可以看出，青藏高原夏季降水量日变化主峰值时间与台站所处地形高度紧密相关，为进一步揭示降水日变化与地形高度的关系，图6-7以青藏高原中段色季拉山剖面观测站为例简述夏季降水日峰值时间分布与下垫面的关系。南侧3个位于山坡或山顶的台站降水峰值均出现在傍晚，而位于谷地的台站降水峰值出现在夜间至凌晨。同时注意到，即便是相邻很近的两个台站，如南侧海拔为4160m和4553m且相距不到15km的两个台站，其降水峰值时间位相也可能几乎相反，表明复杂地形区降水日变化受下垫面影响显著。关于复杂地形区降水峰值时间与地形高度的关系将在本章第五节进一步详细讨论。

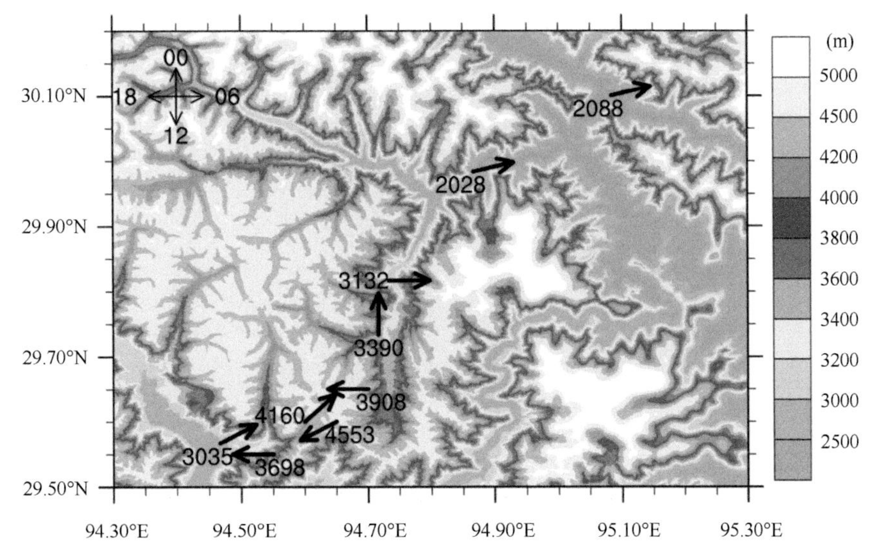

图6-7　青藏高原中段色季拉山夏季降水日峰值时间（矢量箭头）的空间分布［根据Chen等（2012a）重绘］

图中的数字表示台站高度（m）；填色表示地形高度

第二节　青藏高原东坡降水日变化

青藏高原东坡是指位于第一阶梯地形边缘的川西高原至第二阶梯地形的四川盆地西部区域，是大尺度地形高度落差显著变化的典型区域，也是高度差对降水影响很受关注的区域。例如，著名的“雅安天漏”是我国内陆年降水量和暴雨日数最突出的中心区域（曾庆存等，1994；彭贵康等，1994；宇如聪等，1994），也是我国最为典型的夜雨区。一些研究表明，从高原向东传播的对流系统对高原东坡的夜间降水非常重要（Johnson，2011；Qian et al.，2015）。例如，Wang等（2004）根据卫星观测到的红外亮温资料提出，对流在下午晚些时候或傍晚早些时候在高原东部上空最活跃，然后向东传播。Wang等（2005）进一步讨论了高原东部降水的东南传播及云贵高原至下游盆地的东北传播。然而，Chen等（2010）的研究表明，低层急流的日变化和青藏高原夜间向下游的中层冷平流有利于高原东坡区域夜间降水系统的触发和发展。

以往关于高原周边陡峭地形区降水特征的研究多基于卫星数据，然而台站在固定地点进行连续观测，更适合研究降水事件的特征，包括持续时间、开始和结束时间等。本节利用2008～2016年5～9月高密度站网资料，结合分析高原东坡降水的精细化小时尺度特征，增强对川西盆地夜雨演变过程的理解，并讨论高原东坡降水事件在上下游之间的可能关联。

一、青藏高原东坡降水小时尺度特征

受青藏高原与四川盆地过渡带陡峭地形的影响，高原东坡降水量大且局地性强。本小节基于高密度站网资料分析高原东坡降水小时尺度特征。台站分布如图6-8所示，为揭示不同高度处的降水差异，挑选了川西高原高海拔台站、喇叭口边坡台站和川西盆地台站。图6-9给出了青藏高原东坡及其周边地区2008～2016年5～9月平均的日降水量、小时降水频率、小时降水强度及降水事件的持续时间。由图6-9a可见，喇叭口边坡台站5～9月平均日降水量大于8mm，而在地形高度大于2000m的川西高原高海拔台站和川西盆地台站，

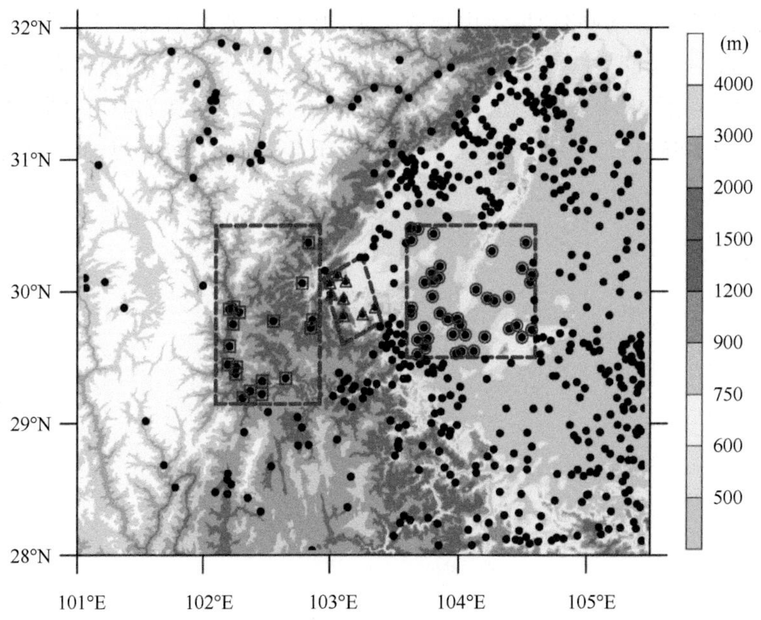

图6-8 青藏高原东坡及其周边国家和区域自动气象站分布［根据Chen等（2018）重绘］

填色表示地形高度。蓝色框标出三个选定区域，其中最西侧为川西高原高海拔台站（蓝色方形），中间为喇叭口边坡台站（蓝色三角形），最东侧为川西盆地台站（蓝色圆形）

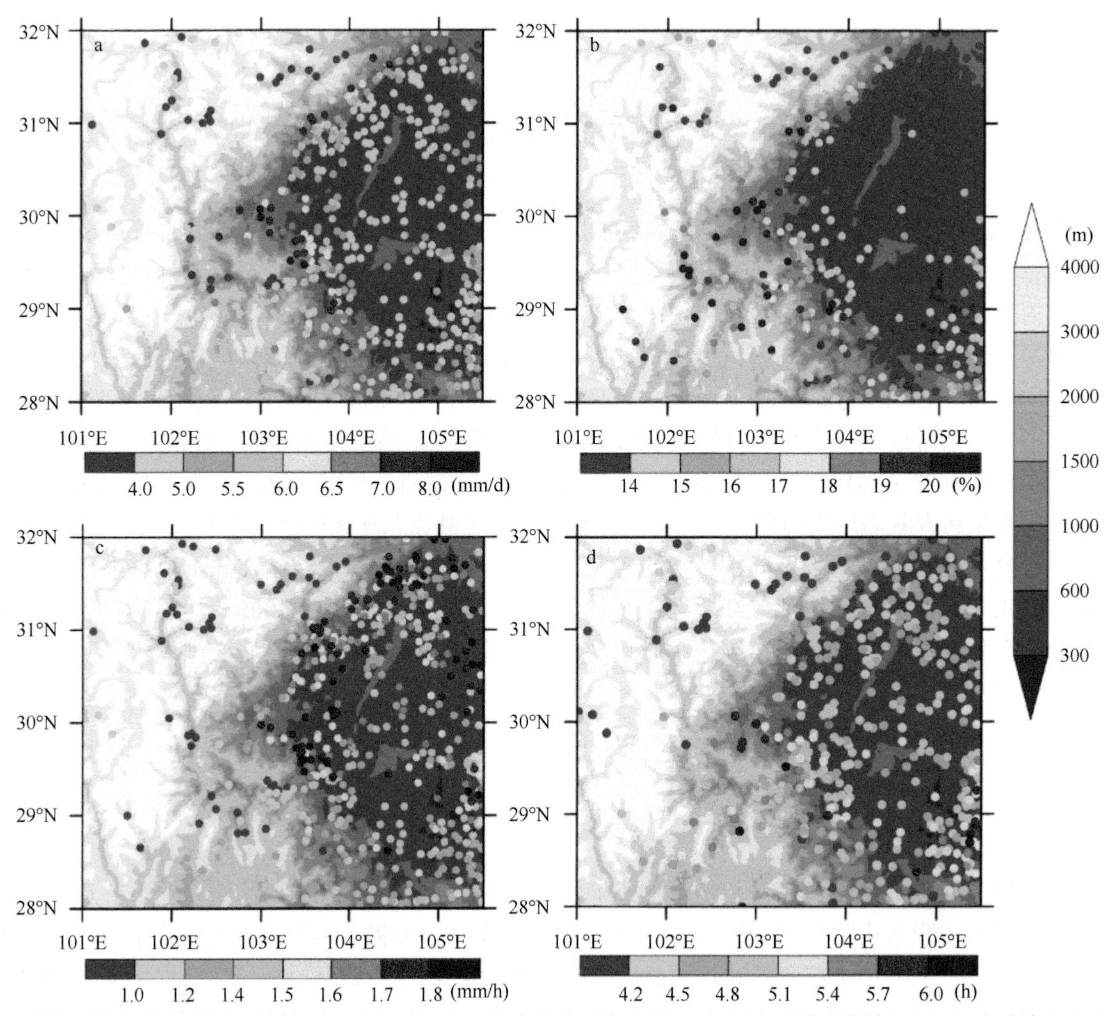

图6-9 青藏高原东坡及其周边地区2008～2016年5～9月平均的日降水量（a）、小时降水频率（b）、小时降水强度（c）及降水事件的持续时间（d）的空间分布［根据Chen等（2018）重绘］

灰色阴影表示地形高度

绝大多数的平均日降水量小于5mm。通过对比小时降水频率（图6-9b）和小时降水强度（图6-9c）的分布可见，5～9月降水在喇叭口边坡和川西高原南侧更为频繁，在川西盆地内的降水频率相对较低，但川西高原的平均小时降水强度较其东侧的边坡和盆地都明显偏弱，平均强度小于1.2mm/h，边坡和盆地的平均降水强度多在1.4mm/h以上。喇叭口边坡地形区的强降水表现为频率高和强度大的特征。该地区5～9月降水的另一个显著特征是平均持续时间较长，尤其是南部区域。位于喇叭口边缘的雅安地区，无论是平均降水量、频率、强度，还是降水事件的平均持续时间，都是高值区。

第三章的分析结果已揭示了西南地区的夜雨特征。基于高密度站网的分析结果（图6-10）表明，川西高原边坡区域为午夜降水主峰值最明显的区域。降水量日峰值时间存在从川西高原高海拔区到川西盆地延迟的特征（图6-10a）。在川西高原高海拔台站，降水量峰值多出现在21～23LST；在喇叭口边坡，多数台站的5～9月降水量在午夜达到量峰值，比高海拔台站晚约2h；川西盆地的降水量表现为午夜至凌晨峰值主导的特征。降水频率的日变化与降水量相似，但川西高原高海拔台站的降水频率午夜峰值比降水量更为明显（图6-10b）。降水强度的日变化与降水量和降水频率有差异（图6-10c），其峰值出现时间更早。川西高原降水强度的午后峰值明显，峰值多出现在17～21LST，而喇叭口边坡和川西盆地则主要表现为夜间峰值。

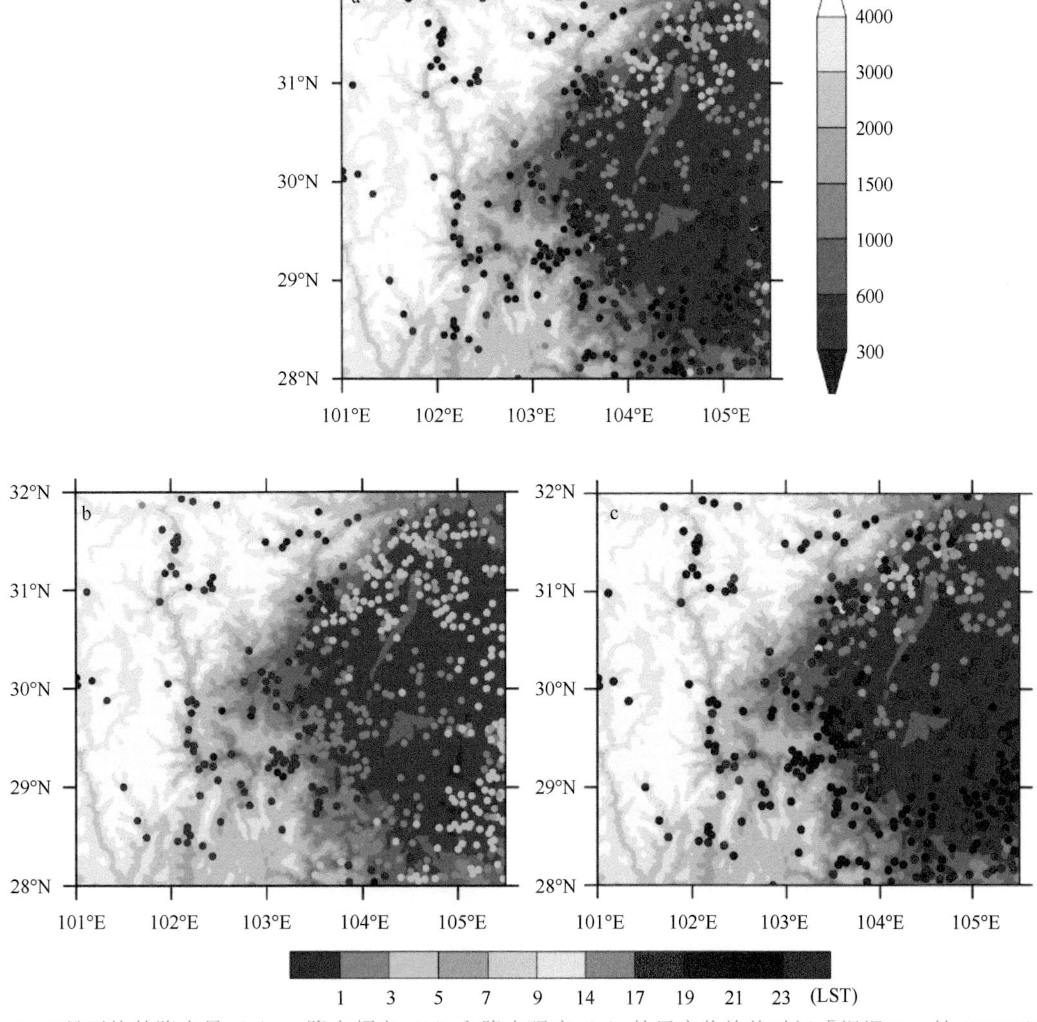

图6-10　5～9月平均的降水量（a）、降水频率（b）和降水强度（c）的日变化峰值时间［根据Chen等（2018）重绘］
灰色阴影表示地形高度

为考察更细致的降水日变化时间演变特征，图6-11给出了川西高原高海拔、喇叭口边坡和川西盆地三个区域（图6-8）平均的降水量、降水频率和降水强度的日变化曲线。川西高原高海拔台站的降水量日变化峰值时间是22LST，喇叭口边坡区域峰值出现在0LST，较上游川西高原高海拔台站滞后2h，川西盆地的降水日变化峰值出现在1LST。降水频率和降水强度的日变化振幅整体小于降水量的日变化振幅。降水频率的日变化峰值与降水量的日变化峰值时间相近，但降水强度的日变化峰值出现更早。从川西高原高海拔台站（22LST）到喇叭口边坡台站（0LST）的位相延迟在降水强度上更为明显。

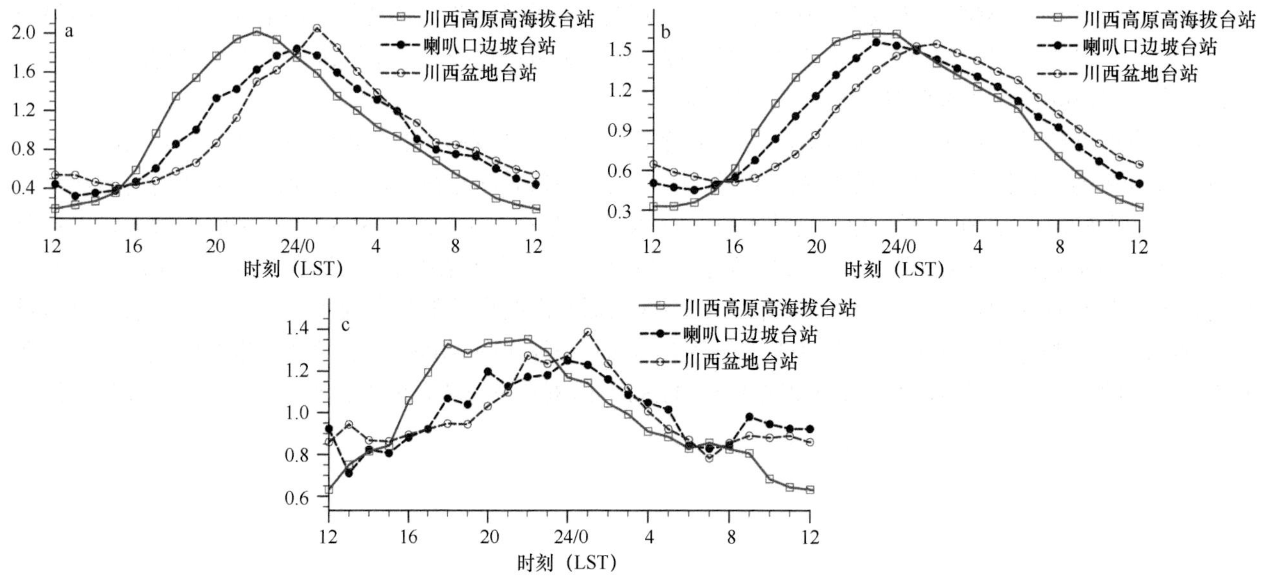

图6-11 区域平均的降水量（a）、降水频率（b）和降水强度（c）的标准化（除以日平均值）日变化曲线［根据Chen等（2018）重绘］

二、喇叭口边坡长持续强降水及其与上游对流系统的关系

上述分析表明，喇叭口边坡降水夜雨特征明显，川西高原高海拔台站及其下游喇叭口边坡台站降水平均小时强度大、持续时间长且日变化峰值时间存在滞后关联。图6-12a～c分别给出了5～9月长持续强降水事件峰值、开始和结束最频繁发生时次的空间分布。本小节中长持续强降水事件定义为持续时间超过6h且最大强度超过2mm/h（大于气候平均值，图6-9c）的降水事件。与图6-10结果类似，川西高原高海拔区域大部分台站的长持续强降水事件峰值出现在傍晚，而喇叭口边坡及川西盆地多在午夜前后达到高峰（图6-12a）。降水开始时间频次峰值主要出现在傍晚至午夜前，而结束时间频次峰值多在清晨至上午。自川西高原至喇叭口边坡，长持续强降水事件最频繁的开始时间（图6-12b）和结束时间（图6-12c）均存在明显的相位延迟，如在川西高原高海拔台站，长持续强降水事件多在傍晚（17～19LST）开始，而在喇叭口边坡台站通常开始于19～21LST。长持续强降水事件最频繁结束时间的区域差异相对较小。

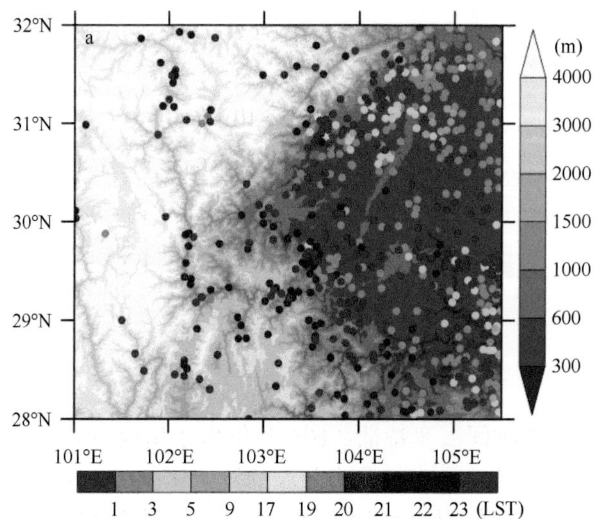

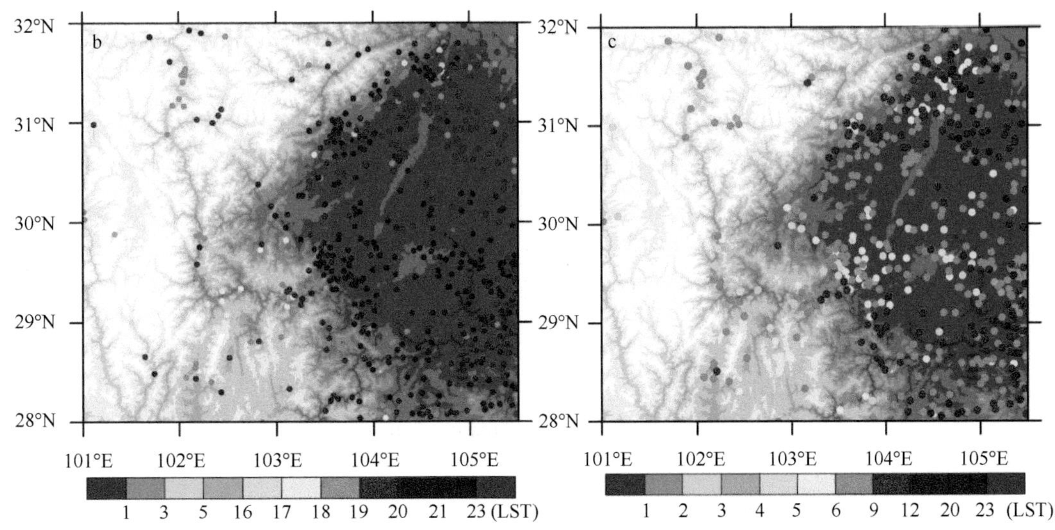

图6-12　5～9月长持续强降水事件峰值（a）、开始（b）和结束（c）最频繁发生时次的空间分布［根据Chen等（2018）重绘］
灰色阴影表示地形高度

自川西高原高海拔台站至喇叭口边坡台站的降水峰值时间的滞后表明，边坡降水可能与上游高原降水系统向下游的传播有关。但高原边坡的降水到底在多大程度上存在这样的上下游关联呢？为回答这个问题，这里采用第五章中定义的区域降水事件（RRE）方法将喇叭口边坡上发生的降水事件作为一个整体来考虑。边坡上的RRE使用图6-8中蓝色三角形标记的8个台站定义。选择该区域长持续强降水事件（最大强度大于2mm/h、持续时间长于6h的降水事件）开展分析。在2008～2016年的5～9月，共有682次长持续强RRE（以下简称RRE_All）。将这些长持续强RRE分为两类：一类是前期川西高原高海拔台站也有强降水发生，简称RRE_with_TP；另一类是前期川西高原高海拔台站无强降水，简称RRE_without_TP。假设i_0为每个RRE_All个例的开始时间，如果有长持续强RRE在i_0前6小时至i_0前2小时在高原东部开始，且持续超过4h，即定义为RRE_with_TP，初步判定这种情况下高原东坡的强RRE可能来自前期高原对流系统的东传。而RRE_without_TP则表示这些事件开始前川西高原上无明显对流系统，初步认为这类降水是本地对流系统发展或其他原因所致。统计发现，在挑选的682次RRE_All中，RRE_with_TP有320次（46.9%），而RRE_without_TP有346次（50.7%）。另有16次事件前期川西高原上仅有弱降水（强度不超过0.5mm/h），在下文不做分析。通过测试其他不同超前时间阈值，如在i_0前12小时到i_0前2小时发生在高原上的RRE，发现定性结论不显著依赖于阈值。

图6-13给出了上述两类事件合成的5～9月平均降水持续时间。在这两类事件发生时，喇叭口边坡的降水平均持续时间均超过5h，相对而言，RRE_without_TP发生时喇叭口边坡多数台站的降水平均持续时间略长。RRE_with_TP发生时，川西高原高海拔台站降水平均持续时间明显比RRE_without_TP更长，这意味着组织更好的长持续降水系统更有可能传播并影响下游降水的发生。同时注意到，RRE_with_TP发生时，30°N以南的川西盆地平均持续时间也明显长于RRE_without_TP，这可能也说明川西高原向下游的对流系统可进一步东传并影响川西盆地。RRE_without_TP发生时，超过5h持续时间的台站主要集中在定义RRE的区域附近，边坡降水可能主要来自原地形成的对流系统的贡献。

为进一步分析降水日变化对应的对流演化过程，基于风云二号（FY-2）系列静止气象卫星亮温资料给出相应对流活动的日变化特征。考虑到本小节分析主要关注强降水事件，因此采用Nitta和Sekine（1994）提出的方法计算了对流指数I_c用于表示对流活动特征，将其定义为$I_c=\begin{cases}243\text{-TBB}（\text{TBB}<243\text{K}）\\ 0（\text{TBB}\geqslant 243\text{K}）\end{cases}$。其中，TBB为FY-2系列静止气象卫星的亮温产品，并使用云分类产品（CLC）（Liu et al.，2009；杨昌军等，2008）移除了晴空格点的数据。

图6-14给出了两类降水事件合成的29°～31°N经向平均的对流指数I_c随经度和时间的演变情况。

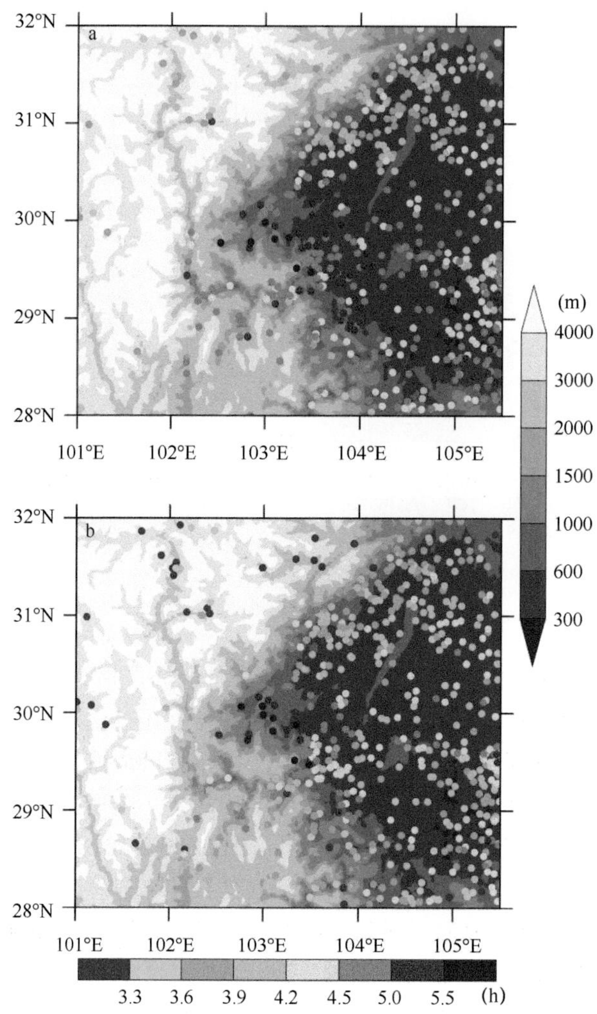

图6-13　RRE_with_TP（a）和RRE_without_TP（b）合成的5～9月平均降水持续时间的空间分布［根据Chen等（2018）重绘］
灰色阴影表示地形高度

RRE_with_TP发生时，18～21LST川西高原上空的对流最强（图6-14a），对流峰值时间从高原向东滞后明显，I_c在边坡的日变化峰值出现在午夜，而从边坡到川西盆地，午夜峰值的区域差异较小。RRE_without_TP强对流事件发生前，川西高原102°E以西地区只存在傍晚的弱对流活动（图6-14b）。102°E以东几乎均为一致的午夜对流，没有明显的上下游超前-滞后关联。同时，注意到RRE_without_TP中，边坡的对流峰值比RRE_with_TP发生稍早。

图6-15给出了2012年6月22日2～7LST一次典型RRE_with_TP个例对应的卫星红外亮温的演变。可以看出，对流系统（TBB低值区）从川西高原向盆地的传播信号明显，清晰表明了川西高原对流系统东移对边坡降水的影响。在2LST，强对流中心位于青藏高原东部4000m高度，最低亮温低于216K，至3LST东移至3000m高度以上区域，且低于228K的范围有增加。随着对流系统的东移，在5LST强对流主要位于高原东坡，较高原上对流最强时滞后约3h，且云顶亮温较夜间增加，表明高原对流东移后云顶高度会降低。

上述分析表明，以“雅安天漏”为代表的喇叭口边坡降水，有来自上游川西高原东移对流系统的重要影响，但不是全部，边坡原地形成的对流系统也有重要贡献。但无论何种系统，发生在该地区的降水日变化都表现为几乎一致的显著的夜雨峰值特征，从而也表明了下垫面差异形成的固有局地强迫对该区域降水的形成和演变过程有主导性的调节作用。

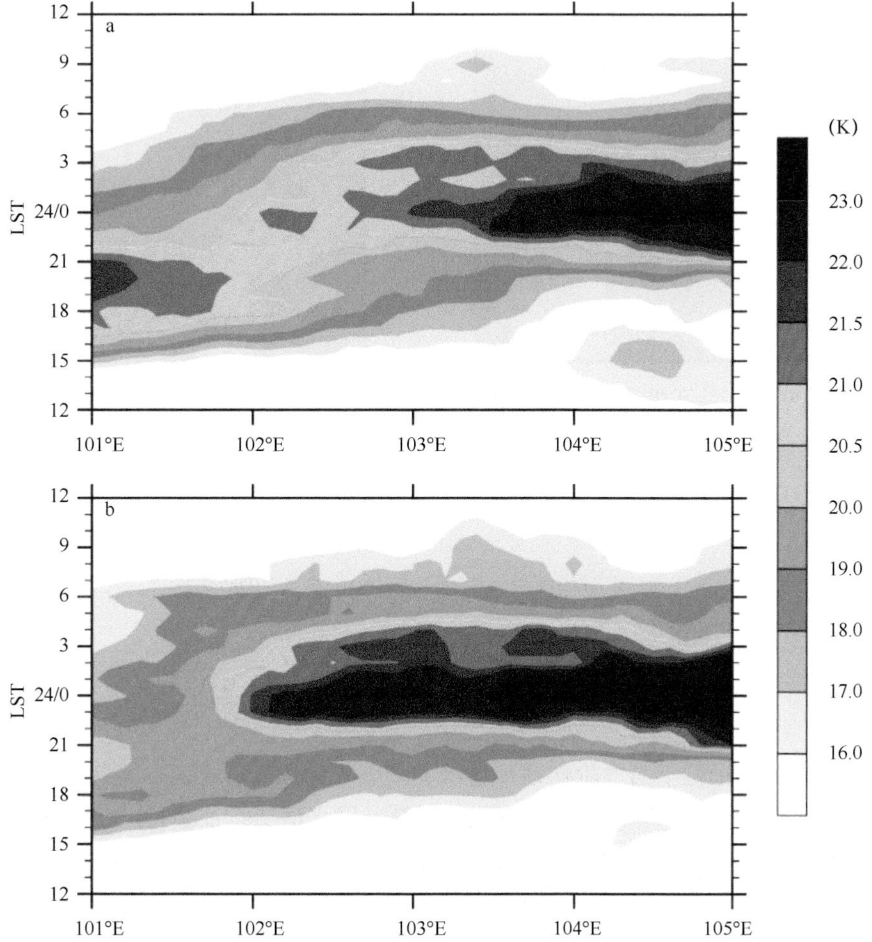

图6-14　RRE_with_TP（a）和RRE_without_TP（b）合成的29°～31°N经向平均的对流指数I_c的经度-时间演变［根据Chen等（2018）重绘］

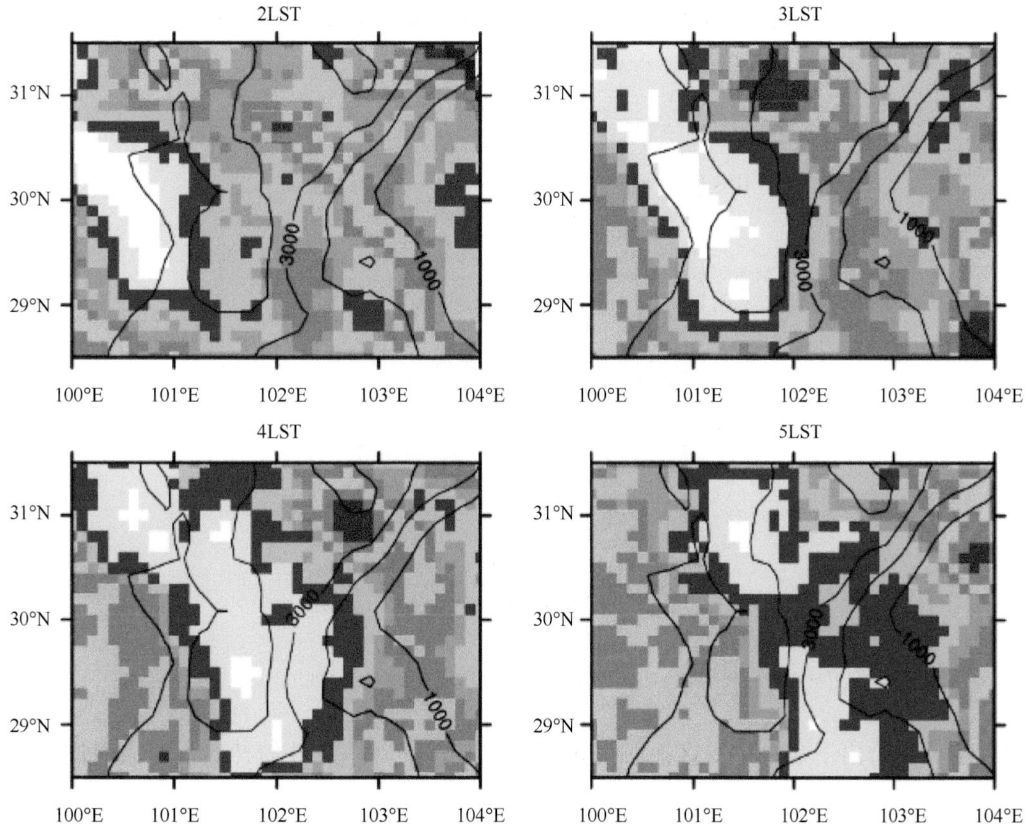

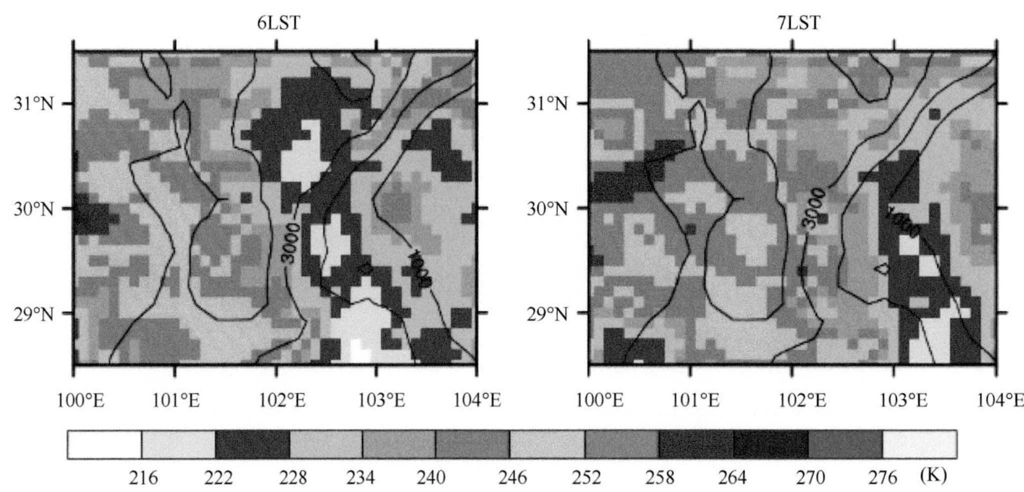

图6-15 2012年6月22日2～7LST一次典型RRE_with_TP个例对应的卫星红外通道相当黑体温度（TBB）的演变［根据Chen等（2018）重绘］

黑色等高线为平滑后的地形高度（m），间隔为1000m

第三节 华北地区降水日变化

本节涉及的华北地区是指位于第二阶梯地形边缘的内蒙古高原和黄土高原至第三阶梯地形的华北平原区域，这一地区也是大尺度地形高度落差显著变化的区域，降水演变特征独特。一些研究（Chu and Lin，2000；Yin et al.，2011；Chen et al.，2012b）发现，华北中心区降水日变化位相存在由西北山区（下午峰值）向东南平原地区（夜间至清晨峰值）逐渐滞后的特征。本章第二节也指出，青藏高原东坡也存在类似的降水峰值时间位相向东滞后的现象，并主要由长持续降水贡献。为揭示华北中心区降水西北-东南向的时空变化特征，选取降水位相滞后关联最明显的区域，划分为如图6-16所示的24个区域，并选定第1～10区域作为山区，第11～14区域作为西北山区与东南平原的过渡区域，第15～24区域作为平原地区。本节利用2005～2012年5～9月台站观测的逐小时降水数据，分析华北中心区降水的日变化特征。

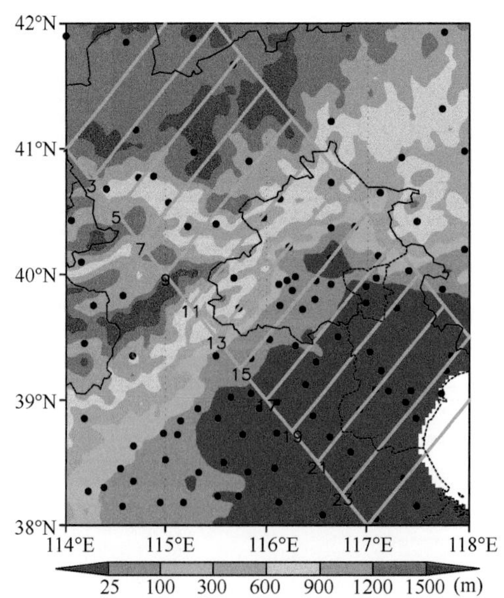

图6-16 华北中心区地形高度与106个台站的空间分布［根据Yuan等（2014）重绘］

图中灰色四边形为华北中心区每两个区域的边界，区域序号在各四边形左上方标注

图6-17a、b分别给出了华北中心区短时降水事件与长持续降水事件的开始与结束时间，可见华北中

心区降水日变化的东南向滞后主要由短时降水事件贡献。在西北山区，短时降水多发生于15～18LST并持续1～3h。自西北向东南方向，短时降水事件的开始时间与结束时间均逐渐滞后。在过渡区域，短时降水主要发生于19～21LST、结束于21～23LST；在东南平原地区，短时降水主要发生于21～22LST、结束于4～7LST。同时，短时降水事件的持续时间由西北向东南有所增长。然而，对于长持续降水事件，起止时间的空间分布无明显的西北-东南向滞后特征，但区域内的台站降水多在上午结束。

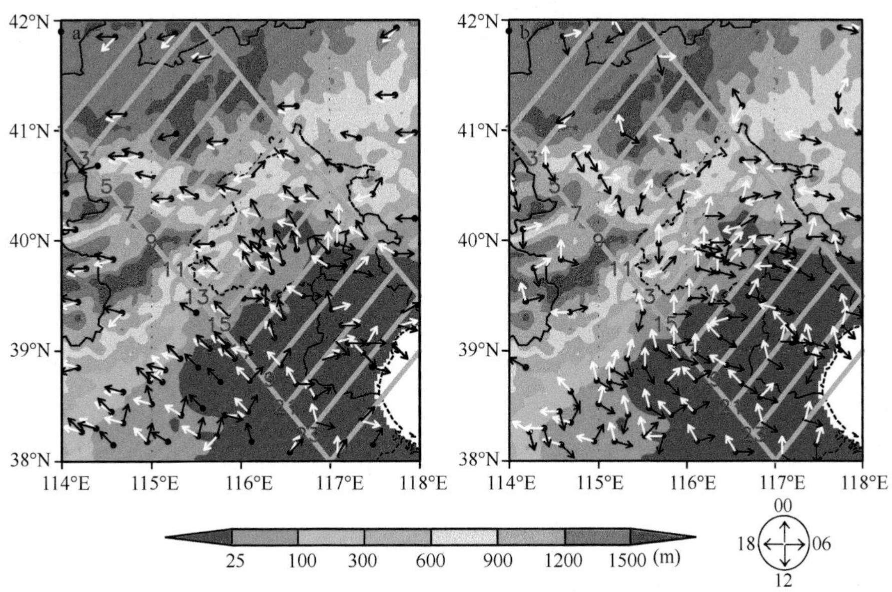

图6-17　华北中心区短时降水事件（a）与长持续降水事件（b）的开始（白色矢量）与结束时间（黑色矢量）［根据Yuan等（2014）重绘］

图中填色为地形高度；灰色四边形为华北中心区每两个区域的边界，区域编号在各四边形左上方标注

上述分析表明，与青藏高原东坡不同，华北中心区降水日变化峰值时间自西北向东南的滞后特征主要由短时降水贡献。所以，本节的以下研究主要针对华北短时降水事件展开分析。图6-18给出了前述24个区域短时降水事件开始、峰值和结束时间的标准化（相对于日平均值）频率分布。在第2～10区域（海拔高于900m），降水主要开始时间集中在15～18LST，其中最高频率位于17LST，日变化振幅达到日平均值的1.7倍。在过渡区域，主要降水开始时间滞后并延迟至18～20LST。到第20区域之后，短时降水事件的主要开始时间位于夜间和清晨两个时段。与此相似，短时降水事件的主要结束时间也由西北山区向东南平原逐渐滞后（图6-18b），平原地区的主要结束时间集中在清晨。同时，与第四章研究结果一致，降水达到峰值前的时长要短于峰值后至降水结束的时长（图6-18a、b）。此外，除东南向的滞后信号外，平原地区（第17～23区域）存在一定西北向的滞后特征。这意味着平原地区降水可能不仅与山区有关，还受沿海地区影响。

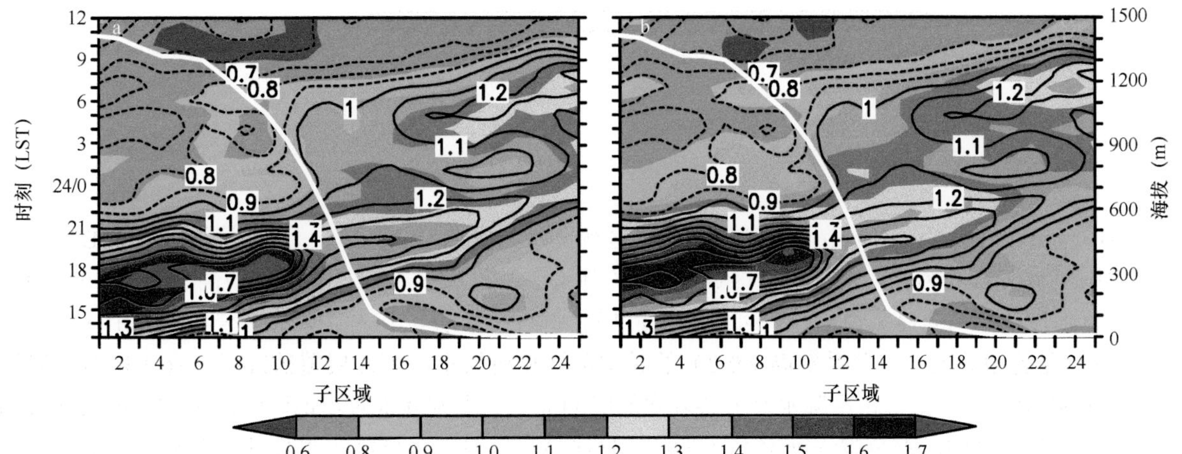

图6-18　各区域短时降水事件开始（填色）、峰值（等值线）（a）与峰值（等值线）、结束（填色）（b）时间的标准化（相对于日平均值）频率分布［根据Yuan等（2014）重绘］

从形成过程上看，上述降水日变化滞后特征既可能是由不同时刻发生的局地降水贡献，又可能是由上游降水系统向下游传播所致。针对这一问题，图6-19分别以第6、10、12、14、16区域为中心区域，给出了当地降水与其他区域降水在2005～2012年5～9月所有降水时次的超前、滞后相关系数分布。

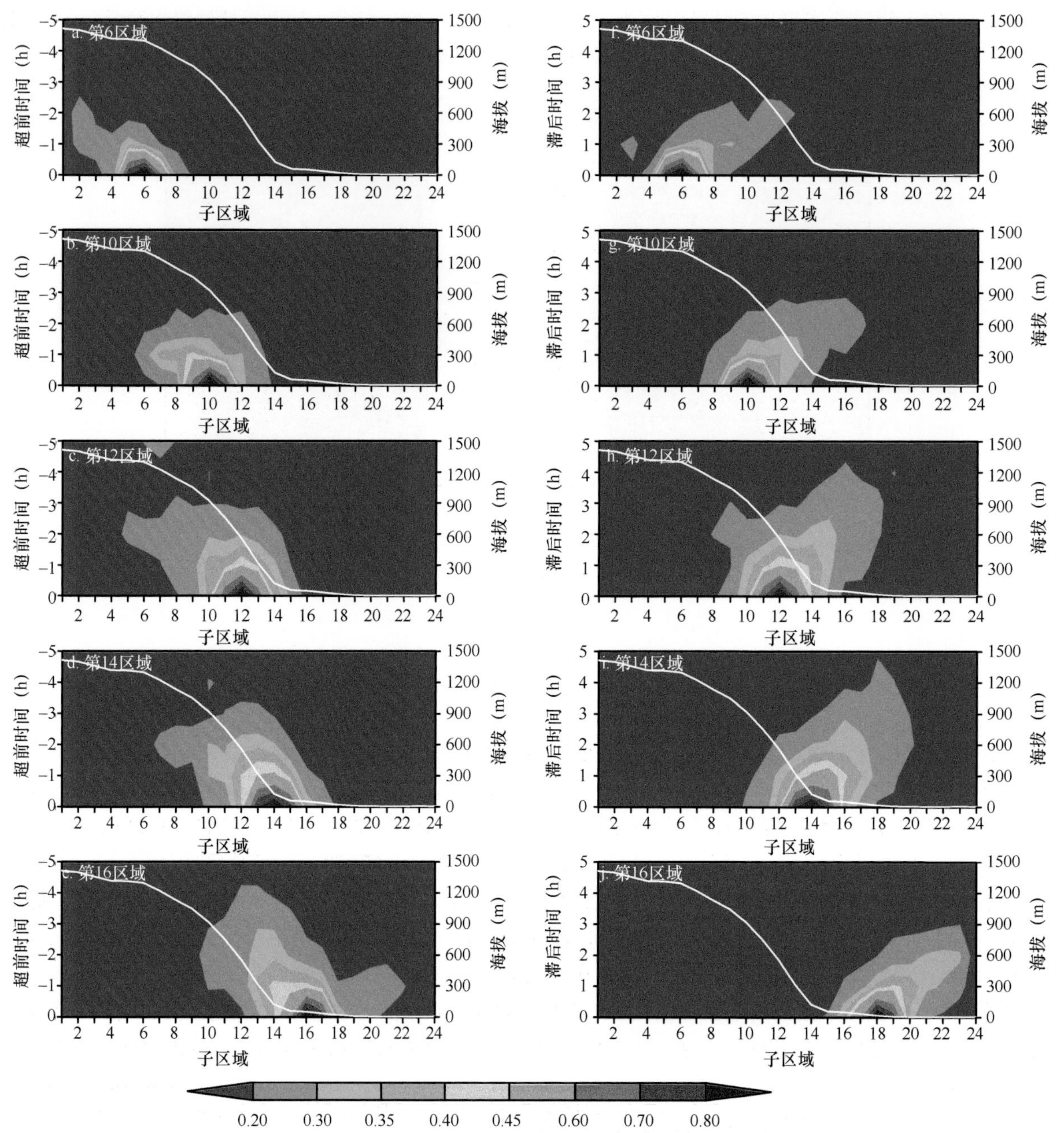

图6-19　2005～2012年5～9月第6、10、12、14、16区域降水与其他区域降水超前（左列）、滞后（右列）相关系数分布
［根据Yuan等（2014）重绘］
图中白色曲线为地形高度

图6-19a～e反映了上游或下游降水过程对中心区域降水的影响，图6-19f～j反映了发生在中心区域的降水对其周围区域降水的影响。由于所有区域8年间的降水小时均超过200h，图6-19中高于0.2的相关系数意味着通过置信度为99%的显著性检验。可以看出，华北中心区降水与上下游降水显著相关。山区降水（第6和10区域）显著相关区（相关系数高于0.2）的时空范围相对较小，可伸展覆盖2h及4～6个区域。对比图6-19a、b与图6-19f、g可知，山区降水对下游降水的影响大于其上游降水对当地降水的影响。随着海拔的降低，降水显著相关区的时空范围逐渐增大（第12～16区域）。过渡区域降水事件的显著相关可追溯至上游7～8个区域、4～5h之前（图6-19d）。对于平原地区，降水受上游的影响十分显著（图6-19e），同时第16

区域东南侧（下游）的降水也与当地降水显著相关（图6-19j）。这一特征与山区、过渡区域明显不同，与图6-18所示特征一致。利用事件开始时刻的降水量计算相关系数也可得类似结果。由此，华北中心区降水日变化滞后的形成与山区降水系统下传有关，一些降水事件发生于午后西北山区，并向东南传播逐渐影响下游地区，过渡区域与平原地区降水受到上游的显著影响。

为进一步分析与降水对应的地表环流状况，图6-20给出了对流层低层异常风场与异常散度场的日变化特征。如图6-20所示，风场变化和辐合区的位置与降水日内变化同步。午后（14BJT，图6-20a）平原地区低空气流吹向山区，山区由偏西气流控制。相应地，辐合带位于山区高地，有利于山区午后出现上升运动。平原地区由下沉运动控制，符合当地午后较少出现降水事件的特征。到了20BJT（图6-20b），辐合带向东南方向移动，到达山区东南边缘地区。随着时间推移，午夜（2BJT，图6-20c）平原地区偏南异常气流增强，山区盛行的偏西气流向东向南推进，辐合带的移动与降水同步，到达过渡地带。清晨（8BJT，图6-20d），由于相连的山地、平原和海洋（渤海）热力状况的变化，在过渡区及其东部平原地区，异常西风、西南风转为西北风，低空风场在平原形成辐合，主要上升气流伴随着来自渤海的水汽为当地夜间—清晨的降水事件提供了有利条件。

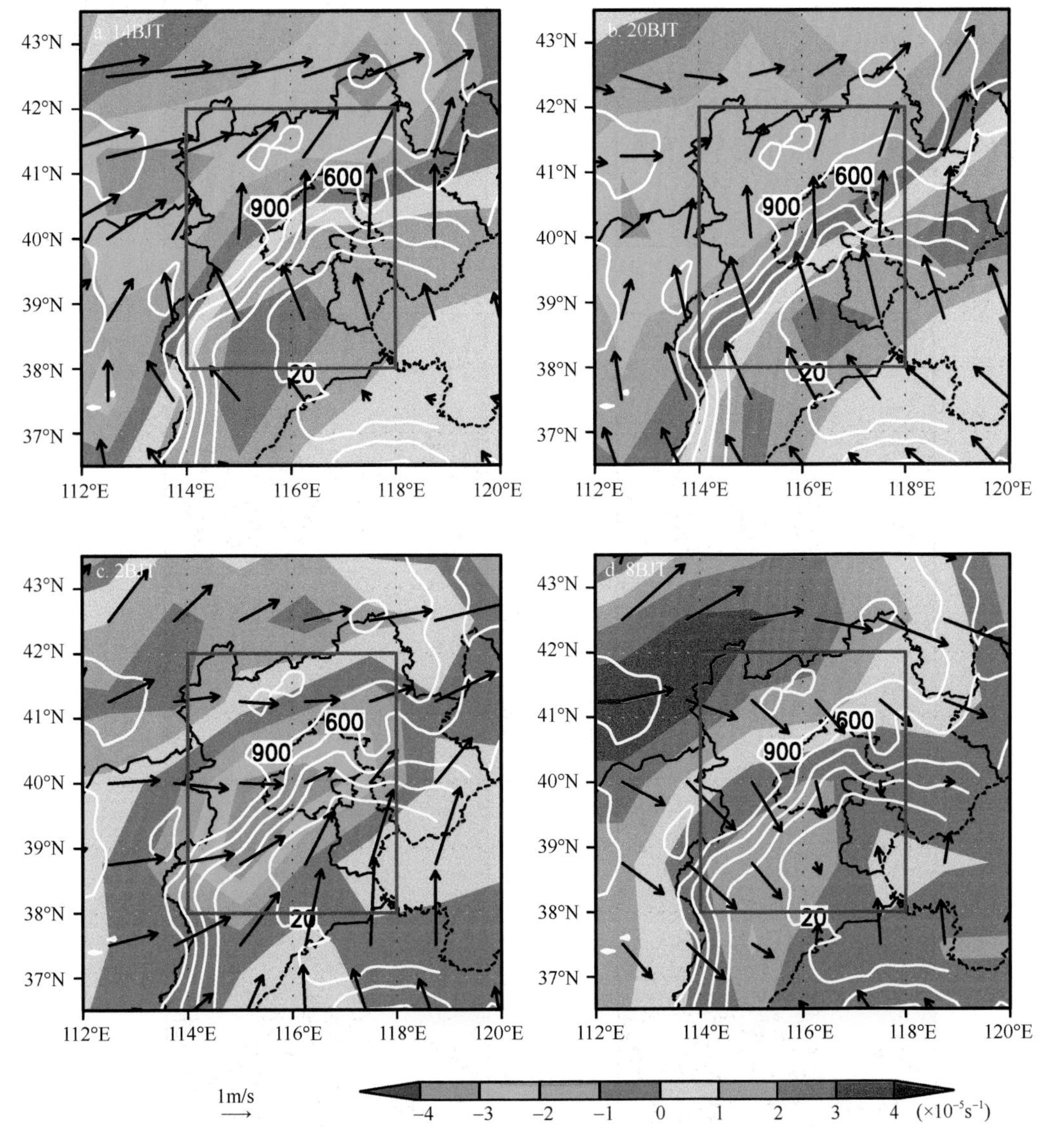

图6-20 14BJT（a）、20BJT（b）、2BJT（c）及8BJT（d）925hPa异常风场（矢量，相对于日平均）与异常散度场（填色，相对于日平均）的空间分布［根据Yuan等（2014）重绘］

图中白色等值线为地形高度（单位：m），蓝色矩形表示关注区域

图6-21给出了夜间至清晨台站观测的逐3小时的地表异常风场作为再分析资料的补充。从台站观测上看，18BJT异常东南气流挟带着来自渤海的充沛水汽，由平原吹向山区，风场在过渡区构成异常辐合，与当地短时降水事件的主要开始时间形成对应（图6-21a）。3小时之后（图6-21b），平原地区，特别是靠近山区一侧的异常东南风有所减弱。午夜时（图6-21c、d），切变线进一步向东南平原移动，伴随降水过程向平原地区发展。日出后（图6-21e、f），平原北部偏北气流增多，风场于海岸线附近辐合。华北中心区降水事件的时空变化特征与地形影响下的低空风场存在紧密联系。风场的变化不仅与山区和平原地区降水事件的主要开始、峰值和结束时间相对应，还为降水日变化西北-东南向的滞后提供了解释。低空辐合区由山区（白天）移向平原（夜晚），有利于降水于午后发生在山区并进一步向平原下传，构成降水日变化西北-东南向的滞后。

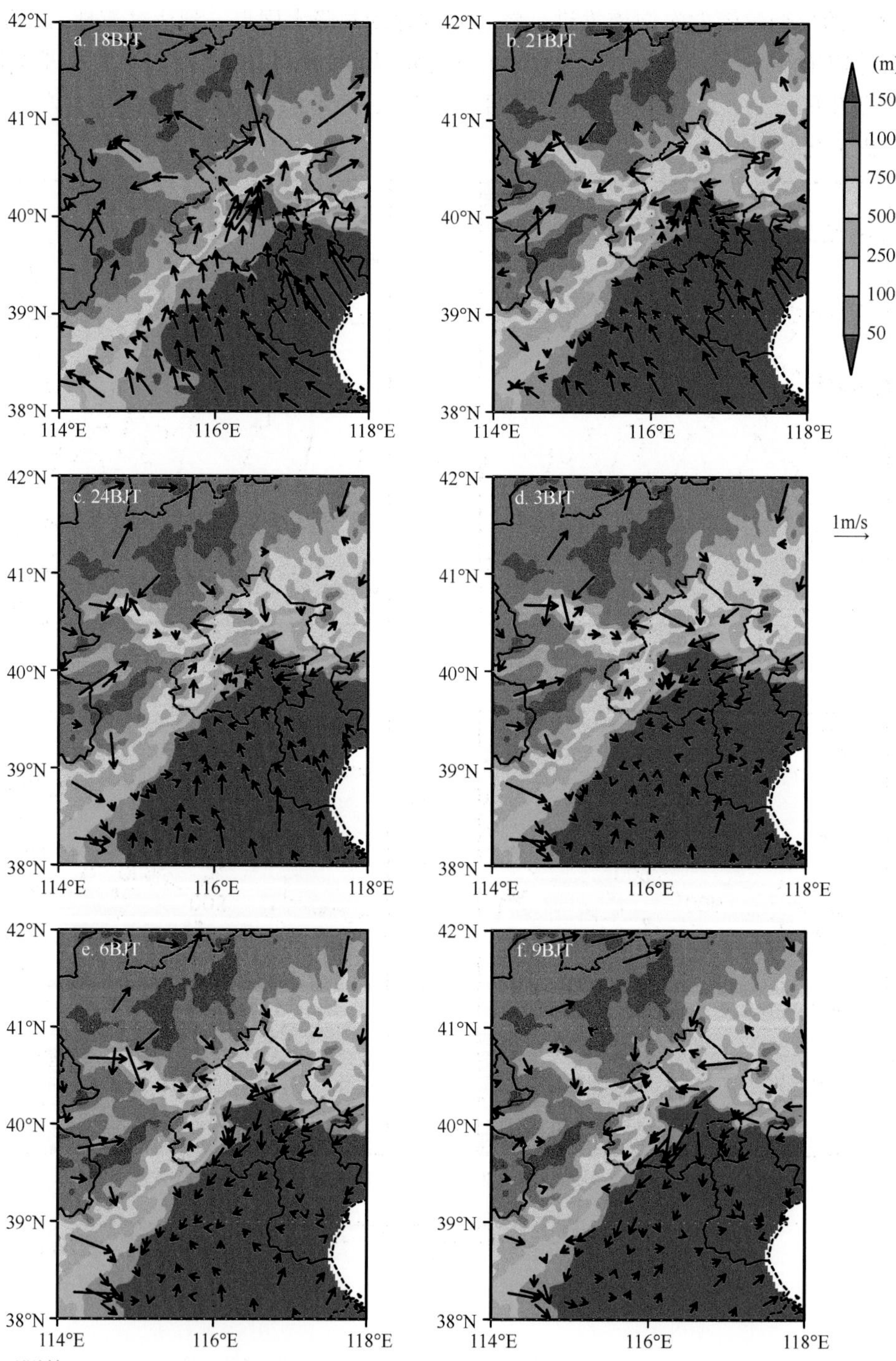

图6-21 台站观测的18BJT（a）、21BJT（b）、24BJT（c）、3BJT（d）、6BJT（e）及9BJT（f）的地表异常风场（矢量，相对于日平均）［根据Yuan等（2014）重绘］

图中填色表示地形高度

第四节　华南沿海降水日变化

华南沿海地区东临南海，背靠两广丘陵地带，降水受到地形海拔高差和海陆差异的综合强迫影响。在第三章中对中国5～9月降水日变化主峰值时间位相进行分析时，曾指出在我国沿海地区分布着一些清晨峰值台站。在华南地区，这些沿海台站的清晨峰值与其北侧台站的午后峰值形成了鲜明对比。本节将以我国华南沿海地区的降水日变化为研究对象，重点关注该地区降水细致的区域和演变特征，并讨论海陆风环流对海岛、沿岸降水日变化的可能影响。

图6-22中黑色箭头标示出了我国华南沿海地区（包括海南岛）夏季（6～8月）降水日变化的峰值时间位相。在图6-22所示区域，绝大部分台站在12～18LST达到峰值，占区域内台站总数（89个）的83.15%；其余台站多在清晨时段达到峰值，这些清晨峰值台站主要位于广东广西沿岸地区和海南岛西部与南部地区。

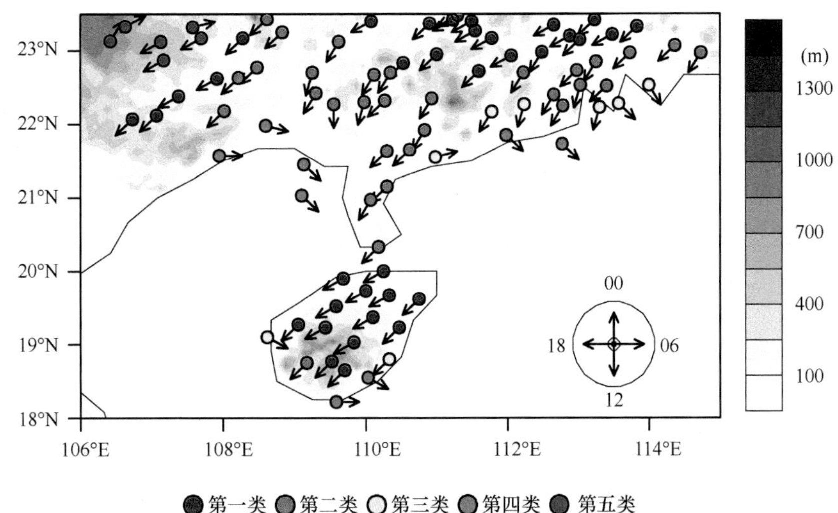

图6-22　华南沿海地区夏季（6～8月）降水日变化的峰值时间位相［根据Li等（2019）重绘］

黑色箭头表示日变化峰值出现的时间；彩色圆圈标示*K*-means聚类的不同类别；灰度填色表示地形高度

在了解峰值时间位相的基础上，接下来利用*K*-means方法对台站进行聚类，以进一步对所有台站的气候态降水量日变化序列进行详细分析。*K*-means方法是一种常用的聚类分析方法，由MacQueen（1967）首次提出。其聚类标准是使每个样本都属于离它最近的聚类中心对应的类别，以此将n个样本划分到k个聚类中。计算步骤如下。

（1）从n个样本中随机选取k个样本作为初始聚类中心。

（2）对于每个样本计算其与k个聚类中心的距离，将样本分配给与之最近的聚类中心，属于同一聚类中心的样本聚为一类。

（3）计算步骤（2）中得到的各聚类的样本均值，将各聚类的均值定义为新的聚类中心。

（4）重复步骤（2）和（3），直至聚类中心不再发生变化。

在具体计算过程中，*K*-means方法可以通过不同的算法来实现。最常用的算法使用迭代优化技术，被称为标准算法，由Lloyd（1982）于1957年提出，于1982年公开发表。Hartigan和Wong（1979）提出了更高效的计算方法，即Hartigan-Wong算法，其能在样本移动时更新聚类中心位置。为研究华南地区夏季降水的日位相特征，本研究使用R语言中的*K*-means函数，选用Hartigan-Wong算法，对位于华南地区的89个国家级台站进行聚类。聚类样本为各台站1976～2015年（40年）平均的夏季（6～8月）降水日位相的标准化序列，即对各台站的气候态日位相序列进行标准化，只保留日变化信息，消除降水量级对聚类结果的影响。

首先采用*K*-means方法对所有台站的24小时序列进行聚类，图6-22中每个台站的圆圈颜色标示出了当类别数取5时该台站所属的类别。第一类台站有36个，比重最大（占总台站数40.4%），在图6-23给出的时间序列上表现为一个孤立的午后峰值，峰值时刻在15～16LST，主要位于远离海岸的区域和海南岛中部与北部。第二类台站有31个，从日变化曲线看与第一类非常相似，也表现为一个孤立的午后峰值，与第一类台站的差异主要体现在两方面：一是峰值时间位相略有提前（14～15LST），二是清晨至上午时段（5～10LST）降水略有偏多。从空间分布看，第二类台站主要位于第一类台站外围，或第一类台站与第三类/第四类台站之间。第三类为8个台站，其中6个位于东南部沿岸地区，在第二类台站的外围；2个在海南岛沿岸地区。从时间序列来看，不同于前两类集中、孤立的峰值，第三类台站呈现出一个较宽的大值区（从清晨4LST至午后16LST）。综合考察前三类台站的序列，可看出清晨上午时段的降水比重自第一类至第三类逐步增加。第四类为8个台站，其中6个位于紧邻海岸线的沿岸地带或小的海岛站，较第三类台站更靠海；2个在海南岛南端。该类台站的序列表现为典型的一波型，峰值位于7LST，谷值位于21LST，后半夜至清晨降水多，午后至前半夜降水少。第五类台站仅有6个，全部集中在研究区域西北部山地地区。该类台站的时间序列为二波型，峰值位于4LST和16LST，谷值位于10LST和21LST。将聚类结果与日峰值时间位相进行比对，发现这种小区域内的聚类可在一定程度上丰富对日变化信息的认识，如仅从峰值时间位相看，第三类台站间有很大不一致，既包括清晨峰值台站又包括午后峰值台站，但从聚类角度看这些台站具有较一致的日内演变特征，均属于清晨至午后降水较多的类型。

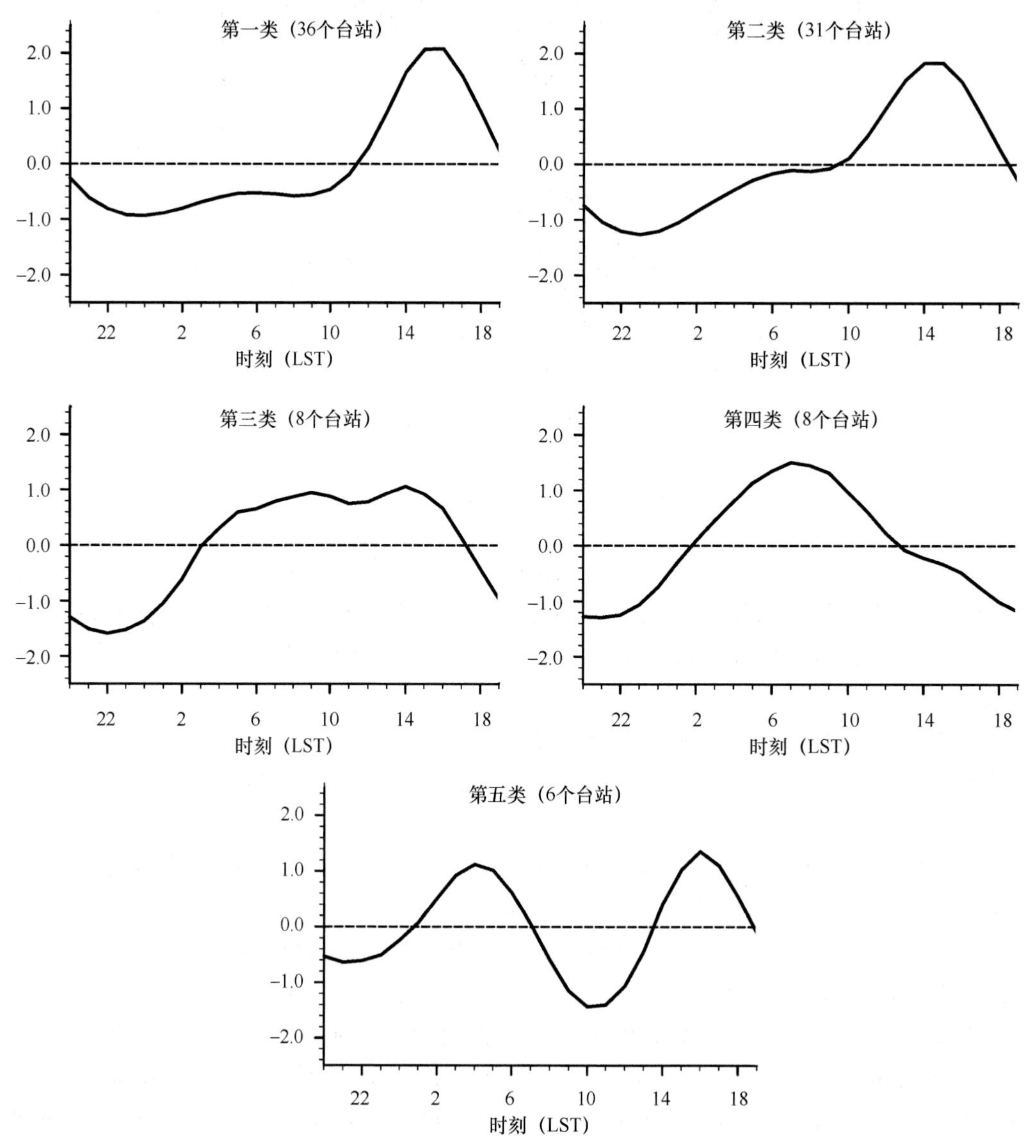

图6-23　*K*-means聚类结果中不同类别台站平均的日变化曲线（经标准化处理）［根据Li等（2019）重绘］

综合图6-22和图6-23，一个突出特点是清晨（午后）降水量占日降水量的比例自海岸线附近向内陆减少（增加）。图6-24为基于中国台站观测降水与CMORPH卫星反演降水的融合降水分析产品绘制的清晨（4～10LST）和午后（12～18LST）降水量占日降水量的比例分布，该图可更清楚地呈现这一特征。以清晨降水量占比（图6-24a）为例，除110°E附近的雷州半岛外，我国南部海岸线附近存在一条清晨降水量占比大值带，其走向与海岸线方向基本一致。以雷州半岛以东地区为例，沿岸大值带内清晨降水量占比超过40%，而向内陆方向深入100km左右后，清晨降水量占比快速降至20%以下。图6-24b为午后降水量的占比分布，包括35%等值线在内的多条等值线在沿岸地区基本与海陆分界线平行，在雷州半岛以东、距海岸线100km左右的内陆地区午后降水量占比可达50%以上，而海岸线附近占比不足25%；雷州半岛和海南岛均为午后降水量占比高值区，海南岛最高占比可达82.12%。比较图6-24a、b，清晨、午后降水量占比呈基本相反的空间型，两者的空间相关系数达–0.88。

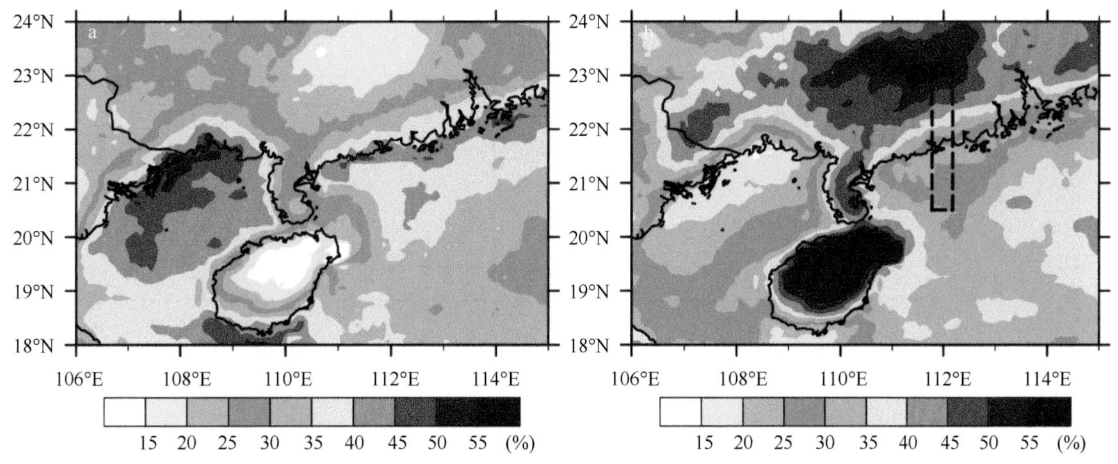

图6-24　清晨（4～10LST）（a）和午后（12～18LST）（b）降水量占日降水量的比例［根据Li等（2019）重绘］

为了更清晰地考察海岸线附近不同日位相降水的空间演变情况，图6-25给出了111.78°～112.18°E纬向平均的降水量随纬度和日位相的分布。由图6-25可知，在紧邻海岸线（图6-25中虚线位置）的海面上，降水在清晨（8LST）达到峰值，且自此峰值区向北（陆地）和向南（洋面）均有降水日位相滞后的特征。向南在洋面上传播距离较短，从8LST到10LST南传至21.4°N附近，再往南降水峰值基本维持在清晨；向北在陆地上传播，自8LST到11LST北传至22°N附近；这种南北向传播反映的是降水在沿岸出现后向海上和内陆的移动。在陆地22°N以北地区，在14LST会出现另外一个峰值降水中心，此午后降水与自海岸线向北传播的清晨降水结合，形成了图6-22所示的第三类和第二类日变化型；在22.5°N以北降水峰值时间位相向午后时段集

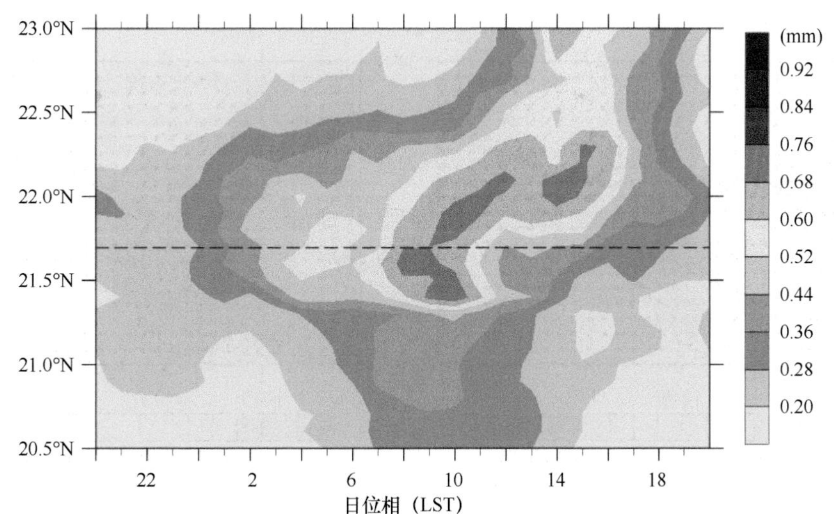

图6-25　111.78°～112.18°E纬向平均的降水量随纬度和日位相的分布［根据Li等（2019）重绘］

图中虚线代表在进行平均的经度范围内的平均海岸线纬度，虚线以北为陆地，虚线以南为海洋

中，形成了仅具有午后峰值的第一类日变化型；到接近23°N，降水日变化呈现为显著的午后峰值，可认为海陆热力差异的影响消失。

图6-26给出了不同类型台站开始于不同时刻的降水事件占总降水事件的比例。在雷州半岛以东、以西的沿岸地区分别选取了阳江站和东兴站，可以看出，两个台站均在清晨（5LST）达到降水事件开始时间频次的主峰值，在午后时段存在一个次峰值。相较于东兴，阳江的清晨、午后降水事件开始时间频次峰值占比间的差异更小。图6-26b为白沙、罗定两站的结果，这两站均为午后降水峰值的典型代表，罗定站位于内陆，白沙站位于海南岛中心位置。从降水事件开始时间的日变化来看，两站均表现为很强的单一午后峰值，且峰值时刻在14～15LST。

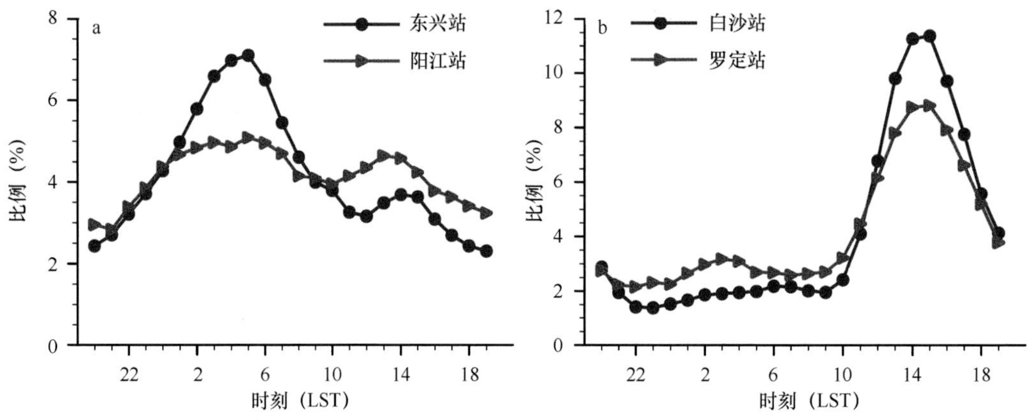

图6-26　清晨峰值典型台站（a）和午后峰值典型台站（b）开始于不同时刻的降水事件占总降水事件比例的日变化［根据Li等（2019）重绘］

基于图6-26a的结果，可确定5LST和14LST的大气环流状况分别与沿岸地区清晨降水和午后降水有较好的关联。图6-27分别给出了ERA5揭示的清晨（5LST）和午后（14LST）的对流层低层（950hPa）相对于日平均的异常风场及相应的异常散度场。如图6-27a所示，5LST华南沿岸为异常西北风，自陆上吹向海面，在近岸的海面上有一条与海岸线走向基本一致的辐合带，与图6-24a中清晨降水的大值区相对应。在14LST（图6-27b），该沿岸近海区北侧为吹向陆地的偏南风，南侧为吹向南海的偏北风，成为一条沿海岸线的辐散带，而内陆、雷州半岛和海南岛则出现多个辐合中心。沿岸风场的日变化，为沿岸降水的日变化提供了适宜的环流场。另外值得注意的是，无论是清晨的辐散还是午后的辐合，内陆和海南岛上的地形都起到了重要作用，局地地形与散度场异常大值区有很好的一致性，这说明局地地形效应与海陆热力差异一并贡献于对流层低层风场的日变化。

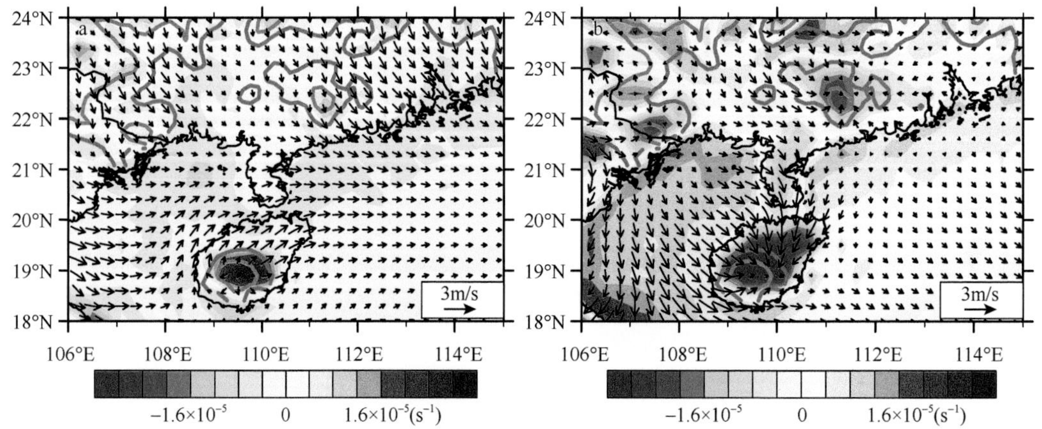

图6-27　清晨（5LST）（a）和午后（14LST）（b）950hPa相对于日平均的异常风场（矢量）及异常散度场（填色）［根据Li等（2019）重绘］

图中绿色、灰色等值线分别表示200m、400m地形高度

第五节　天山中段降水日变化

我国西北地区位于欧亚大陆腹地的干旱—半干旱区，山峦连绵起伏，且山脉之间夹着盆地，下垫面区域变化显著，其中最有代表性的应该是天山山脉。天山山脊的平均海拔在4000m以上（贾文雄等，2014），两侧则分别是准格尔盆地和塔里木盆地。由于地处干旱—半干旱的地理位置，我国西北地区整体降水稀少。然而，显著的高山增水效应造就了我国西北独特的环山生态气候。以天山为例，天山及其周边地区降水与地形分布具有显著的关联度。正是天山的地形效应，保障了其周边地区有十分丰富的水资源，孕育了众多河流和湖泊，营造了大美天山的生态环境。例如，天山周边的伊犁河和塔里木河（胡汝骥等，2002），是西北地区非常重要的水资源来源（张良等，2014）。本节利用现有最为全面的台站观测降水资料，并辅以各类卫星降水产品，通过一个剖面分析，对天山地区夏季降水的小时尺度特性开展分析，以期加深对我国西北地区复杂地形强迫影响下的降水日变化特征的认识。

为了更细致地研究不同地形区降水特征与地形之间的关系，本节着重对天山中段地区（即图6-28a黑色方框所示位置）展开分析，并选取了纵贯天山中段的南北向剖面上的8个台站进行分析，台站空间分布如图6-28b所示。同时，对逐小时的CMORPH降水资料、基于风云卫星观测TBB产品计算的对流指数（I_c）进行相应分析。热力场、动力场则来自ERA-Interim再分析资料。所有分析时段均为2010～2014年夏季（6～8月），时间均为局地时刻（UTC+06）。

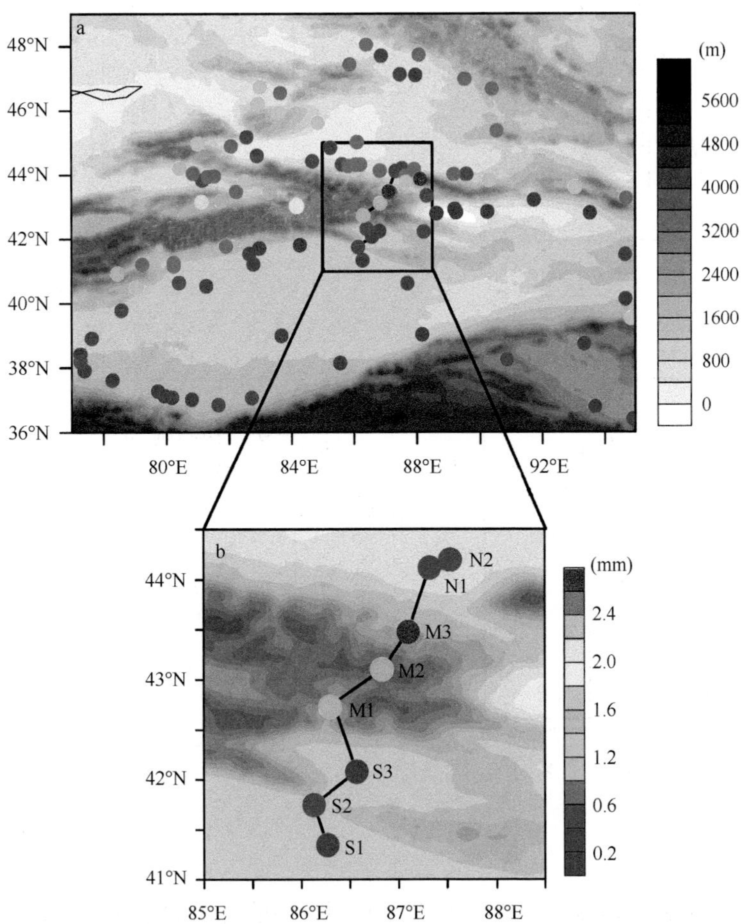

图6-28　2010～2014年夏季天山中段及其周边地区台站的平均日降水量分布［根据Li等（2017）重绘］

图中填色表示地形高度

一、天山中段夏季降水的气候态特征

图6-28a给出了2010～2014年夏季天山中段及其周边地区台站的平均日降水量分布。从图6-28a可以看出，天山上海拔较高的台站，其降水量较南北两侧海拔较低的台站明显偏大。图6-29给出了2010～2014年夏季剖面上8个台站的平均日降水量（图6-29a）、降水频率（图6-29b）、降水强度（图6-29c）和降水持续时间（图6-29d）。可以得到，天山中段降水的气候态分布特征与海拔存在紧密联系。天山上各台站（M1～M3）的平均日降水量分别约为北侧台站的3.9倍、南侧台站的7.5倍。天山上三站的日降水量（2.24mm）和降水频率（8.59%）均远大于天山南侧三站（S1～S3；0.30mm，1.68%）与北侧两站（N1和N2；0.57mm，2.42%）。北侧两站的降水强度（0.99mm/h）及降水持续时间（2.73h）较南侧三站（0.74mm/h，2.24h）略大。8个台站中最大日降水量（2.84mm）、降水频率（9.99%）和降水强度（1.19mm/h）均出现在天山北坡的M3站，最长降水持续时间（3.21h）出现在天山南坡的M1站。日降水量、降水频率和降水持续时间的最小值（0.19mm，1.14%，1.91h）均出现在天山南侧的S1站，最小降水强度（0.57mm/h）出现在天山南侧的S3站。

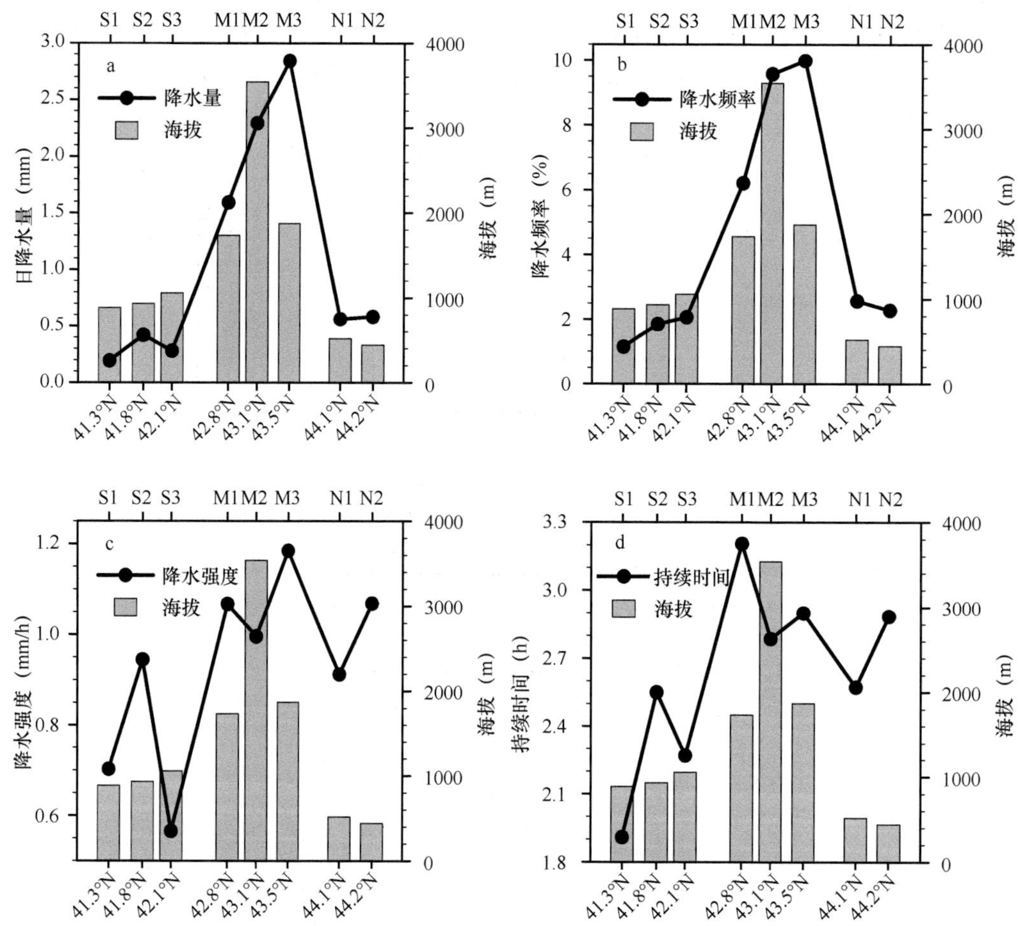

图6-29　2010～2014年夏季8个台站的平均日降水量（a）、降水频率（b）、降水强度（c）和降水持续时间（d）［根据Li等（2017）重绘］

图6-30a～c分别给出了天山南侧、天山上及天山北侧台站的降水频率的日变化。南侧台站降水频率表现出显著的清晨峰值，S1～S3站分别在6LST、8LST和7LST达到峰值且均在夜间降到谷值。天山上的M2和M3站的降水频率均在中午最小，下午迅速增大，傍晚达到峰值，M2（M3）站峰值时间为18（17）LST。M1站与天山上的M2和M3站相比，降水频率日变化幅度明显偏小，但M1站仍然存在一个显著的下午峰值。位于天山北侧的N1和N2两站则表现为午夜至清晨峰值，N1站在2LST达到峰值，N2站在23LST达到峰值。

从图6-30a～c可以看出天山三个区域不同的降水日变化特征：天山南侧降水频率日峰值出现在清晨，天山上降水频率峰值出现在傍晚，而天山北侧降水频率峰值出现在夜间。根据这三个区域降水频率日变化峰值出现的时段，选取了4～8LST代表清晨，15～19LST表示傍晚，22LST至次日2LST代表夜间。图6-30d给出了剖面上各台站在这三个时段降水频率对总降水频率的贡献比例。清晨降水频率占比的大值区出现在天山南侧台站（S1～S3），天山南侧台站清晨降水频率占其总降水频率的34.1%；下午大值区位于天山上的台站（M1～M3），该时段天山上台站降水频率的贡献平均约为30.0%；夜间大值区出现在天山北侧台站（N1和N2），所占比例为32.6%。

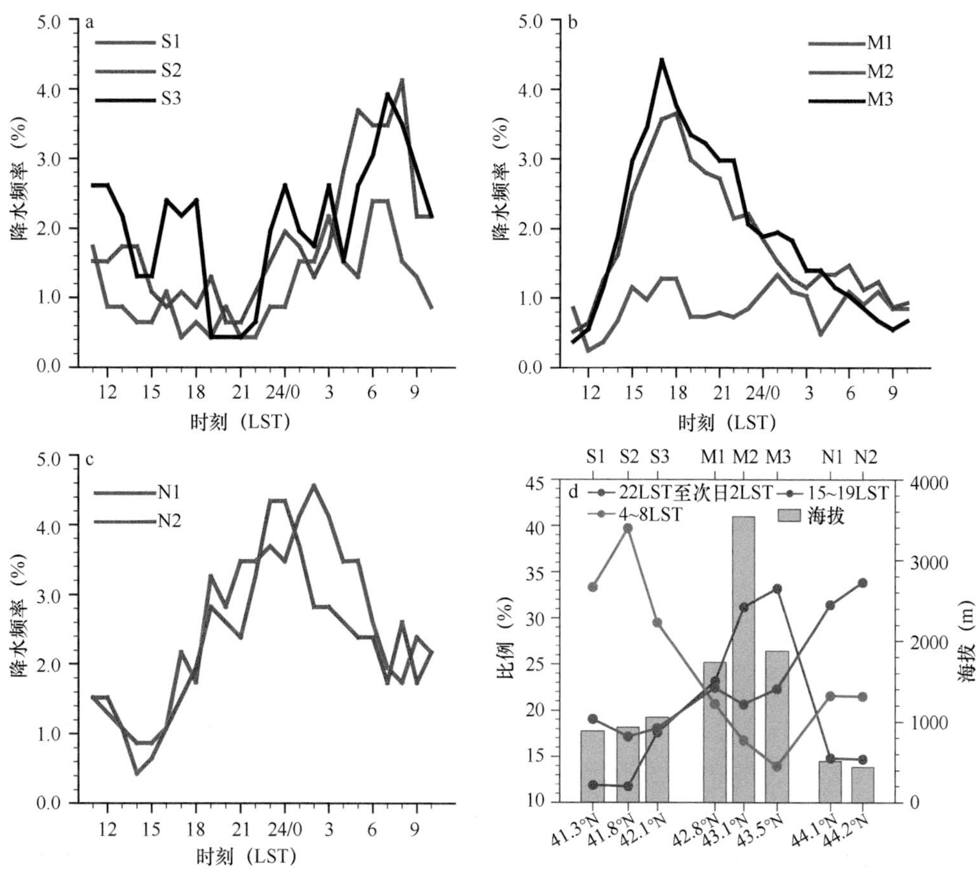

图6-30　天山南侧（a）、天山上（b）和天山北侧（c）台站的降水频率的日变化及不同时段降水频率对总降水频率的贡献比例（d）［根据Li等（2017）重绘］

为了进一步验证天山中段降水日变化的三种模态，图6-31给出了经标准化处理的降水频率（图6-31a、c、e）及经标准化处理的对流指数I_c（图6-31b、d、f）在所选清晨、下午、夜间三个时段的空间分布。清晨，降水频率（图6-31a）在天山南侧表现为明显的正值，而负值主要出现在天山北侧，这说明清晨天山南侧降水较为频繁，而北侧降水较少；此时I_c（图6-31b）的空间分布特征与降水频率的分布特征一致，且

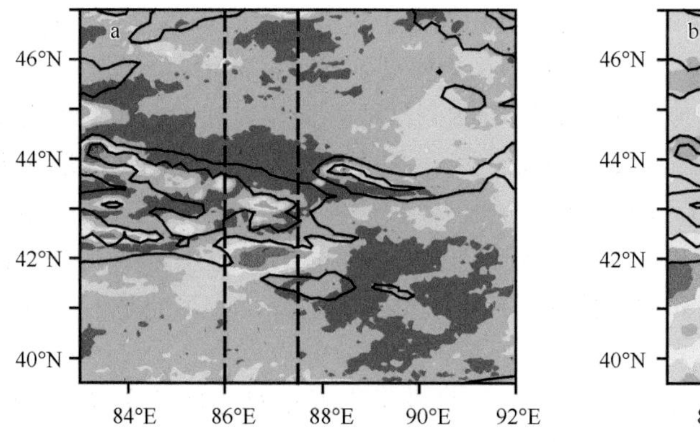

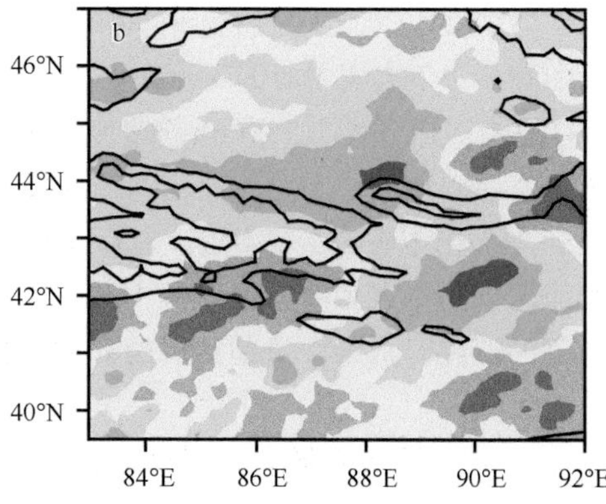

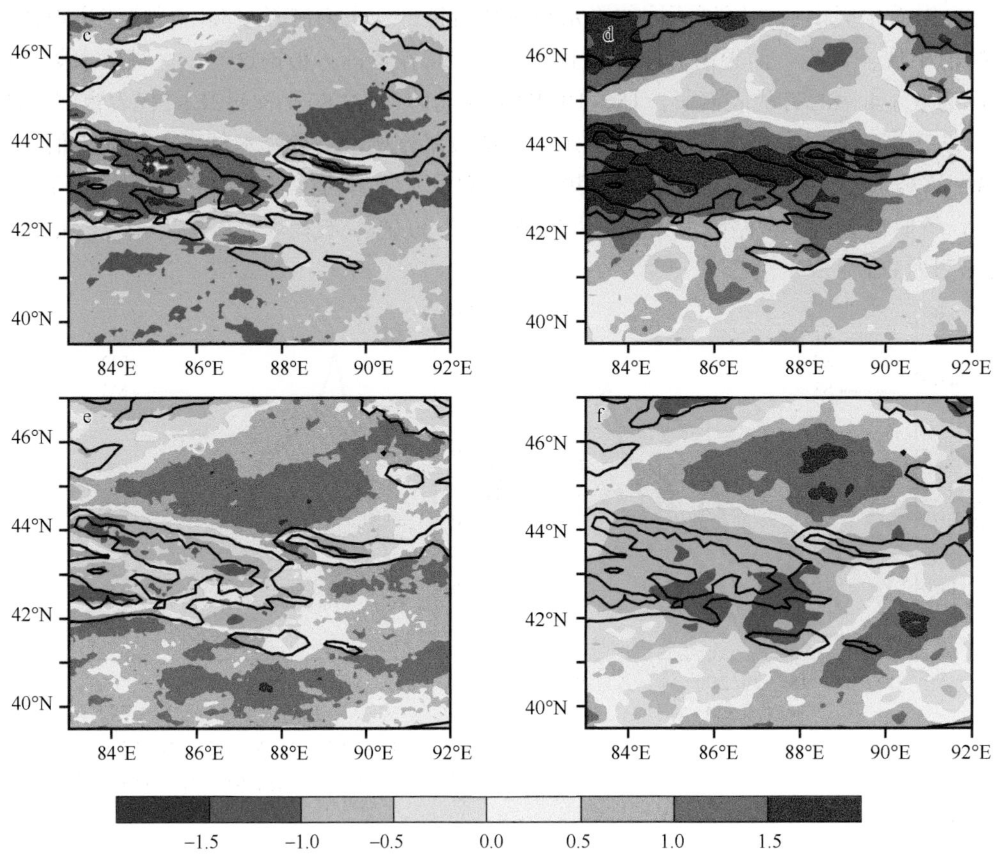

图6-31 标准化降水频率（a，c，e）和标准化I_c（b，d，f）在所选清晨（a，b）、下午（c，d）、夜间（e，f）三个时段的空间分布［根据Li等（2017）重绘］

以天山山脊为界的南正北负特征更为明显，这说明清晨天山南侧盆地存在一个范围较大的对流区。下午，降水频率（图6-31c）的大值区集中出现在天山上，而南北两侧表现为一致的负值，对流活动也在天山上更为活跃（图6-31d）。夜间降水频率（图6-31e）和I_c（图6-31f）的分布与下午呈反位相的特征，对流指数（I_c）夜间和下午的分布空间相关系数高达–0.77（–0.75）。根据不同时段I_c大值区发生位置的变化可以得出：天山南侧较强的对流主要出现在清晨，天山上对流主要在下午出现，而天山北侧对流的高发时段主要集中在夜间，与用台站降水资料得到的结论相符。

二、天山中段不同区域间降水日变化的关联

为了进一步理解三个区域降水日变化之间的关系，图6-32a给出了图6-31a中黑色框线所表示的经度范围（86°～87.5°E）平均的标准化I_c的纬度-时间剖面图，图6-32b为相应范围平均的海拔。可以看出，I_c存在两个主要的大值中心：一个大值中心的对流在13LST左右在天山上出现，随后发展增强，于17LST在天山上达到最强，18LST左右对流开始以35km/h的速度逐渐北移影响北侧盆地并且在夜间23LST在北侧发展到最为旺盛；另一个大值中心独立于天山上及北侧的下午-夜间峰值而存在，该大值中心于清晨出现在天山南侧盆地，峰值于6LST左右出现在42.2°N附近，之后迅速消亡。通过对I_c演变特征的分析，可以清晰地看出天山中段不同地区对流活动的特点和联系：对流主要在午后开始于天山上，随后北移下山影响天山北侧的夜间降水；而天山南侧的清晨降水则好像是由清晨在南侧盆地局地发生的对流造成，有可能是山谷风的日变化效应所致。

在了解三个区域气候态的降水日变化关系的基础上，这里基于第五章对区域降水事件（RRE）的定

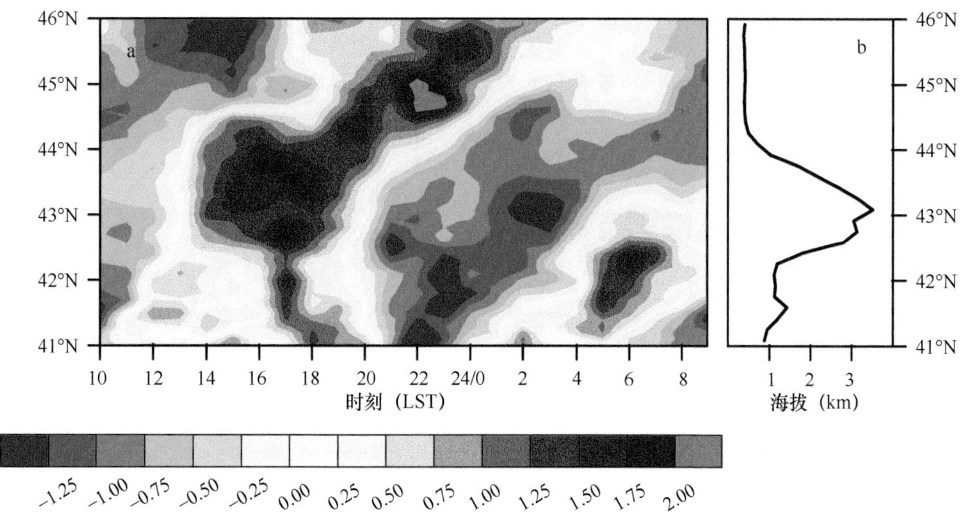

图6-32　86°～87.5°E纬向平均的标准化I_c纬度-时间剖面图（a）及86°～87.5°E纬向平均的海拔（b）［根据Li等（2017）重绘］

义，从降水事件的角度来考察不同区域之间降水日变化的关系。根据RRE的定义，记剖面上8站所组成的区域降水事件为RRE-A，在研究时段内共400次区域降水事件。为了考察RRE-A易于触发的位置、时段和事件持续时间的特征，图6-33给出了开始于不同台站的RRE-A的事件数随事件持续时间（图6-33a）和开始时间（图6-33b）的分布情况，图中不同颜色的色块及标记的数字表示该类事件的发生次数。可以看出，大部分（83.3%）RRE-A在天山上（M1～M3）触发，在天山上三站中，降水又更倾向于在M2和M3站开始，说明出现在剖面上8个台站的对流事件较容易在天山山顶（M2站）及天山北坡（M3站）开始。从图6-33a可以看出，天山中段开始的RRE-A降水持续时间偏短，持续时间的中位数为4h。其中，持续时间为1h的降水事件数占总事件数的22.3%，45.0%（65.8%）的RRE-A持续时间不超过3h（6h），仅有14次RRE-A的持续时间超过了24h。图6-33b给出了开始于不同台站的RRE-A的事件数随事件开始时间的分布。最突出的特征是开始于天山上三站的RRE-A易于在下午时段触发，其中M1站在15LST触发RRE-A的次数最多，M2站为15～16LST，M3站为14LST。约62.5%的RRE-A于13～20LST在天山上开始发生。与天山上相反，开始于天山南侧、北侧的RRE-A更倾向于在清晨开始。与图6-33b相对应，图6-34给出了结束于不同台站的RRE-A的事件数随事件结束时间的分布。相较事件开始时间的分布特点，结束于天山上的RRE-A的结束时间略微滞后且分布的时段更为分散。此外，结束于天山上三站的事件较开始于天山上的事件明显偏少（减少46次），结束于天山南侧的RRE-A减少了1次，而结束于天山北侧的RRE-A增多了4次。除去降水更容易在多个台站同时开始而在一个台站结束（400次RRE-A中仅有1次事件在两个台站同时结束）对结束事件数的影响外，结束于天山上的降水事件的明显减少及天山北侧结束事件的增多说明形成于天山上的对流中有一部分向北移动并在天山北侧消亡。

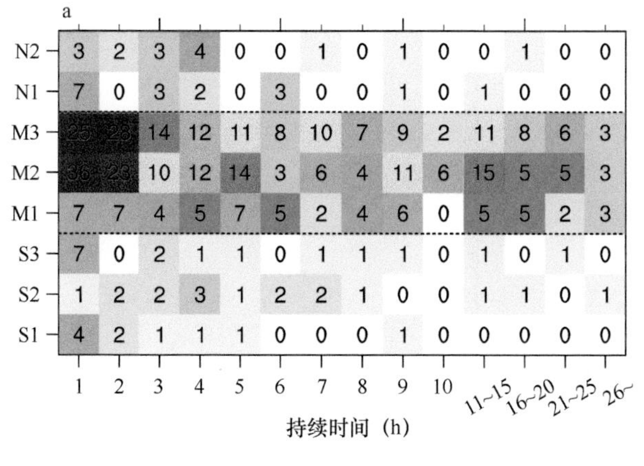

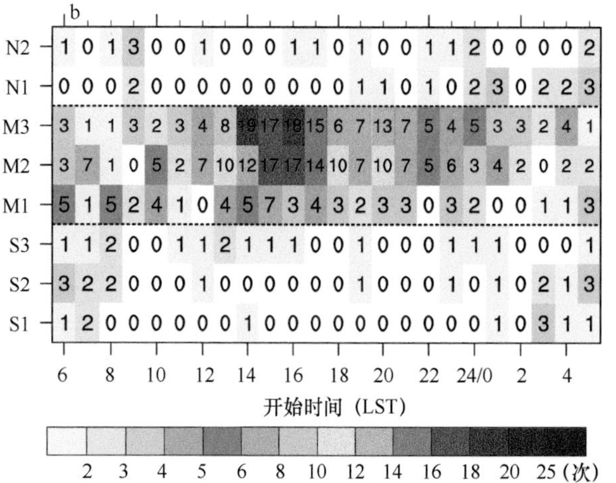

图6-33　开始于不同台站的RRE-A的事件数随事件持续时间（a）和开始时间（b）的分布［根据Li等（2017）重绘］

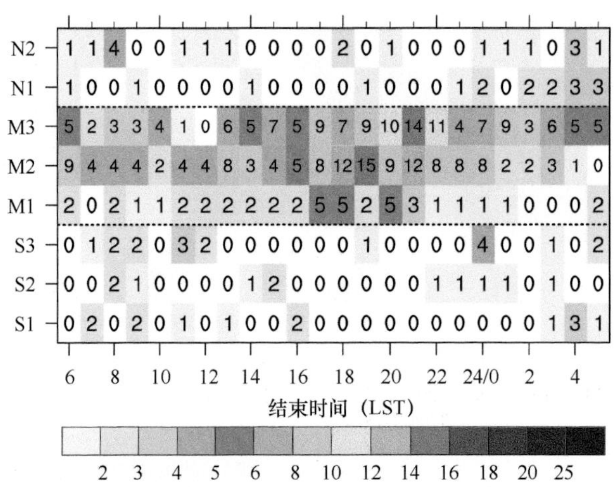

图6-34 结束于不同台站的RRE-A的事件数随事件结束时间的分布［根据Li等（2017）重绘］

三、天山中段降水日变化的影响因子

本节前两部分的分析表明，天山中段地区降水的日变化存在三个典型模态。为了研究山地对降水日变化的影响机制，针对天山中段及其周边地区的热力场、动力场进行了分析。图6-35a～c分别给出了天山南侧、天山上和天山北侧台站平均的降水频率和插值到对应台站位置的750hPa散度的日变化。散度由ERA-

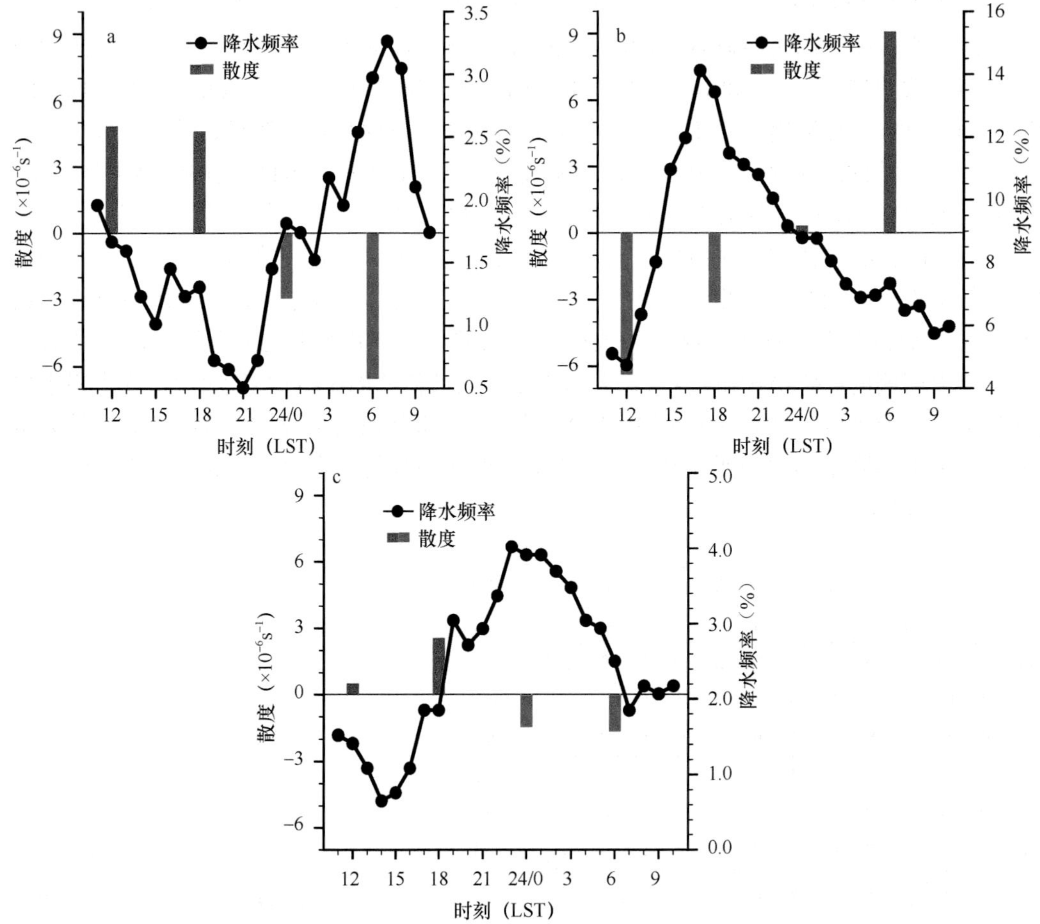

图6-35 天山南侧（a）、天山上（b）和天山北侧（c）台站平均的降水频率和750hPa散度的日变化［根据Li等（2017）重绘］

Interim再分析资料计算得到，受资料时间分辨率的限制，散度仅有12LST、18LST、0LST和6LST四个时次。负的散度表示辐合，正的散度表示辐散。三个区域辐合出现的时段与降水频率较高的时段基本一致：天山南侧台站（图6-35a）降水多发生于清晨，对应6LST天山南侧辐合最强，降水开始之前0LST天山南侧已经开始出现辐合；天山上台站（图6-35b）降水主要集中于下午，对应降水开始前期12LST天山上辐合最强，降水频率最高时（17～18LST）天山上也呈现较强的辐合；天山北侧台站（图6-35c）的降水主要在夜间发生，相比其余两个区域，天山北侧的辐合辐散均较弱，但仍在降水频率较高的0LST和6LST表现出辐合的特点。因此，三个区域台站降水的日变化模态与750hPa散度有较好的相关性，表现为降水前期和降水时750hPa有辐合运动出现。

图6-36a～d分别给出了12LST、18LST、0LST和6LST四个时次750hPa等压面上散度场和水平风场的距平场。图6.37为对应时次不稳定度（θ_{750}–θ_{500}）的距平场。在12LST，天山山脊受异常强的辐合运动控制，而天山南侧盆地受异常辐散运动控制（图6-36a）；由于地形的不均匀加热，天山上空的大气表现出较强的热力学不稳定，其南北两侧大气则较为稳定（图6-37a）。到傍晚（18LST），天山山脊的辐合运动发展加强，其南侧仍然受到异常的辐散运动控制（图6-36b）；受到地表加热作用的影响，整个天山中段地区上空的大气热力学状态均表现为异常不稳定（图6-37b）。到夜间（0LST），天山上开始出现异常的辐散，南北两侧开始有较弱的散度负异常出现（图6-36c）；热力学不稳定度的分布恰好与12LST呈反位相的分布，即天山南北两侧表现为热力学不稳定而天山山脊上空大气较为稳定（图6-37c）。在6LST，天山上的辐散异常发展达到最强，受到天山南坡偏北风和南侧偏南风的共同作用，天山南侧形成了一条覆盖范围较大的辐合带（图6-36d）；此时天山南侧上空的大气表现出较为微弱的热力学不稳定状态（图6-37d）。

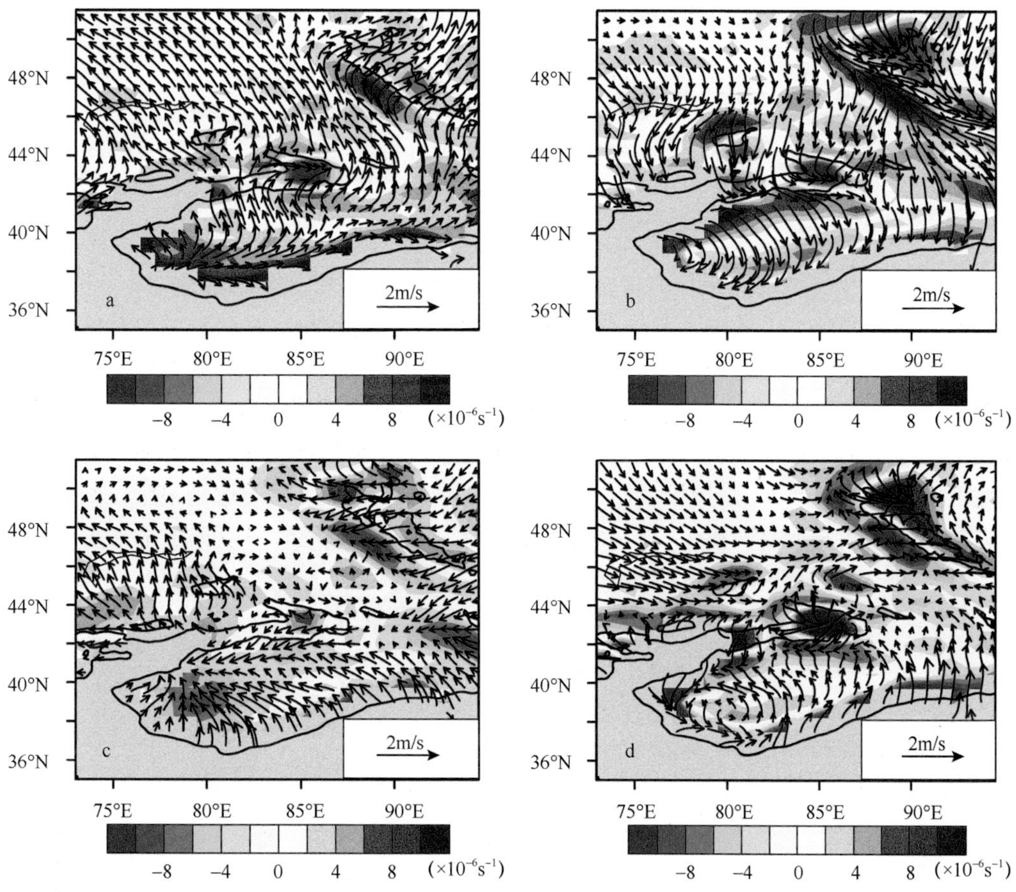

图6-36　12LST（a）、18LST（b）、0LST（c）、6LST（d）750hPa等压面上散度场（填色）和水平风场（矢量）相对日平均的距平场［根据Li等（2017）重绘］

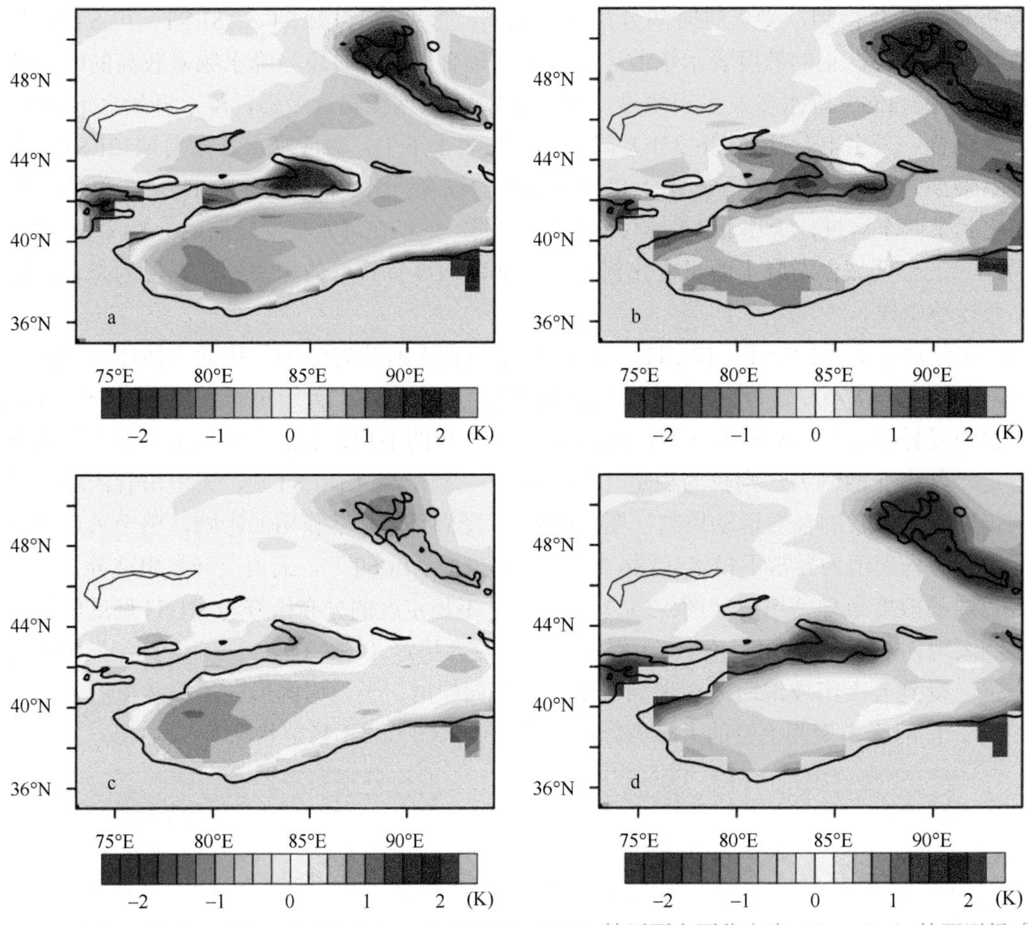

图6-37 12LST（a）、18LST（b）、0LST（c）、6LST（d）750hPa等压面上不稳定度（$\theta_{750}-\theta_{500}$）的距平场［根据Li等（2017）重绘］

图6-38给出了86°～87.5°E纬向平均的垂直速度和垂向环流距平场。日间（图6-38a、b）天山上空垂直上升速度异常偏强，配合天山上的辐合运动和大气的热力学不稳定状态，有利于下午至傍晚天山上对流的触发；天山南侧受到异常的下沉运动控制且低层辐散运动明显，因此对天山南侧午后对流的触发有一定的抑制作用。夜间（图6-38c、d）天山上空的上升运动减弱并出现异常的下沉运动，此时天山上空大气的热力学稳定度较强，低层受辐散运动控制，不利于对流的触发；天山南坡的下坡风与南侧的偏北风共同形成了夜间南侧盆地上空的辐合带，天山南侧开始出现垂直上升运动并在6LST发展达到最强，配合有利的大气热力不稳定状态，天山南侧盆地易于在午夜至清晨触发对流。综上，不同时段受天山地形影响的热力场、动力场的共同作用，造成了天山不同区域之间降水日变化特征的差异。

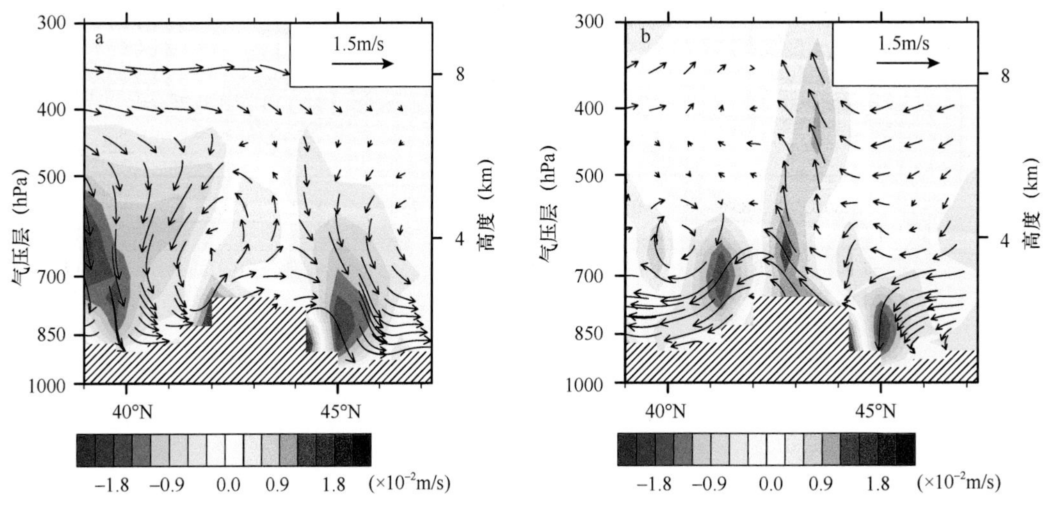

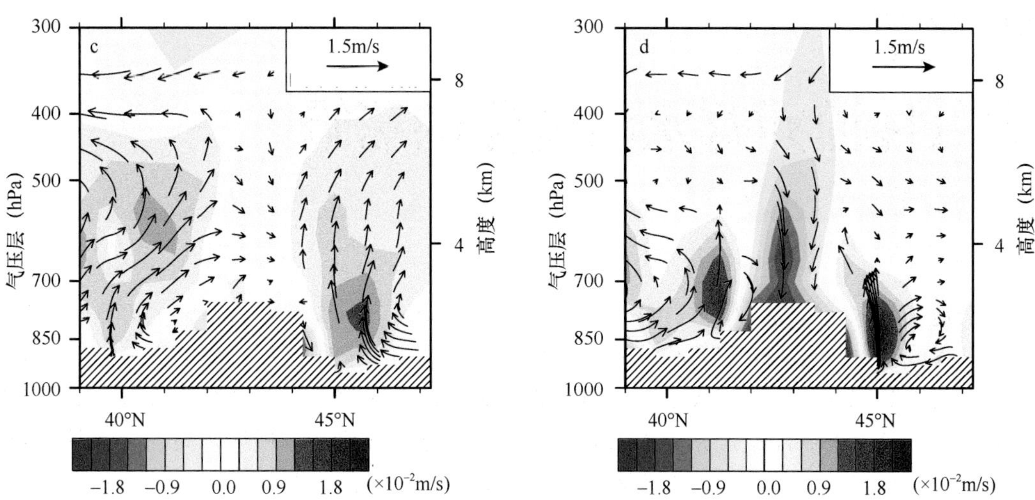

图6-38　纬向平均（86°～87.5°E）的垂直速度（填色）和垂直经向环流（矢量）距平场的高度-纬度剖面图［根据Li等（2017）重绘］

第七章 大气环流对降水日变化的影响

降水，特别是强降水或长持续降水，总是要依附于基本的大气环流。在有明显的降水过程发生时，大气环流必须是直接或通过与局地的热力和动力强迫相结合，使得有利于低层大气的充分辐合抬升和水汽供应，或有利于空气冷却饱和、凝结、成云、致雨，或有利于高层大气的辐散抽吸。大气环流是多时空尺度变化的，地球历史上几乎不可能存在完全相同的大气环流分布。任何地方任何时间的一次具体降水过程都是包括大气环流条件在内的多种因素的综合影响结果，必然性和偶然性并存。具体地点和具体时间段的降水发生概率和包括日变化在内的降水特性存在偶然性，也具有必然性。一个具体地区在某个季节的降水存在某种气候一致性，就是由于在季节尺度上的大气环流对降水过程具有某种主导作用。

在太阳辐射和多尺度多介质的下垫面等综合强迫的影响下，大气环流场的诸多变量，如风场、气压场、地表感热与潜热通量等，均表现出显著的日变化特征（Krishnamurti and Kishtawal，2000；Lin et al.，2000；Dai and Wang，1999；Shih and Chen，1984）。其中，大气风场存在类似潮汐的日变化和半日变化，称作大气潮（Lindzen，1967）。经典理论认为，这种风场类似潮汐的振荡主要在大气上层，而在地表较弱（Williams and Avery，1996；Wallace and Hartranft，1969）。此后，基于有限的台站资料或再分析资料的研究发现，对流层风场也存在强的日变化和半日变化（Dai and Deser，1999；Deser and Smith，1998；Whiteman and Bian，1996；Aspliden et al.，1977；Wallace and Tadd，1974；Wallace and Hartranft，1969）。但此前东亚环流场日变化及其对降水日变化影响的相关研究相对较少。

由于低层大气的辐合辐散的变化在很大程度上决定着降水的发生、演变和消亡，因此大气环流的日变化会对降水日变化产生直接影响。东亚夏季降水分布与夏季风环流密切相关（Ding，1994；Tao and Chen，1987；陶诗言，1980）。Ramage（1952b）指出，低空季风气流引起的夜间低层暖平流的增强可能是引起东亚清晨降水峰值的重要因子。此后也有研究发现，季风气流与局地中尺度环流的相互作用可产生沿岸的清晨降水峰值（Terao et al.，2006；Wai et al.，1996；Nitta and Sekine，1994）。第三章的结果显示，我国长江流域5～9月降水在上游存在显著的夜雨特征，且降水日位相存在连贯的自西向东滞后，而第四章的研究指出，夜雨和清晨峰值降水主要是来自长持续降水事件的贡献。我们知道，长持续降水过程与大气环流强迫的关联更紧密更直接。那么，在日变化时间尺度上，大气环流对长持续降水发生发展的影响如何？

东亚夏季风环流还存在明显的季节内变化。相应地，东亚夏季风主雨带降水也随环流经历了显著的季节内变化（Ding and Chan，2005）。第三章的结果表明，从5月至9月，我国东部地区清晨时段降水量和降水频率都呈现出明显的季节内循环，这是否与东亚夏季风降水的季节内变化有关？夏季风环流的季节内演变又是如何影响降水的日变化特征的？

针对上述问题，本章首先利用高山观测站的风场资料，给出对流层低层局地环流场日变化，在此基础上，结合再分析资料分析我国对流层低层风场的日变化特征，并讨论对流层风场日变化及其季节内演变对我国降水日变化的影响。

第一节　地表风场日变化

本节利用2001～2015年中国国家级地面气象站逐小时风数据集考察地表10m风场的日变化。为便于与再分析资料的比较，本章所用时间均为北京时（BJT）。图7-1a给出了中国5～9月平均的地表10m风速的日变化曲线，可见6BJT（北京时）起风速逐渐增加，15BJT风速达最强，其后逐渐减小，至5BJT达最小值。边界层动量下传的变化是影响白天风速增强的重要因子（Blackadar，1957），白天的太阳辐射会增强边界层内的混合，从而使向下的动量输送增加，至午后达最强。夜间，边界层趋于稳定，湍流混合的减弱使上层动量的下传减弱，风速在地表摩擦的作用下逐渐减小。图7-1b给出了风速最大值和最小值出现在不同时刻的台站数占总台站数的比例，可以看出午后峰值和清晨谷值主导的特征。在中国2394个台站中，2249个台站（93.9%）5～9月的地表风速峰值出现在13～17BJT，1980个站（82.7%）谷值出现在2～7BJT。

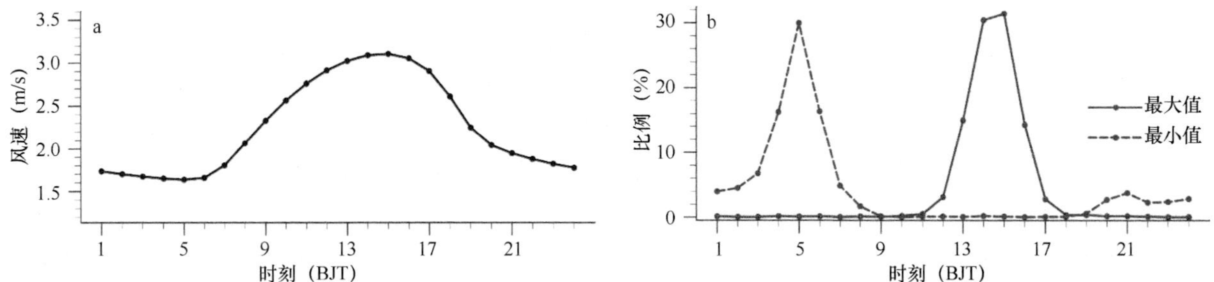

图7-1　中国5～9月平均的地表10m风速的日变化曲线（a）及风速最大值和最小值出现在不同时刻的台站数占总台站数的比例（b）［根据Yu等（2009）重绘］

为进一步考察不同台站风场日变化特征，图7-2a给出了中国5～9月平均的风速日变化振幅的空间分布，除江淮、黄淮平原与西北部分地区外，我国大部分地区地表日最大风速超过日平均风速的30%。在青藏高原及其东缘和东南缘、第二阶梯地形（500m等高线）周边，最大风速可超过日平均风速的70%。图7-2b、c分别给出了风速日变化峰值和谷值时间的空间分布，考虑到峰值和谷值出现时段的差异，这里峰

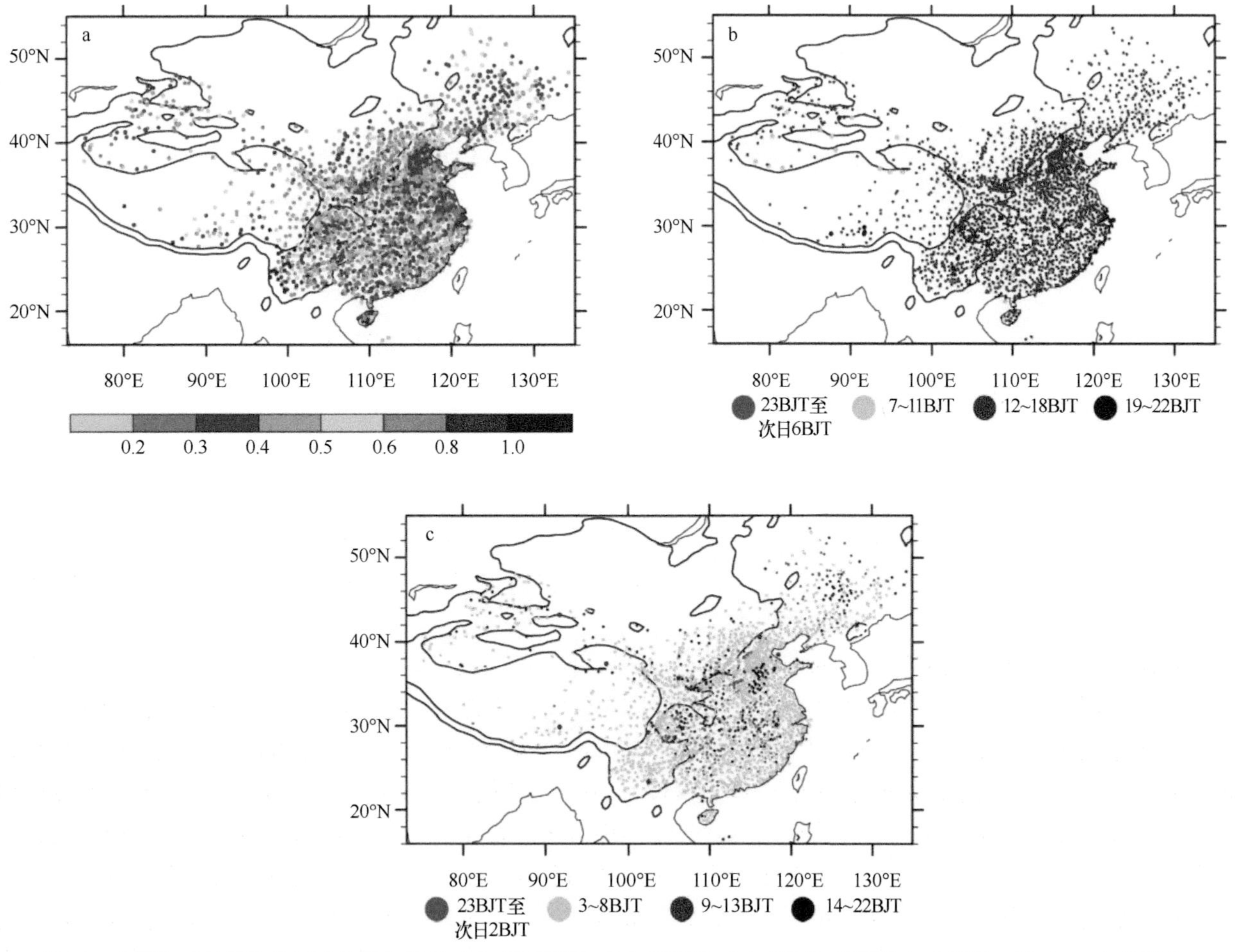

图7-2　中国5～9月平均的风速日变化振幅（a）及其峰值（b）和谷值（c）时间的空间分布［根据Yu等（2009）重绘］

黑色细实线为1000m和3000m等高线

值和谷值采用了不同的区分时段。台站地表风速日峰值时间表现出很强的一致性，大多数台站的风速峰值都出现在下午至傍晚（图7-2b），这与太阳辐射加热日变化引起的边界层过程有关。大多数台站地表风速谷值出现在午夜至清晨，但相对于峰值其空间分布一致性较弱，如在华北平原、东北及河套地区存在傍晚至夜间的谷值，而这些区域风场日变化振幅也相对较小。

由图7-2b、c可见，与大部分台站下午至傍晚出现风速最大值相反，有少数台站风速的峰（谷）值时间在夜间（下午）。这些台站中一部分台站位于第二阶梯地形以西的复杂山地地区（110°E以西），如在四川盆地东侧部分台站风速最小值易出现在14～22BJT。而位于110°E以东的9个台站中，除最北部1个台站位于海上外，其余8个台站均为高山站（图7-3）。表7-1给出了这8个高山站的海拔信息，其中6个台站（泰山、南岳、黄山、九仙山、庐山和华山）的海拔均在1100m以上，另外2个台站（鸡公山和金沙）海拔也在700m以上，8个台站的平均海拔为1399.8m。多数高山站位于边界层以上，可以反映边界层以上自由大气的风场变化信息，其平均的日变化曲线与位于地表的台站相反。高山站风速最小值出现在15BJT前后；除庐山站风速最大值出现在午夜前外，其他7个高山站的风速最大值均出现在午夜至清晨。这里高山站与地表台站的显著差异和Crawford和Hudson（1973）的结果一致，他们分析NOAA收集的观测塔一年的风场数据发现低（高）层风速在午夜（中午）最小，在下午（午夜）最大。太阳辐射日变化导致的边界层内对流混合的日变化可部分解释高山站与其他台站相反的日变化曲线。

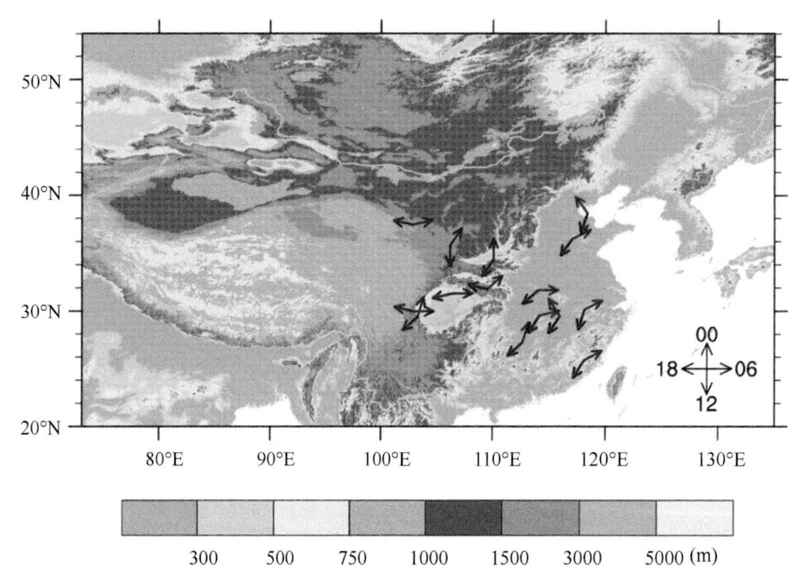

图7-3 风速峰值出现在夜间而谷值出现在下午的台站的风速峰值（蓝色箭头）和谷值（红色箭头）出现时间［根据Yu等（2009）重绘］

表7-1 110°E以东8个高山站的海拔

台站名称	泰山	南岳	黄山	九仙山	鸡公山	金沙	庐山	华山
海拔（m）	1533.7	1265.9	1840.4	1653.5	733.5	942.0	1164.5	2064.9

风场的日变化不仅表现为风速的变化，地形与海陆分布对地表风向的变化也有很强的调制作用。为进一步比较不同区域局地地形和海陆分布对地表风场日变化的可能影响，图7-4给出了我国中东部地区绝大多数台站风速最大（15BJT）与最小（5BJT）的两个时次地表风场的分布，可清楚看出不同地区风向日变化差异明显。在江淮、黄淮流域的平原地区（图7-4a），午后与凌晨的风场差异相对较小，均为相对较弱的偏东南风气流。在华北平原接近山区的台站，大尺度的山谷风特征明显，午后均为指向山区的风向，而夜间风向几乎转为指向平原地区，表明地表热力梯度引起的山谷风起重要作用。长江流域以南至华南沿岸的台站表现出显著的海陆风特征（图7-4b），午后均为东南风控制，风向几乎均垂直于海岸线且指向内陆。到凌晨，风场显著减弱，沿岸多数台站风向转为与海岸线平行的方向。在华南山区，复杂的地形分布使得不

同台站间风场日变化差异较大，但总体均存在午后风场指向山地而凌晨风场指向谷地的特征，山区风向的转向幅度较华北地区偏小。

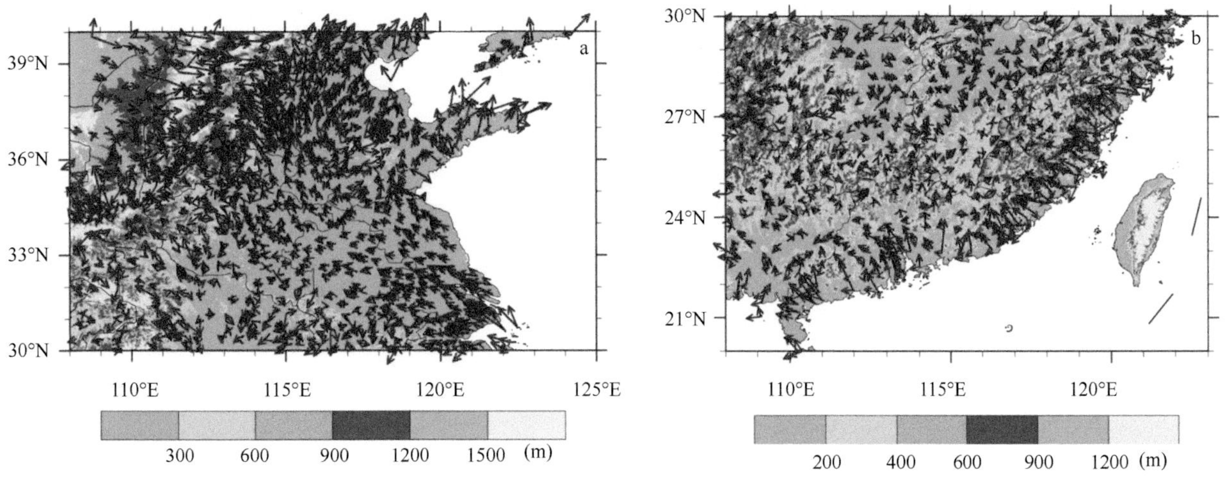

图7-4　风速最大（15BJT，红色箭头）与最小（5BJT，蓝色箭头）的两个时次地表风场的分布［根据Yu等（2009）重绘］

a. 长江流域以北；b. 长江流域以南

第二节　对流层低层风场日变化

本章第一节讨论了5～9月台站观测的地表风场日变化特征，可以看出我国东部高山站风场的日变化特征与低海拔地区地表风场显著不同，其实质是对流层低层自由大气与直接受下垫面动力和热力强迫的地表大气对应不一样的风场日变化。为考察高山站风场的日变化特征，图7-5给出了2001～2015年5～9月8个高山站平均的各时次经向风与纬向风散点图。高山站平均风场在午夜至下午（22BJT至次日17BJT）为西南风，在傍晚（18～21BJT）转为东南风。夜间风速强于午后风速，西南风最强在2BJT，而东南风最强在20BJT。高山站风速日变化与地表台站位相相反，其风向日变化表现为一致的顺时针旋转特征，但风向并非匀速旋转，在夜间地表相对较冷的时段，风向顺时针旋转信号明显，但在中午地表加热较强的时段，风向的变化较弱，风速也相对较小，这实际上反映了在此时段高山站的风仍然受到了地表热力强迫的显著影响。

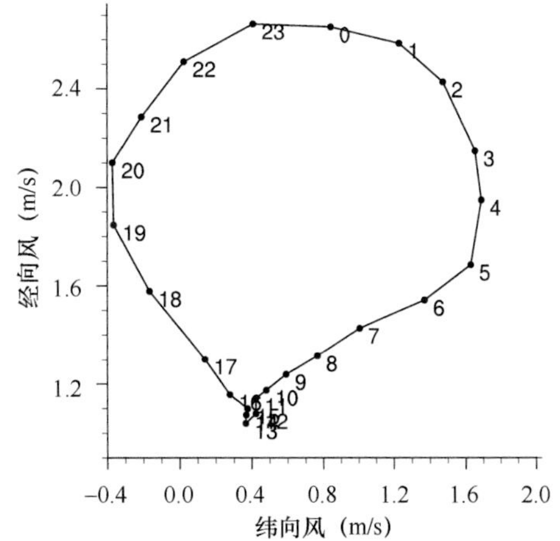

图7-5　2001～2015年5～9月8个高山站平均的各时次风速演变图

图中每个点代表一个时次的平均风场

图7-6为2001～2015年5～9月平均的各高山站风场日变化特征。5～9月5个海拔在1200m之上的高山站（南岳、黄山、九仙山、泰山、华山）在午夜至下午（22BJT至次日17BJT）均为西南风，夜间风速大于午

后风速；另外3个在1200m以下的高山站（鸡公山、金沙和庐山）整体表现为东南风特征。由异常风场的分布（图7-6b，下文中异常风场均定义为该时次风场减去5～9月气候平均日值后的值）可见，风向日变化最显著的特征是异常风场从傍晚到白天顺时针旋转。在20BJT，除泰山站外，其他高山站的异常风场均指向高原，至2BJT，异常风场转为西南风，对应于夜间低空急流的加强。在5BJT，长江以南的台站异常风场大多转为西南风，长江以北的3个台站转为偏西北风。下午，大多数台站的异常风场与气候态风场反向，即午后低层风一致减弱。

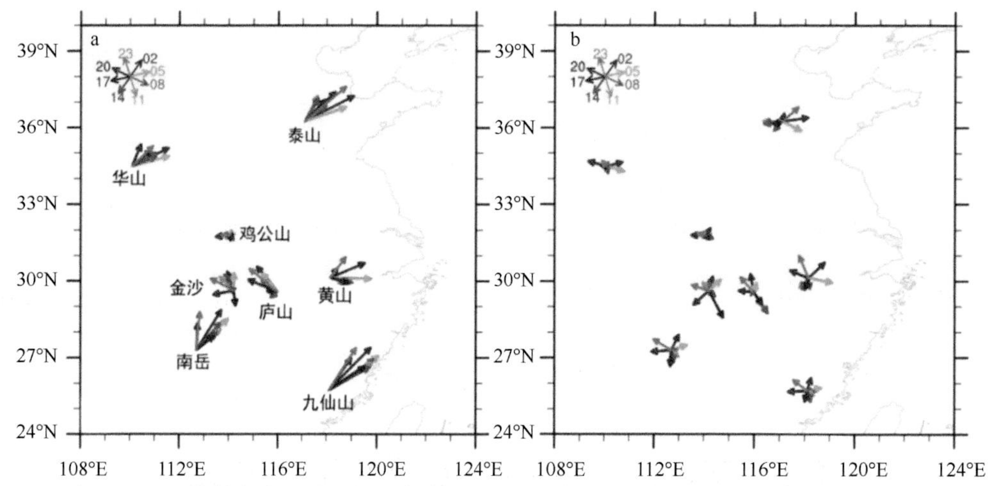

图7-6　2001～2015年5～9月平均的各高山站风场日变化（a）及各时次风场减去气候平均日值后的异常风场（b）［根据Yu等（2009）重绘］

为揭示低层风场日变化的空间分布特征，图7-7给出了由ERA5得出的2001～2015年5～9月平均的850hPa异常风场的日变化。对比图7-6与图7-7可见，再分析资料与高山站异常风场的日变化趋势基本一致。在2BJT，中国中东部地区为一致的南风气流，低层风速增强在全区域均存在，且风速增强的大值区位于高原下游110°E西侧。在8BJT，长江以南为西南风异常，长江以北为北风异常。在14BJT，长江以南顺时针旋转为北风异常，亦即低层风场在午后减弱。到20BJT，中国中东部地区为一致的吹向高原的东风异常。对比4个时次的异常风场可见，风场日变化存在显著的地域差异，如在20BJT与2BJT，中国中东部地区表现为一致的风场异常，而在8BJT与14BJT，异常风场的南北差异显著。

高山站观测风场与ERA5再分析资料均表明，对流层低层风场自傍晚至夜间顺时针旋转，且风场日变化位相存在南北差异。由于高山站数量较少，ERA5揭示的对流层低层风场日变化特征是否可信呢？为进一步验证ERA5揭示的风场日变化的可信度，首先将8BJT与20BJT的再分析资料和探空站850hPa风场作对比以进一步验证再分析资料中低层风场的顺时针旋转特征。由图7-8可见，ERA5中850hPa风场从20BJT到次日8BJT

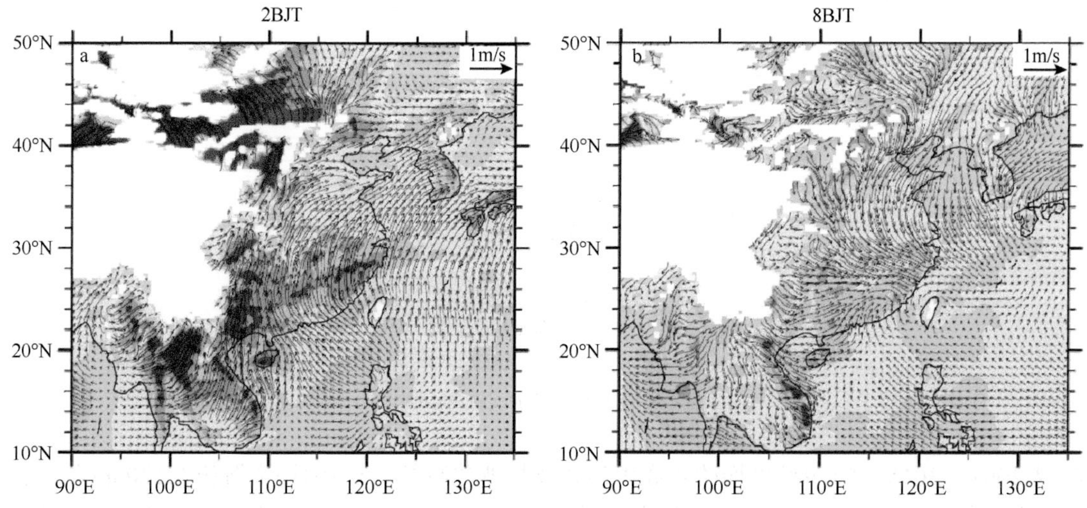

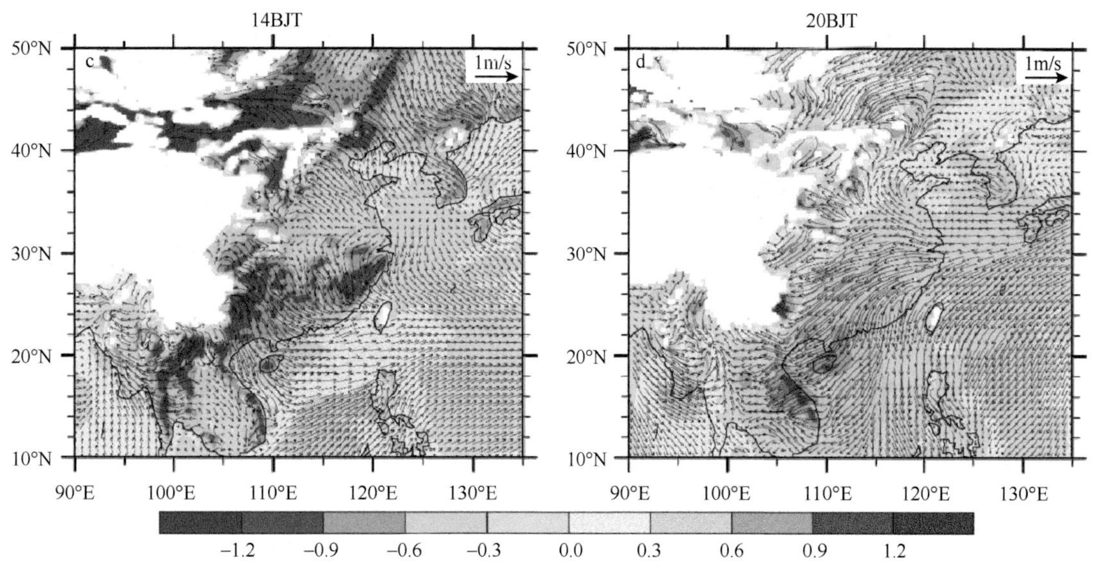

图7-7　由ERA5得出的2001～2015年5～9月平均的850hPa异常风场的日变化［根据Chen等（2010）重绘］

填色为异常风速（m/s）

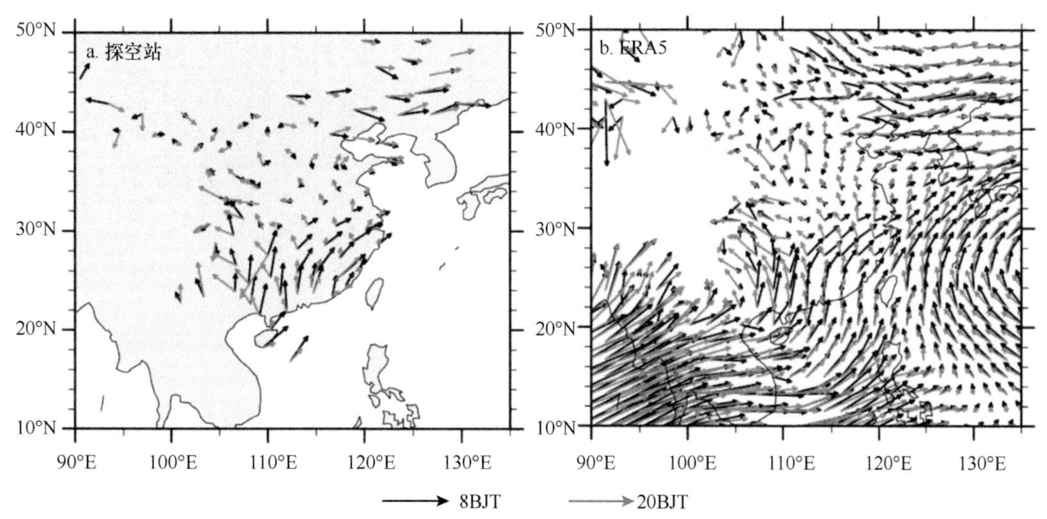

图7-8　5～9月平均的8BJT与20BJT 850hPa风场的空间分布［根据Chen等（2010）重绘］

的变化与探空站观测一致，亦即20BJT异常风场吹向高原，且越往西部风场的偏东风风量越大，而8BJT长江以南地区为西南风。此外，低层风场日变化的地域差异在两套资料中基本一致，南方地区平均风场强，风场从傍晚至清晨的日变化表现为一致的东南风（南风）向西南风的转变，而北方地区风场相对较弱，其风场日变化无显著的空间一致性。

图7-9给出了2001～2015年5～9月江南区域（25°～30°N，110°～120°E）平均的850hPa经向风与纬向风的散点图以考察再分析资料中对流层低层日变化的显著性。在2BJT，区域平均的南风异常占总天数的89.80%，表明夜间低层西南风显著加强。在8BJT，69.46%的天数江南地区为西风异常。江南地区主要的北风异常出现在14BJT（75.09%）。到20BJT，日异常风场的区域差异又趋于减弱，94.86%的天数均为东风异常。

由上述分析可见，对流层低层风场存在明显的日变化特征，且30°N以南区域自清晨至夜间风向顺时针旋转。大气环流场的变化多与长持续降水事件的发生发展密切相关，而长江流域既是我国5～9月降水平均持续时间较长的区域（图4-3），同时又表现出显著的夜雨特征。对流层低层风场日变化是否与长江流域长持续降水的日变化特征有关？是通过怎样的机制影响长江流域长持续降水位相的空间演变？下一节将分析对流层低层环流场对长江流域长持续降水的影响。

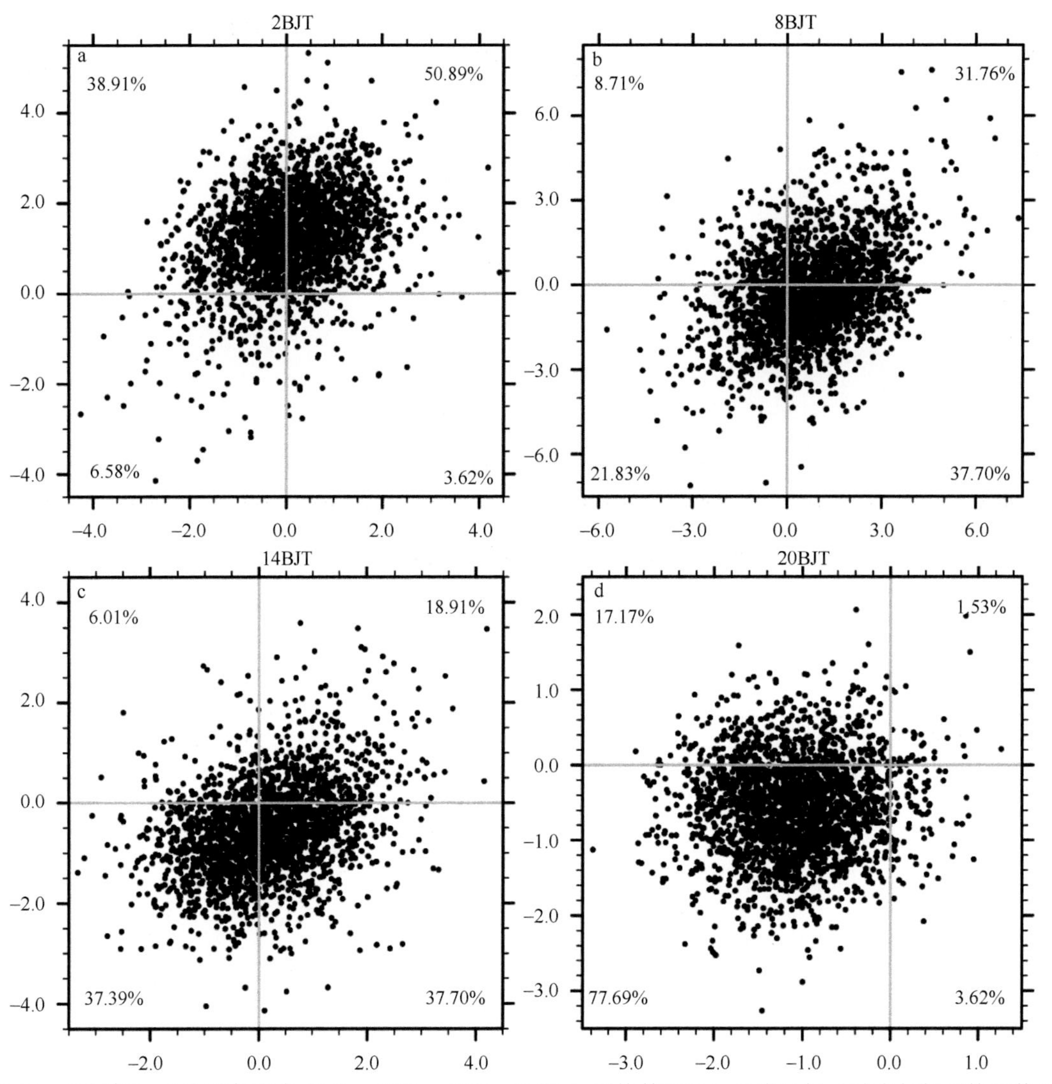

图7-9　2001～2015年5～9月江南区域（25°～30°N，110°～120°E）平均的850hPa异常风场（减去气候平均日值）散点图［根据Yu等（2009）重绘］

图中每个点对应一天。图中四角分别为各象限内的天数占总天数的比例

第三节　对流层低层风场日变化对降水日变化的影响

第四章的分析表明，长江流域的夜雨主要来自长持续降水的贡献，此类降水主要是系统性降水，与大气环流密切相关（Chen，1983）。低空急流是影响长江流域降水的重要因子（Ding et al.，2001；Wang et al.，2000；Chen and Li，1995）。低空急流不仅能输送大量的水汽，同时还与从湍流到天气系统各尺度的过程密切相关（Sperber and Yasunari，2006）。基于1998～1999年梅雨期加密观测试验所得数据，Li等（2007）指出，夜间低空急流能加强暖湿空气的输送，从而引起中国东部地区夜间云团的形成。本章第二节对中国中东部地区风场日变化的分析指出，午夜至凌晨对流层低层风场的加强可表征低空急流的加强，其与长持续降水的清晨峰值可能有较大关联。

除显著的清晨和夜雨特征外，长江流域夏季（6～8月）降水日位相同时表现出自西向东滞后的特征（Yu et al.，2007b）。北美中部平原地区存在类似现象，一些研究工作将其归因于上游落基山脉的对流系统向下游的传播（Jiang et al.，2006；Carbone et al.，2002；Riley et al.，1987）。Wang等（2004）通过分析准静止气象卫星GMS-5 4年的红外亮温资料发现，在春末夏初（5～6月），高原东缘的对流系统会向下游传播，但是到盛夏（7～8月），这种传播几乎消失。然而，红外亮温只表征云顶高度而不能代表活跃的深对流（Dai，2006），红外亮温的空间演变不能完全视作对流系统的活动特征。同时，在长江流域，降水日位相在春末夏初和盛夏均存在自西向东滞后的特征（图7-10），青藏高原东坡至四川盆地夜雨峰值到110°E附近的凌晨峰值并未表现出明显的季节内变化，只是在盛夏的长江下游傍晚峰值更为明显。因此，对流系统自西向东的传播不能完全解释长江流域降水日位相的空间分布。Yu等（2007b）也提到，长江上游发生夜雨时，在其后的早晨中游未必出现降水，反之亦然。

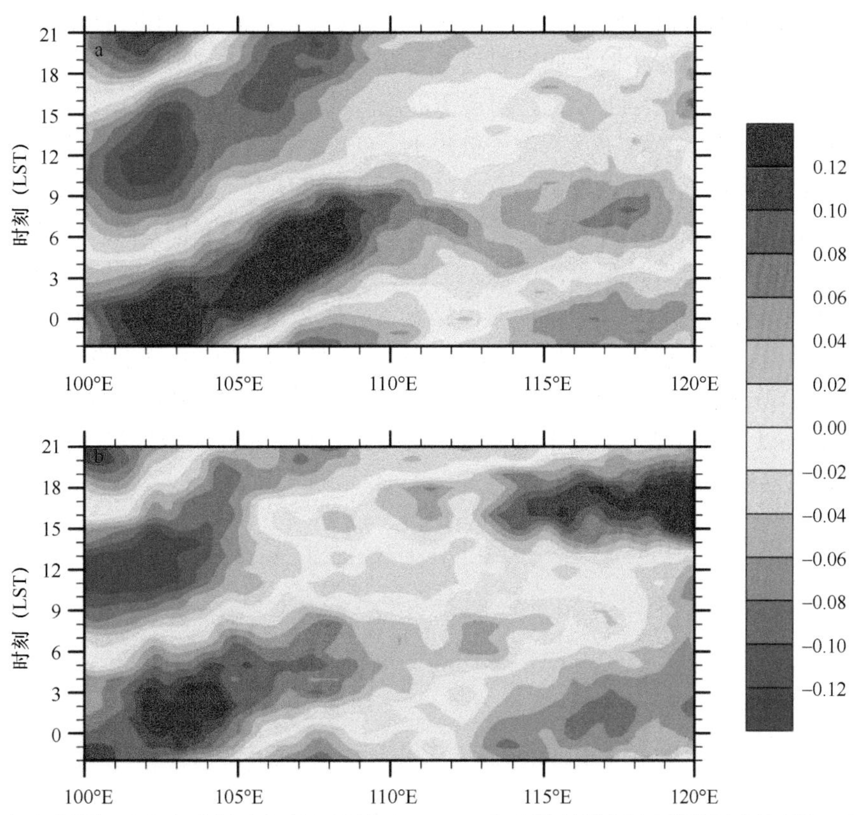

图7-10　2001～2015年春末夏初（a）与盛夏（b）长江流域（27°～33°N）平均的降水日变化随经度的变化（由日平均值标准化）

关于长江流域的梅雨锋降水，此前已有诸多深入研究，多认为其与行星尺度、天气尺度和中小尺度系统的相互作用密切相关。陶诗言和徐淑英（1962）指出，夏季长江流域长持续暴雨的大气环流条件主要表现为三个方面：①来自南面的东亚热带环流系统中的西南和东南气流为长江流域输送大量水汽；②来自北面的西北或东北方向的冷空气到达长江流域；③位于北太平洋上的副热带高压西伸或日本海高压稳定维持造成长江流域降水系统移速减慢、停滞或回旋。基于20世纪90年代后一系列暴雨研究进展，陶诗言等（2001）指出，长江流域梅雨锋降水主要受东亚季风与副热带高压、中高纬度地区环流系统、青藏高原东移低涡的影响，当副热带高压位置偏东、偏南，南海季风涌强盛，中高纬度冷空气活动频繁，青藏高原多个中尺度对流系统东移到长江流域时，长江流域多降水发生。但上述研究多基于逐日资料或分析具体的天气事件，对气候平均意义下大气环流对降水日变化的影响考虑较少。那么，在日变化的时间尺度上，夜间长持续降水的发生发展是否与大尺度环流演变有关？基于上述的问题，本节通过合成分析揭示夜间长持续降水对应的大气环流场气候态特征，研究长江流域长持续降水与大气环流之间的关系，在此基础上分析对流层低层环流场的日变化对长江流域降水日变化的影响。主要关注两个科学问题，一是为什么长江流域的长持续降水多发生在夜间至凌晨，二是为什么夜间至凌晨的长持续降水存在自西向东滞后的特征。

一、长持续降水对应的大气环流特征

本研究以长江流域（27°～33°N，100°～120°E）降水为例，讨论长持续夜雨是在怎样的大气环流背景下产生的。本研究定义开始时间在20BJT至次日8BJT且持续时间超过6h的降水事件为单站长持续夜雨事件。在长江流域共632个台站中，若一天中10%以上的台站同时出现长持续夜雨，则将该日定义为长持续夜雨日。考虑到长江流域降水主要发生在夏季（6～8月），且不同季节的环流场气候态有较大差异，本节重点分析夏季长持续降水与大气环流的关联。在2001～2015年6～8月1380天中共挑选出了按上述定义的长持续夜雨日396d，将这些天的温湿场及环流场合成后求平均作为长持续夜雨日的气候态。为突出长持续降水发生时大气环流场与温湿场的特征，同时定义异常场为合成的气象要素场与相应的气候平均态之差。

图7-11为6～8月长持续夜雨发生时高低层温度场与夏季气候平均态之差。可见，中高纬度的对流层高层为冷异常，位于40°N的冷中心达–2K以上，对应于温度场的变化，长江流域及其以北上空为负位势高度异常。华南上空为暖异常，但与气候平均态的差值较小。低层850hPa，冷异常中心较高层偏南，位于长江流域。图7-12给出了经向和纬向剖面以说明温度场与位势高度场的垂直结构。在长江流域以北，长持续降水发生时对流层整层较气候态偏冷，对流层高层与低层分别存在冷中心（图7-12a），最强冷中心位于对流层中上层300hPa。随高度的降低，冷偏差向南倾斜，低层冷中心位于30°N附近。由温度场的差值可知，东亚中纬度对流层中上层的冷空气入侵显著，而对流层温度降低必然会引起气压场相应的变化。由图7-12可见，对流层中高层变冷使得对流层气柱降温收缩，位势高度降低，低值中心位于冷异常上方150～200hPa，最低中心较气候平均态低60gpm以上。与温度场类似，位势高度差值场随高度呈现出自北向南倾斜的特征，负值中心下延至700hPa以下，有利于高原下游低槽的增强。因此，长江流域长持续夜雨发生时，东亚中纬度冷空气入侵显著，东部地区大气斜压性增强。

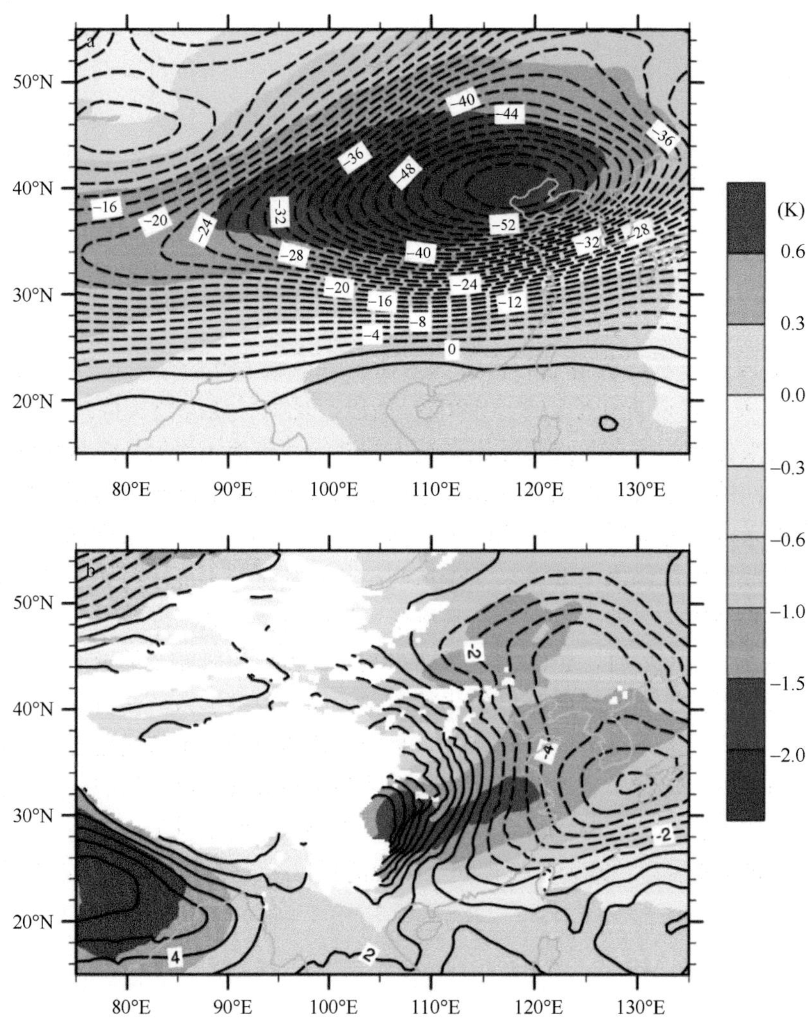

图7-11 6～8月长持续降水日合成的高层300hPa（a）与低层850hPa（b）温度（填色）和位势高度场（等值线，单位：gpm）与相应的气候平均态之差

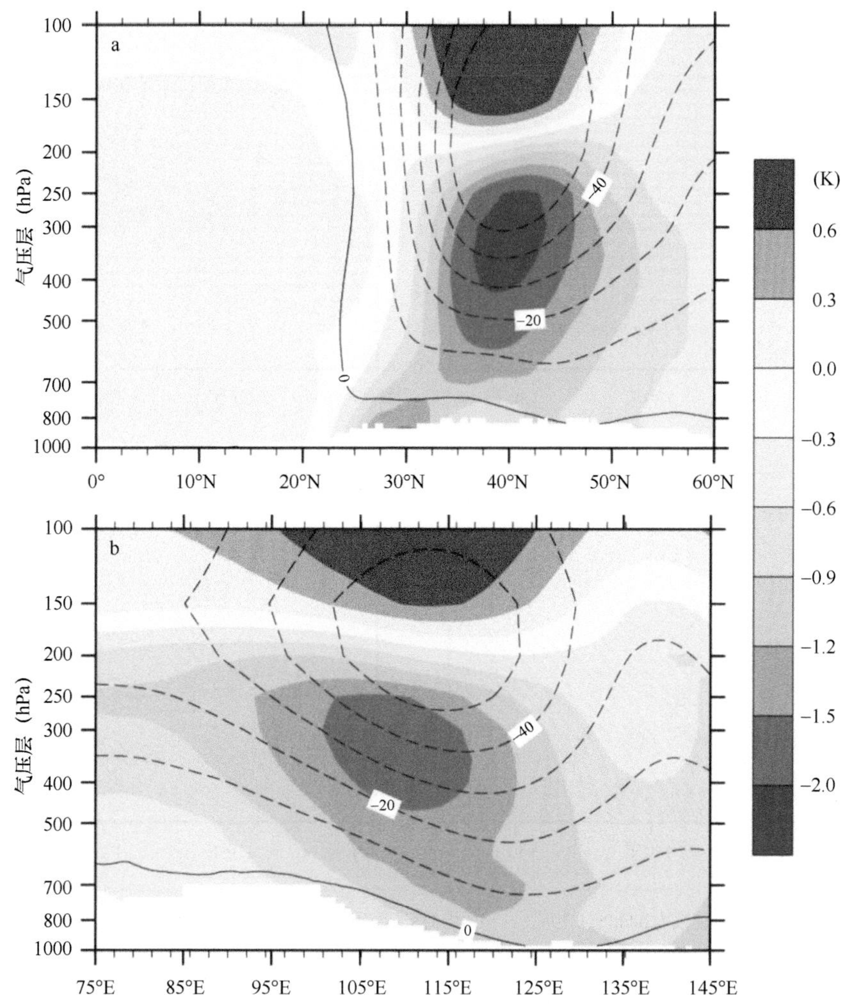

图7-12 6～8月纬向平均（100°～120°E）（a）及经向平均（30°～50°N）（b）的长持续降水日合成的温度（填色）和位势高度（等值线，单位：gpm）与气候平均态之差

由热成风关系可知，温度场的变化必然会引起大气环流场的变化。图7-13给出了夏季对流层上层200hPa与低层850hPa长持续降水日合成的风场及其与气候平均态之差。在对流层上层，中高纬度的冷偏差与低纬度弱的冷偏差增强了纬向温度梯度，高空200hPa纬向风增强。合成的急流轴位于35°～40°N，由差值场可见，30°～35°N的纬向风均明显增强，且强异常中心位于急流轴以南，表明高空急流南移。急流轴北侧为异常气旋，南侧为异常反气旋，有利于长江流域及其以南高空辐散的增强。在对流层低层，西南低空急流是影响东亚季风降水的重要系统（Chen and Li，1995；Ding and Chan，2005；Wang et al.，2000）。由差值场可见，长持续夜雨发生时，江南地区低空西南风增强，合成风速较气候平均态大3m/s以上。此外，长江流域以北为异常东北风控制，其与长江流域以南的异常西南风在长江流域形成强切变，有利于低层的辐合。偏东北风气流与西南气流的风向切变反映了西南暖湿季风与北方冷空气的交汇，其与梅雨锋的形势相对应（陶诗言等，1958；叶笃正等，1957）。图7-14为合成的经向环流与气候平均态之差，对应于中高纬度冷空气入侵引起的高低空环流的变化，长江流域低层辐合，高层辐散，强上升运动位于30°N附近。

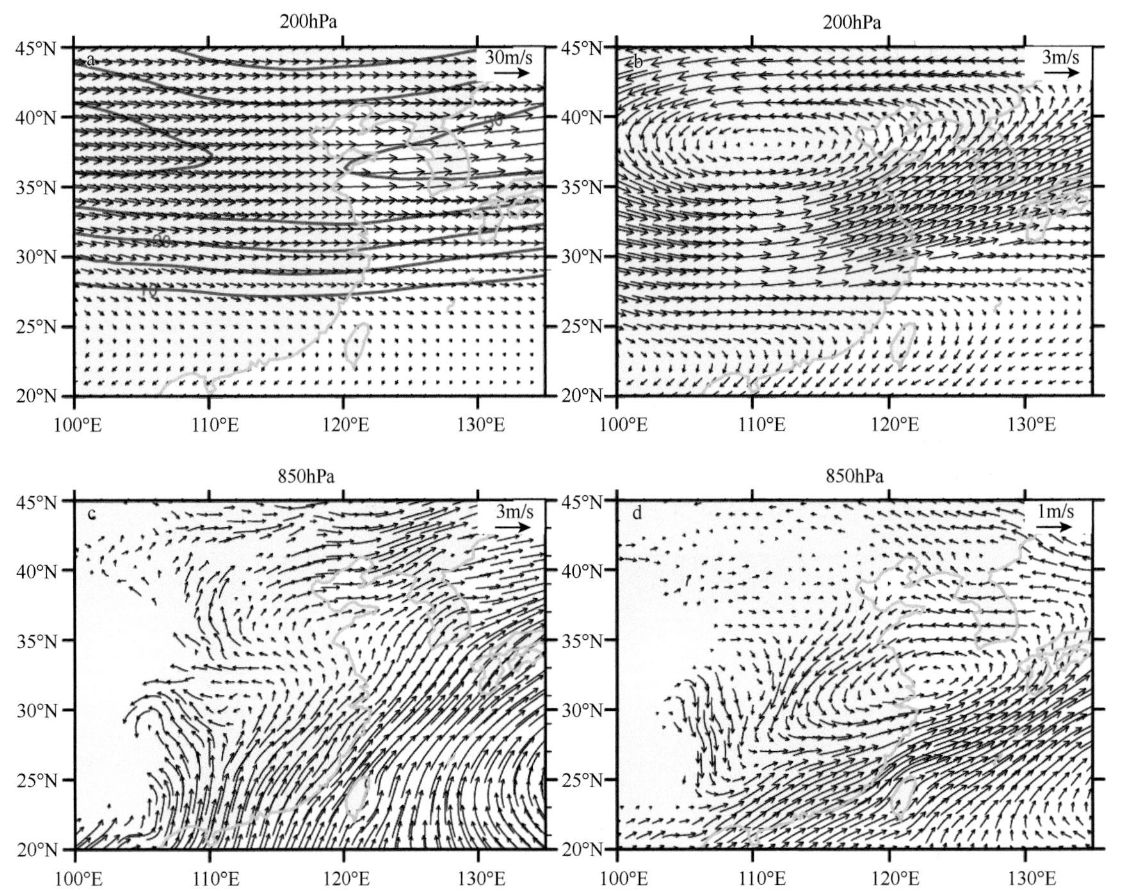

图7-13　6～8月对流层上层200hPa（a，b）与850hPa（c，d）长持续降水日合成的风场（a，c）和异常风场（b，d）

a图中蓝色等值线为200hPa纬向风；c、d图中的空白区域为地表气压高于850hPa的地形区域

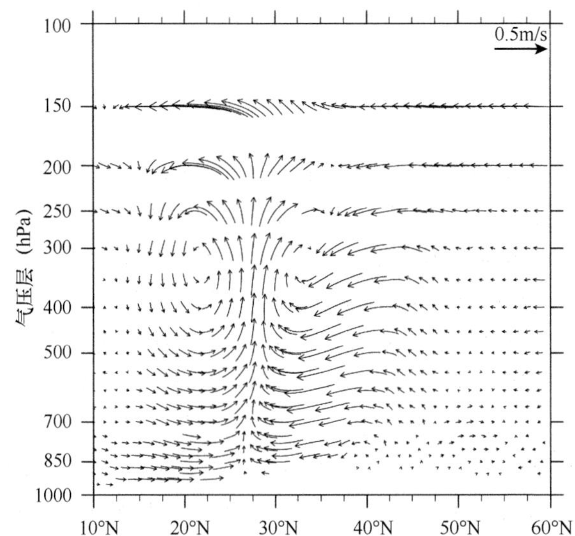

图7-14　6～8月100°～120°E纬向平均的长持续降水日合成的经向环流与气候平均态之差

除中纬度的冷空气活动外，来自低纬度的水汽输送是影响长江流域降水的重要因子（Zhou and Yu，2005）。图7-15给出了合成的水汽输送及其与气候平均态之差。与此前的研究一致，东亚季风区的水汽主要来自印度季风区、南海及热带西太平洋。由差值场可见，长江流域发生长持续夜雨时，来自上述三条水汽通道的水汽输送均增强，增强的水汽输送有利于降水系统的发展和持续，这与Yu等（2007a）提及的长持续降水需要水汽的积累是一致的。

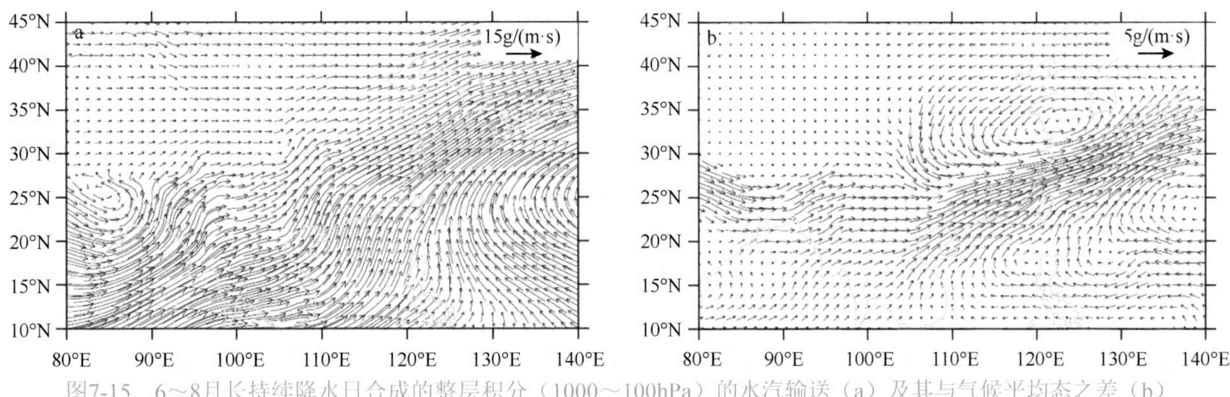

图7-15　6～8月长持续降水日合成的整层积分（1000～100hPa）的水汽输送（a）及其与气候平均态之差（b）

综上，长江流域长持续夜雨发生时，东亚中纬度对流层中高层冷空气入侵显著，且冷中心随高度增加自南向北倾斜，低层冷中心位于长江流域，东部地区大气斜压性明显；温度场的变化引起对流层风场产生相应的变化，高空200hPa西风急流增强，高空急流轴南移，在长江流域上空形成辐散中心。低层西南急流增强，与中纬度异常东北气流在长江流域形成强切变，有利于低层的辐合上升；与环流场变化相对应，来自低纬度的水汽输送增强，在长江流域形成强的水汽辐合。

二、低层环流场日变化影响长持续夜雨的可能机制

上述分析表明，长江流域长持续降水与大气环流和水汽输送密切相关，天气尺度及大尺度扰动是影响这类降水事件发生发展的主要因子（Chen and Li，1995；Ding and Chan，2005；Wang et al.，2000）。通常认为低空急流是梅雨期暴雨的水汽输送带，而高空急流与南亚高压系统提供了高空气流的辐散机制。下文讨论对流层低层西南风日变化对长持续降水的影响。采用与上一研究相同的分析方法，将长江流域有长持续降水发生的环流场合成以便于分析。

图7-16a给出了6～8月长持续降水日合成的20BJT的850hPa异常风场及其后6h（20BJT至次日2BJT）累积长持续降水异常（由日平均值标准化）。可见，长江流域发生长持续降水时，异常风场的分布特征与气候态异常场（图7-7d）无显著差别，表明低层风场的日变化是大气的固有模态，不受是否发生降水的影响，也就是说，在日内时间尺度降水事件的发生主要受环流场调控而不是影响大尺度环流的变化。20BJT的异常风场一致吹向高原，异常东风自东向西逐渐增强（图7-16a），在青藏高原东侧遇地形阻挡后辐合抬升（图7-16b）。低层最强的辐合出现在长江上游地区（100°～105°E），该区域对流层中下层均为异常上升运动控制。夜间低层辐合与强上升运动有利于降水的触发，因此，在长江上游地区降水多在20BJT开始，其后6h的降水主要发生在长江上游（图7-16a）。

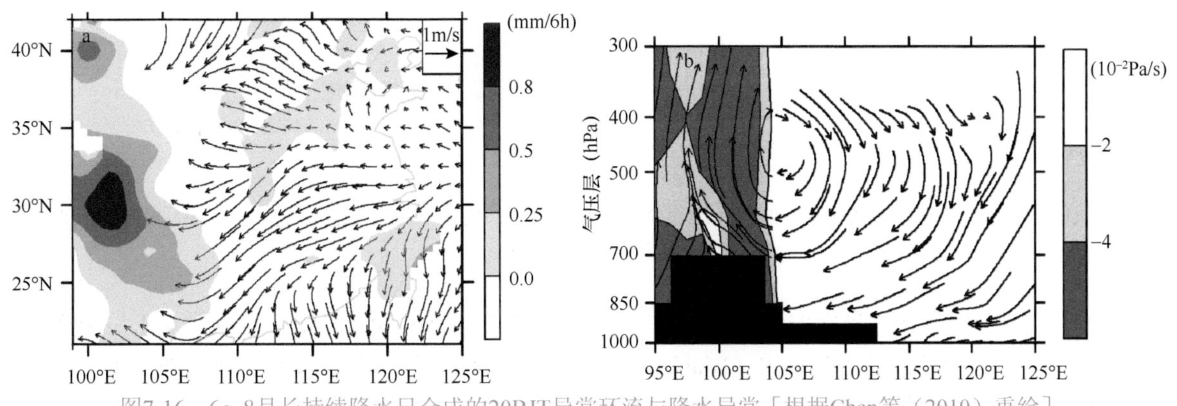

图7-16　6～8月长持续降水日合成的20BJT异常环流与降水异常［根据Chen等（2010）重绘］

a. 850hPa异常风场（减去日平均值）（矢量箭头）及20BJT至次日2BJT累积长持续降水异常（填色）；b. 20BJT经向平均（25°～35°N）的异常纬向环流，阴影为经向平均的垂直速度

在2BJT，异常风场顺时针旋转约90°为南风（图7-17a），但华南仍为偏东风异常控制。低空增强的西南风分量在110°E附近最强，并向东西两侧减弱。异常的南风气流在高原下游引起异常的气旋式环流，与20BJT的情形不同，2BJT长江中游未出现大范围的强上升运动（图7-17b），夜间加强的南风气流可能通过形成四川盆地低层西南涡并向该区域输送大量的水汽，从而有利于该区域午夜降水的开始。同时，低层异常的偏南气流可增强低纬度的暖湿气流向长江中游（105°～110°E）的输送。低层辐合与夜间增强的水汽输送均有利于降水的发生，因此，长江中游的降水多在夜间开始，晚于上游降水开始时间约6h，而午夜至清晨该区域出现降水异常中心。此外，由图7-17a可知，沿着低空异常的西南气流，异常降水带从长江中游向东北延伸至淮河流域（30°～40°N，110°～120°E），这与图4-5和图4-6中长江下游与江淮流域降水开始与峰值时间位相分布的空间一致性较差对应，可部分解释110°E以西降水位相向东滞后信号的减弱。

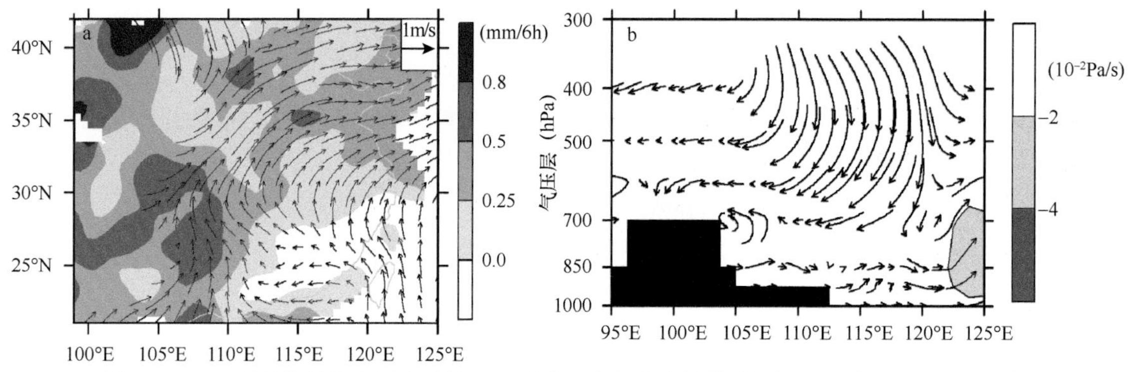

图7-17　6～8月长持续降水日合成的2BJT异常环流与降水异常［根据Chen等（2010）重绘］

a. 850hPa异常风场（减去日平均值）（矢量箭头）及2～8BJT累积长持续降水异常（填色）；b. 2BJT经向平均（25°～35°N）的异常纬向环流，阴影为经向平均的垂直速度

在8BJT，长江以南低层异常风场转为西南风，而其以北异常风场为东北风，西南风与东北风的交界位于30°N附近（图7-18a）。与长持续降水发生日的气候平均态相似，长江流域低层出现强异常风切变。长江南北接近反向的异常风场在长江流域形成异常强辐合，自108°E～116°E以西，长江流域对流层中下层均为强的异常上升运动控制（图7-18b）。低层辐合和上升运动一方面有利于加强长江中游午夜开始的降水系统的发展使其达到峰值，另一方面也有利于触发长江下游的降水。由图7-18a可见，上午较强的异常降水中心主要位于长江下游。

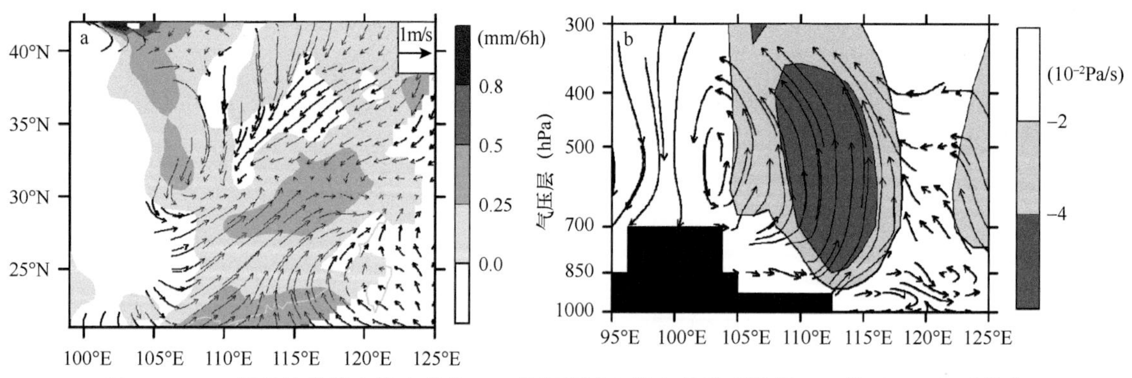

图7-18　6～8月长持续降水日合成的8BJT异常环流与降水异常［根据Chen等（2010）重绘］

a. 850hPa异常风场（减去日平均值）（矢量箭头）及8～14BJT累积长持续降水异常（填色）；b. 8BJT经向平均（25°～35°N）的异常纬向环流，阴影为经向平均的垂直速度

在14BJT，35°N以南均为异常偏北风（图7-19a），低层西南季风显著减弱，这可能与午后边界层内混合增强导致向地表的动量输送增强有关（Blackadar，1957）。异常北风分量自北向南增强，主要辐合区位于东南沿海区域。低层的异常上升运动位于高地形区和海陆交界区域，其可能主要与午后地表加热引起局地热力抬升有关（图7-19b）。

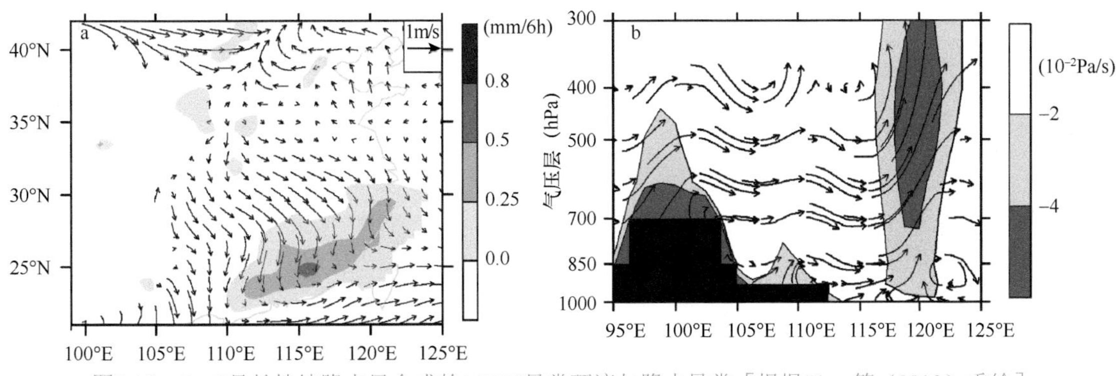

图7-19　6～8月长持续降水日合成的14BJT异常环流与降水异常［根据Chen等（2010）重绘］

a. 850hPa异常风场（减去日平均值）（矢量箭头）及14～20BJT累积长持续降水异常（填色）；b. 14BJT经向平均（25°～35°N）的异常纬向环流，阴影为经向平均的垂直速度

上述分析表明，长江流域以南异常风场从夜间至白天顺时针旋转，引起对流层低层异常辐合与上升运动自西向东移动，较好地解释了长江流域长持续降水开始时间自西向东滞后的特征。降水开始时间与对流层低层环流的日变化对应，特别是在长江中上游，大部分台站的长持续降水都在夜间发生，而在其后的几小时达到峰值。风场日变化引起的低层辐合与上升运动有利于降水在夜间发生，但仍不能完全解释为什么午后地表加热最强的时候长持续降水发生的频率反而要比夜间低。降水日变化是多因素综合作用的结果，那么，除大尺度风场日变化的直接作用外，其他因子对长江流域的降水日变化可能有怎样的调制作用？

诸多研究工作指出，青藏高原的热力作用对下游气候有显著影响（Li et al.，2005；Yu et al.，2004；Kuo and Qian，1981；叶笃正和高由禧，1979）。李昀英等（2003）指出，高原向下游的平流输送可能是形成中东部地区独特层状云的重要原因。那么，在日变化的时间尺度上，青藏高原向下游的温度平流是否也会影响降水的形成与发展呢？图7-20给出了6～8月长江流域长持续降水日合成的经向（27°～33°N）平均的位温、比湿和纬向风的分布。由图7-20a可见，下午，由于青藏高原的加热作用，在高原上空700～600hPa存在暖的位温槽，伴随着低层的西风，长江中上游地区中低层为来自高原的暖平流所控制，其大气层结趋于稳定。同时，沿青藏高原向东还存在正水汽梯度，高原上的比湿要大于下游地区，其向下游的水汽平流通过调整湿静力能的垂直结构也使该区域层结稳定。因此，来自高原的位温平流和水汽平流抑制了午后局地热对流的发展，因此下午时段长江中上游的湿对流系统难以充分发展以持续足够长的时间。在20BJT，尽管青藏高原上的暖槽仍然存在，但是由于风向的日变化，对流层中低层西风减弱，700hPa以下甚至转为东风，因此高原向下游的暖平流减弱。到夜间至凌晨，伴随高原的冷却，高原上空为冷的温度脊所控制，白天的暖平流转为冷平流，有利于低层不稳定的增强，这也对应着长江中上游夜间发生的降水要经过一段时间的积累才能达到最强。

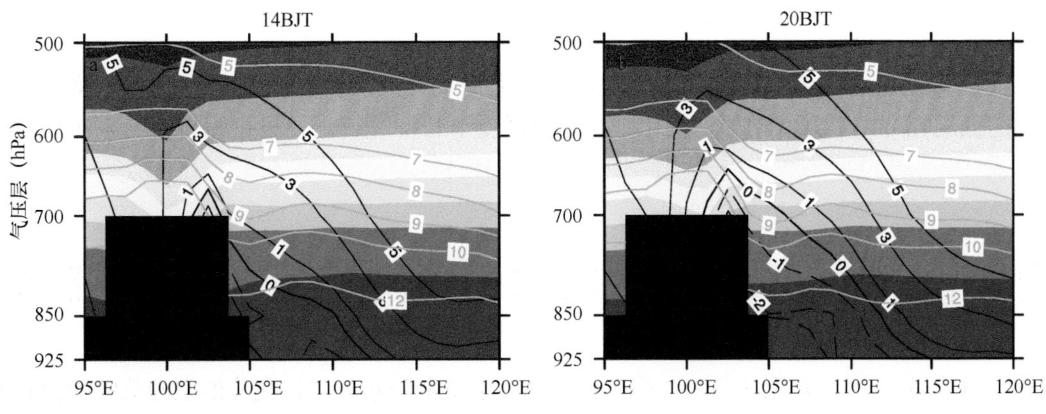

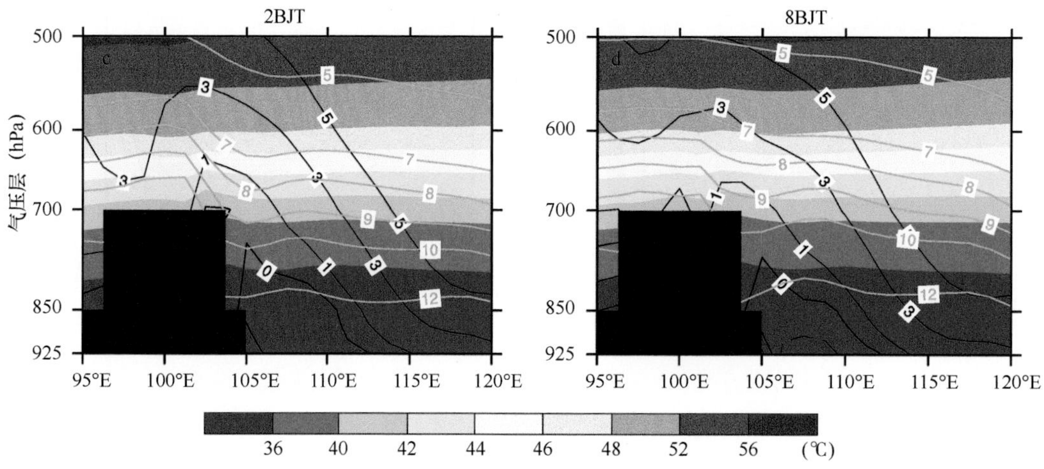

图7-20　6～8月长江流域长持续降水日合成的经向平均（27°～33°N）位温（填色，单位：℃）、比湿（绿色等值线，单位：g/kg）和纬向风（黑色等值线，单位：m/s）［根据Chen等（2010）重绘］

为进一步探讨青藏高原的影响，图7-21给出了长江上游（27°～33°N，100°～105°E）区域平均的600～700hPa逐6h平均的纬向温度平流（$u \cdot \partial T/\partial x$）和基于ISCCP D1资料合成的逐3h平均的云顶气压随时间的演变。云顶气压的日变化与长持续降水的日变化曲线有很好的对应，云顶在夜间至清晨（2～5BJT）发展到最高，日出后云顶气压迅速降低，对应于白天降水减弱。午后，当青藏高原暖平流最强时云顶最低，表明午后的局地热对流可能被来自高原的暖平流抑制。此后，随着太阳辐射的减弱，云顶逐渐抬高。高原暖平流在午后最强，在其他时刻相对较弱，云顶气压的变化与温度平流并不是线性相关，如云顶气压从5BJT至8BJT迅速减弱，但是8BJT只有弱的冷平流。因此，高原的暖平流可能主要是抑制下游午后的局地热对流，而在其他时间，大气环流的强迫或者其他因子起更重要的作用。但高原的热力影响尚需要更多的观测资料或数值实验来验证。

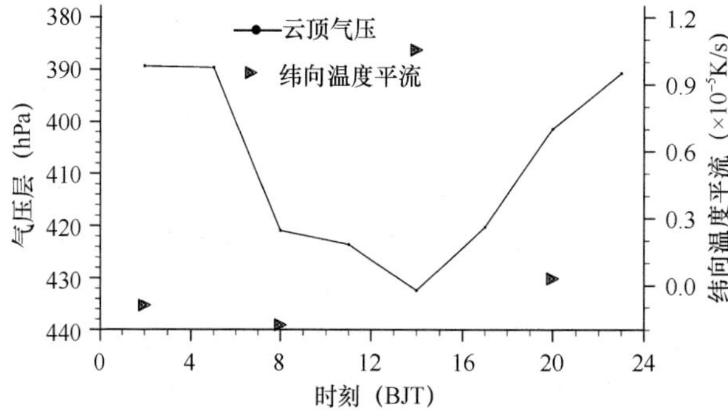

图7-21　6～8月合成的区域平均（27°～33°N，100°～105°E）的ISCCP D1 逐3h平均的云顶气压和ERA5逐6h平均的纬向温度平流［根据Chen等（2010）重绘］

综上，通过对低层大气环流日变化的分析，本节提出了对流层低层风场顺时针旋转及其与地形的相互作用引起的低层辐合和上升运动的日变化是长江流域夏季长持续夜雨及日位相自西向东滞后的重要影响因子。

第四节　夏季风环流对降水日变化季节内演变的影响

第三章第四节指出，从5月至10月，我国东部地区降水量和降水频率日变化的主峰值时间位相都经历了明显的季节内转换，这可能与东亚夏季风降水的季节内变化有关。在大气环流（特别是行星锋区、西北太平洋副热带高压和低层西南风急流）的影响下（Chen et al.，2004；Ding et al.，2001；Wang et al.，2000；

Chen and Li，1995；Matsumoto，1985；Ramage，1952a），东亚夏季风降水经历了显著的季节内变化。第三章揭示了清晨和午后时段降水表现出与夏季风雨带相似的季节内演变。本节将利用逐旬平均的逐小时降水资料，分析夏季风环流演变对我国中东部不同持续时间降水日变化的影响。

一、不同持续时间降水事件和夏季风雨带

为分析不同持续时间降水对夏季风雨带季节内移动的贡献，图7-22给出了110°～120°E平均的长持续降水量和短时降水量的逐旬演变。可以看出，长持续降水（图7-22a）经历了与总降水（图7-22c）一致的季节内的南北进退。6月中下旬，降水雨带主要位于长江流域（25°～30°N）；7月上旬降水雨带北跳到淮河流域（30°～35°N），该区域降水量达到一年中的最大值，并持续到7月中旬；7月下旬雨带北推到华北地区，到达夏季风雨带的最北端，夏季风降水在华北地区停留约20d；并于8月中下旬向西推至华西地区，俗称“华西秋雨”。9月之后，东部大部分地区雨季结束。这与此前有关夏季风降水季节内进退的经典研究结果一致（Ding and Chan，2005；Qian et al.，2002；Ding，1992；Tao and Chen，1987）。根据夏季风雨带降水北跳和南退的时间，将6月中旬至9月上旬划分为4个时段，表征夏季风雨带在各个区域停滞的时间，如图7-22a中黑色竖线所示。

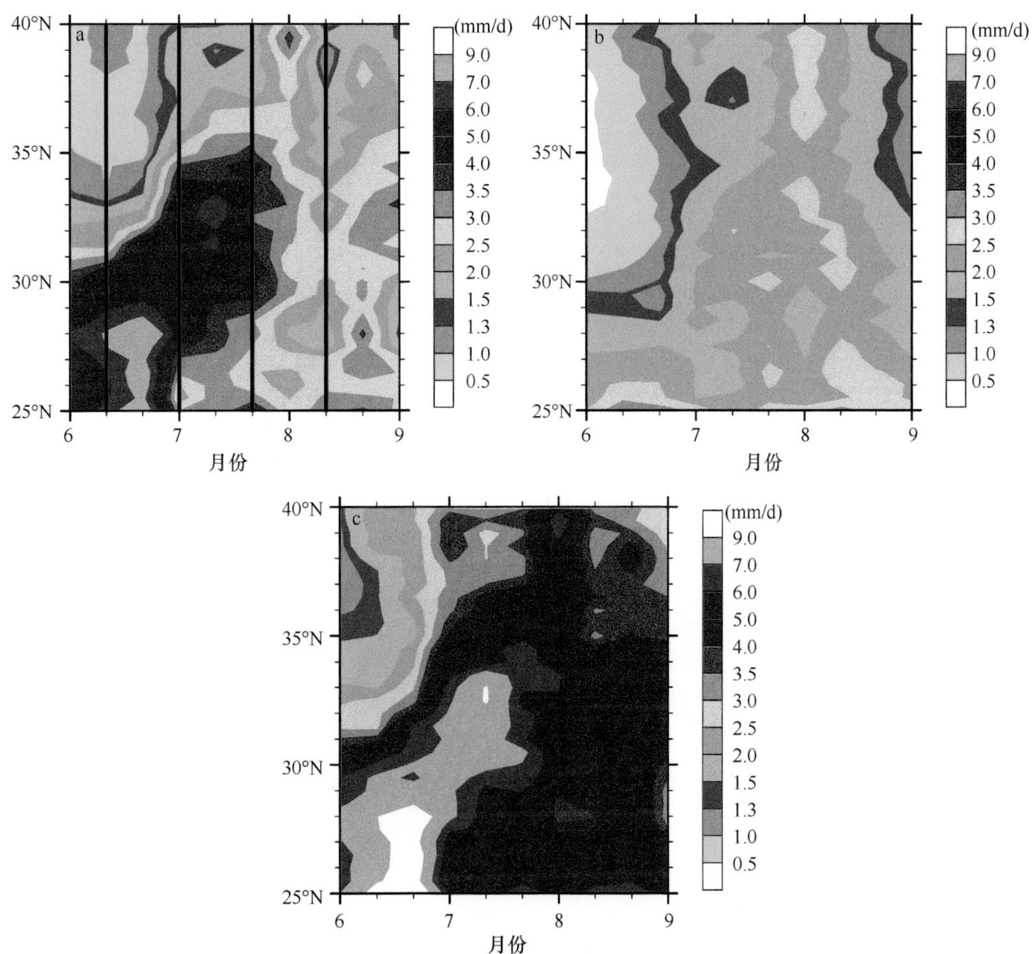

图7-22　110°～120°E平均的逐旬长持续降水量（a）、短时降水量（b）和总降水量（c）的时间-纬度分布［根据Yuan等（2010）重绘］

短时降水量（图7-22b）与总降水量（图7-22c）和长持续降水量（图7-22a）的演变特征不同。除华南地区外，短时降水量在我国东部其他各地均在7月中下旬至8月中上旬显著增加，华北地区短时降水量大值中心持续的天数较江淮地区稍短。在华南地区，短时降水从5月初甚至更早便开始增强，降水量大值中心延

续到7月上旬。图7-22b所示的该区域7月下旬至8月中上旬的短时强降水中心，对应华南的第二个雨季，该雨季降水多与台风、热带气旋等热带扰动有关（Ding and Chan，2005；Chen et al.，2004；Chen，1994）。

除季节内的移动特征外，长持续降水量与总降水量的空间分布也非常相似。6月中下旬平均的降水中心主要位于长江中下游地区，这在长持续降水量（图7-23a）和总降水量（图7-23c）的空间分布中均有体现。在整个东部地区，长持续降水和总降水的空间分布相关系数超过0.99。从6月中下旬平均的TRMM 2A25数据中层状云降水量占总降水量的比例来看（图7-24），长江流域也存在两个层状云降水量的大值中心，与长持续降水的大值中心相对应。但短时降水量的大值区却主要分布在华南地区（图7-23b）。自7月至9月，伴随着夏季风雨带的活动，长持续降水均表现出与总降水和层状云降水占总降水比例类似的空间分布。

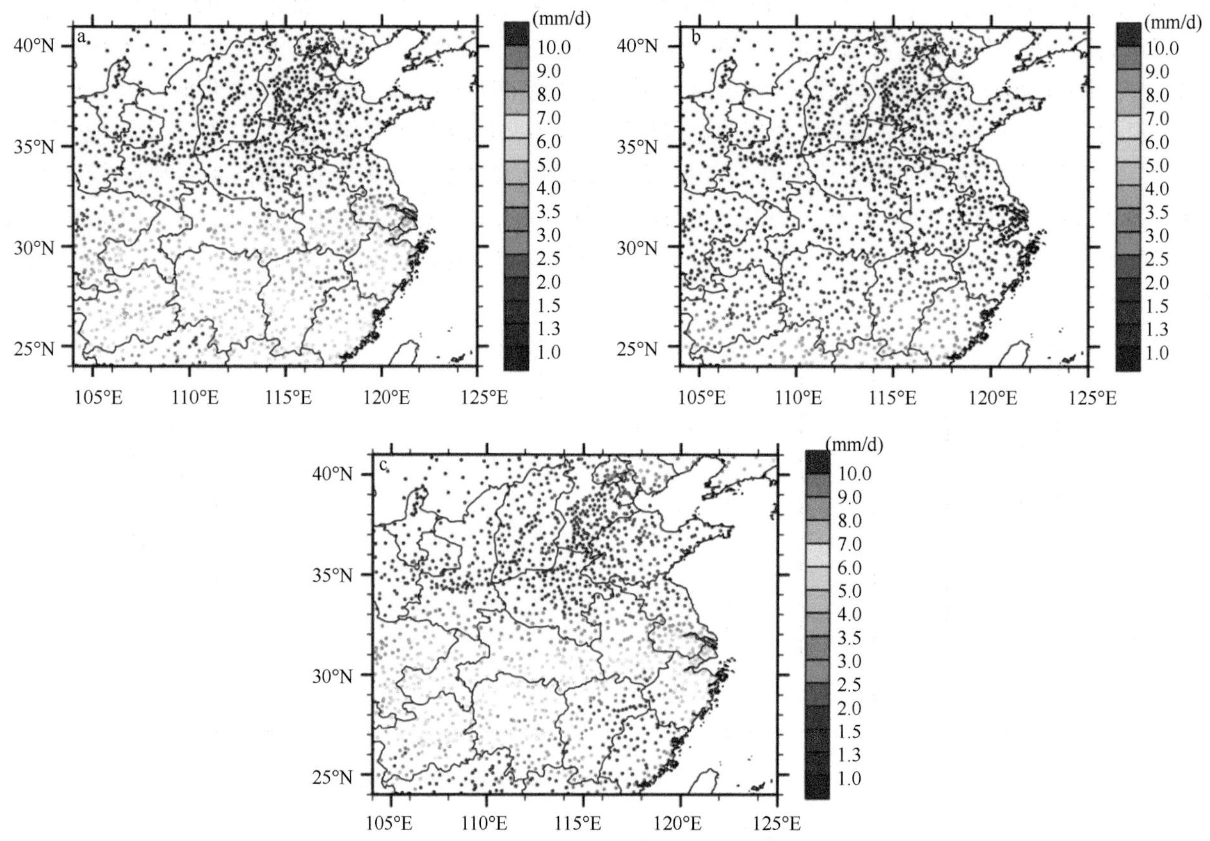

图7-23 6月中下旬平均的长持续降水量（a）、短时降水量（b）和总降水量（c）的空间分布

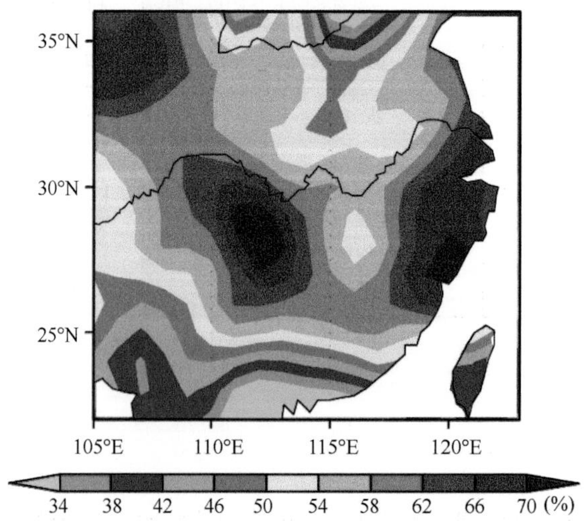

图7-24 6月中下旬平均的TRMM 2A25数据中层状云降水量占总降水量的比例

二、季风活跃期和中断期的降水日变化特征

第三章基于经向平均的分析结果表明，我国东部的清晨（4～9BJT）降水存在明显的季节内演变，可能与东亚夏季风环流的南北移动有关。本章第四节指出，长持续降水的季节内演变与夏季风雨带季节内的北跳、停滞及南退同步。为更明确地表征降水日变化位相与夏季风降水之间的关系，图7-25给出了不同时段平均的降水频率日变化的峰值时间位相。平均时段的选取与图7-22a一致，对应夏季风雨带所处的不同位置。

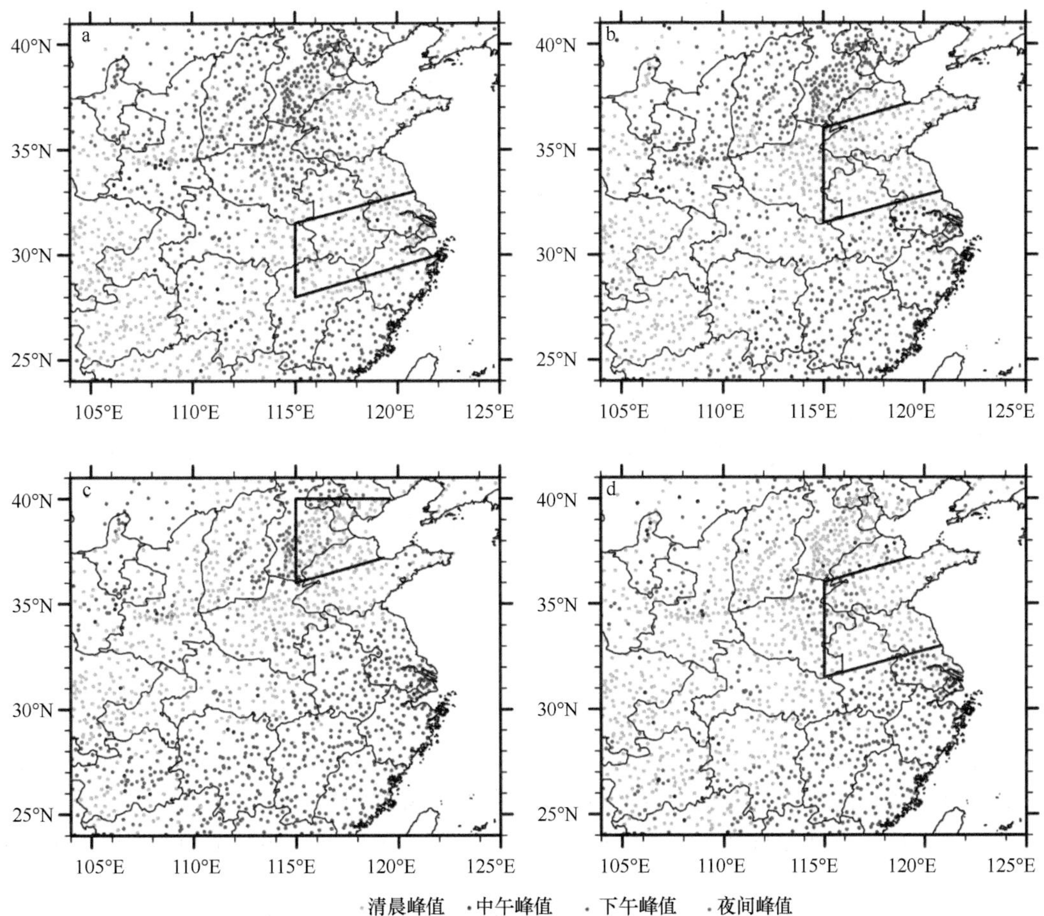

图7-25　6月中下旬（a）、7月中上旬（b）、7月下旬至8月中旬（c）和8月下旬至9月上旬（d）平均的降水频率的日变化峰值时间位相的空间分布［根据Yuan等（2010）重绘］

由图7-25可见，我国东部地区（110°E以东）降水频率的峰值主要出现在下午和清晨两个时段。清晨峰值通常呈带状分布，而下午峰值位于清晨峰值的南北两侧。6月中下旬（图7-25a），清晨峰值带主要分布在30°N左右，与夏季风雨带的位置对应。当夏季风雨带北跳到淮河流域时（图7-25b），这一地区原本相对杂乱的峰值时间位相（图7-25a）统一转到清晨时段。原本被清晨峰值控制的长江流域逐渐被下午峰值控制。7月下旬至8月中旬，随着雨带的进一步北移，清晨峰值控制了华北地区；而下午峰值及日变化振幅较强的区域也随雨带北移至淮河流域，始终位于夏季风雨带以南地区（图7-25c）。8月下旬至9月上旬（图7-25d），伴随着华西秋雨夏季风雨带南退，清晨峰值南退回江淮地区。

根据以上结果，为分析季风活跃期（季风雨带位于某区域时）与季风中断期（季风雨带移出某区域时）降水日变化特征的差异，取某一区域是否处在长持续清晨降水日作为判断该区域季风活跃或中断的标准。由于季风雨带位置存在季节内变化，选取长持续清晨降水日时，不同区域关注的时段不同。例如，对

于长江流域（图7-25a中黑色实线所示范围），若在6月中下旬的某日，该范围内超过8%的台站出现长持续降水且峰值出现在清晨，则将该日划归为季风活跃期；6～8月其他所有天数，均划归为季风中断期。其他区域的定义类似。

为对比同一区域不同时段的降水日变化特征，合成比较了4个区域在5～9月、季风活跃期和季风中断期平均的不同持续时间的降水事件的日变化曲线。由于各区域在不同特征时段的日变化趋势较为一致，图7-26仅给出了长江流域的情况。在5～9月（图7-26a），总降水表现出清晨、下午双峰并存的特征。清晨的降水峰值主要由长持续降水贡献，而下午的降水峰值主要体现在短时降水中。在季风活跃期（图7-26b），总降水演变为清晨的单峰，并且总降水和长持续降水的振幅均显著增大，短时降水日变化振幅显著减小。在季风中断期（图7-26c），总降水、长持续降水和短时降水的峰值时间均转为下午，仅长持续降水存在清晨的次峰值。

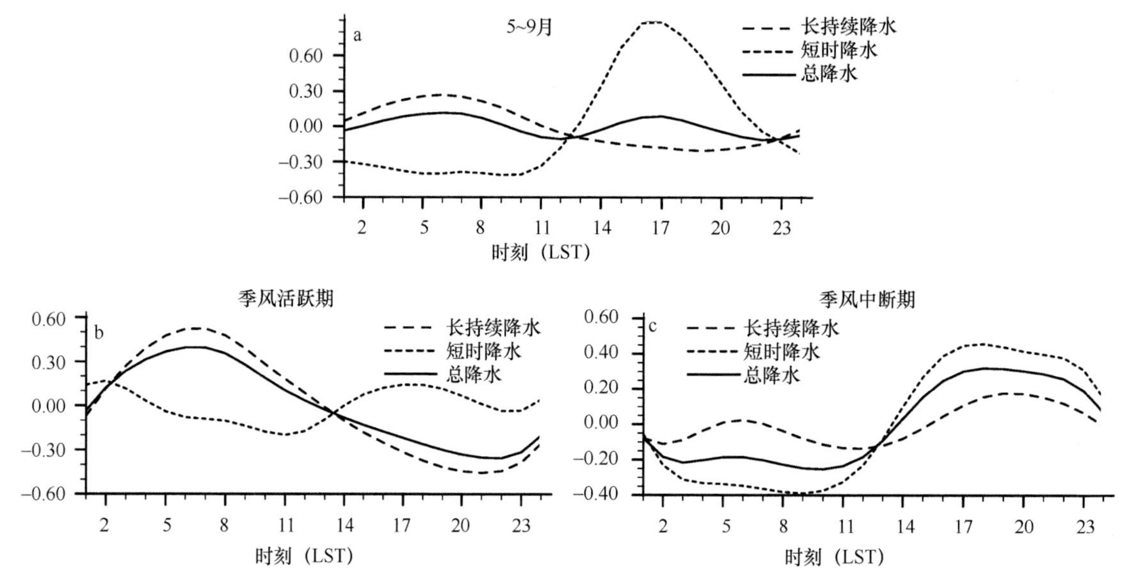

图7-26　长江流域5～9月（a）、季风活跃期（b）和季风中断期（c）平均的标准化后总降水、长持续降水和短时降水的日变化曲线［根据Yuan等（2010）重绘］

由上述分析可知，东亚夏季风雨带降水在不同的纬度均表现出较长的降水持续时间及清晨的降水峰值；而在雨带南北两侧，通常由日变化峰值出现在下午的短时降水控制。我国东部地区在季风活跃期和季风中断期显著不同的降水日变化特征，在一定程度上也可以解释该区域5～9月平均的清晨、下午双峰并存的现象。

本章第三节的分析表明，长持续降水的日变化特征与大气环流密切相关。为分析影响夏季风雨带降水的日变化特征形成的可能机制，将季风活跃期的风场进行合成。图7-27给出了由JRA-55再分析资料合成的不同时段季风活跃期平均的8BJT的850hPa风场异常（减去日平均）。由于再分析资料仅有4个时刻的观测，为证明其日变化特征的可靠性，将其与6个高山站观测的8BJT风场进行对比发现，再分析资料的对流层低层风场日变化特征与高山站观测非常接近。相对于5～9月平均的气候态风场，6月中下旬季风活跃期的日平均异常风场表现为长江以南为西南风异常、长江以北为东北风异常，在8BJT（图7-27a），长江两岸的东西风异常均有所加强，在长江流域形成强的气旋式异常辐合中心，位置与季风雨带对应。气旋式异常辐合中心与西南风输送的水汽相配合，有助于夜间降水系统的形成与发展并在清晨达到峰值（Yu et al.，2009；Zhou and Yu，2005；Tao and Chen，1987）。而在其他时刻，东风异常（20BJT）、北风异常（14BJT）及西南风异常（2BJT）控制着整个长江中下游地区。相应地，季风活跃期内日平均异常风场中的低层风场和水汽场的辐合被削弱，不利于长持续降水的形成与发展。

伴随着东亚夏季风雨带的移动，低层环流场的东北风和西南风异常及异常风场的辐合线均随降水场移动（图7-27b～d）。在各个时段，风场辐合带的位置与季风雨带位置均有较好的对应。6～8月，风场辐合带的南北倾斜程度亦有所增加，这可能也是总降水频率峰值中清晨峰值带存在南北倾斜的原因之一

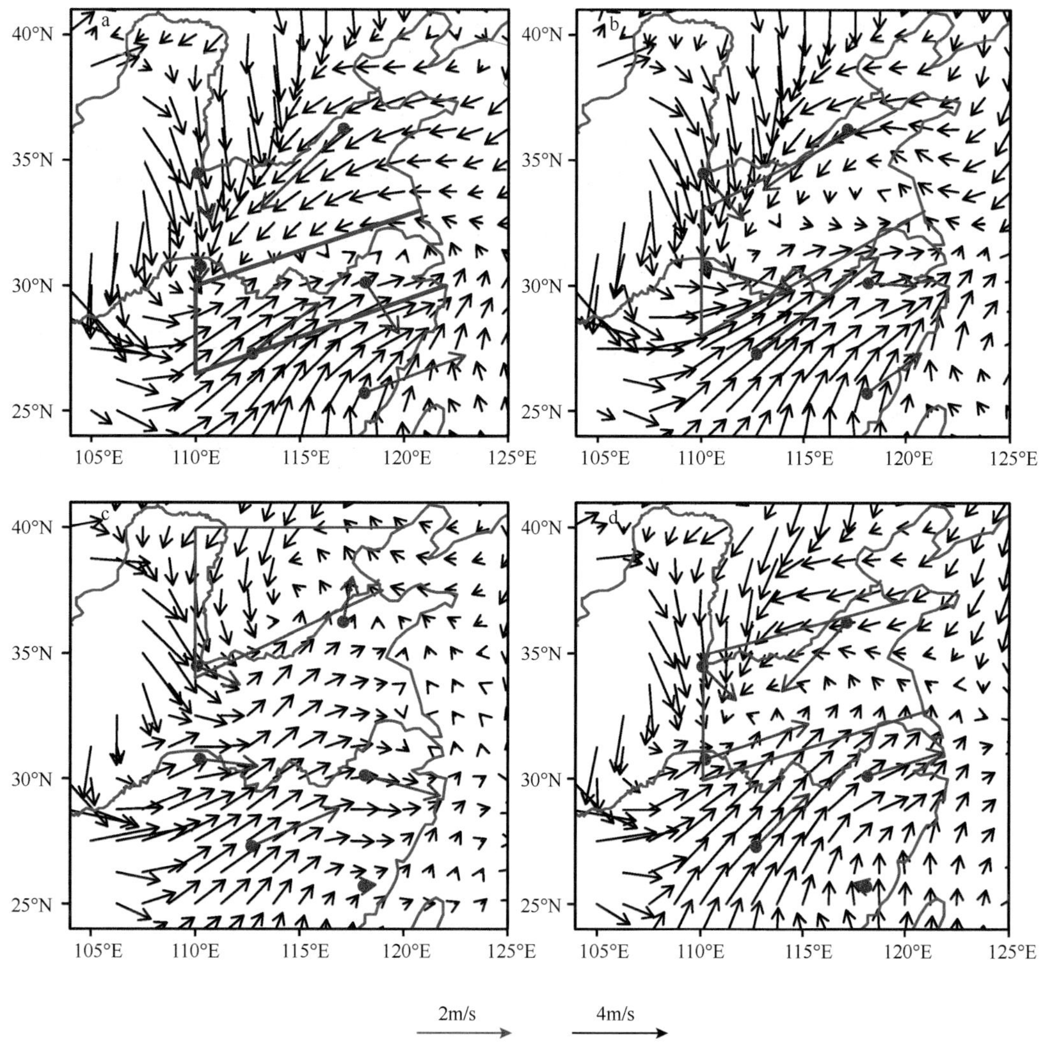

图7-27　6月中下旬（a）、7月中上旬（b）、7月下旬至8月中旬（c）和8月下旬至9月上旬（d）季风活跃期平均的由JR-A55再分析资料合成的（黑色箭头）和高山站观测的（红色箭头）8BJT的850hPa风场异常（减去日平均）［根据Yuan等（2010）重绘］

（图7-25）。在季风中断期，各个时段的风场日变化均有所减弱。特别是位于华南地区上空的异常西南风气流，其风速及南风分量减小，西风分量增大。季风中断期的8BJT风场（图7-28），同样存在异常辐合中心，但该中心在各个时段虽然随着雨带的移动位置有所变化，但始终位于夏季风雨带的南缘。8BJT低层气流辐合的减弱及西南风减弱后水汽输送的减弱，与区域内夜间降水的减弱是一致的。

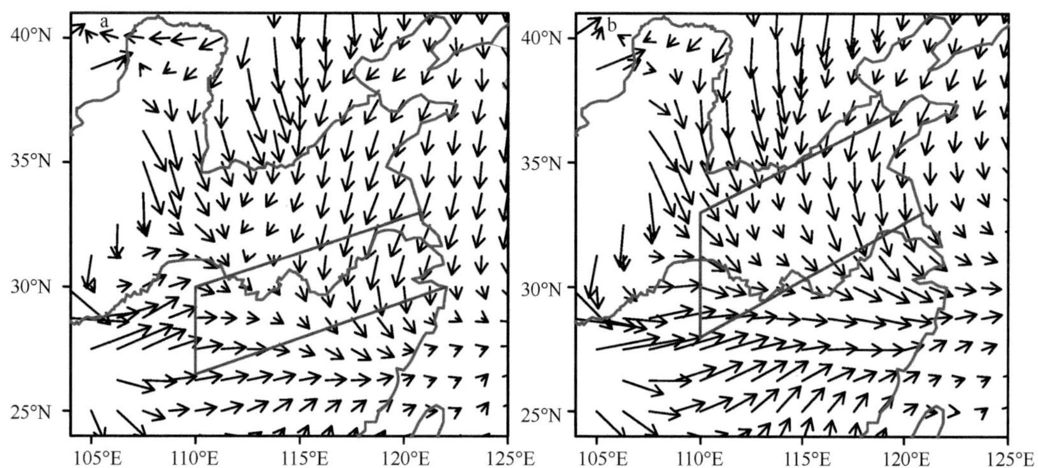

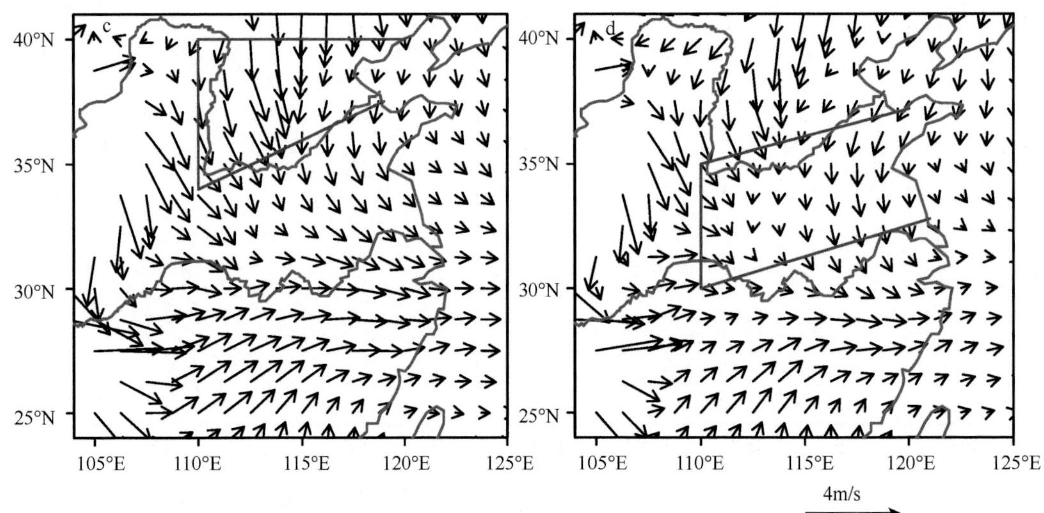

图7-28 6月中下旬（a）、7月中上旬（b）、7月下旬至8月中旬（c）和8月下旬至9月上旬（d）季风中断期平均的由JRA-55再分析资料合成的8BJT的850hPa风场异常（减去日平均）［根据Yuan等（2010）重绘］

第八章
数值模式中的降水日变化

数值模式已是气象乃至地球系统科学面向数字化发展的核心关切，如何合理有效评估、改进、发展、完善和应用数值模式系统则是主要内容。降水日变化，关联于影响大气演变的众多重要动力和物理过程及其相互作用与反馈，已成为评估数值模式不确定性问题的重要指标（Prein et al.，2015；Randall et al.，1991；Slingo et al.，1987）。而随着降水精细化预报要求的提高，业务数值天气预报模式对降水日变化的再现能力在日常降水预报中越来越受到关注，对业务数值天气预报模式的降水日变化评估，也将会成为改进和订正模式结果的重要参考。本书前述章节，从不同角度对我国降水日变化进行了细致分析，呈现了我国降水日变化丰富的科学内涵，整体成果为开展我国数值模式的降水日变化评估和订正奠定了较好的科学基础。

本章在回顾总结已开展的数值模式（包括全球和区域气候模式、数值天气预报模式和再分析模式产品）降水日变化有关评估研究（第一节）的基础上，通过对欧洲中期天气预报中心（ECMWF）的三代再分析产品降水日变化的评估比较分析（第二节），直观地理解近半个世纪以来数值模式的发展进步；借鉴本书前述章节的研究成果、方法和思路，重点对我国降水预报业务中长期使用的ECMWF全球高分辨率确定性预报模式（第三节）及我国自主研发和发展、正在业务运行的几个代表性区域数值天气预报模式（第四、五节），开展精细化的、关联降水日内变化的评估分析研究，希望能为业务数值预报模式的精细化评估和订正、降水精细化预报的客观数值方法改进提供科学支撑。

第一节　数值模式降水日变化评估回顾

自20世纪后期开始，日变化逐渐被认为是检验模式的重要参考（Lin et al.，2000；Randall et al.，1991；Slingo et al.，1987；Wilson and Mitchell，1986）。结合模式降水日变化的评估分析，有利于细化分析探讨模式模拟偏差的根源，进而确定改进模式的切入点。Wilson和Mitchell（1986）指出，不能正常再现日变化的全球气候模式不算是合格的模式。检验数值模式日变化模拟的研究，最为关注的是降水日变化。Lin等（2000）强调，即便模式模拟的降水量分布与观测相当，但产生这些降水的物理过程也可能是错误的。Trenberth等（2003）进一步强调了降水日变化在检测模式模拟降水开始和持续时间中的重要作用。只有模式能正确再现降水的综合特征，诸如降水频率、降水强度、持续时间、对流降水与层状云降水的比率及降水日变化位相和振幅等，模式模拟的降水才有意义（Sun et al.，2006，2007；Trenberth et al.，2003）。早期的数值模式降水日变化评估研究主要聚焦在模式分辨率和物理参数化方案相关联的不确定性分析与改进。结果表明，无论是全球还是区域气候模式，对日循环的模拟能力都很有限（Wang et al.，2007；Klein et al.，2006；Dai，2006；Slingo et al.，2004；Liang et al.，2004）。普遍存在的问题是模式中陆地降水的午后峰值出现过早，日变化振幅偏大，且难以捕捉陆地地区的夜间降水主峰值（Neale and Slingo，2003；Betts and Jakob，2002；Yang and Slingo，2001）。

一、物理过程参数化对降水日变化的影响

降水日变化涉及辐射、陆面、积云对流参数化和边界层等多种过程的影响，所以诸多模式降水日变化的评估研究都针对模式物理过程参数化方案的不确定性而开展，希望能深入探讨模式模拟偏差的原因。

Dai等（1999）发现，三个常见的积云对流参数化方案（Zhang and McFarlane，1995；Grell，1993；Kuo，1974）均未能全面再现美国夏季降水日变化的空间分布，并推断这可能与模式中触发湿对流的标准太弱、对流发生过于频繁有关。Lee等（2007a）认为，全球大气环流模式不能模拟出美国大平原的夜雨特征和积云对流参数化方案中对流降水与地表热力过程的关系过于紧密，但对大尺度环流强迫不敏感有关。Lee等（2008）设定云底高度与对流起始高度之间的距离须在150hPa之内，可以改善美国中部夜雨的模拟。Liang等（2004）利用区域气候模式模拟了美国夏季降水日变化，发现模拟结果敏感于积云对流参数化方案的选择，且具有高度的区域依赖性。Grell方案（Grell，1993）中对流发生时间由对流层大尺度强迫控制，可较真实地模拟出平原夜雨峰值及相应的对流系统的东传。Kain-Fritsch方案（Kain and Fritsch，1993）中对流由近地表强迫决定，其对美国西南午后降水主峰值的模拟更准确。Wang等（2015）通过在对流触发方程中引入对流抑制能量，减少了模式中的弱降水并改进了对美国中部夜雨的模拟。Wang等（2007）利用国际太平洋研究中心（IPRC）发展的区域气候模式的研究表明，增加Tiedtke质量通量方案（Tiedtke，1989）中深对流和浅对流的夹卷率可在一定程度上改进对海洋次大陆区域降水日变化的模拟，这是因为增加夹卷率可延长模式中深对流的发展时间，减弱其强度，从而推迟陆地对流降水的发生时间并减小其日振幅。Bechtold等（2014）指出，通过引入新的对流闭合假设，也可以改进数值天气预报模式（ECMWF-IFS）对午后对流时间的模拟，但夜雨的模拟仍是难题。

黄安宁等（2008）利用一个九层区域气候模式的模拟发现，陆面过程、辐射传输方案对降水日变化的模拟影响较小，而降水日变化峰值对积云对流参数化方案较为敏感。Grell方案仅能较好地再现四川盆地的夜间降水，Kuo方案和Anthes-Kuo方案则仅能模拟出华南和东北的午后降水主峰值，三个方案均无法再现江淮地区清晨和午后双峰并存的现象。对NCEP的区域谱模式及WRF模式结果的分析也表明（Koo and Hong，2010），降水日变化峰值时间主要由积云对流参数化方案决定，边界层方案则可以对降水日变化振幅的模拟产生影响。

在数值模式中，除积云对流参数化方案产生对流降水之外，大尺度凝结过程同样会产生部分降水。Yuan（2013）将总降水分为对流降水和大尺度降水后发现，分析中涉及的6个全球大气环流模式均能较好地再现观测中大尺度降水海陆一致的清晨峰值，而模式模拟的偏差主要源于对流降水。bcc-csm1-1和FGOALS-g2模拟的陆地对流降水主峰值均出现在夜间，而HadGEM2-A、inmcm4和MRI-AGCM3-2H模拟的陆地对流降水主峰值则出现在中午前后。MRI-CGCM3模拟的大尺度和对流降水的日变化特征与HadGEM2-A等模式并无明显差别，其模拟的总降水日变化特征较其他模式略好，这是由于模拟中两类降水比例更为合理。大尺度降水的模拟可能与大尺度环流场有关，进一步分析表明，各个模式均可以较好地再现再分析资料中对流层低层风场的顺时针旋转。

另外，采用多尺度模式框架（multiscale modeling framework，MMF）也是改进降水日变化模拟的重要途径。MMF是指在分辨率较低的气候模式格点内，用二维可分辨云模式代替积云对流参数化方案（Grabowski，2001；Khairoutdinov and Randall，2001）。该方法的优势在于，可在运算代价较低的前提下，得到更为真实的云辐射反馈及边界层过程。通过对比MMF与普通模式的模拟结果发现，MMF可以显著减小降水日变化及潜热加热的模拟偏差（Khairoutdinov et al.，2005；Zhang et al.，2008）。但MMF中的可分辨云模式仅存在于单独的模式格点内，并不参与格点间的交换，MMF对降水日变化传播信号的模拟能力仍然有限。

二、模式分辨率对降水日变化的影响

由于降水日变化受不同尺度的动力和热力因子影响，高分辨率模式中的地形更加精确，对动力及热力强迫的刻画更加细致，因此许多的模式评估研究希望通过提高模式分辨率来改进对降水日变化的模拟。Arakawa和Kitoh（2005）采用一个水平分辨率为20km的、使用积云对流参数化方案的全球模式，较好地再现了海洋次大陆地区的降水日变化特征。他们指出，高分辨率模式中精确的地形使得对海陆风的模拟更加真实，有助于对该地区降水日变化的模拟。但是在较大岛屿的中部，降水主峰值仍然比观测提前。Lee等（2007b）与Ploshay和Lau（2010）均比较了不同分辨率模式模拟的降水日变化特征，指出即使是0.5°或0.25°水平分辨率的模式，降水日变化的位相和振幅与观测仍存在较大的偏差；且随着分辨率的提高，模式的模拟性能并不一定得到改善。戴泽军（2010）对比不同水平分辨率的阶梯地形坐标的区域模式（AREM）模拟结果表明，分辨率从75km提升到37km后，模拟结果显著改善，主要表现为模拟中夜雨峰值的时间和范围与观测更为接近；但进一步提升分辨率至15km后，模式模拟效果反而变差，四川盆地的夜雨范围减小，区域平均的降水主峰值出现在下午。此外，高、低分辨率版本的CAM5（分别约为2.5°和0.5°）模拟的四川盆地与江淮地区的夏季层状云和对流降水日变化特征没有明显差异（Yuan et al.，2013）。层状云降水主峰值均出现在清晨，与卫星资料一致；而两组试验中的对流降水主峰值均出现在14LST前后，较观测提前，均未能再现四川盆地夜间对流降水的次峰值。与低分辨率版本相比，高分辨率试验中两类降水日变化的振幅增大，层状云降水占总降水的比例增加。由此可见，就多数10km以上水平分辨率的模式来说，单纯提高模式的分辨率，不能保证对降水日变化的模拟效果显著改善。

当模式空间分辨率进一步提高时，高分辨率的水平网格已经可以允许模式不同程度地显式表征对流云的形成和发展，摆脱模式对积云对流参数化方案的依赖，这类超高水平分辨率模式被统称为对流分辨模式（CPM）（Clark et al.，2016；Prein et al.，2015）。由于CPM显式处理对流热交换过程，且可以更加精确地刻画地形区及相应的陆气相互作用，其在降水日变化和对流触发时间的模拟上表现出明显的模拟增值（Prein et al.，2013；Langhans et al.，2013；Kendon et al.，2012；Guichard et al.，2004）。在欧洲的不同区域，CPM均可以准确地模拟出观测中的降水日变化，可以很好地再现观测中的午后降水主峰值（Prein et al.，2013，2015；Langhans et al.，2013）。Satoh和Kitao（2013）比较了两组不同水平分辨率（11.2km和5.6km）的对流分辨模式NICAM模拟的华南地区夏季降水日变化峰值时间，指出低分辨率版本模拟的降水主峰值比观测落后，而高分辨率试验中的午后降水主峰值时间则与观测完全一致。Li等（2018）评估了4.4km分辨率的对流解析版本的MetUM模式模拟结果发现，相对于13.2km分辨率的积云对流参数化版本模式，CPM模拟的午后降水主峰值时间与观测更为接近，但对午后降水仍存在明显的高估。

三、对中国降水日变化的模拟评估

Yuan（2013）分析了参与第五阶段耦合模式比较计划的6个全球大气环流模式对我国降水日变化的模拟，结果显示，所有模式均可以较好地再现东部沿海的夜间降水主峰值，但大多数模式模拟的我国降水日变化的区域特征不明显。HadGEM2-A、inmcm4和MRI-AGCM3-2H模拟的我国高原以东陆地地区多为中午前后的降水主峰值，不能再现四川盆地的午夜降水主峰值和江淮地区的清晨降水次峰值；bcc-csm1-1和FGOALS-g2模拟的陆地降水则多为夜间峰值，不能再现江淮地区的午后降水主峰值；MRI-CGCM3模拟的盆地降水主峰值出现在上午，但该区域的夜间降水比例高于江淮地区，这与观测特征更为接近（Yuan，2013）。王东阡和张耀存（2009）通过分析日本东京大学气候系统研究中心、日本环境研究所和日本地球环境研究中心联合开发的MIROC 气候系统模式的夏季模拟结果发现，模式模拟的降水日变化振幅与观测相比较弱；夜雨出现在高原东侧，较观测偏西；在江淮地区，模式仅能再现下午时段的降水主峰值；观测中华南地区的午后降水主峰值（17LST）在模拟结果中出现在21LST左右。沈沛丰和张耀存（2011）则发现，区域气候模式RegCM3可以再现四川盆地夏季降水的夜间峰值，并且指出夜间峰值主要由对流降水贡献，大尺度降水的日变化较弱。戴泽军（2010）较为全面地评估分析了区域天气模式AREM对中国区域夏季降水日变化的模拟，结果表明，模式可以模拟出东南沿海、东北的午后峰值与四川盆地的夜间峰值；模式模拟与台站观测的逐小时降水日变化序列的相关系数在我国大部分地区为正值，且在华南和东北的部分地区超过了0.6；但低估了长江中下游地区发生在清晨的降水次峰值，四川盆地的夜雨范围也较观测中偏西、偏小。

再分析模式降水是在基本真实的大气环流背景下形成的，降水日变化理应更加接近实际，但同样由于模式物理过程参数化方案的不确定性和模式分辨率的影响，其降水日变化特征与观测仍存在较大偏差。

戴泽军等（2011）对比分析了三套再分析资料（NCEP、ERA40和JRA-25）和台站观测的我国一日4个时次降水量占日总降水量的比例。结果表明，相对于观测结果，再分析降水在大部分区域均表现为白天（8～20BJT）降水较夜间（20BJT至次日8BJT）偏多，尤其是NCEP中白天和夜间的降水比例在西南地区与台站观测几乎完全相反。在观测中，降水量在上午（8～14BJT）占比最低，且除西南外大部分地区的降水在下午（14～20BJT）占比最高；而NCEP和ERA40在上午的降水量占比明显偏高，表现为模式降水明显超前于观测。相比之下，三套再分析资料中，分辨率最高的JRA-25降水量和降水频率的日变化与观测最为接近，但在我国西南地区的夜雨主要集中在上半夜（20BJT至次日2BJT），较观测超前。

综上所述，数值模式对降水日变化模拟的不确定性较大，既有共性的偏差，如模式降水较观测普遍超前，同时又具有很强的模式依赖性，同样的物理过程参数化在不同的模式系统可以有很不同的效果。再分析降水日变化的差异也突显了模式物理过程参数化和模式水平分辨率的不确定性影响。

第二节 ECMWF再分析产品的降水日变化

由上一节对已开展的数值模式降水日变化的再现能力评估分析的回顾可知，随着模式分辨率的提高和物理过程方案的优化等模式改进，数值模式再现降水日变化的能力都可有不同程度的提高。为了使我们能直观地理解数值模式的快速发展进步，认识包括降水日变化模拟在内的数值模式性能的提高，这一节专门对ECMWF的三代再分析产品的降水日变化开展评估比较分析，并重点关注中国及周边区域。再分析资料中的降水场是在基本真实的环流场强迫下计算输出的降水产品，因此再分析资料的降水场最能够突显当时模式各种强迫和参数化过程所导致的误差影响。ECMWF数值预报系统目前是世界上最先进的数值预报系统之一，ECMWF研发的三代再分析产品ERA40、ERA-Interim和ERA5，分别发布于约2003年、2011和2017年，也可以说代表着相应时期最好的模式预报产品。综合考虑各套再分析产品的年限范围，本节重点关注三套再分析资料均覆盖的1992～2001年5～10月的降水特征。由于三套再分析产品的时间分辨率和空间分辨率均不相同，本节分别将三套再分析资料累积至相同时间分辨率或保持原时间分辨率，对比台站观测与三套再分析资料中的小时尺度降水特征（Hersbach et al.，2019；Hersbach and Dee，2016；Dee et al.，2011；Uppala et al.，2005；Gibson et al.，1997）。

图8-1～图8-3首先比较了三种再分析产品与台站观测的降水量、降水频率和降水强度的空间分布，三

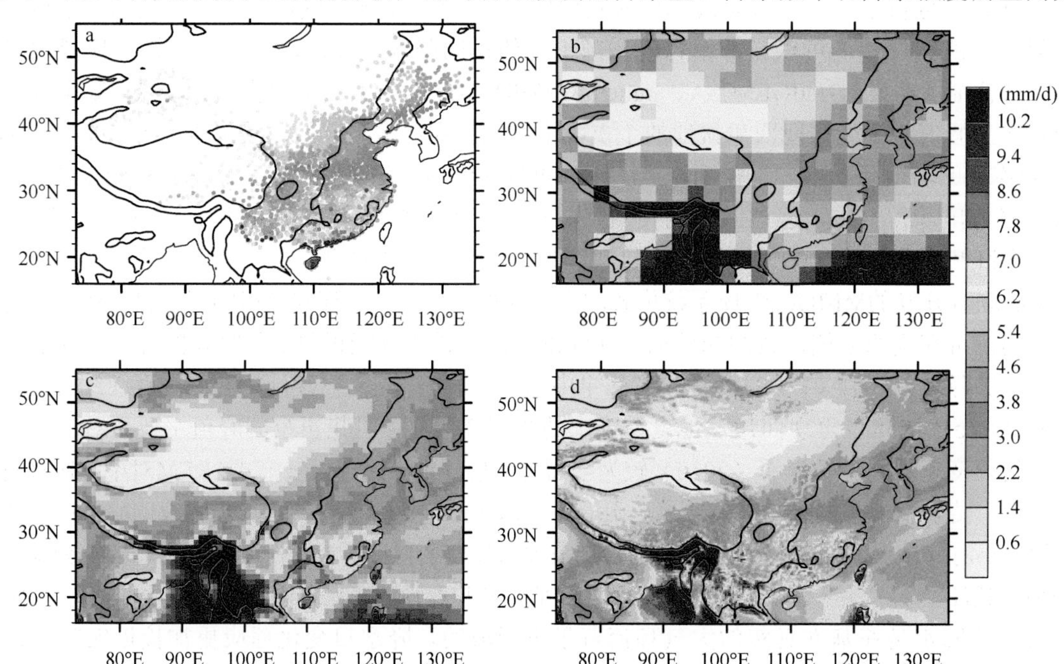

图8-1 1992～2001年5～10月平均的台站观测（a）、ERA40（b）、ERA-Interim（c）和ERA5（d）的降水量

图中等值线为500m和3000m地形高度线

套再分析产品与台站观测均累积至6h分辨率。从降水量分布（图8-1）来看，ERA5与观测的相似度显然高于ERA40和ERA-Interim，特别是观测中的主要降水中心在ERA5中都有较准确的位置对应。参照已发表的期刊论文给出的融合降水分布，并与台站观测结果相比，三个再分析产品在青藏高原南侧和横断山脉西侧的降水量都明显偏大。ERA-Interim在35°N以南的第一和第二阶梯地形连接处、第二和第三阶梯地形连接处及浙闽丘陵附近降水量偏大。ERA5在阶梯地形的连接处及横断山区的降水量偏差相对明显减小。ERA40在华南地区的降水量整体偏小。对于降水频率（图8-2），台站观测的我国5～9月降水高频区主要位于30°N以南，但多在50%以下。三套再分析产品可以再现主要的高降水频率区域，但量值较观测都明显偏高。而与降水频率偏高对应，再分析资料中降水强度都显著偏弱（图8-3）。在台站观测（图8-3a）中有一个突出

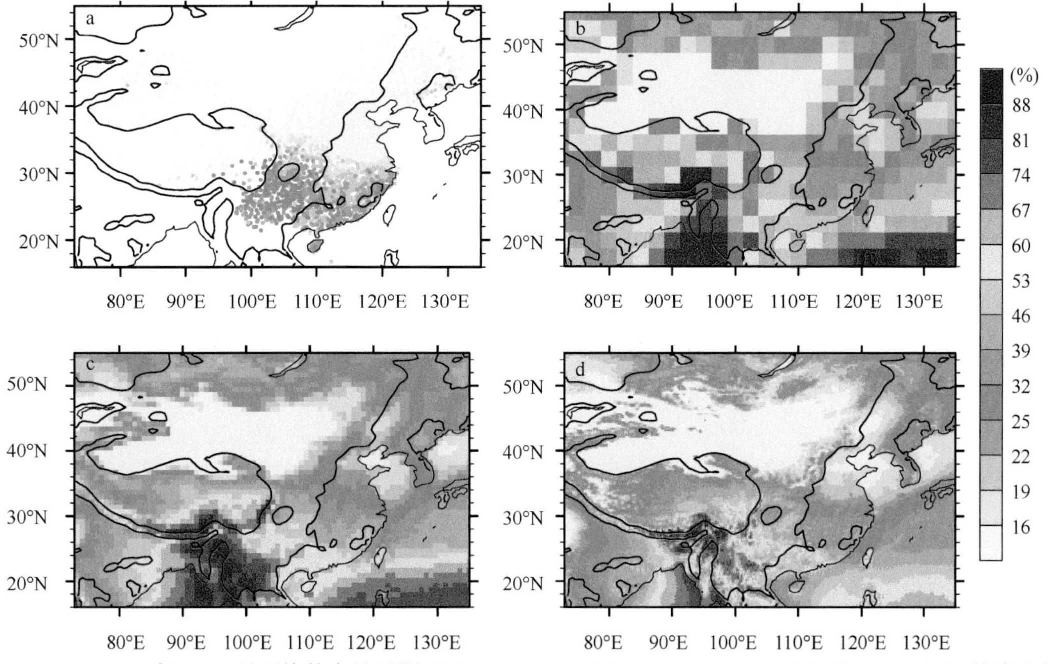

图8-2　1992～2001年5～10月平均的台站观测（a）、ERA40（b）、ERA-Interim（c）和ERA5（d）的降水频率

图中等值线为500m和3000m地形高度线

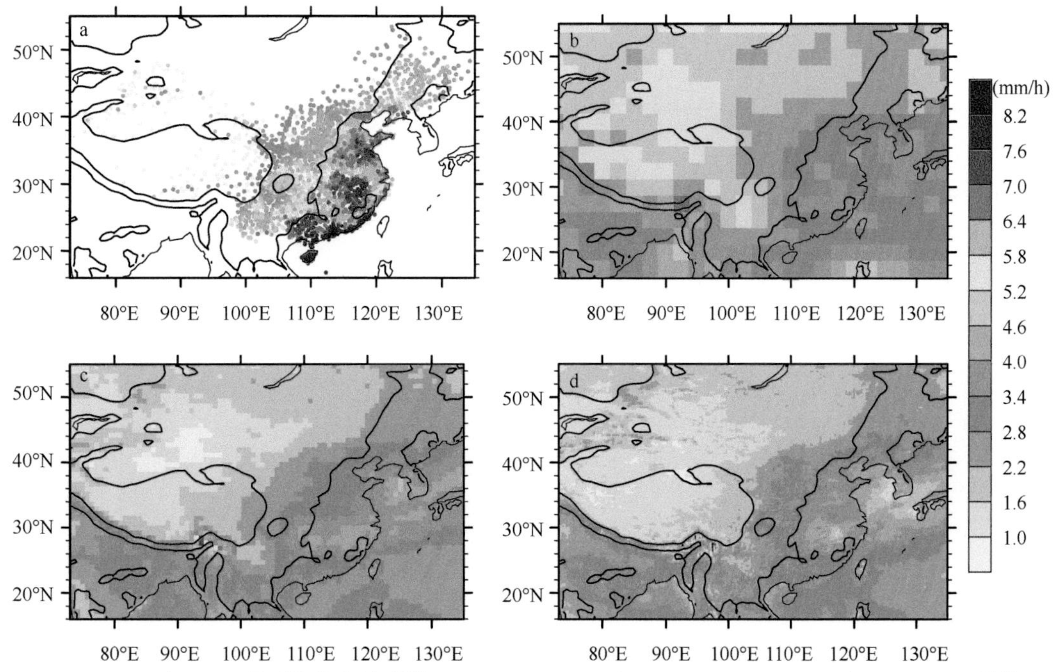

图8-3　1992～2001年5～10月平均的台站观测（a）、ERA40（b）、ERA-Interim（c）和ERA5（d）的降水强度

图中等值线为500m和3000m地形高度线

的特征是6h累积降水强度以500m地形等值线为界的东强西弱差异。这一特征在ERA5中对应的相对较好，ERA-Interim次之。观测中的最大值位于沿海地区及海南岛上，但三套再分析产品都没有这个特征。总体来说，ERA5降水产品相对前两代再分析产品都有一定程度上的改进，但降水频率偏高和强度偏弱的问题仍然存在。

图8-4对比了累积6h分辨率的台站观测和三套再分析资料的降水量日变化峰值时间位相。由于统计时段不同，图8-4a与图3-2的结果存在一定差异，主要表现在我国中东部地区，图8-4a显示的结果以傍晚—午夜峰值为主，在图3-2中峰值出现时间则略晚。ERA40和ERA-Interim在我国大部分陆地地区均表现为上午—中午时段的主峰值，与观测差异显著。在我国台站观测的下午主峰值区域，ERA5的降水量主峰值时间与台站观测比较相近。在西南夜雨区，ERA40和ERA-Interim可以部分再现青藏高原东坡的夜雨现象，但是夜雨范围较台站观测偏西。在ERA5中，高原东坡的降水量主峰值时间与位置都与台站观测十分接近，但夜雨范围相对偏小。但在台站观测中同样是以午夜至清晨的降水量主峰值为主的云贵高原地区，在ERA5中则表现为午后的降水量主峰值。对于降水日变化振幅（图8-5），随着再分析资料空间分辨率的提高，再分析资料对降水日变化振幅的再现程度逐渐提高。在我国东部地区，ERA40的降水日变化振幅较观测明显偏大，而在ERA5中，振幅的空间分布已与台站观测非常接近。三套再分析资料在高原上的降水日变化特征差异也十分明显：ERA40和ERA-Interim在高原南坡主要表现为夜间主峰值，且降水日变化振幅很小，而在ERA5中则以午后主峰值为主，且振幅较大。由于此处台站观测较少，与图3-7中TRMM 3B42资料中2001～2015年平均的结果相比，ERA5的降水主峰值时间与TRMM 3B42更为接近，仅高原南部午夜峰值的范围较TRMM 3B42偏小。但在新疆等我国西北干旱区，ERA5与TRMM 3B42中降水日变化峰值时间差异较大。从三套再分析资料揭示的降水日变化峰值时间位相的差异也可以看出，近年来模式对降水日变化模拟存在较大幅度地提高和改进。

图8-6～图8-9进一步分析了各资料在各自最高时空分辨率情况下的降水日变化特征，其中ERA40的结果与图8-4一致。细致对比，由ERA-Interim、ERA5与台站观测的降水日变化峰值时间可见，ERA-Interim中我国的午后峰值时间较台站观测和ERA5提前，出现在中午前后；ERA5午后峰值时间虽然较台站观测仍稍有提前，但较ERA-Interim大为改善。ERA5可以部分再现华北地区午夜至清晨的降水主峰值，只是范围较台站观测偏小。但在云贵高原上，ERA-Interim和ERA5中降水主峰值时间均与台站观测差异较大。在青藏高原，ERA5中以午后峰值为主，与图3-7中TRMM 3B42更为接近。与图8-5相比，提高时间分辨率后ERA-Interim和ERA5的降水日变化振幅均增大，ERA5的结果与台站观测更接近（图8-7）。

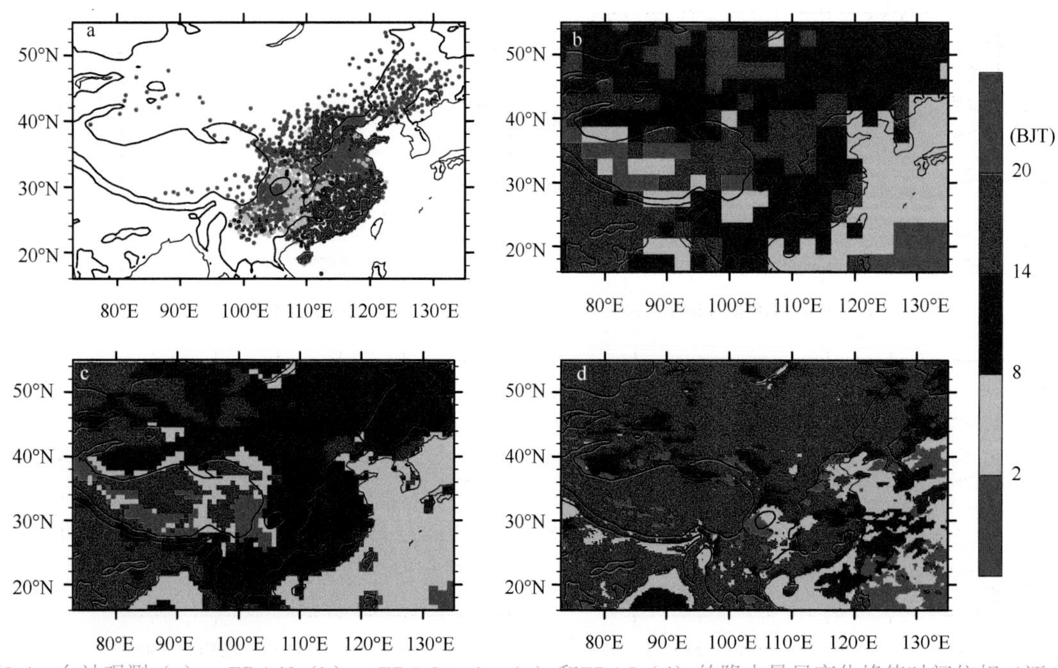

图8-4　台站观测（a）、ERA40（b）、ERA-Interim（c）和ERA5（d）的降水量日变化峰值时间位相（逐6h）

图中等值线为500m和3000m地形高度线

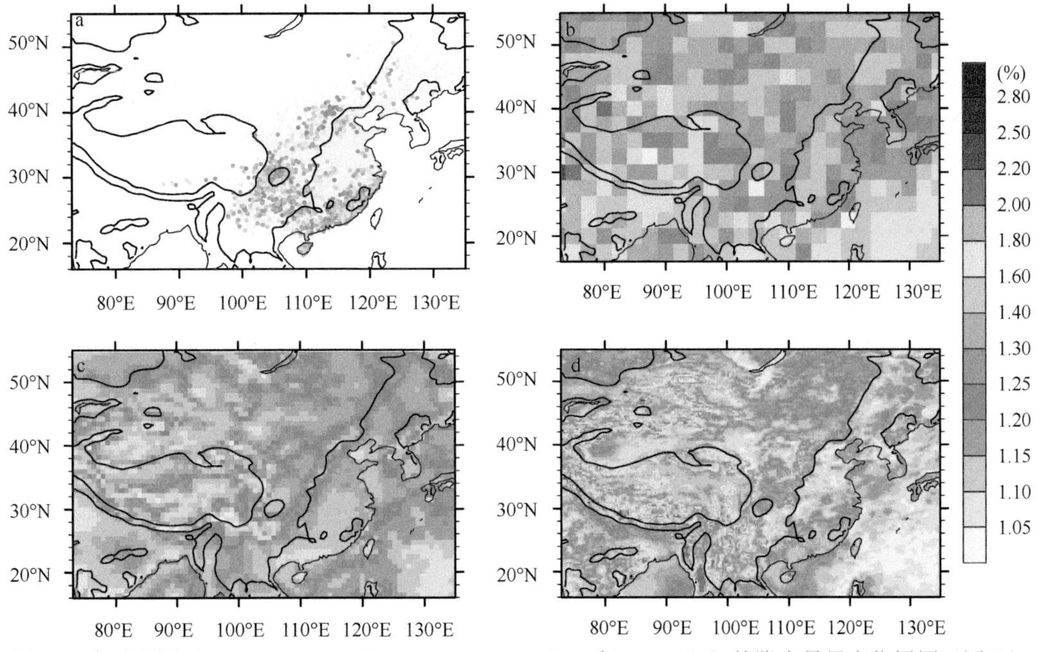

图8-5　台站观测（a）、ERA40（b）、ERA-Interim（c）和ERA5（d）的降水量日变化振幅（逐6h）

图中等值线为500m和3000m地形高度线

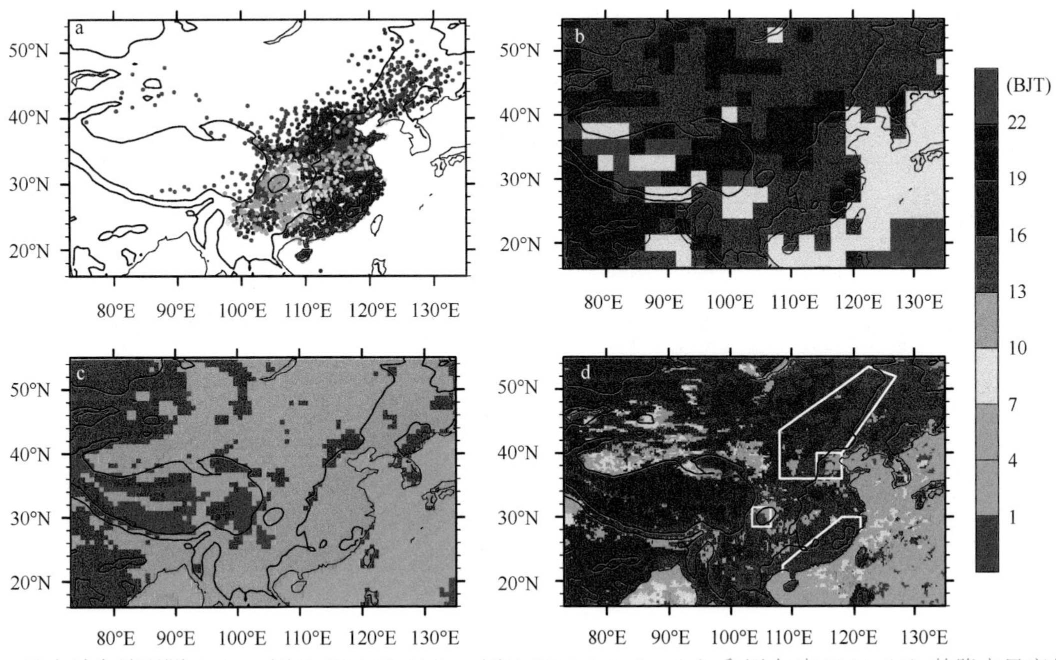

图8-6　逐小时台站观测（a）、逐6h ERA40（b）、逐3h ERA-Interim（c）和逐小时ERA5（d）的降水日变化峰值时间位相

由图8-8可见，即使是降水量日变化与台站观测最为接近的ERA5，其降水频率和降水强度的日变化峰值时间仍与台站观测存在较大差别。例如，不能很好地再现台站观测中降水频率清晨峰值的主导特征和降水强度午后峰值的主导特征。在ERA5中，除高原东坡和华北地区小部分夜间降水频率主峰值外，我国绝大部分地区均为午后降水频率主峰值，但降水强度则以夜间峰值为主。这样的系统性偏差值得关注和思考。ERA5中降水频率日变化振幅与台站观测相近，但降水强度日变化振幅明显偏小。

为了比较一个具体区域内ERA5降水日变化曲线与台站观测的差异细节，参考第三章选取的代表性区域，并且综合考虑ERA5资料中夜雨范围较小的情况，选取如图8-6d中白色方框所示的4个区域，在图8-9中分别比较了台站观测和ERA5在这四个区域平均的逐小时降水日变化曲线。对比台站观测的南北两个夜雨区

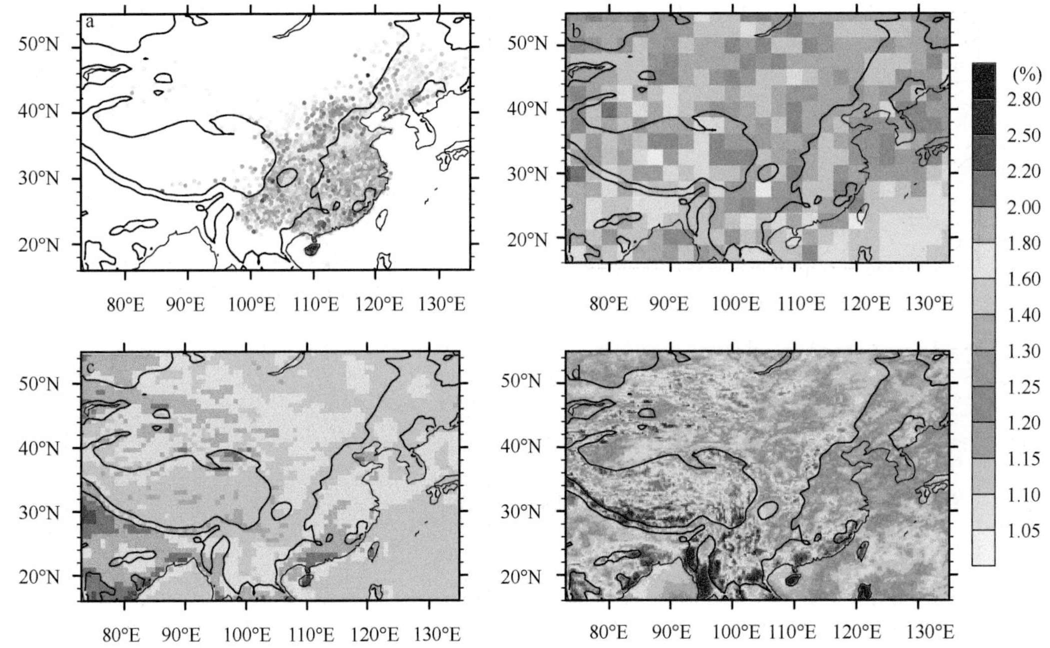

图8-7 逐小时台站观测（a）、逐6h ERA40（b）、逐3h ERA-Interim（c）和逐小时ERA5（d）的日变化振幅

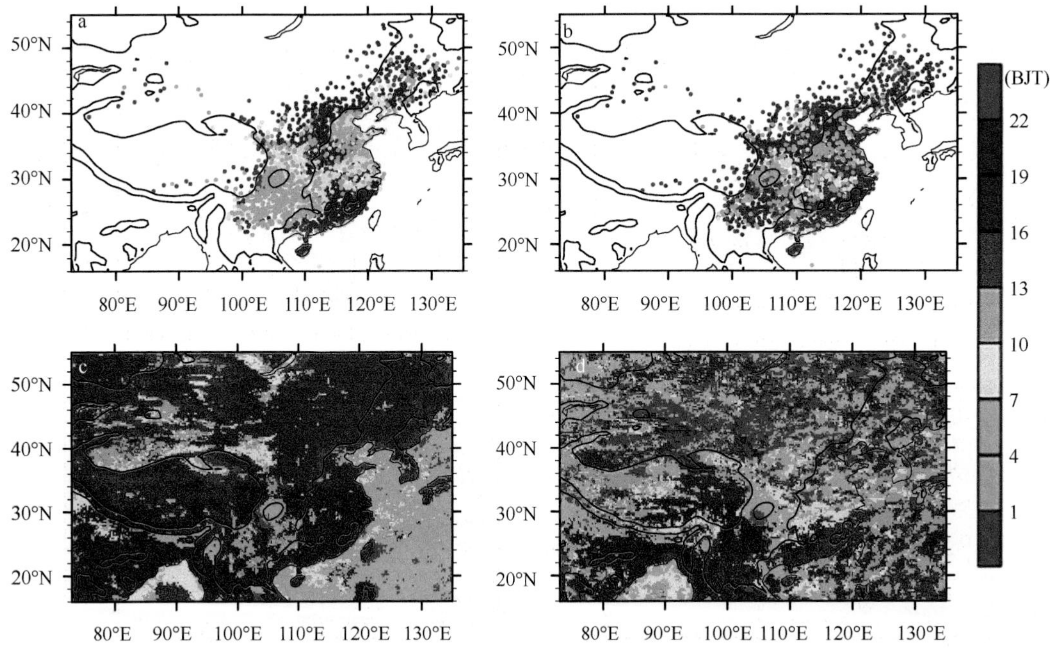

图8-8 台站观测（a，b）与ERA5（c，d）降水频率（a，c）和降水强度（b，d）的日变化峰值时间位相

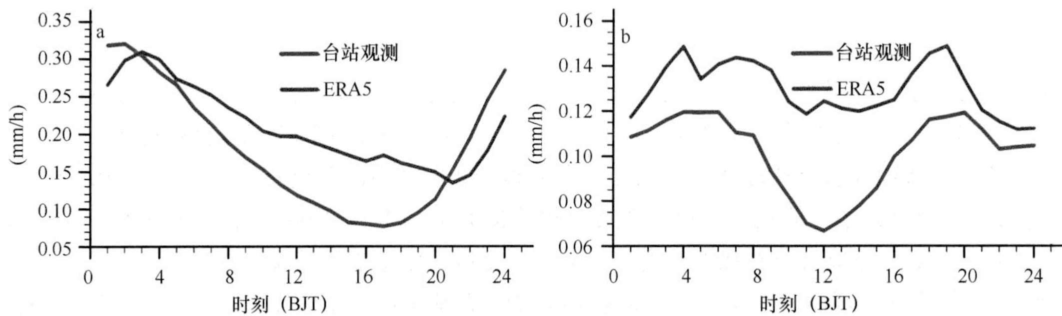

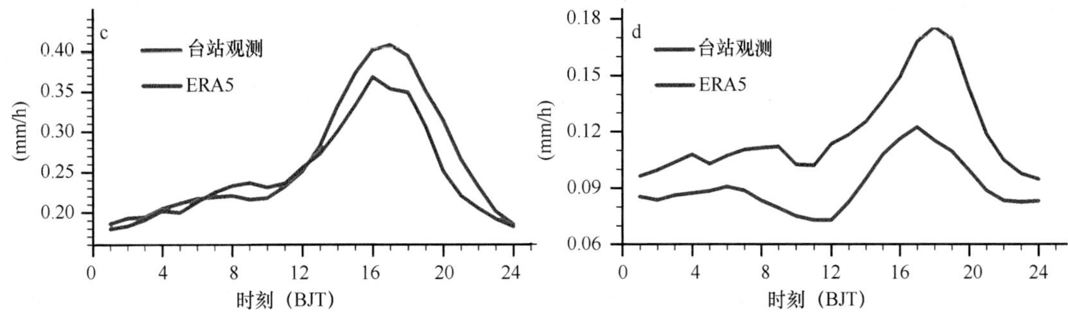

图8-9　四川盆地附近区域（a）、京津冀附近区域（b）、华南区域（c）和内蒙古及其周边区域（d）平均的降水量日变化曲线

图中各区域范围见图8-6d

域平均的降水量日变化曲线，ERA5再现了观测的夜间降水量主峰值特征，但是白天的降水仍较观测偏多，从而导致振幅偏小（图8-9a、b）。对于华南和内蒙古及其周边两个午后峰值区域，ERA5和台站观测的降水日变化曲线十分接近（图8-9c、d），说明ERA5对午后降水量主峰值的模拟较此前再分析资料有明显改进（戴泽军等，2011）。

第三节　ECMWF数值预报模式的降水日变化

上一节评估了ECMWF再分析产品对我国降水日变化的再现能力，发现在大尺度大气环流基本准确的情况下，再分析产品对降水日变化等特性的再现仍存在一定偏差，但最新的再分析结果已有明显改进。为进一步分析模式系统的性能，本节评估ECMWF数值预报模式对我国降水日变化的预报能力。ECMWF数值预报模式产品是全球也是我国最频繁使用和依赖的数值预报模式产品。由于已在2016年正式投入业务使用的、我国自主研发的GRAPES-GFS全球数值预报模式的逐3h数据积累有限，为深入认识目前最先进的业务数值预报系统对降水精细化过程的预报性能，本节对ECMWF全球高分辨率（约12.5km）确定性预报产品对我国降水日变化等方面的预报能力进行评估，所用数据为2017～2019年5～9月ECMWF数值预报系统逐日预报的3h累积降水量。为便于比较，本节分析中将CMPA产品累加到逐3h数据，并插值到与ECMWF数值预报模式相同的水平网格。

ECMWF数值预报模式分别在每天0UTC（世界时）和12UTC起报。图8-10比较了0UTC起报的、间隔3h的逐24h的预报产品（即第3～27小时预报、第6～30小时预报等，以此类推）对2017～2019年5～9月我国中东部地区（20°～50°N，90°～125°E）平均的降水频率日变化的预报差异。由于12UTC起报的结果类似，此处不再赘述。由图8-10可见，3～27h的预报序列在前两个时次的降水频率变化幅度大，且与其他时段的差异显著，这是数值模式在起步时段常有的“spin-up”过程的影响。在模式起报3h以后，不同预报时效的降

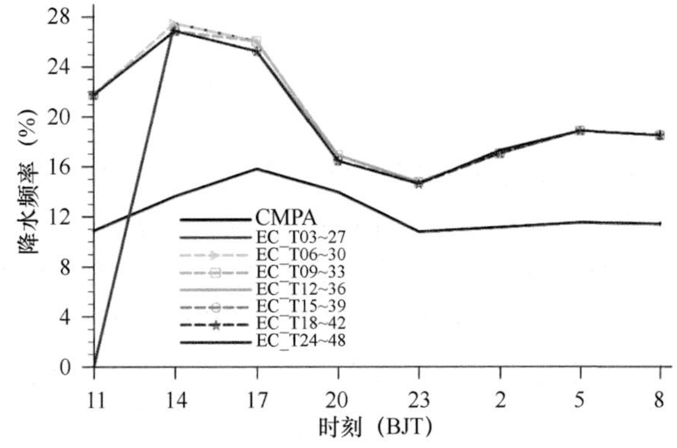

图8-10　2017～2019年5～9月ECMWF数值预报系统0UTC起报、间隔3h的逐24h的预报产品中我国中东部地区平均的降水频率日变化曲线

水频率日变化曲线的差异已很小，图中曲线基本重合，表明模式稳定性很好。降水频率日变化主峰值均出现在14BJT，较CMPA的结果提前1个时次（3h）。考虑到实际预报业务中ECMWF产品可用时间滞后约6h，下文集中于每天0UTC和12UTC起报的9～33h的预报产品，评估模式对降水日变化等日内降水特征的预报水平。

一、5～9月平均降水量、降水频率和降水强度的预报

图8-11给出了CMPA和ECMWF模式在9～33h预报的2017～2019年5～9月平均降水量的空间分布与差异。模式较好地再现了降水量的空间分布，但对我国南方大部分地区的平均降水量有高估。0UTC和12UTC起报产品对降水量的预报没有明显差别，与CMPA的空间相关系数分别为0.76和0.79，均方根误差分别为3.16mm/d和2.81mm/d，可见12UTC起报的产品略好。模式预报出了我国华南和西南地区的强降水中心，但雨带位置与CMPA有差异。从差值图（图8-11d、e）可见，模式偏差大值区主要位于高原及其周边陡峭地形区，如我国青藏高原以东区域35°N以南的正偏差中心、第二阶梯地形以西区域，模式对青藏高原东坡和云贵高原平均降水量的高估均超过3mm/d。模式对广东—广西的华南沿岸和海南岛的降水预报偏少。上一节给出的ERA5结果也有类似的偏差。

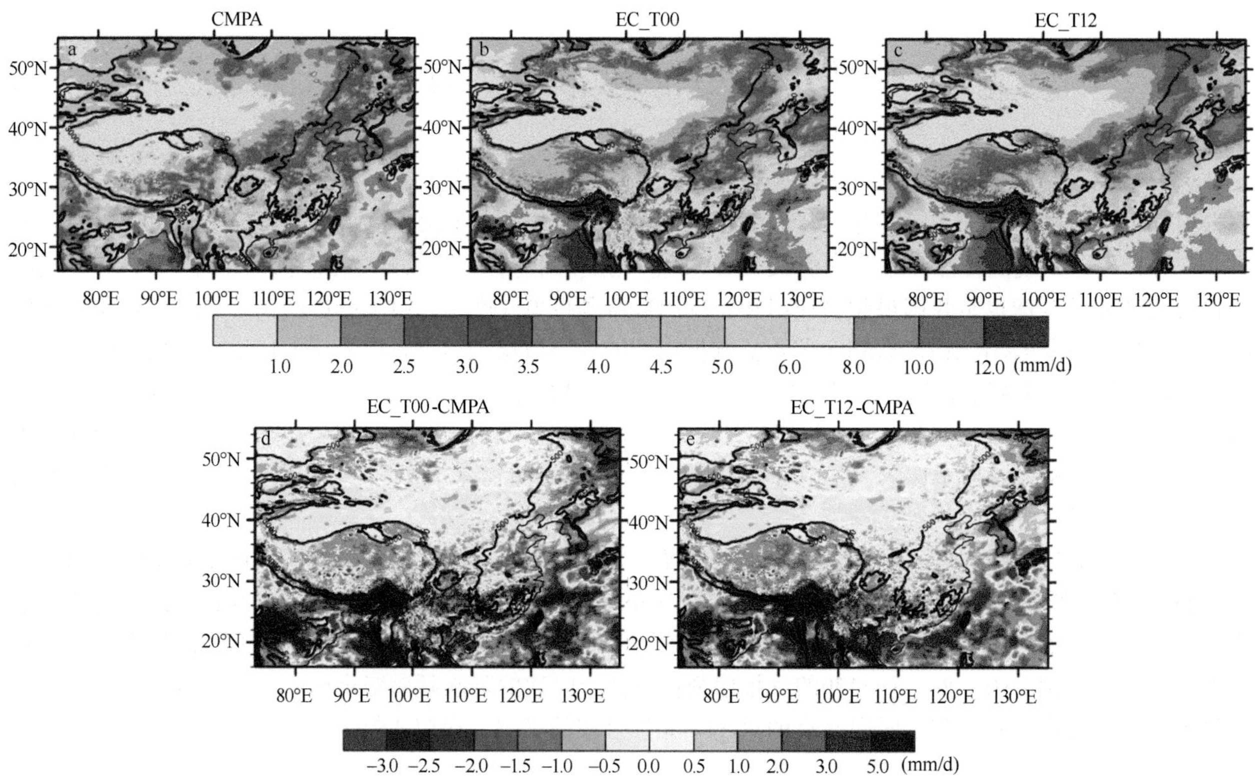

图8-11 ECMWF（9～33h预报场）和CMPA模式预报的2017～2019年5～9月平均的降水量的空间分布与差异

a. CMPA；b. ECMWF 0UTC起报；c. ECMWF 12UTC起报；d. 0UTC起报减去CMPA；e. 12UTC起报减去CMPA。图中等值线为500m和3000m地形高度线

图8-12比较了CMPA和ECMWF模式预报的2017～2019年5～9月平均降水频率的空间分布与差异。这里将降水超过0.1mm/3h的时次定义为有效降水时次。由图8-12a可见，我国5～9月降水高频区主要位于华南沿海、青藏高原东南部至高原东坡及四川盆地以东的第二阶梯地形周边。ECMWF同样可以再现主要降水高频区的空间分布，0UTC和12UTC起报产品与CMPA的空间相关系数分别为0.76和0.77，比降水量的稍差，均方根误差分别为16.55%和16.46%。整体而言，ECMWF高估了青藏高原和我国南方地区降水频率的量值，且降水频率的偏高在35°N以南、第二阶梯地形以西区域更明显。在青藏高原东坡，ECMWF预报的降水频率超过50%，较CMPA偏高20%以上，这也与ERA5再分析资料的结果相近（图8-2）。

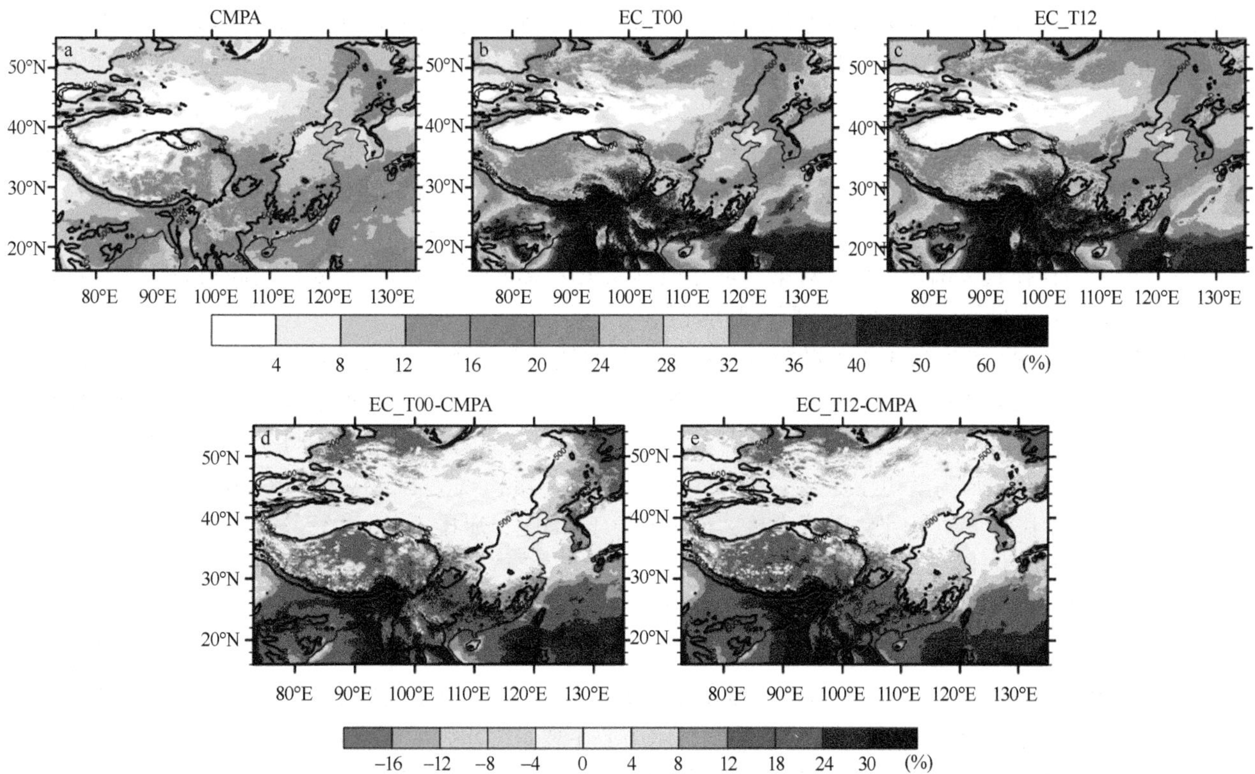

图8-12　ECMWF（9～33h预报场）和CMPA模式预报的2017～2019年5～9月平均降水频率的空间分布与差异

a. CMPA；b. ECMWF 0UTC起报；c. ECMWF 12UTC起报；d. 0UTC起报减去CMPA；e. 12UTC起报减去CMPA。图中等值线为500m和3000m地形高度线

图8-13给出了2017～2019年5～9月平均降水强度的空间分布与差异。CMPA的降水强度大值区主要位于第二阶梯地形以东地区（图8-13a）。而ECMWF除华南沿海外的地区，也较合理地再现了第二阶梯地形以东降水强度大、以西降水强度小的空间分布特征，但对我国绝大部分地区降水强度均有较明显的低估。

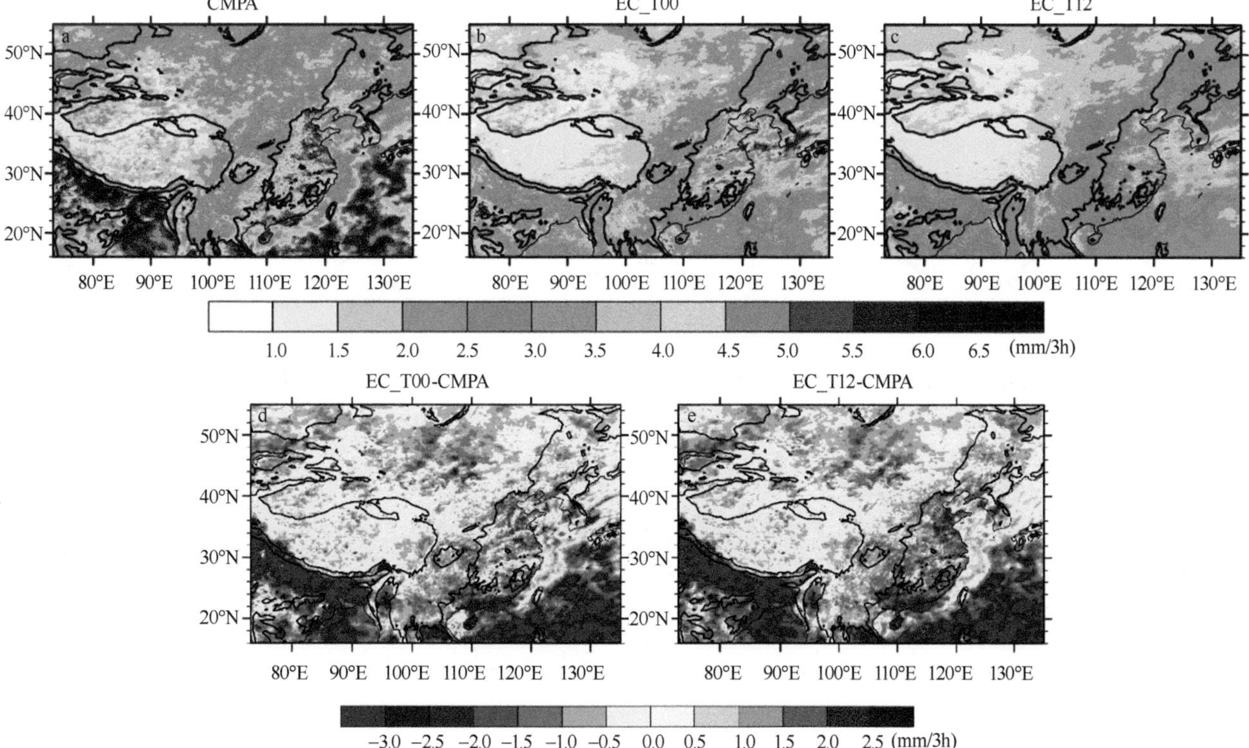

图8-13　ECMWF（9～33h预报场）和CMPA模式预报的2017～2019年5～9月平均降水强度的空间分布与差异

a. CMPA；b. ECMWF 0UTC起报；c. ECMWF 12UTC起报；d. 0UTC起报减去CMPA；e. 12UTC起报减去CMPA。图中等值线为500m和3000m地形高度线

CMPA中500m等高线以东大部分区域平均降水强度超过4mm/3h，而ECMWF预报的平均降水强度在陆地上偏低约1mm/3h。ECMWF对于26°N以南沿海地区平均降水强度的低估更为明显，对华南沿岸平均降水强度的预报偏低2mm/3h以上。模式0UTC和12UTC起报产品与CMPA的空间相关系数分别为0.61和0.66，低于降水量和降水频率的相关系数，均方根误差分别为1.40mm/3h和1.41mm/3h。由于降水量是降水频率和降水强度相乘的结果，在降水量误差相对较小的情况下，模式对降水频率的高（低）估必然对应着对降水强度的低（高）估。综合图8-12和图8-13可知，ECMWF尽管较好地预报出了5～9月平均降水量的分布，但其对降水特性的预报仍存在较大偏差，模式对第二阶梯地形以东区域降水量的高估主要也是高频弱降水的贡献，而华南沿岸地区降水量的低估主要源于降水强度预报明显偏小。

由上述结果可见，ECMWF的预报偏差与我国复杂的地形分布密切相关，尤其是在高原周边陡峭地形区，无论是降水量、降水频率还是降水强度的预报均存在偏差大值中心。为揭示模式偏差特征与高原东坡和南坡大尺度地形高度的关联，图8-14给出了经向（29°～31°N）［纬向（90°～95°E）］平均的降水量、降水频率和降水强度随地形高度和经度（纬度）的分布。由图8-14a可知，ECMWF中最大降水量中心较CMPA偏西约1°，CMPA中29°～31°N平均的降水量大值中心位于104°E、海拔约500m的区域，而ECMWF预报的最大值中心位于约103°E、平均约2000m海拔的高原东坡中部，且降水量预报较CMPA偏多近4mm/d，超过平均降水量的50%。同时注意到，0UTC和12UTC起报的降水量在110°E以西地区较为接近，但不同起报时间产品在东部平原地区有一定差异，在长江中下游地区12UTC起报产品更接近于CMPA的结果。对比降水频率（图8-14c）和降水强度（图8-14e）的随地形高度的演变可见，CMPA中高原上降水频率较高，而2000m以东的低地形区降水强度更高。观测中104°E的强降水中心主要是降水强度的贡献。ECMWF沿整个纬度带预报的降水频率均明显偏高，强度均明显偏弱。降水频率偏差在高原及其东坡陡峭地形区更明显，而降水强度偏弱在高原下游更为明显。降水频率随经度的变化曲线与降水量的相似性，表明了ECMWF预报在高原东

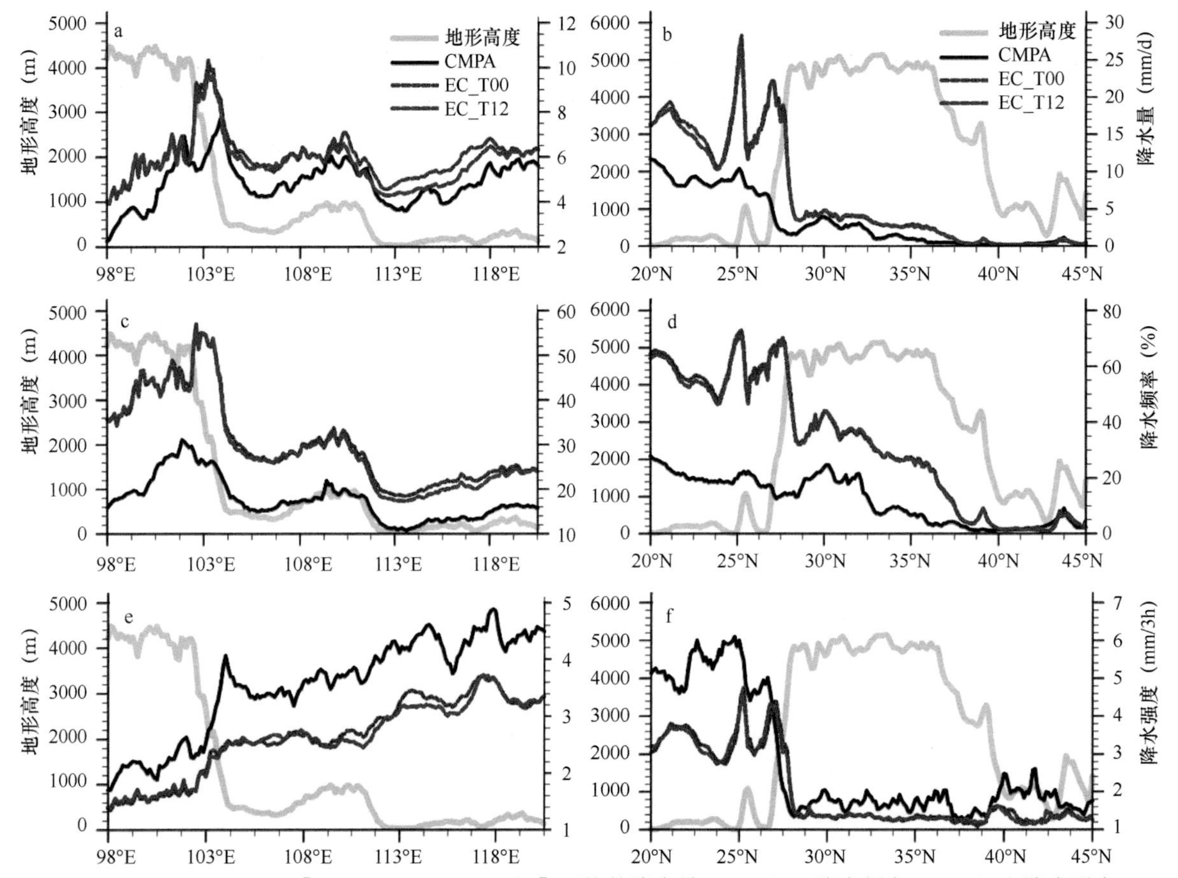

图8-14 29°～31°N（a，c，e）［90°～95°E（b，d，f）］平均的降水量（a，b）、降水频率（c，d）和降水强度（e，f）随地形高度和经度（纬度）的分布

图中灰色实线为地形高度（左纵轴）；黑色实线为CMPA，红色和蓝色实线分别为ECMWF 0UTC和12UTC起报结果（右纵轴）

部陡坡虚假的强降水量中心主要是降水频率的贡献，这与CMPA中在高原东坡高地形处的降水量中心主要来自降水强度的贡献不同。同时12UTC起报降水量更接近CMPA的结果，缘于其对降水频率的高估相对较小，但0UTC起报的降水强度在中国东部更接近CMPA的结果。与高原东坡不同，在高原南坡尽管ECMWF预报也存在强降水中心更偏向高地形处的偏差特征（图8-14b），但在南坡陡峭地形区（约26.5°N），模式预报的降水频率和降水强度均偏高，降水频率的大值中心也更偏向于发生在较高的坡上，这也说明模式对于不同区域不同性质的降水预报偏差存在明显差异，因而针对模式降水产品的精细化评估也需要考虑降水类型及其区域差异。

上述比较结果表明，数值预报产品的降水频率偏高、强度偏弱的情况突出，而这一现象往往与模式高估弱降水有关。为进一步掌握数值模式预报的不同强度降水量的区域差异，这里结合利用Yu和Li（2012）提出的降水量随降水强度分布的E指数拟合方法，量化比较ECMWF预报不同强度降水的结构偏差。E指数拟合方法是基于降水量随降水强度增加呈E指数衰减的趋势（如图8-15曲线所示），由公式（8-1）表示，其中I表示降水强度（本节所评估数据为3h降水量，即单位为mm/3h），$A(I)$表示强度为（I–1）～I降水的累积降水量。对公式（8-1）取对数可得到对数降水量随降水强度的线性变化。当降水强度不超过第99百分位时，可通过最小二乘法拟合得到参数α和β［公式（8-2）］，α（β）可定量表征弱（强）降水量对总降水量的相对贡献，α（β）越大表示弱（强）降水量的相对占比越大。图8-15给出了2008～2019年5～9月CMPA平均到逐3h后的降水产品在青藏高原以东地区平均的不同强度降水量按照公式（8-1）拟合后的结果以说明拟合参数α和β表征的意义。图8-15a、b分别为拟合参数α和β的空间分布，可见α和β的分布均与地形密切相关，α大值区主要位于西南和东南复杂地形区，而β大值区主要位于第二阶梯地形以东的平原地区。在青藏高原东坡（华北高原）沿1500m（500m）地形等高线两侧，α和β数值存在明显差别，高地形处α较大而低地形处β较大，说明高地形处弱降水相对更多，而其下游盆地或平原地区强降水占比相对更大。对比α和β与降水频率和降水强度的分布（图8-12，图8-13）可见，α（β）的大值中心与降水频率（降水强度）对应较好。为比较不同α和β代表的强度结构差异的区域分布特征，将α和β按其量值进行组合分类，按照α、β数值的第35和第70百分位进行了分组（图8-15c），用不同颜色代表不同强度结构特征，分别将α和β大于（小于）第70（35）百分位的点定义为弱降水和强降水占主导（相对较小）的格点，而对第35～70百分位的点未进行统计。图8-15d给出了四类分组的年平均降水量随不同降水强度的分布曲线和按照公式（8-1）取对数拟合后的直线，可清楚地看出通过α和β定量区分出了不同的降水强度分布特征。对于α和β均较小和较大的格点，其总降水量分别小于和大于其他类的格点。对于α较大（小）而β较小（大）的格点，弱（强）降水的占比更大。下文将基于这一定量指标，评估数值模式对不同强度降水的预报能力。

$$A(I)=\exp(\alpha-\frac{1}{\beta}I) \tag{8-1}$$

$$\ln[A(I)]=\alpha-\frac{1}{\beta}I \tag{8-2}$$

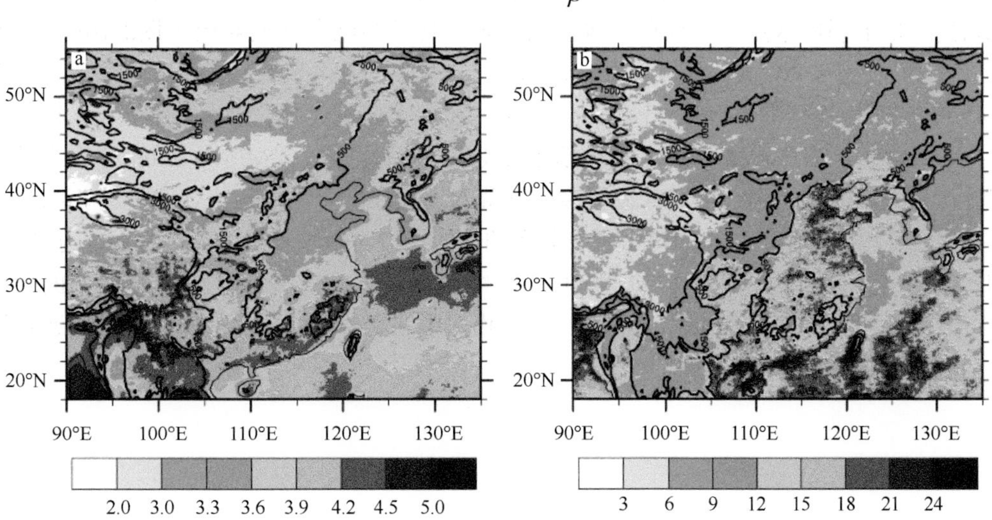

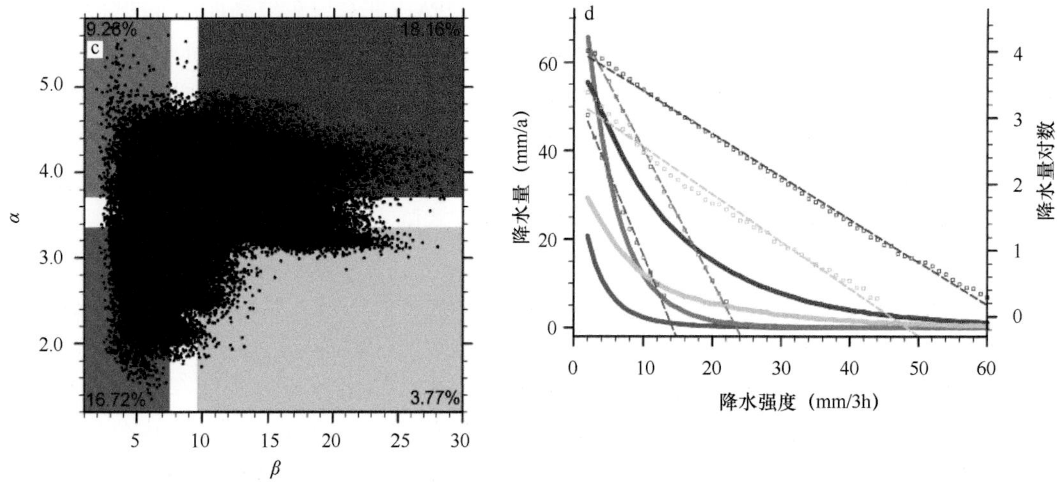

图8-15　2008～2019年5～9月CMPA产品降水量取对数后随降水强度的拟合参数α（a）和β（b）的空间分布，我国中东部地区（范围如图a所示）每个格点的对数降水量随降水强度的回归参数（α，β）在α-β平面上的分布（黑色点）（c），不同类格点平均的降水量随降水强度的分布（d）

图c按照α和β数值第35和第70百分位将所有格点分为四组，其中蓝色（红色）背景表示降水量相对较少（多）且弱降水和强降水的降水量均相对较少（多），绿色（棕色）背景表示弱降水的降水量相对较少（多）而强降水的降水量相对较多（少）；图中各象限内的数字表示不同分类内格点的占比。图d中实线为CMPA四类格点平均的年平均降水量随降水强度的分布，颜色与图c中四组颜色对应；空心框和虚线分别为年降水量取对数和基于最小二乘法线性回归后的拟合线

图8-16对比了CMPA和ECMWF模式预报的2017～2019年5～9月平均的降水量取对数后随降水强度的拟合参数分布。对比图8-16a、b和图8-15a、b可见，基于3年和12年的分析结果相当，表明3年结果可以表征基本的气候特征。对比ECMWF模式预报和CMPA可见，ECMWF模式较好地再现了西南和华南复杂地形区α较大而东部平原地区β较大的特征。但ECMWF模式预报降水的α值偏大而β值偏小，这与图8-13给出的平均强度偏弱一致，即ECMWF模式对平均强度的低估主要是由于模式中弱降水相对占比偏高而强降水相对占比偏低。

为进一步比较揭示ECMWF模式预报在不同区域强、弱降水的结构特征，图8-17a、d和g首先给出了与图8-15c类同的分类，注意到CMPA的α最大坐标值小于模式值和β最大坐标值大于模式值，这也是图8-16展示的整体弱降水相对偏多而强降水相对偏少的表现。另外，ECMWF模式中位于棕色（弱降水占比偏多）区间内的点都明显多于CMPA，CMPA中这类占比为9.2%，而ECMWF模式0UTC和12UTC起报产品的占比分别为13.9%和13.5%，较CMPA高近5%，也对应于ECMWF模式预报中弱降水相对偏多。ECMWF模式预报中位于绿色区间（强降水占比偏多）的点要多于CMPA，这主要对应于模式对500m等高线以西强度预报偏大。图8-17b、e和h分别给出了四类分组的空间分布，可见模式预报能合理地呈现出30°N以南1500m高度以下地区强、弱降水频率都较高 （红色）、500m地形等值线以东的江淮至黄淮流域强降水频率较高（绿色）、青藏高原3000m高度以上弱降水主导（棕色）等区域特征。棕色与红色区域对应于图8-16中α值较大的区域，而绿色区域主要对应于β值较大的区域。相比CMPA，ECMWF模式低估了横断山脉东部的强降水的降水量占比，CMPA在该区域表现为降水相对较强（以红色为主），而模式中弱降水占比更高（棕色更多）。ECMWF高估了35°N以北、第二阶梯地形以西至河套地区的相对强降水，CMPA中500m等值线以西弱降水相对占比更高（棕色），而模式中该区域存在较多的强降水占比相对更高的格点（绿色）。图8-17c、f和i分别给出了四类分组平均的降水量随不同降水强度分布的曲线及取对数拟合后的直线。同样可见，基于3年CMPA平均与12年长期平均的结果（图8-15d）类似。相对CMPA，ECMWF模式预报中弱降水的降水量均明显偏高，这也与图8-16中模式的α值整体偏大对应。同时模式中四组分类的降水量随降水强度递减的速率均较CMPA更快，这与模式对β整体低估相对应。

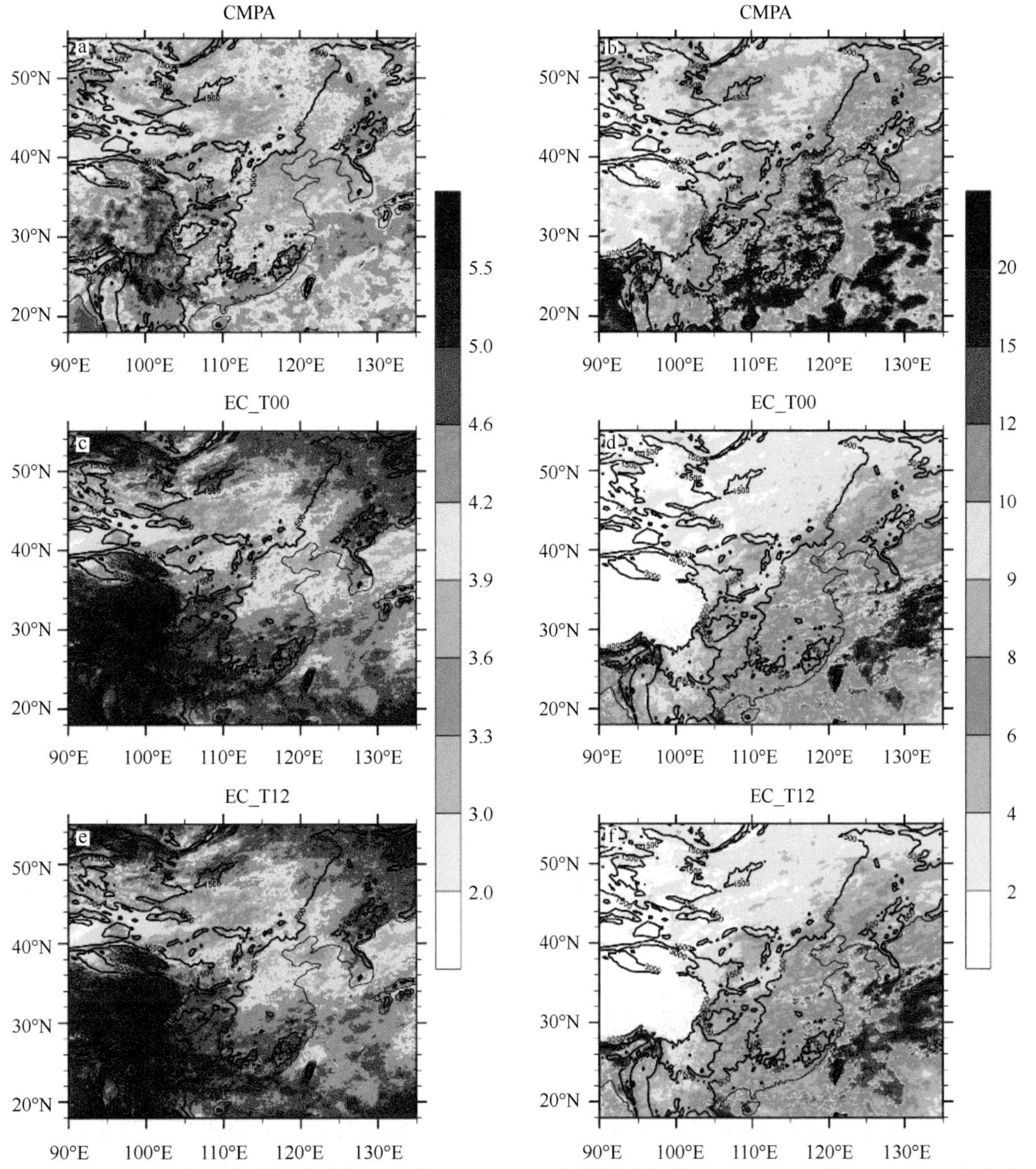

图8-16　2017～2019年5～9月平均的降水量取对数后随降水强度的拟合参数α（a，c，e）和β（b，d，f）的空间分布

a、b. CMPA；c、d. ECMWF模式0UTC起报；e、f. ECMWF模式12UTC起报

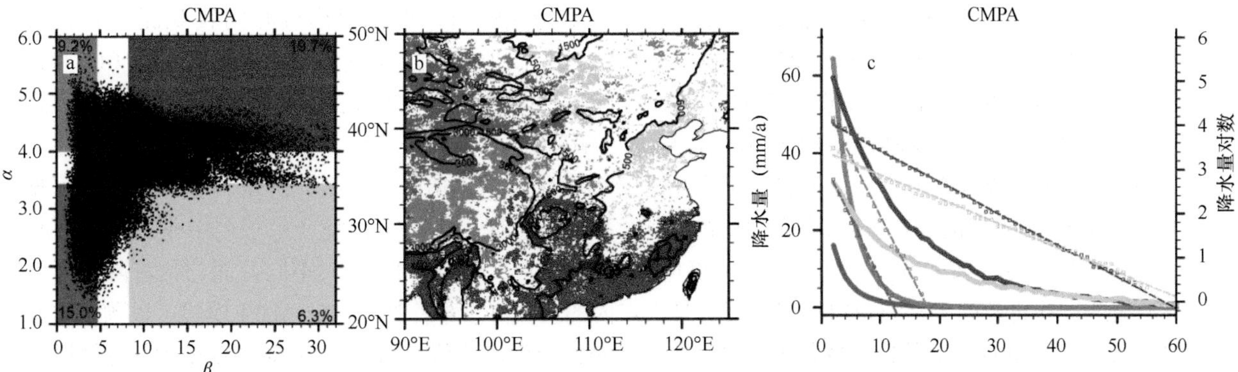

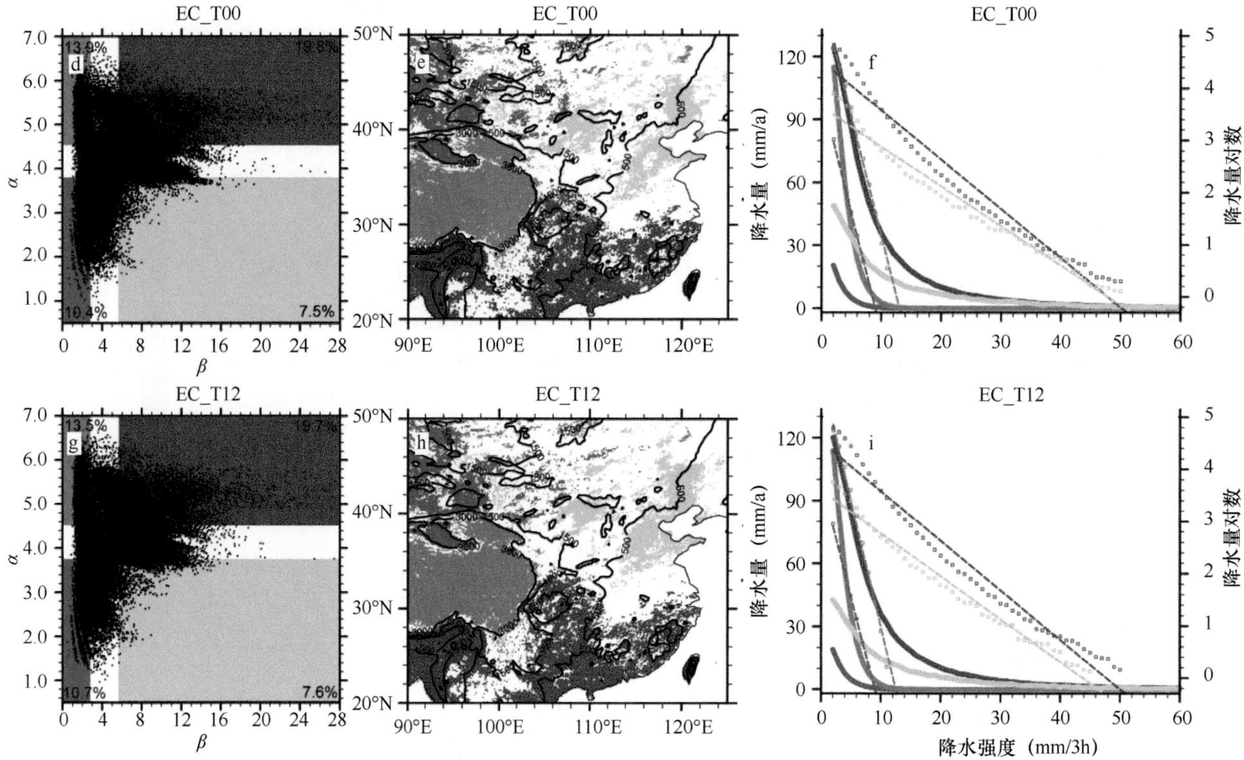

图8-17 青藏高原以东地区（范围如图b所示）降水量随降水强度分布的对数回归参数（α，β）在α-β平面上的分布（a, d, g）、不同强度分组的空间分布（b，e，h）、5～9月年平均降水量随强度的分布曲线（c，f，i）

（a，d，g）：每个格点的降水量随降水强度的回归参数值，四色背景表示四类分组，其中蓝色（红色）背景表示弱降水和强降水的频率均较低（高），绿色（棕色）背景表示弱降水的频率较低（高）而强降水的频率较高（低），各象限内的数字表示不同分类内格点的占比。（b，e，h）：四类颜色对应于左列中颜色标记的分组。（c，f，i）：实线为四类格点平均的年平均降水量随降水强度的分布，不同颜色与中列的颜色对应。空心框和虚线分别为年降水量取对数和基于最小二乘法线性回归后的拟合线

二、降水日变化预报评估

图8-18给出了CMPA和ECMWF模式预报的2017～2019年5～9月平均的降水量、降水频率和降水强度的日变化主峰值时间的空间分布。与台站给出的降水日变化相比（图3-2），CMPA在中东部地区下午至傍晚的降水峰值更突出，表现出与卫星反演降水类似的日变化主峰值特征（Zhou et al.，2008；Chen et al.，2016）。对比降水量日变化主峰值时间可见，ECMWF 0UTC（图8-18d）和12UTC（图8-18g）起报产品均能再现东南地区和500m等高线西侧高地形区的下午至傍晚峰值，但峰值出现时间较观测均有提前。ECMWF模式预报也再现了四川盆地和华北500m等高线东侧低地形区的午夜至清晨峰值特征，0UTC起报产品与CMPA更为接近，而12UTC起报产品预报的西南夜间至清晨降水主峰值区范围偏小。ECMWF模式预报的华北夜间至清晨降水主峰值区的范围偏大，但这一偏差在ERA5再分析中不明显（图8-6d）。在青藏高原，CMPA降水量以夜雨峰值为主，而模式降水量主要为下午峰值。由降水频率和降水强度峰值时间可见，CMPA在我国100°E以东的大部分地区降水频率（强度）主要表现为下午至傍晚（上午至中午）峰值，与基于台站降水得到的频率（强度）夜间（下午）峰值更突出的特征（图8-18b、c）不同，而与区域降水事件日变化更为接近，这也反映了格点资料更多表征的是格点内的区域降水事件特征。ECMWF模式可以预报出四川盆地中西部和华北500m等高线附近的低地形区降水频率夜间至清晨峰值，而在我国100°E以东大部分地区，与ERA5的结果（图8-8c）类似，模式预报的下午至傍晚的降水频率主峰值均较CMPA提前3～6h。模式预报的降水强度峰值多出现在清晨至上午，只在东南地区存在下午至傍晚峰值。0UTC起报产品在东南地区降水强度下午峰值主导的区域小于12UTC起报产品。相较于降水频率，ECMWF模式预报的降水强度日峰值时间与ERA5再分析（图8-8d）区别更大，表明相对准确的大尺度环流对于降水强度日变化的合理预报可能更为重要。

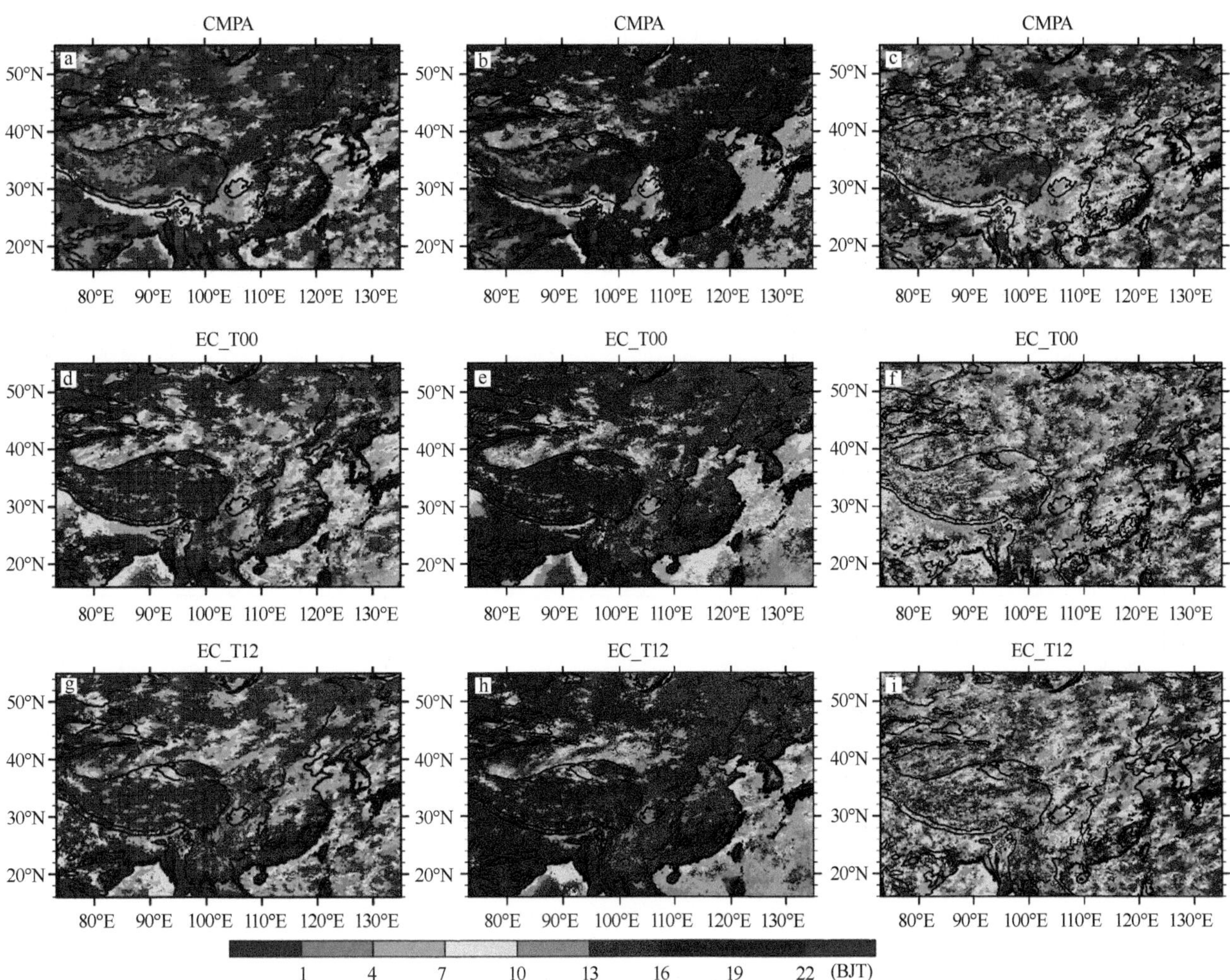

图8-18 2017～2019年5～9月CMPA和ECMWF模式预报的降水量（a，d，g）、降水频率（b，e，h）和降水强度（c，f，i）日变化主峰值时间的空间分布

图中黑色等值线为500m和3000m地形高度线

由图8-18可见，ECMWF模式预报也较好呈现了降水日变化主峰值时间与大地形分布的关联，如从青藏高原东坡至四川盆地、再到第二阶梯地形处，降水主峰值时间存在自午夜至清晨的自西向东滞后的特征，而在华北地区也存在类似的从高地形处至平原地区降水主峰值时间自下午向夜间滞后的特征，但与观测相比仍存在明显差异。为揭示ECMWF模式预报降水日变化与地形高度的关联，图8-19比较了沿长江流域经向（29°～31°N）平均的降水量、降水频率和降水强度日变化随地形高度和经度的分布。沿长江流域，高原东部4000m以上降水量峰值出现在20BJT，随着地形高度的降低，自高原东坡至第二阶梯地形（110°E）以西降水量主峰值时间自23BJT逐渐滞后至10BJT，而CMPA中110°E以东降水量峰值以午后峰值为主（图8-19a）。对比降水频率和强度日变化可见，在105°E以西（东）地区CMPA的降水频率（强度）峰值时间滞后的特征更为明显。对于降水量，ECMWF模式高估了高原东坡地形梯度大值区的傍晚峰值，预报降水量在1500m以上均表现为下午至傍晚的峰值，但较好地再现了1500m以东至第二阶梯地形以西的降水量主峰值时间滞后的特征。模式对103°E附近地形梯度大值区降水量的高估（图8-14）与该区域降水量日变化较小、模式对下午至前半夜的降水量预报偏大有关。模式对1500m以上区域傍晚降水量主峰值的高估则是降水频率和强度的共同贡献，模式预报的降水频率（图8-19e、h）和降水强度（图8-19f、i）主峰值均出现在17BJT，较CMPA提前3～6h。模式高估高地形处午后至傍晚降水量和频率主峰值的偏差在110°E附近也较为明显，表明模式中高地形区的下午峰值过于显著。

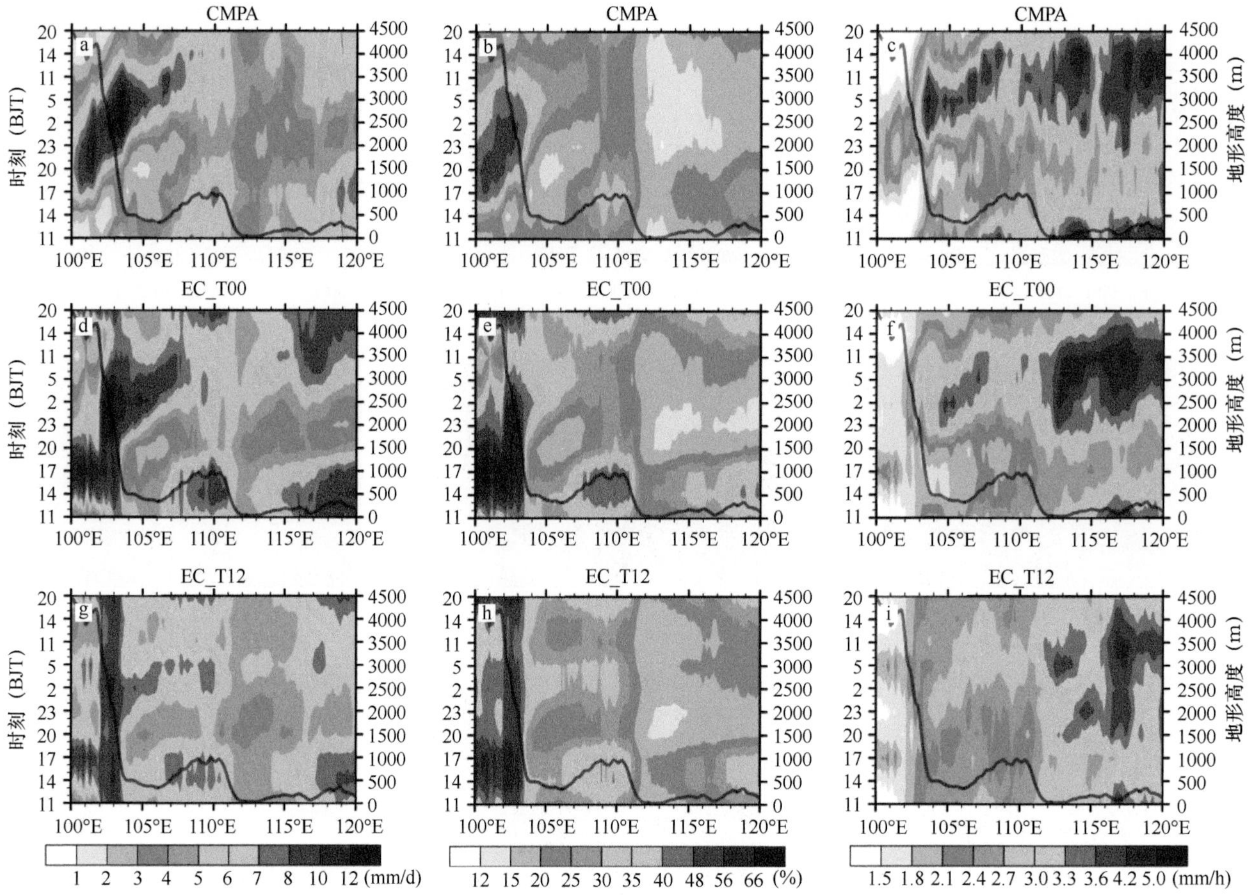

图8-19　2017～2019年5～9月经向（28°～31°N）平均的降水量（a，d，g）、降水频率（b，e，h）和降水强度（c，f，i）日变化随地形高度和经度的分布

图中黑色线为地形高度线

为评估ECMWF模式对我国青藏高原以东地区降水量日变化主导模态的预报能力，对模式与CMPA降水量日峰值区域特征较为一致的区域，采用延伸经验正交函数（EEOF）方法（Baldwin et al.，2009；Weare and Nasstrom，1982）对CMPA和ECMWF模式预报产品进行分析。图8-20和图8-21分别给出了CMPA与ECMWF 0UTC和12UTC起报的24小时降水量预报EEOF第一模态和第二模态的空间场及时间序列，前两个模态的解释方差分别达到79.9%和69.9%。EEOF第一模态主要表现为下午和午夜峰值的对比（图8-20c、f），ECMWF 0UTC（图8-20b）和12UTC（图8-20e）起报产品均较好地呈现了东南地区的下午峰值，但模式下午峰值区域范围更大。0UTC起报产品合理地再现了高原东坡至四川盆地的午夜至清晨峰值，而12UTC起报产品低估了四川盆地的夜间峰值范围，其午夜至清晨峰值只出现在四川盆地西南部。EEOF第二模态主要表现为傍晚和上午峰值的对比（图8-21c、f），ECMWF 0UTC（图8-21b）和12UTC（图8-21e）起报产品可以再现四川盆地清晨至上午的主峰值，且区域范围较第一模态的夜雨区偏东，这也对应着高原至长江中游降水主峰值时间自西向东滞后的特征（图8-19）。在35°N以北、第二阶梯地形以西至青藏高原以东的高地形区，模式的第二模态主要为清晨峰值，而CMPA为下午峰值（图8-21a、d）。在第二阶梯地形以东地区，模式的第二模态上午峰值主导特征更为明显。CMPA东南内陆地区傍晚至前半夜的峰值在模式中不明显，特别是0UTC起报降水第二模态在东南区域主要为清晨至上午峰值。综合图8-20和图8-21可见，模式未能合理地再现东南沿岸下午峰值时间比内陆地区峰值时间滞后3～6h的空间差异。同时模式对长江中下游至华北平原的上午峰值有高估，且0UTC起报更为明显。

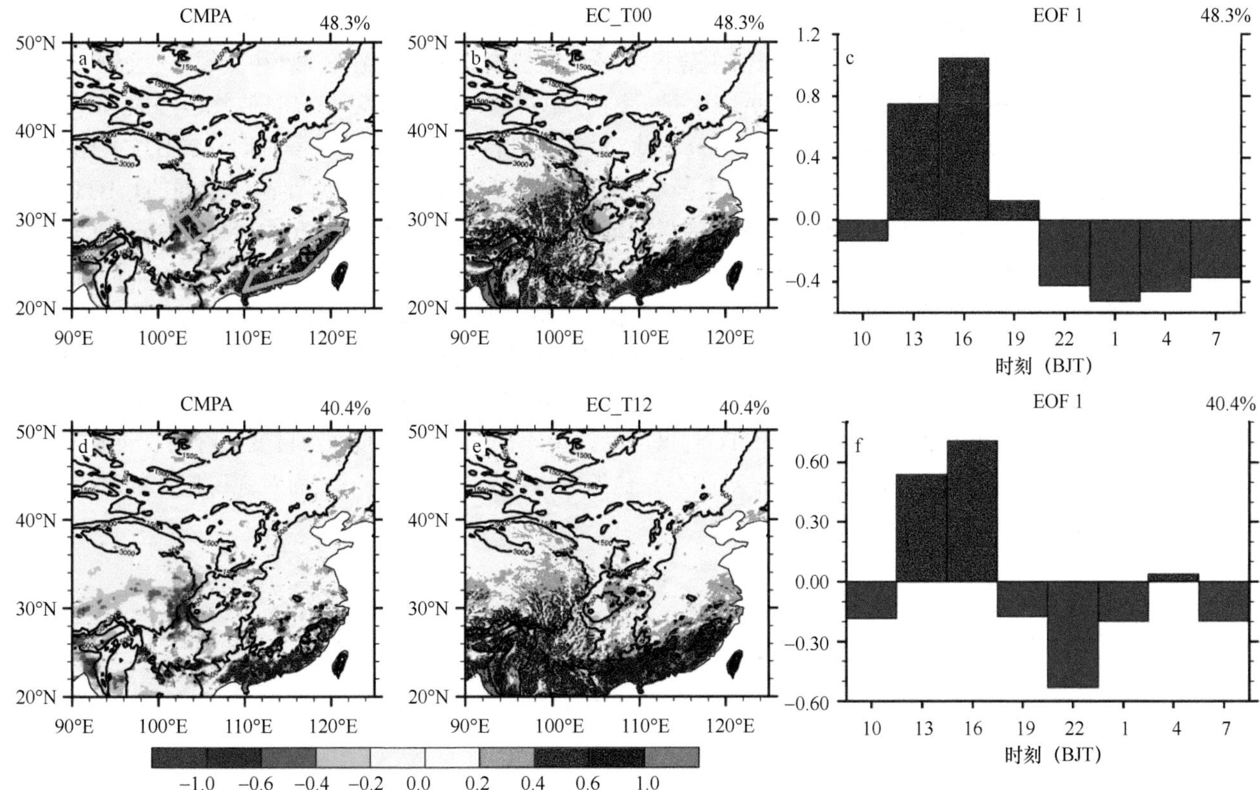

图8-20　CMPA与ECMWF 0UTC起报（a，b）和12UTC起报（d，e）的24h降水量预报EEOF第一模态的空间分布及时间序列（c，f）

a，b为CMPA和ECMWF 0UTC起报EEOF第一模态，d，e为CMPA和ECMWF 12UTC起报EEOF第一模态，图a中绿色框标出了CMPA和ECMWF日位相一致的两个区域（区域1和区域2）

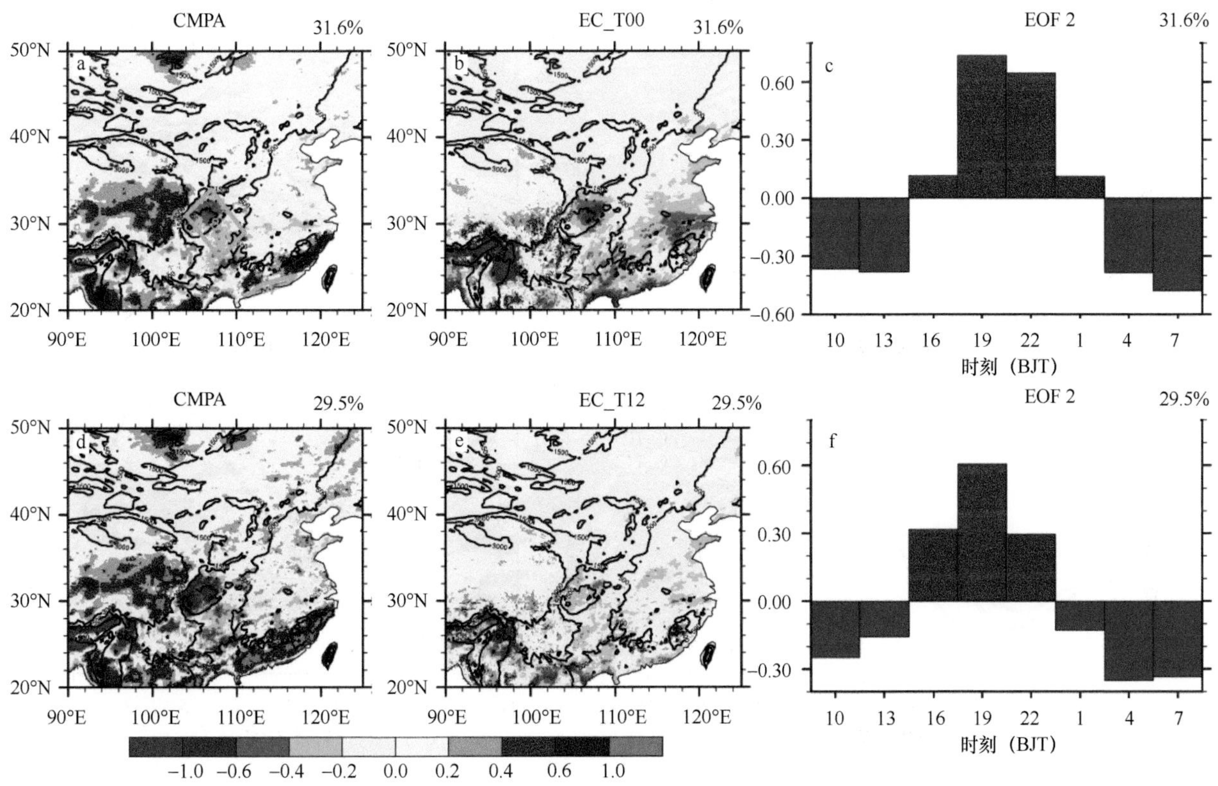

图8-21　CMPA与ECMWF 0UTC起报（a，b）和12UTC起报（d，e）的24h降水量预报EEOF第二模态的空间分布及时间序列（c，f）

图a中绿色框标出了CMPA和ECMWF日位相一致的两个区域（区域3和区域4）

为比较日变化振幅较大且区域特征较一致的西南和东南地区降水日变化，图8-22和图8-23分别给出了基于EEOF分析得到的典型夜雨和傍晚峰值主导区域平均的日变化曲线。在区域1和区域3（大致分别对应第三章中的MN_S和EM_S区域），CMPA降水量分别为2BJT和8BJT的单峰值特征（图8-22a、b），区域1降水频率（图8-22c）和降水强度（图8-22e）也均为单峰值特征，且频率峰值时间（23BJT）略早于强度峰值时间（2BJT），区域3降水频率和降水强度峰值均出现在5BJT，且频率存在一个弱的17BJT的峰值。ECMWF模式可以再现区域1降水量午夜至清晨的峰值特征，但峰值时间均较CMPA提前3h。ECMWF模式预报在区域1的降水频率主峰值时间与CMPA相当，但降水强度峰值时间出现在20BJT，峰值时间提前较降水量更明显。ECMWF模式预报的区域3平均的降水量主峰值也较CMPA提前3h，这主要是降水频率的贡献。ECMWF模式在区域3的降水频率主峰值出现在14BJT，而次峰值出现在午夜至清晨，这与CMPA中午夜至清晨降水频率高于下午的趋势相反。对比0UTC和12UTC起报降水可见，尽管12UTC起报的降水量、降水频率和降水强度的日变化振幅均要小于0UTC起报产品，但不同起报时间的降水日变化峰值特征在区域1和区域3均没有明显差异。ECMWF模式预报对频率高估的时段主要出现在下午，而对强度低估的时段主要出现在夜间至清晨。

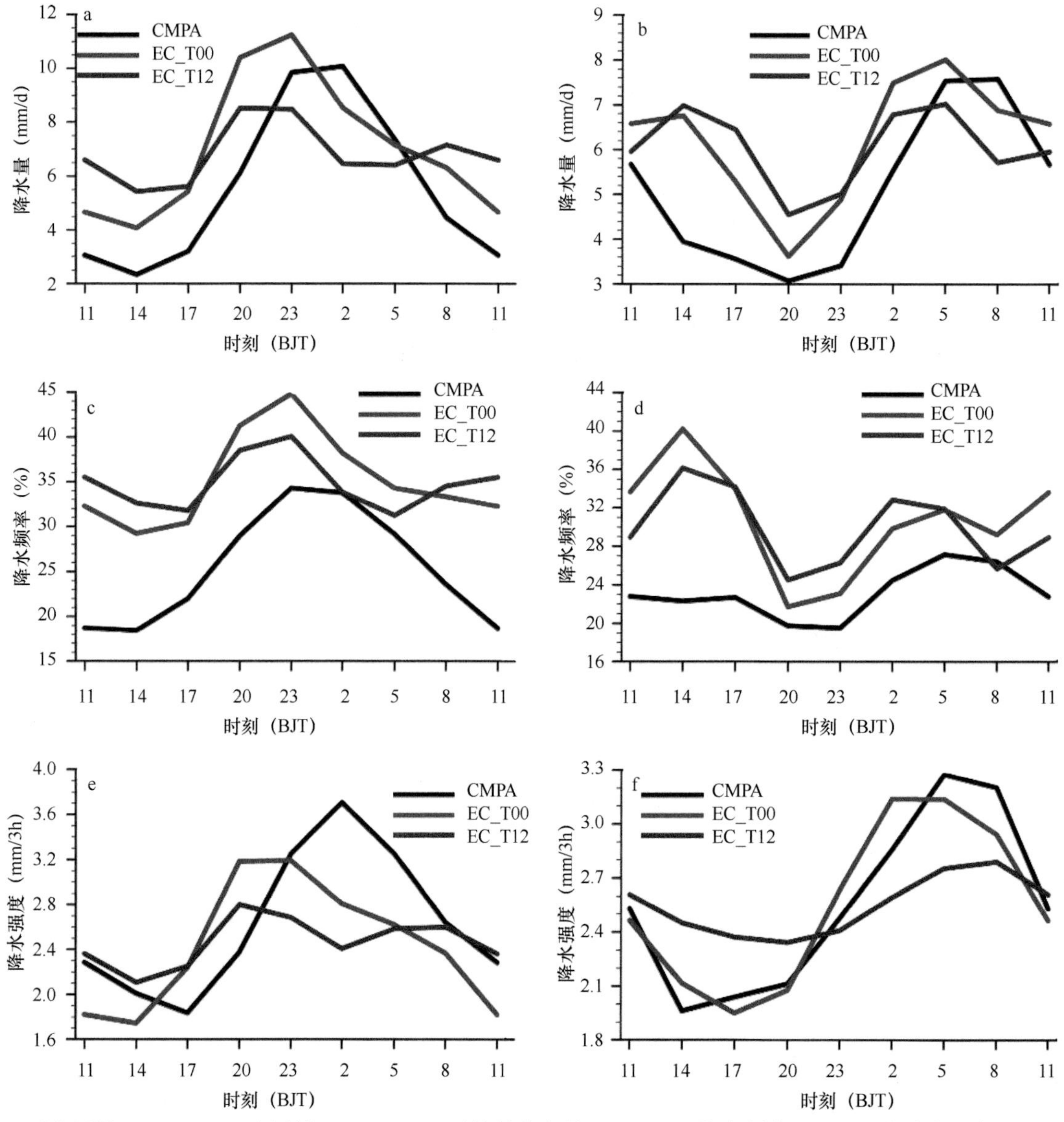

图8-22　西南区域1（a，c，e）和区域3（b，d，f）平均的降水量（a，b）、降水频率（c，d）和降水强度（e，f）的日变化曲线

区域1和区域3分别在图8-20a和图8-21a中用绿色框标示出

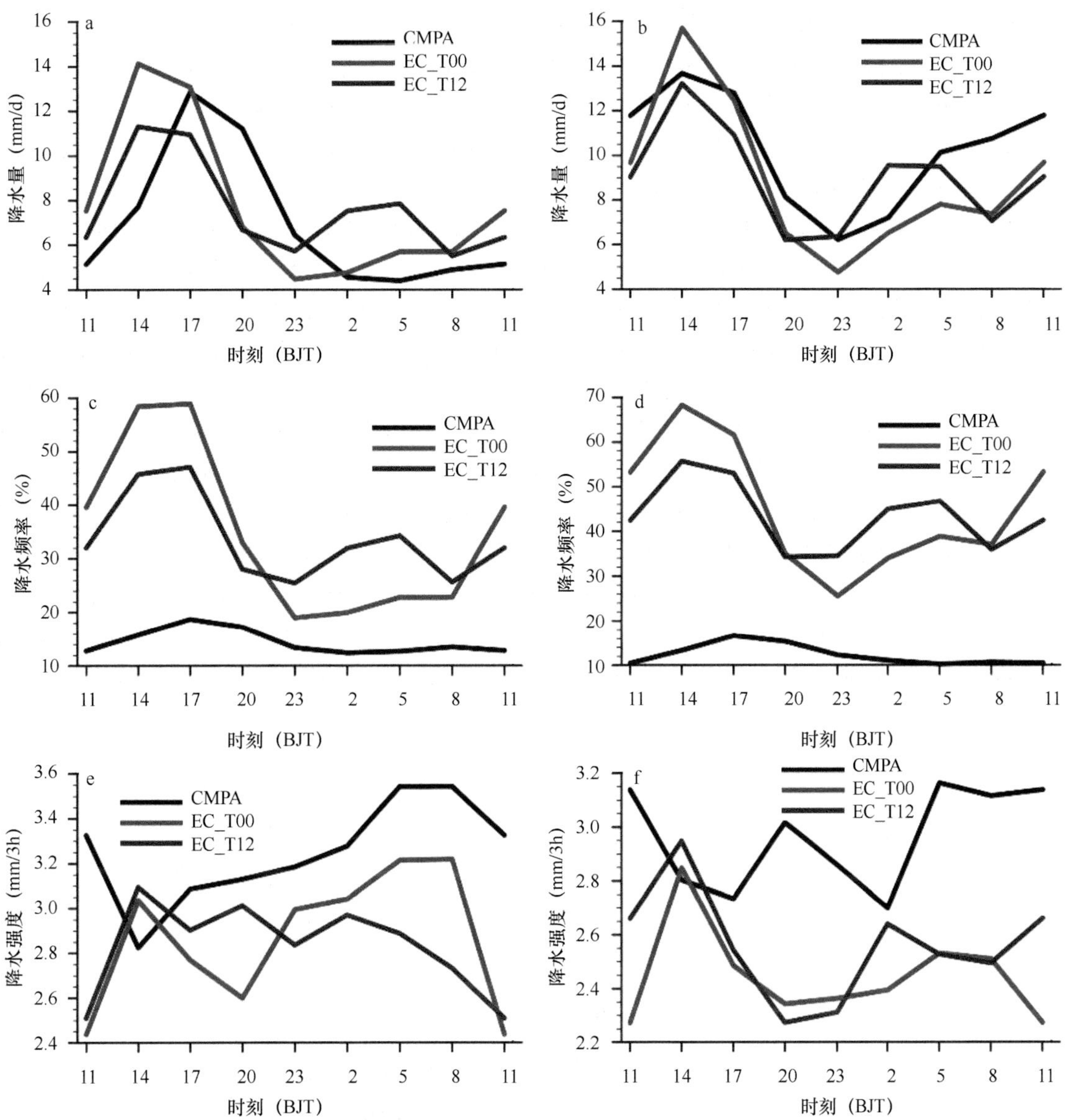

图8-23　东南区域2（a，c，e）和区域4（b，d，f）平均的降水量（a，b）、降水频率（c，d）和降水强度（e，f）的日变化曲线

区域2和区域4分别在图8-20a和图8-21a中用绿色框标示出

在位于东南内陆的区域2和沿岸的区域4（图8-23），尽管CMPA降水量峰值均在午后至傍晚，但区域4降水量峰值时间早于区域2，即东南沿岸地区降水往往先达到峰值，而内陆峰值时间相对较晚。与区域2傍晚单峰值特征不同的是，区域4的降水量自午夜开始增加，且清晨至傍晚均较大。区域2和区域4的降水频率主峰值均出现在17BJT，但降水强度日变化存在不同，CMPA在区域2的降水强度日谷值出现在14BJT，而在区域4出现在17BJT和2BJT。ECMWF模式在区域2和区域4预报的降水量日变化差别较小，其主峰值均出现在14BJT，但12UTC起报降水存在2～5BJT的次峰值。ECMWF模式对降水频率有明显高估，且区域4频率主峰值时间早于区域2。ECMWF模式对东南两个区域降水强度的预报均与CMPA差别较大。

第四节　我国区域数值预报模式的降水日变化

截至2020年，我国业务运行的、覆盖全国范围的主要区域数值预报系统为中国气象局数值预报中心的GRAPES_Meso、华北区域数值预报中心的睿图-ST（以下简称RMAPS）和华东区域数值预报中心的SMS_WARMS，以及覆盖华南区域的GRAPES_GZ预报系统，水平分辨率分别为10km、约9km、约9km和10km，与ECMWF高分辨率全球确定性预报产品水平分辨率相当（约10km）。由于华南区域中心的GRAPES_GZ模式在2019年调整了模式区域范围，前后时段的模式产品不一致，且华南区域模式历史产品只覆盖长江以南区域，因此本节分析结果不包括该模式。

以下将基于2018～2019年5～9月逐小时降水产品评估GRAPES_Meso、RMAPS和SMS_WARMS对降水日内变化的呈现能力。由于0UTC和12UTC起报的降水日峰值特征没有显著差异，下文只给出区域模式0UTC起报产品的评估结果。评估前将区域模式产品插值到与CMPA相同的网格。图8-24首先给出了各模式2018～2019年5～9月我国中东部地区平均的降水量、降水频率和降水强度的48小时预报曲线，以考察模式“spin-up”过程和模式稳定性对预报结果的影响。GRAPES_Meso在9～33h之前的降水相对于预报时效更长的产品存在明显下降趋势（图8-24a）。从前24h平均的序列可以看到，模式预报自33h开始，前24h平均降水强度的减弱趋势逐渐减小，但降水量和降水频率的下降趋势不减。尽管GRAPES_Meso预报降水存在随预报时效增加而减小的趋势，但降水量和降水频率的日峰值时间位相特征变化不大，24h和48h预报降水量和降水频率的峰值分别出现在第7h和第31h，即预报日当天和第二天的7UTC或15BJT。RMAPS也存在与GRAPES_Meso类似的随预报时效增加降水减小的趋势（图8-24b），但降水量和降水强度的变化趋势弱于GRAPES_Meso，且降水频率的趋势不明显，在33h之后，24h平均量变化均已较小。与GRAPES_Meso和RMAPS不同， SMS_WARMS预报的降水量、降水频率和降水强度在48h预报中均存在一致的随预报时效增

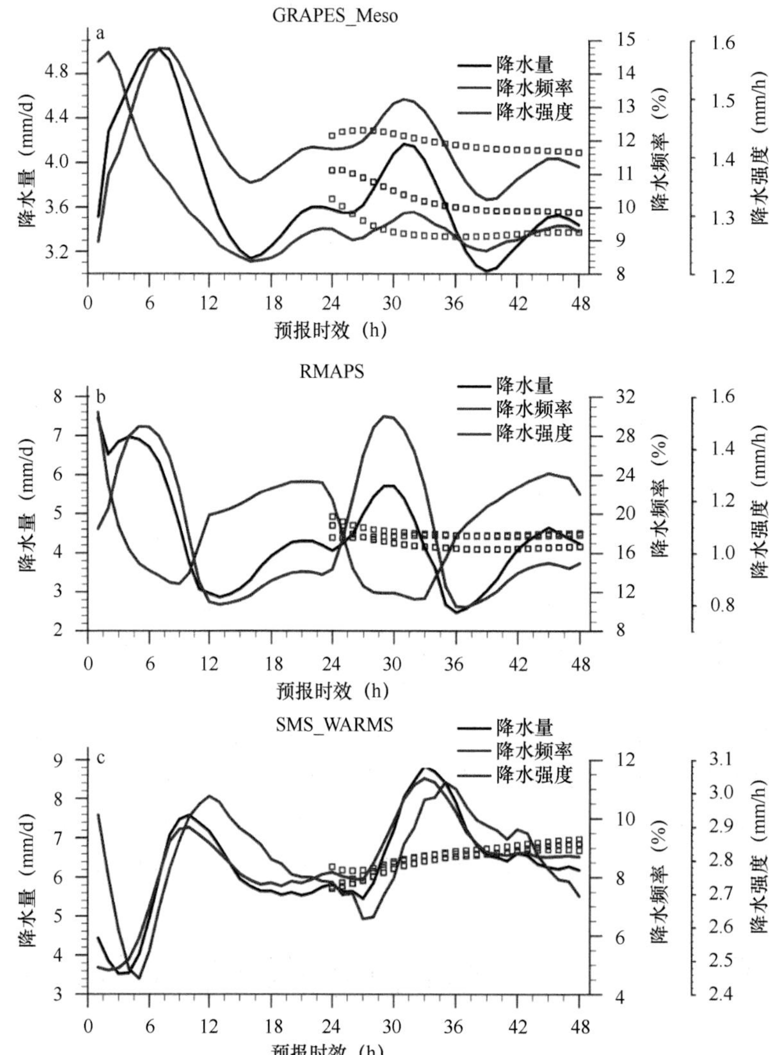

图8-24　2018～2019年5～9月我国中东部地区（20°～50°N，90°～125°E）平均的降水量、降水频率和降水强度的48h预报曲线（实线）与各预报时次的前24h平均值（空心框）

长而明显增加的趋势（图8-24c）。SMS_WARMS预报的日变化主峰值时间基本稳定，降水频率（强度）的24h和48h预报的峰值分别出现在第10（12）h和第33（35）h，分别为预报当天的10（12）UTC或18（20）BJT和第二天的9（11）UTC或17（19）BJT，48h较24h预报的峰值时间提前了约1h。降水量的峰值位相与降水频次相同。相比于ECMWF模式预报，目前我国主要业务使用的区域模式或多或少地存在“spin-up”过程过长的问题，某种意义上反映的是模式的稳定性还需要进一步提高。

为考察模式降水随预报时效增加的变化趋势，图8-25给出了36～48h预报与12～24h预报平均的降水量（图8-25a、d、g）、降水频率（图8-25b、e、h）和降水强度（图8-25c、f、i）的差值图。尽管不同模式的整体变化趋势不同，但其空间分布存在类似的特征，如在西南和华南复杂地形区，不同模式的降水量和降水频率差值均为负值，而在华北第二阶梯地形附近区域均为正值。各模式前后时段降水频率的差值分布也表现出与降水量类似的正负特征，而降水强度趋势的空间分布差异较大。整体而言，GRAPES_Meso降水量和降水频率的负值区域较大，而SMS_WARMS在500m等值线以东的大部分地区均为正值。图8-26进一步比较了3个模式降水量差值均为正值（负值）的西南（西北）地区平均的曲线。在西南地区（图8-25中左下绿框标注范围），GRAPES_Meso降水量减小的趋势主要是降水频率的贡献，降水强度的变化趋势相对较小。RMAPS和SMS_WARMS降水量的减小则主要是降水强度的贡献。而在西北地区（图8-25中右上绿框标注范

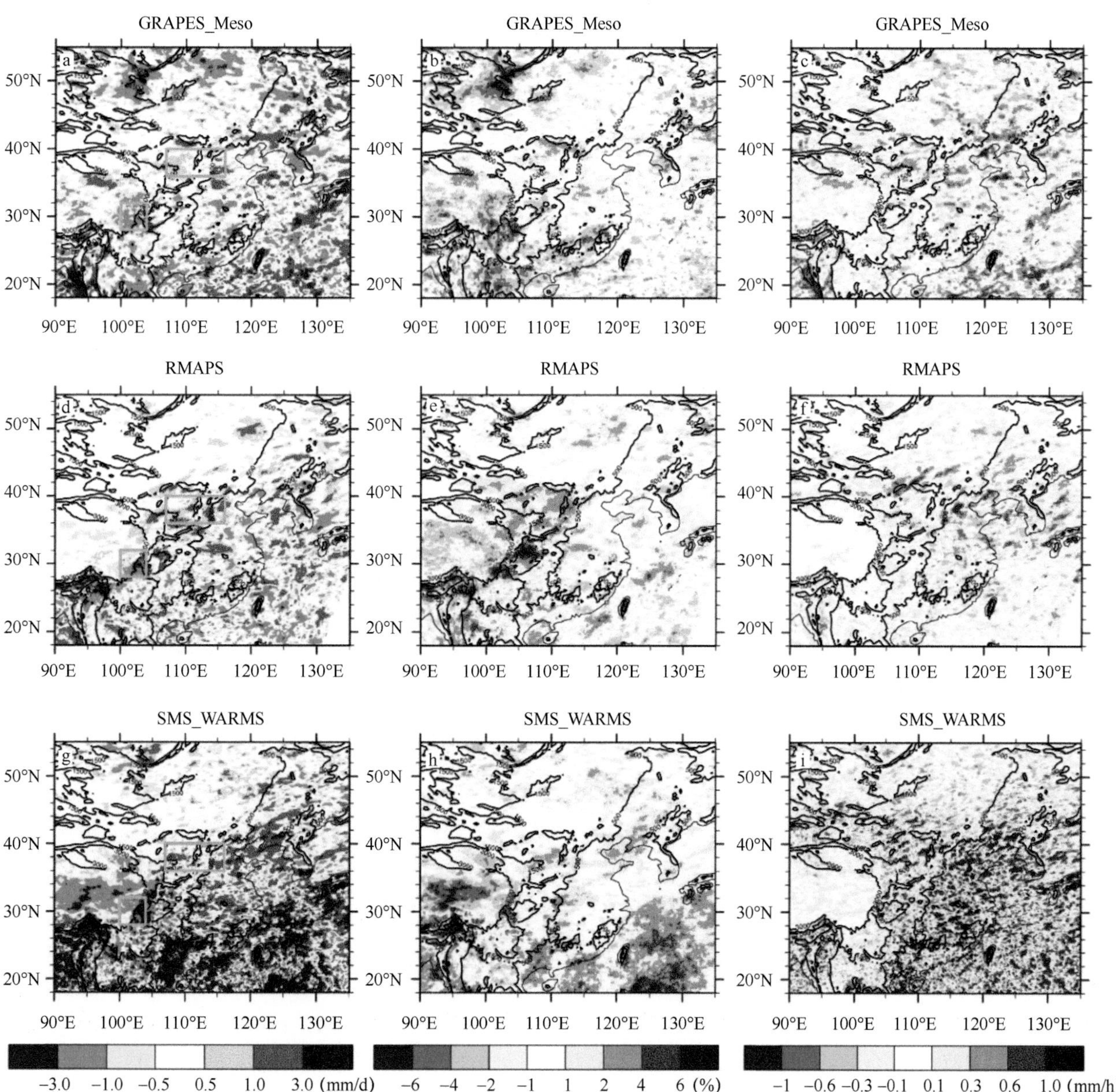

图8-25　36～48h预报的平均降水量（a，d，g）、降水频率（b，e，h）和降水强度（c，f，i）与12～24h预报之差

第一列中绿框标注出了各模式降水量差值均为负值的西南地区和均为正值的西北地区

围），GRAPES_Meso降水量、降水频率和降水强度均表现出一致的增加趋势，而RMAPS和SMS_WARMS降水量的增加主要是降水频率的贡献，降水强度的增加趋势不明显。上述差异再次表明不同模式在不同地形区的偏差特征差异显著。

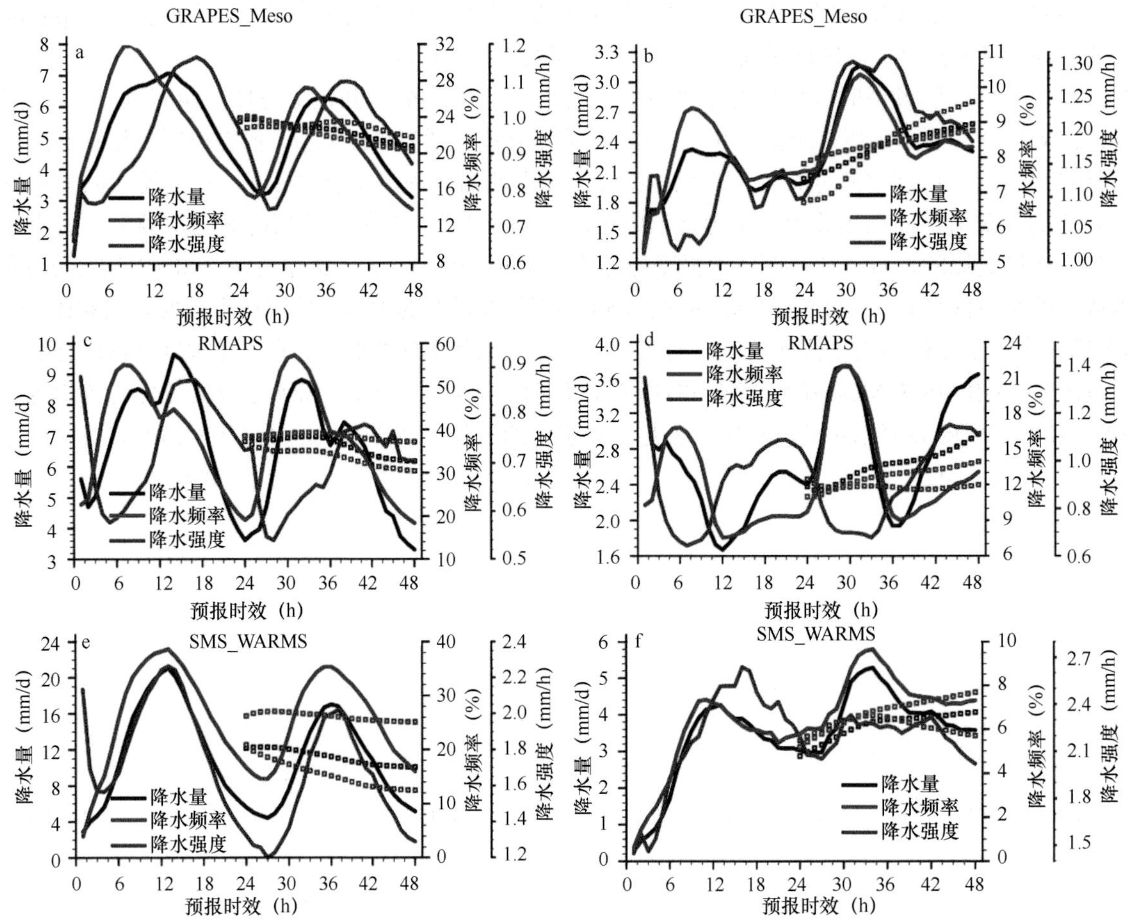

图8-26 西南（a，c，e）和西北（b，d，f）区域平均的降水量、降水频率和降水强度48h预报曲线（实线）与各时次的前24h平均值（空心框）

上述分析显示，区域模式48h预报中降水随预报时效增加而变化的趋势是影响预报系统性能的重要因素，采用不同时段的模式产品有可能得到不同的结果。尽管如此，3个模式48h内的降水日变化峰值特征较为接近，且GRAPES_Meso和RMAPS在大部分区域9～33h后的趋势有减小，因此下文采用区域模式9～33h预报产品评估模式对小时降水特征的预报能力。

一、5～9月平均降水量、降水频率与降水强度的预报

图8-27给出了2018～2019年5～9月区域数值预报模式9～33h预报降水的平均降水量、降水频率和降水强度的空间分布。各模式均能够合理地再现我国降水的主要空间分布型，如华南沿海的强降水带、四川盆地周边的强降水中心及长江流域的雨带，各模式降水量与CMPA降水量的空间相关系数分别为0.76（GRAPES_Meso）、0.77（RMAPS）和0.73（SMS_WARMS），均方根误差分别为2.71mm/d、2.09mm/d和5.49mm/d，RMAPS略优于其他两个模式。RMAPS与SMS_WARMS均存在与ECMWF模式相似的高估高原东坡至四川盆地降水量的偏差，但不同区域模式的降水量偏差也呈现不同的区域特征。GRAPES_Meso对28°N以南、110°E以东的5～9月平均降水量有低估，而对华北平原的降水有高估（图8-27d）。RMAPS（图8-27g）的降水量分布与ECMWF预报（图8-11）较为接近，如东南沿岸降水负偏差，这可能与RMAPS初始场和边界场为ECMWF预报场有一定关联。SMS_WARMS对降水量的高估强于其他两个模式，对主要

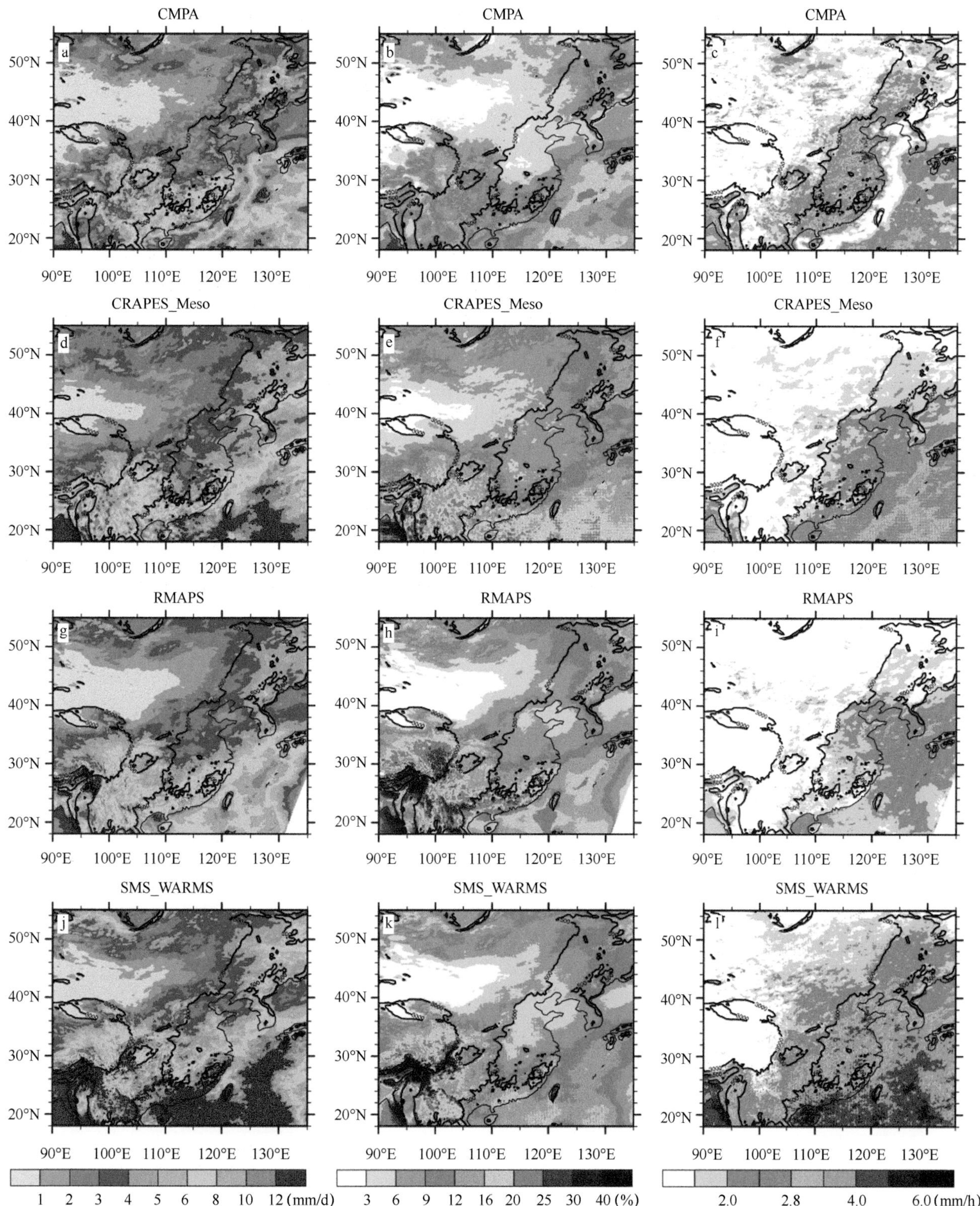

图8-27　2018～2019年5～9月CMPA、GRAPES_Meso、RMAPS与SMS_WARMS 9～33h预报降水的平均降水量（a，d，g，j）、小时降水频率（b，e，h，k）和降水强度（c，f，i，l）的空间分布

图中等值线为500m和3000m地形高度线

降水中心的平均降水量预报偏高超过2mm/d（图8-27j）。

对比5～9月平均降水频率和降水强度的分布可见，RMAPS降水频率（图8-27h）和降水强度（图8-27i）的空间分布与ECMWF预报（图8-12，图8-13）较为接近，但GRAPES_Meso和SMS_WARMS表现出不同特征。GRAPES_Meso、RMAPS和SMS_WARMS预报的降水频率与CMPA的空间相关系数分别为0.69、

0.68和0.59，均低于降水量的结果。与降水量偏差特征类似，GRAPES_Meso对华南地区和云贵高原的降水频率也有明显低估，模式对降水频率高估的区域主要位于高原东坡至长江流域。相比而言，GRAPES_Meso尽管对大部分区域的降水频率有高估，但对其量值的预报（图8-27e）与CMPA更接近，其均方根误差为4.75%。RMAPS和SMS_WARMS的均方根误差分别为6.39%和6.05%，均大于GRAPES_Meso。RMAPS和SMS_WARMS对青藏高原东部降水频率均有高估，RMAPS对我国中东部地区降水频率有高估（图8-27h），SMS_WARMS对500m等高线以东区域的降水频率高估不明显（图8-27k）。各区域模式均再现了500m等高线以东降水强度较大，而以西降水强度较小的特征。GRAPES_Meso、RMAPS和SMS_WARMS预报的降水强度与CMPA的空间相关系数分别为0.51、0.42和0.61，SMS_WARMS高于其他模式，均方根误差分别为0.56mm/h、0.58mm/h和1.13mm/h，SMS_WARMS强度偏高明显。GRAPES_Meso（图8-27f）和RMAPS（图8-27i）对我国降水强度均有低估，并且低估较大的区域均主要位于东南区域。SMS_WARMS对青藏高原以东大部分地区的降水强度高估超过0.5mm/h，对东南沿海降水强度高估超过1mm/h（图8-27l）。对比降水频率和降水强度的分布可见，GRAPES_Meso和RMAPS与ECMWF预报的降水特性偏差类似，高估了我国大部分区域的降水频率，但SMS_WARMS对降水量的高估则主要表现为对降水强度的明显高估。

为定量比较区域数值预报模式不同强、弱降水的结构特征，类似于图8-17，图8-28a、d、g、j分别给出了我国中东部地区CMPA和区域模式每个格点的不同强度年降水量随降水强度的对数回归参数（α，β）在α-β平面上的分布。各模式α最大坐标值与CMPA差别较小。GRAPES_Meso的β最大坐标值略小于CMPA，RMAPS和SMS_WARMS的β最大坐标值则是CMPA的2倍以上，且SMS_WARMS中β较大的格点更多，这也对应于图8-25给出的SMS_WARMS平均强度偏大。各模式中位于棕色区域（弱降水占比相对较高）的格点

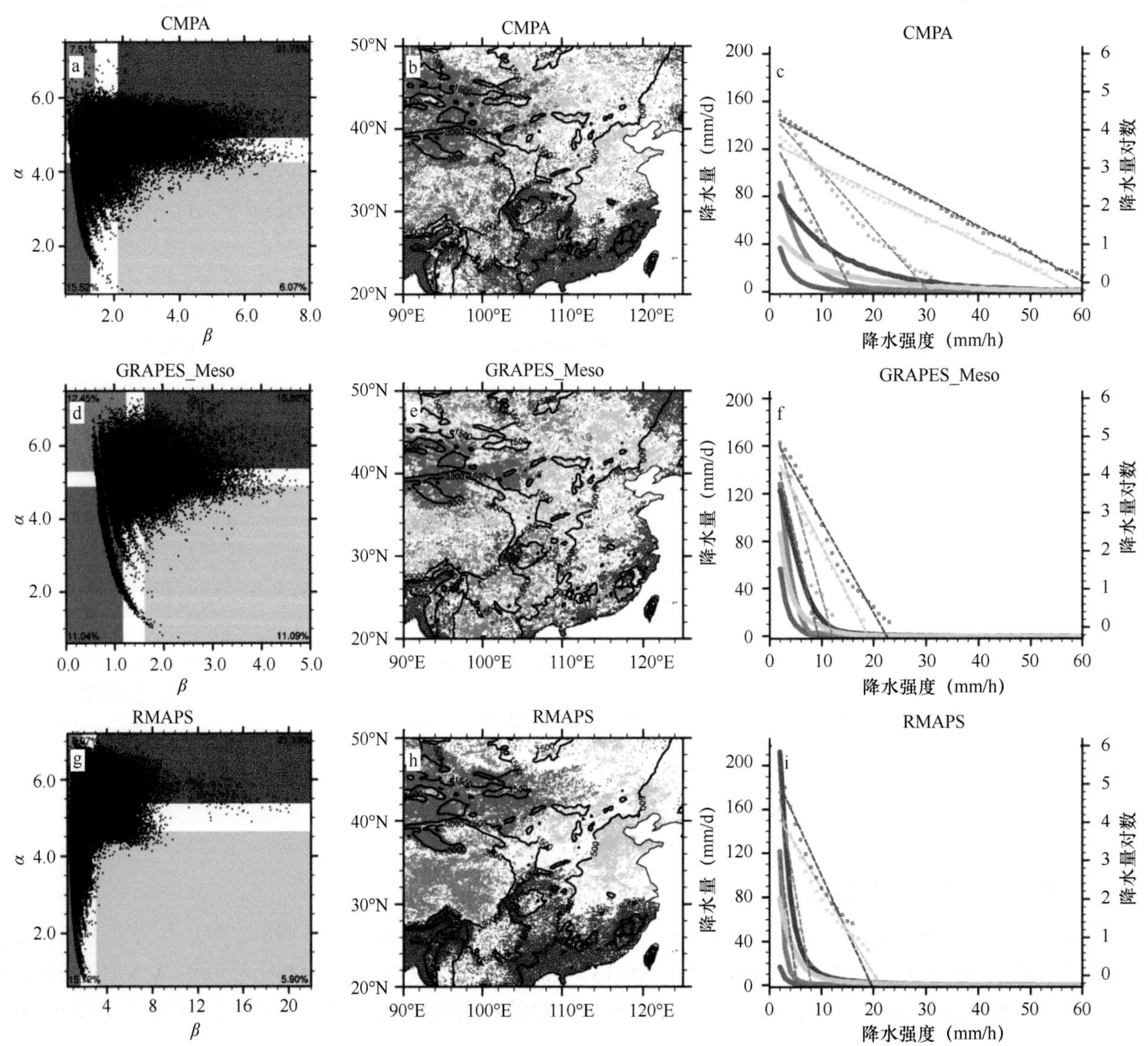

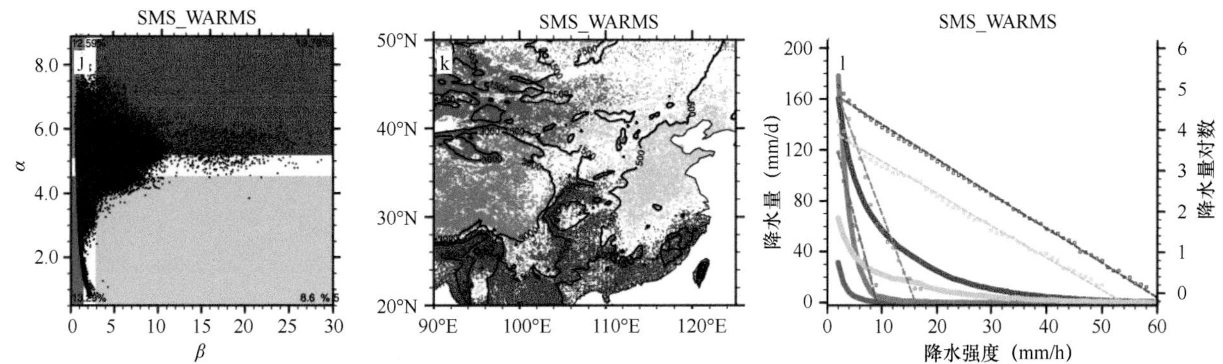

图8-28　青藏高原以东地区（范围如图b所示）降水量随降水强度分布的对数回归参数（α，β）在α-β平面上的分布（a，d，g，j）、不同强度分组的空间分布（b，e，h，k）、5～9月年平均降水量随强度的分布曲线（c，f，i，l）

（a，d，g，j）：每个格点的降水量随降水强度的回归参数值，四色背景表示四类分组，其中蓝色（红色）背景表示弱降水和强降水的频率均较低（高），绿色（棕色）背景表示弱降水的频率较低（高）而强降水的频率较高（低），各象限内的数字表示不同分类内格点的占比。（b，e，h，k）：四类颜色对应于左列中颜色标记的分组。（c，f，i，l）：实线为四类格点平均的年平均降水量随降水强度的分布，不同颜色与中列的颜色对应。空心框和虚线分别为年降水量取对数和基于最小二乘法线性回归后的拟合线

均多于CMPA，CMPA中该类格点占比为7.51%，而GRAPES_Meso、RMAPS和SMS_WARMS中占比分别为12.45%、9.97%和12.59%，说明各模式弱降水占比均偏高。图8-28b、e、h、k给出了四类分组的空间分布，可见RMAPS和SMS_WARMS合理地呈现了30°N以南1500m高度以下区域强、弱降水量占比都相对更高（红色格点）、500m地形等高线以东的江淮至黄淮流域强降水相对较多（绿色格点）和青藏高原3000m高度以上弱降水主导（棕色格点）等区域特征，但在500m等高线以西地区模式中绿色格点偏多。GRAPES_Meso对于不同区域强、弱降水结构的预报偏差较大，如模式中东南内陆复杂地形区和云贵高原均为弱降水主导，江淮至黄淮流域强、弱降水量占比都明显偏高，与CMPA的结果差别显著。从四类平均降水强度变化曲线可见，各模式强度小于10mm/h的弱降水年降水量均显著多于CMPA，而GRAPES_Meso和RMPAS模式超过15mm/h的强降水累积降水量明显偏少。GRAPES_Meso和RMPAS模式降水量随强度增加而迅速减小，与ECMWF预报类似，这也对应于两个模式平均β值偏小。SMS_WARMS中各强度累积降水量随强度的变化趋势与CMPA更为一致。

由图8-27可知，青藏高原大地形周边陡峭地形区降水偏差大值中心在各区域模式中也存在。图8-29给出了区域模式经向（29°～31°N）［纬向（90°～95°E）］平均的降水量、降水频率和降水强度随地形高度和经度（纬度）的分布。由图8-29a可见，RMAPS和SMS_WARMS的降水量大值中心均较CMPA偏西，降水量最大值出现在高原东坡更高地形处，而GRAPES_Meso降水大值中心偏西不明显。对比图8-29c和图8-29e可见，GRAPES_Meso对高原东坡高地形处的降水频率也有高估，而高地形处降水量偏多不明显主要缘于降水频率和强度相互抵消的结果。RMAPS合理地再现了高原上降水频率高于下游地区的特征，其对高原东坡降水量的高估与降水强度随地形降低而增加有关。SMS_WARMS对东坡高地形处降水量的高估主要表现为降水频率偏高，其强度偏高主要出现在低于2500m的地区。在高原南坡，GRAPES_Meso高估了26°N附近谷地的降水量，且频率和强度表现为一致的高估。RMAPS和SMS_WARMS在26°N以北的偏差大值中心均位于更高的坡上，对应于模式对坡上降水频率的高估。SMS_WARMS对于坡前降水强度的预报明显大于CMPA和其他模式。对比青藏高原东坡和南坡的降水偏差可见，模式在东坡的偏差大值中心位于1500m以上的陡坡上，且主要表现为频率偏高，而在南坡偏差大值位于迎风坡前，且频率和强度表现为一致的偏差特征。

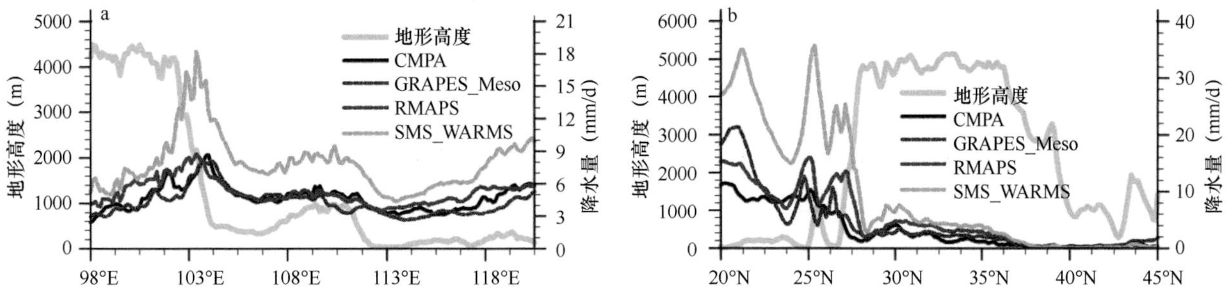

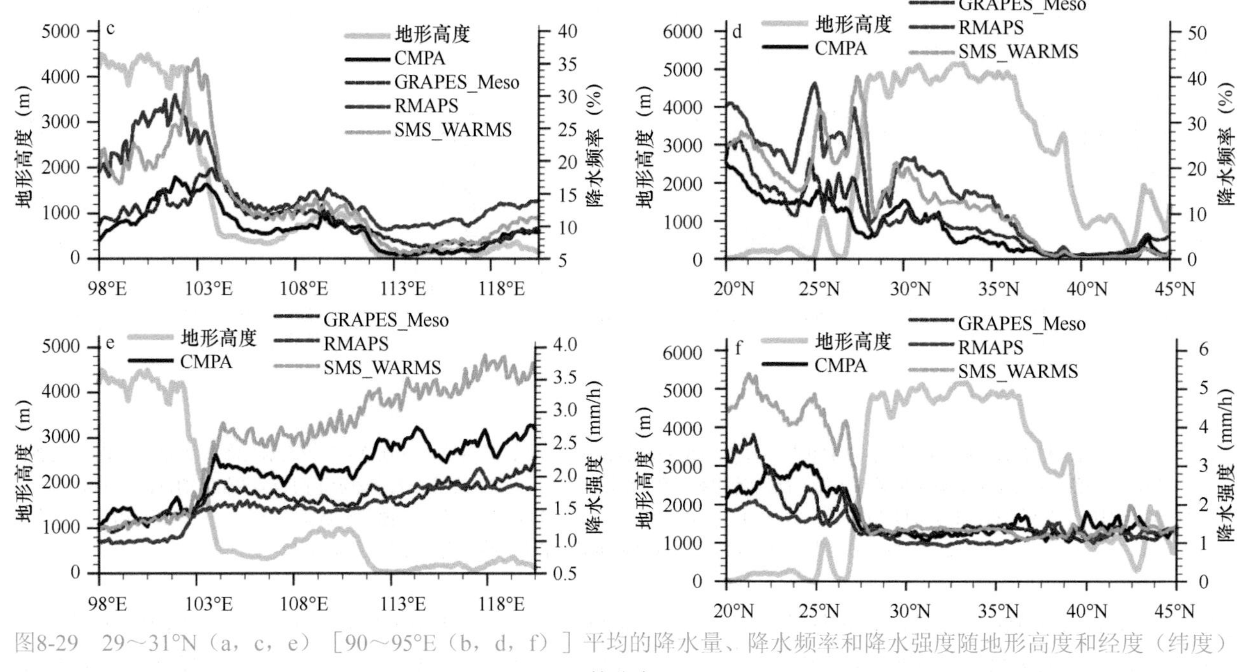

图8-29　29～31°N（a，c，e）［90～95°E（b，d，f）］平均的降水量、降水频率和降水强度随地形高度和经度（纬度）的分布

图8-30给出了经向（纬向）平均的拟合参数α和β随地形高度和经度（纬度）的分布以考察不同强、弱降水结构特征与大地形周边降水偏差特征的关联。在青藏高原东坡至长江下游平原，α（β）随地形高度的变化特征与降水频率（强度）较接近。GRAPES_Meso和RMAPS在3000m以上与CMPA的α值相当，在3000m以下α值明显偏大（即弱降水占比偏多），而3000m以下β值几乎不随地形高度变化，未能合理地再现CMPA中自高原东坡至四川盆地西侧β值增加，再往东减小的变化特征。与图8-29类似，SMS_WARMS预报的α和β随地形高度的变化与GRAPES_Meso和RMAPS不同，其在四川盆地以西500m以上高度处α值偏大而β值偏小，至四川盆地往东α值接近CMPA而β值偏大，即模式高估了高（低）地形区的弱（强）降水。在高原南

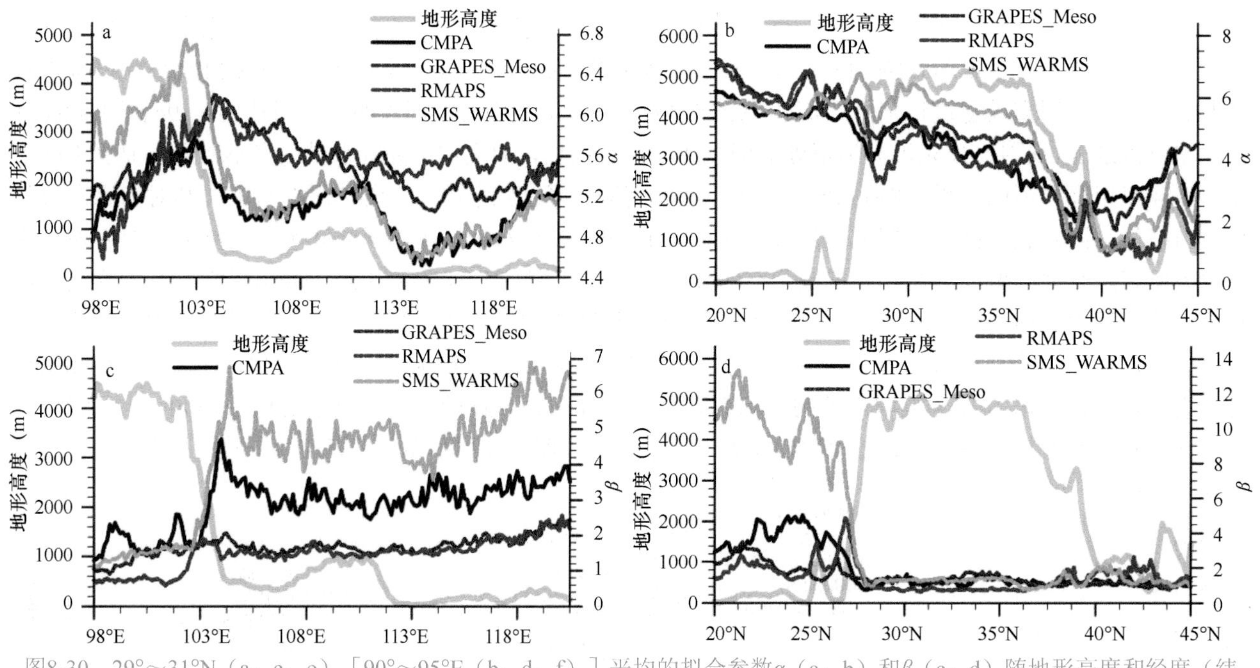

图8-30　29°～31°N（a，c，e）［90°～95°E（b，d，f）］平均的拟合参数α（a，b）和β（c，d）随地形高度和经度（纬度）的分布

坡，α（β）随地形高度的变化特征与东坡也明显不同，尽管各模式在南坡陡峭地形区频率都明显偏高，但α值与CMPA相差较小（图8-29b），SMS_WARMS对坡前降水的显著高估主要是强降水的贡献，这也说明模式对大地形不同坡向处的降水强度结构预报偏差也存在差异。

二、降水日变化预报评估

图8-31给出了CMPA和区域模式预报的2018～2019年5～9月平均的降水量、降水频率和降水强度日变

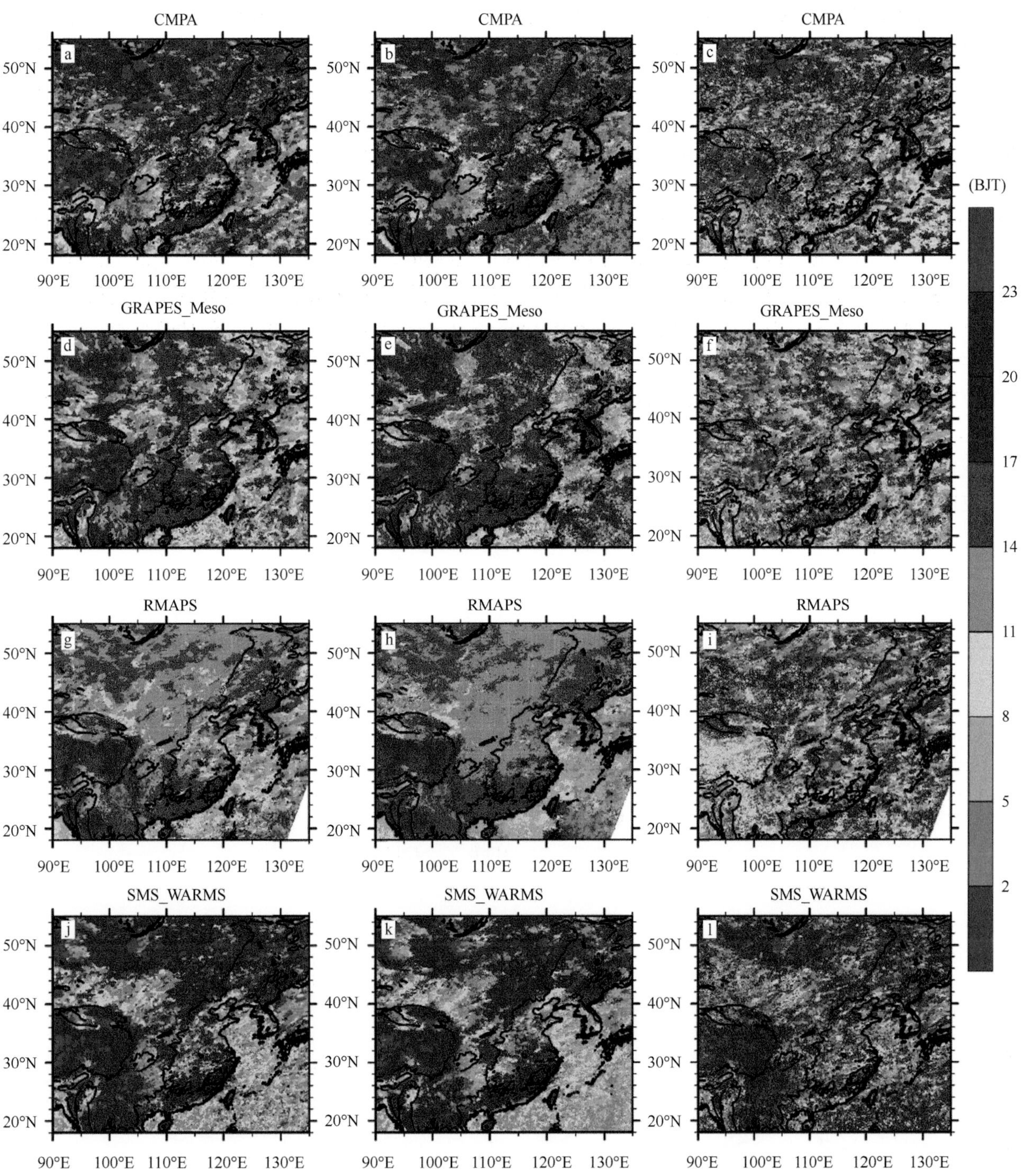

图8-31 CMPA和区域模式预报的2018～2019年5～9月平均的降水量（a，d，g，j）、降水频率（b，e，h，k）和降水强度（c，f，i，l）日变化主峰值时间的空间分布

图中黑色等值线为500m和3000m地形高度线

化主峰值时间的空间分布。可见，各模式均可再现四川盆地夜间至清晨峰值、东南和华北500m地形等高线西侧下午至傍晚峰值、江淮和黄淮流域午后与清晨峰值并存的特征。在110°E以东地区，GRAPES_Meso预报的降水量主峰值时间与CMPA接近，但对西南地区夜雨区范围有低估（图8-31d），RMAPS预报的降水量下午至傍晚峰值时间较CMPA提前（图8-31i），而SMS_WARMS在东南内陆地区峰值时间偏晚（图8-31j）。GRAPES_Meso和RMAPS均再现了CMPA中降水频率下午至傍晚峰值区域更多，而降水强度凌晨至夜间峰值区域更多的特征，但RMAPS降水频率下午峰值提前的特征更明显。SMS_WARMS中东南和华北500m地形等高线西侧降水频率的峰值时间较CMPA更偏向夜间，且降水强度峰值出现在前半夜的区域多于CMPA。

为揭示区域模式与CMPA中降水日变化峰值特征较为一致的区域，图8-32给出了区域模式和CMPA降水量主峰值时间均出现在下午至傍晚（14～20BJT）和夜间至清晨（23BJT至次日8BJT）的区域，其大致与EEOF分析第一模态的特征区域一致（各模式的第一模态解释方差均超过45%）。各区域模式下午至傍晚峰值主导的区域出现在东南和第二阶梯地形500m等高线西侧，而夜间至清晨峰值主导区域主要为高原东坡至四川盆地。图8-33和图8-34比较了西南地区（区域1）和东南地区（区域2）平均的降水日变化曲线。在西南地区（区域1），各模式均能预报出降水量后半夜峰值，CMPA降水量峰值出现在4BJT，模式的峰值时间较CMPA提前2～4h，GRAPES_Meso降水量日变化最弱而SMS_WARMS最强。降水频率和降水强度的日变化与降水量一样存在模式峰值时间超前于CMPA的特征。GRAPES_Meso降水频率日峰值超前于强度峰值，而RMAPS和SMS_WARMS则表现为降水强度峰值时间超前。各模式对西南地区降水频率均有高估，且高估较大时段主要在下午至傍晚；GRAPES_Meso和RMAPS低估了各时次的降水强度，低估较大的时段在清晨至上午，而SMS_WARMS对降水强度高估较大的时段在傍晚至午夜。为考察不同强、弱降水对降水量日变化偏差的贡献，图8-33还同时给出了拟合参数α和β的日变化曲线，模式预报的α后半夜的峰值时间也超前于CMPA，即降水量峰值时间提前主要是弱降水的贡献，而不同模式对β日变化的预报差别较大。在西南地区（区域1），RMAPS中β峰值出现在18BJT，即模式对傍晚的强降水占比有高估；SMS_WARMS中β峰值出现在午夜后，表明模式强降水占比偏多的时段主要出现在夜间（图8-33e）。

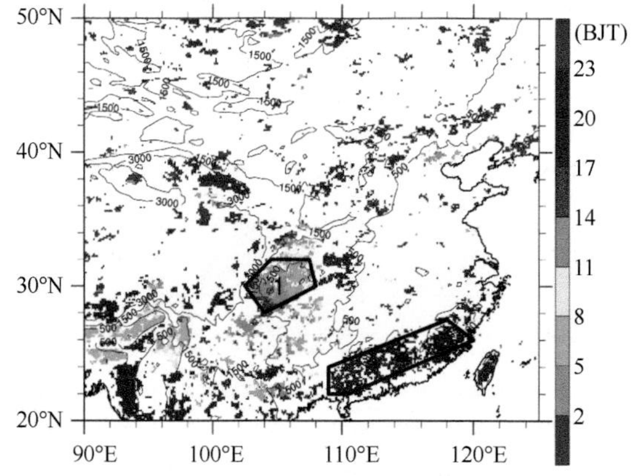

图8-32 CMPA和3个区域模式降水量日变化峰值均出现在夜间至清晨（22BJT至次日8BJT）的西南地区（区域1）和下午至傍晚（14～20BJT）的东南地区（区域2）

图中填色为CMPA的降水量峰值时间

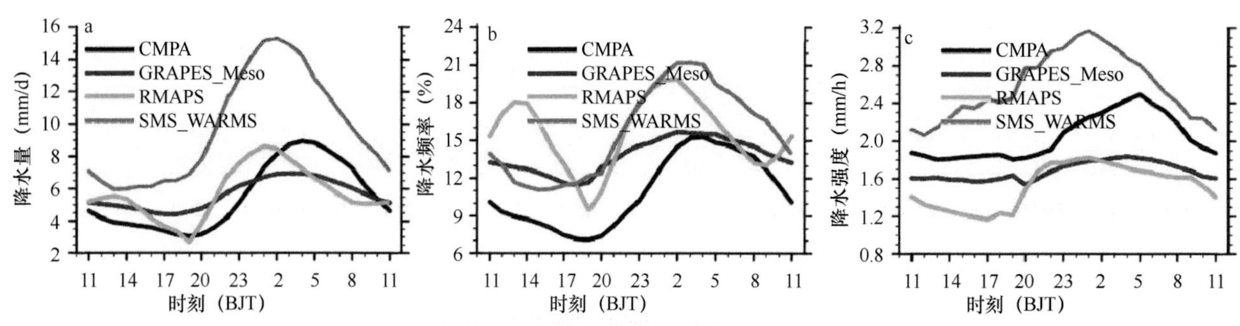

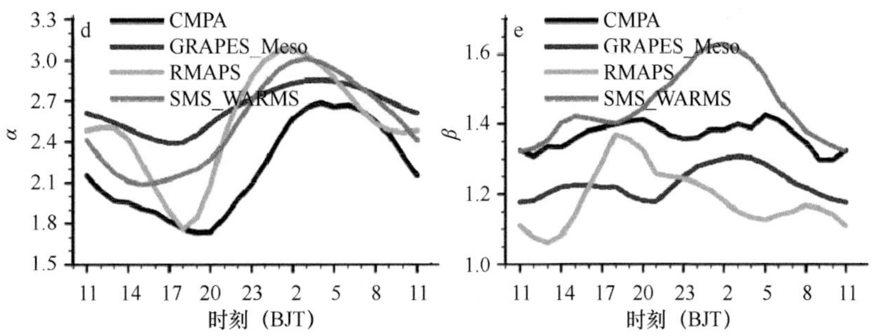

图8-33　西南地区（区域1）平均的降水量（a）、降水频率（b）、降水强度（c）及拟合参数α（d）和β（e）的日变化曲线

区域1范围见图8-32

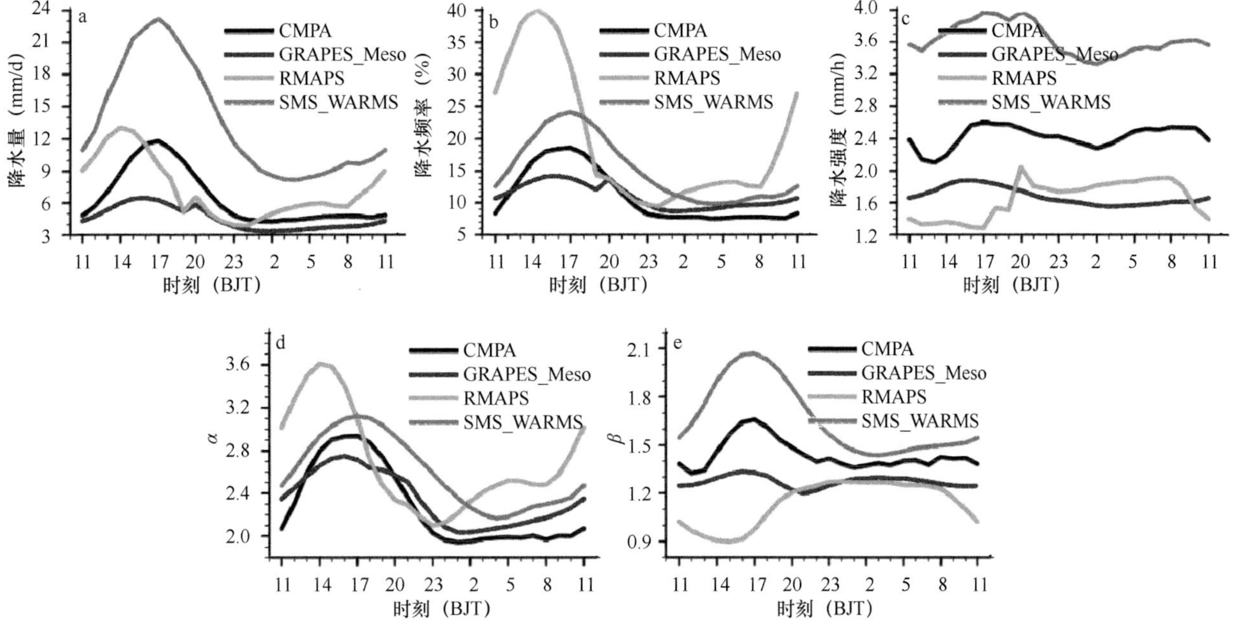

图8-34　东南地区（区域2）平均的降水量（a）、降水频率（b）、降水强度（c）及拟合参数α（d）和β（e）的日变化曲线

区域2范围见图8-32

从东南地区（区域2）平均的日变化曲线（图8-34）可见，GRAPES_Meso降水量和降水频率日变化偏弱，而SMS_WARMS日变化偏强的特征与西南地区类似，SMS_WARMS较好地预报出了东南地区17BJT的降水量和降水频率峰值，而GRAPES_Meso和RMAPS下午峰值时间均偏早，其中RMAPS峰值偏早更多。CMPA在东南地区降水频率下午峰值时间超前强度的特征，但RMAPS和SMS_WARMS强度峰值时间均滞后于频率峰值时间。RMAPS大幅高（低）估了下午至傍晚时段的降水频率（降水强度），而SMS_WARMS对各小时的降水强度均有高估。各模式均再现了α下午至傍晚的峰值，且RMAPS中峰值偏早特征最明显，即RMAPS下午弱降水偏多可能是降水量下午峰值出现时间偏早的重要原因。GRAPES_Meso和SMS_WARMS预报出了β傍晚峰值，但RMAPS的β峰值出现在夜间。

为揭示区域模式降水日变化与大地形分布的关联及其空间演变，图8-35给出了沿长江流域（28°～32°N）平均的降水量、降水频率和降水强度日变化随经度的演变。各模式均再现了自青藏高原东坡至第二阶梯地形西侧降水量日峰值时间自西向东滞后的特征，但GRAPES_Meso和RMAPS在青藏高原邻近3000m等高线区域的降水量主峰值时间偏早，峰值时间向东滞后的信号自3000m以东较为清楚，而SMS_WARMS自青藏高原至东坡3000m陡坡（102°E）附近，降水量主峰值时间从23BJT提前到20BJT，自东坡向下游的峰值时间滞后特征与CMPA较为一致。对比降水频率和降水强度日变化随经度的演变可见，模式可再现自青藏高原3000m高度至四川盆地以西500m高度处降水频率日变化的演变，且模式中高原上降水频率主峰值提前，而自四川盆地往东，降水频率主峰值时间的向东滞后信号较CMPA偏弱。模式也可以部分再现高原东坡至第二阶梯地形西侧和第二阶梯地形以东地区降水强度峰值时间向东滞后的特征。

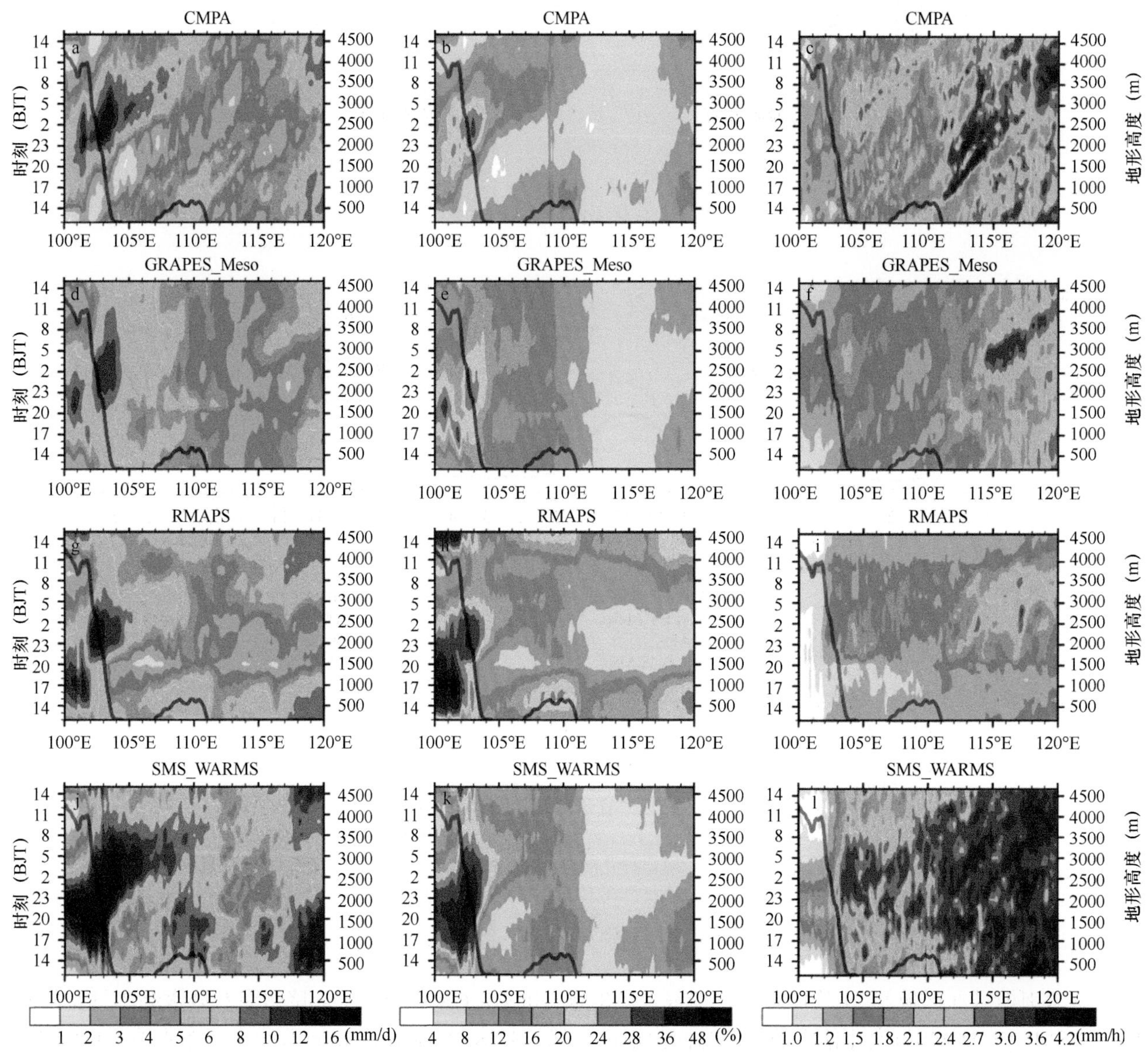

图8-35　沿长江流域（28°～32°N）平均的降水量（a，d，g，j）、降水频率（b，e，h，k）和降水强度（c，f，i，l）日变化随经度的分布

图中黑色线为地形高度线

第六章的分析指出，沿长江流域降水主峰值时间自西向东滞后与长持续降水开始时间向东滞后密切相关。为考察模式对降水演变过程的预报能力，图8-36比较了CMPA和模式预报的沿长江流域（28°～32°N）平均的持续时间超过3h的降水事件开始、峰值和结束时间频次日变化随经度的演变。需要指出的是，由于模式产品采用的是0UTC起报的9～33h预报产品，不同日的降水序列是不连续的，因此模式的开始和结束时间频次不能严格对应于实际降水事件的开始和结束时间。这里对降水开始（结束）时间的定义为：该时次前（后）一个时次无有效降水（＞0.1mm/h）时记为一次开始（结束）。同时为避免在每天预报的第12小时之前降水已经开始对评估结果的影响，对于第12小时有降水的时次，只有第11小时无降水时才认为其为一次有效开始时间，同样对于第36小时降水，当第37小时无有效降水时才记其为一次降水结束时间。此外，为剔除持续1～3h的短时降水事件的影响，对同一天的预报只统计结束时间晚于开始时间超过3h的降水

事件。由图8-36可见，各模式均较好地再现了高原东坡3000m高度处至第二阶梯地形以西降水开始、峰值和结束时间频次日变化峰值自西向东滞后的特征。模式均合理地再现了第二阶梯地形以西区域降水自开始至峰值时间较短、而自峰值至结束时间较长的不对称演变特征。在3000m以上的高原东部（103°E以西），GRAPES_Meso和RMAPS开始与峰值时间均偏早，但结束时间与CMPA接近，这表明在高原上模式降水从峰值至结束的时间较CMPA偏长。在103°E以东至第二阶梯地形110°E附近，模式均能再现降水开始和峰值时间向东滞后的特征，但RMAPS滞后的趋势偏缓。RMAPS模式明显高估了110°E以东区域下午的开始和峰值时间频次和傍晚的结束时间频次，而GRAPES_Meso和SMS_WARMS对于110°E以东降水开始、峰值和结束时间频次的双峰值特征有更好的预报。

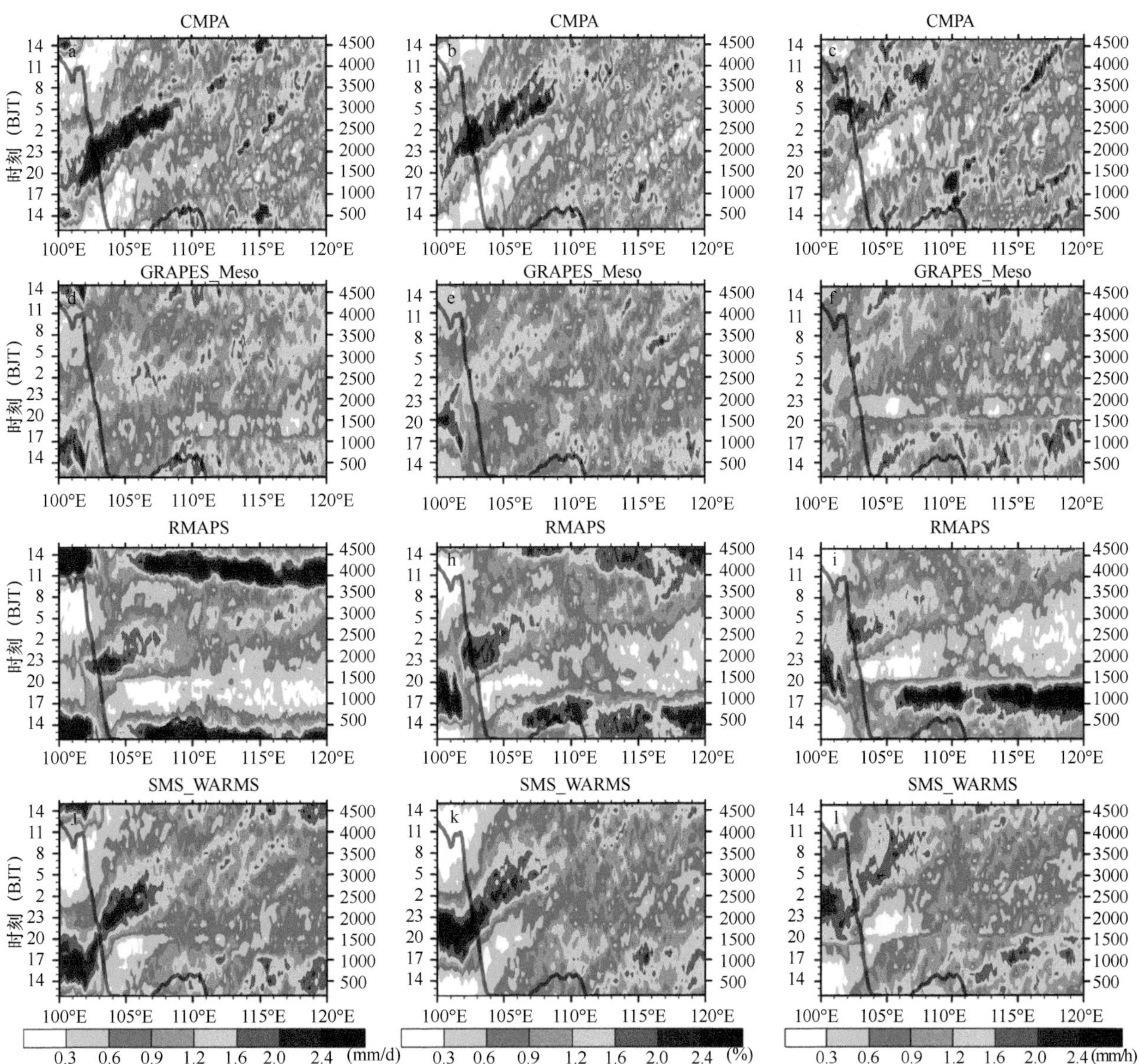

图8-36　沿长江流域（28°～32°N）平均的持续时间超过3h的降水事件开始（a，d，g，j）、峰值（b，e，h，k）和结束（c，f，i，l）时间频次日变化随经度的分布

第五节　对流分辨模式的降水日变化

近年来，在多源观测系统支撑及精细化气象预报需求推动下，我国区域高分辨率数值预报业务发展迅速（张小玲等，2018；金荣花等，2019）。中国气象局数值预报中心（黄丽萍等，2017；许晨璐等，2017）

和华北（范水勇等，2016；卢冰等，2017）、华东（徐同等，2016）、华南（朱文达等，2019）等区域数值预报中心相继建立了水平分辨率为3km的区域高分辨率数值预报系统，逐步实现了区域对流分辨模式的业务化运行，模式产品广泛应用在短临预报、预警以及短期预报业务和服务中。传统数值模式采用的积云对流参数化方案中对流触发的判据相对简单，对流在边界层的夹卷过程不受约束，同时缺乏对浅对流到深对流过渡过程的刻画（Emanuel, 1991; Guichard et al., 2004; Rooy et al., 2013），长期以来被广泛地认为是降水模拟不确定性的重要来源（Liang et al., 2004; Dai, 2006; Zhang and Chen, 2016）。对流可分辨模式通过显式表征深对流过程，从而摆脱模式对于积云对流参数化方案的依赖，在对流过程各要素的总体统计特征，以及与对流相关的辐射过程、陆面过程和大尺度环流等方面的模拟上均呈现出一定的优势（Ban et al., 2014; Prein et al., 2015; Clark et al., 2016）。本节首先比较华北区域数值预报中心RMAPS-ST模式不同分辨率（RMAPS_9km、RMAPS_3km）版本对华北5～9月降水的预报性能，然后评估采用相同动力框架和相同分辨率（3km）的中国气象局数值预报中心GRAPES_3km和华南区域数值预报中心GRAPES_GZ_3km模式对华南降水的预报差异。华东区域数值预报中心SMS_WARR_3km为逐小时起报的快速循环更新系统，每小时只输出24h预报产品，本节不评估该模式结果。

一、华北区域降水日变化预报评估

第六章第三节的分析表明，华北地区大尺度地形高度落差的变化使得该区域的降水区域特征鲜明。本节评估华北区域中心RMAPS-ST不同分辨率模式对于华北降水日变化的预报能力及差异，通过对比采用积云对流参数化方案的RMAPS_9km和对流分辨模式RMAPS_3km，探讨公里尺度模式对复杂地形区降水预报的可能增值。RMAPS_3km的“spin-up”过程特征与RMAPS_9km类似（图8-25），本节仍分析模式9～33h预报产品。

图8-37对比了RMAPS_9km和RMAPS_3km 9～33h预报的日平均降水量及其与CMAP的差值。CMPA中2019～2020年5～9月降水量大值区集中在500～1000m高地形向低地形过渡的坡地区域，降水量超过4mm/d，且降水带的分布大致平行于地形等高线。1000m等高线以西、以北的高地形区（第二阶梯地形）降水

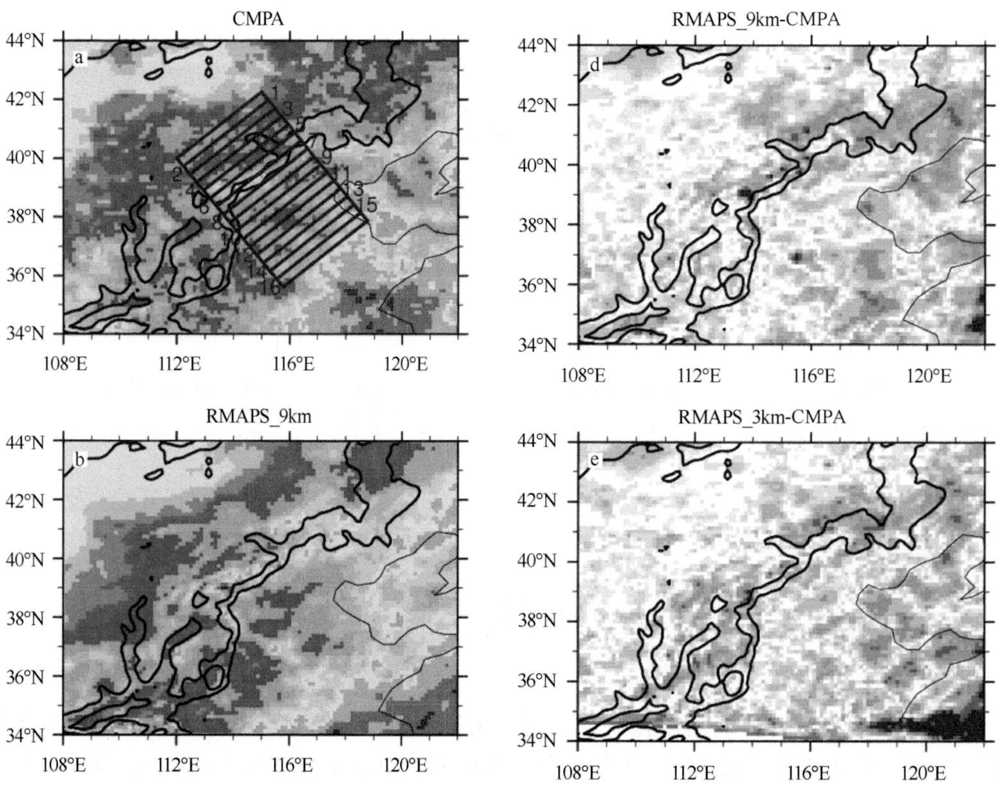

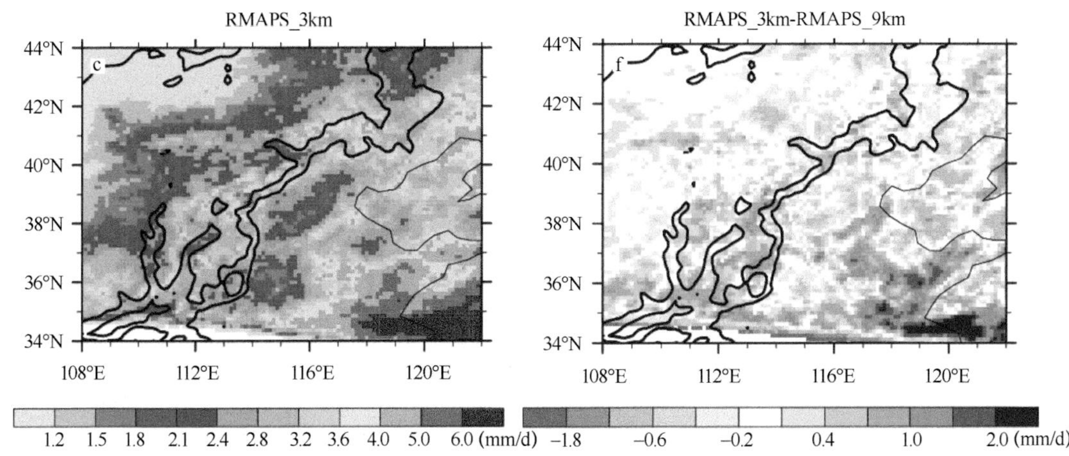

图8-37　2019～2020年5～9月CMPA、RMAPS_9km与RMAPS_3km 9～33h预报的平均降水量（a～c）和差值（d～f）的空间分布

图中等值线为500m和1000m地形高度线，a中紫色框标注选取的16个子区域，数字表示子区域编号

量略小于低海拔平原地区降水量（图8-37a）。RMAPS_9km和RMAPS_3km均预报出坡地的强降水中心（图8-37b、c），两组模式结果与CMPA的空间相关系数分别为0.84和0.83，均方根误差分别为0.59 mm/d和0.75mm/d。不同分辨率模式预报的强降水中心位置均偏向于坡地更高区域，RMAPS_9km降水预报偏多区域主要位于500m等高线以西，对平原地区的降水量预报偏少（图8-37d）。RMAPS_3km对降水量的预报偏差与RMAPS_9km类似（图8-37e），但对500～1000m坡地强降水量高估有改善，而对36°～38°N、110°E附近的地形周边降水量高估更为明显（图8-37f）。总体而言，RMAPS不同分辨率模式对华北5～9月平均降水量的预报接近，但RMAPS_3km对坡地更高地形处的降水高估略有改善。

从CMPA的降水频率和强度分布看，5～9月500m等高线以西高地形处降水频率较高，而以东平原地区降水强度更大（图8-38a、d）。降水高频区出现在第二阶梯地形上邻近坡地的区域，降水频率在6%～10%，而降水强度多在2.4mm/h以下，只在部分小地形处存在局地强度中心。平原地区降水频率在6%以下，平均降水强度超过2.6mm/h。RMAPS_9km和RMAPS_3km合理预报出了高地形和平原地区降水频率和强度分布的空间差异，降水频率与CMPA的空间相关系数分别为0.73和0.78，均方根误差分别为1.25%和1.08%，降水强度与CMPA的空间相关系数分别为0.70和0.75，均方根误差分别为0.45mm/h和0.59mm/h。由差值图可见，RMAPS_9km对112°E以东区域的陆地降水频率均有高估，高估最大区域集中在1000m等高线以西的坡地较高区域，频率高估超过2%（图8-38b）。RMAPS_9km对华北大部分区域降水强度有低估，且对于500m等高线以东平原地区强度低估要大于对坡地和高地形处的量值（图8-38e）。RMAPS_3km相较于RMAPS_9km对于降水频率（强度）的高估（低估）有明显改善，但其对坡地的降水频率仍有1%～2%的高估，且36°～38°N、110°E附近的低地周边降水量的高估主要源于对该区域降水频率的高估。RMAPS_3km对

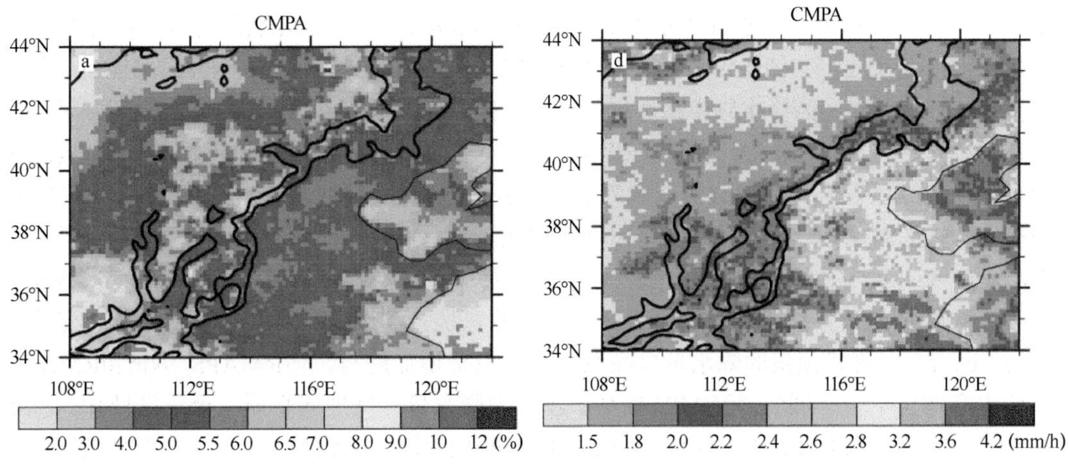

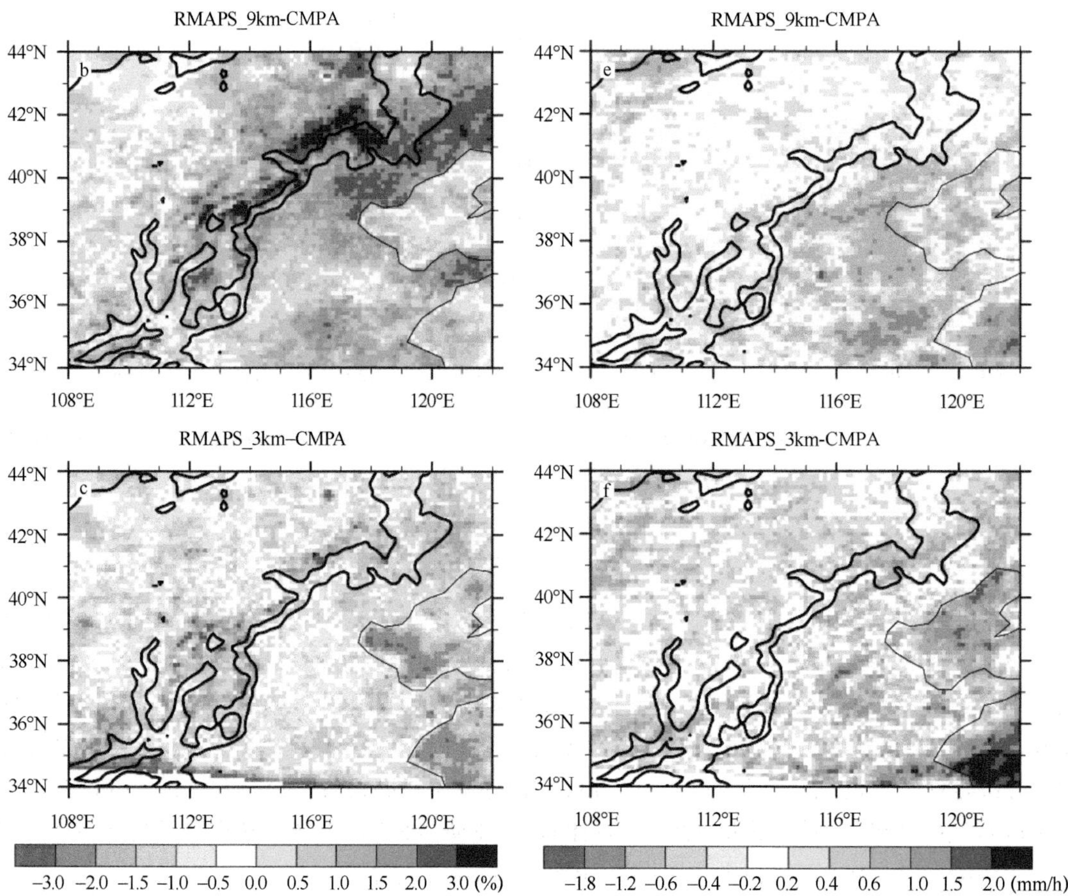

图8-38　2019～2020年5～9月CMPA的降水频率（a）、降水强度（d）以及RMAPS_9km（b，e）与RMAPS_3km（c，f）9～33h预报的降水频率（b，c）、降水强度（e，f）与CMPA的差值

图中等值线为500m和1000m地形高度线

于华北大部分区域的降水强度有高估，但对500m等高线以东邻近坡地的平原地区的降水强度有低估，且降水强度负偏差区的分布也与地形等高线大致平行。

上述评估说明，尽管模式分辨率提升后 RMAPS_3km对于降水频率和降水强度的预报有一定程度的改善，但RMAPS_3km对坡地周边降水频率预报仍偏高。为定量比较模式对于不同地形高度处降水特性的预报性能，图8-39给出了降水量、降水频率和降水强度在16个子区域（图8-37a中紫色框线）的分布，每个子区域内所有格点降水量、降水频率和降水强度的统计以盒须图显示。CMPA中，各区域平均降水量（图8-39a）自高原向坡地逐渐增加，自坡地至平原呈先增加后减小的趋势，位于坡地的子区域6的平均降水量为局地最大值（3.28mm/d），且离散程度最大。位于高地形向平原过渡区的5～8子区域各格点间降水量离散程度均较大（各区域最大、最小降水量差值均在1.97mm/d以上）。CMPA的降水频率在1～6子区域相对较大，至平原地区相对较小（图8-39d）。子区域5的降水频率为局地最大（6.09%），且高于降水量局地最大值出现位置。子区域4～8为降水频率离散程度较大的区域。CMPA降水强度沿着16个子区域自高地形至平原呈增加趋势，在子区域5～7，随着地形高度的迅速降低，平均降水强度明显增加。低海拔地区降水强度高于坡地及高海拔地区，且低海拔区域降水强度离散程度均较大（图8-39g）。总的来说，CMPA中降水量大值出现在坡地较低海拔处，降水频率大值出现在坡地较高海拔处，而强度大值位于平原地区。

对比RMAPS_9km和RMAPS_3km预报的5～9月降水量、降水频率的分布可见，不同分辨率模式对于降水随地形高度变化特征的预报接近，RMAPS_3km并未明显改进降水量和降水频率和地形高度关系的预报（图8-39b、c、e、f）。模式预报的降水量自高原至坡地也呈增加趋势，但RMAPS_9km和RMAPS_3km局地降水量大值中心均位于子区域5，较CMPA偏高。模式中降水量自坡地向平原（至子区域10）减小的趋势均较CMPA更为明显，且高地形处的子区域内降水量的离散程度均大于CMPA，在高地形至坡地的过渡区域

（子区域4～6），RMAPS_9km预报的子区域降水量离散度要大于RMAPS_3km。不同分辨率的RMAPS降水频率局地最大值也出现在子区域5，但是模式均高估了自高地形（子区域1～5）至坡地（子区域6～7）降水频率增加的趋势（图8-39e、f）。模式对于降水强度随地形高度降低而增加的趋势有合理预报（图8-39h、i），RMAPS_9km和RMAPS_3km均在子区域7预报出一个局地最大降水强度中心，且在子区域7～11，随着地形高度进一步降低，降水强度也呈减小趋势，这也对应于模式对邻近坡地的平原地区的降水强度预报偏小。

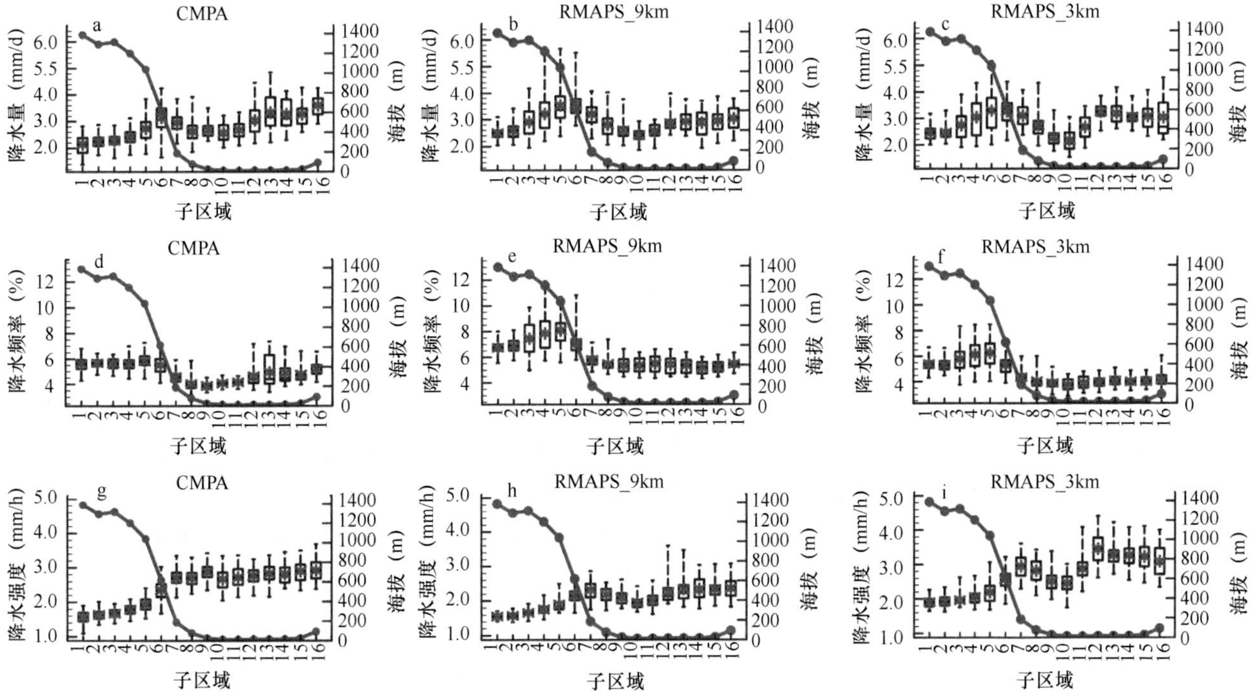

图8-39　16个子区域（图8-27a紫色框）所有格点降水量（a～c）、降水频率（d～f）和降水强度（g～i）的盒须图

图中蓝色盒体表示第25～75百分位数，盒体内蓝色星号表示均值，黑色竖虚线标示子区域最大至最小值范围，棕色点实线为各区域内格点平均海拔

图8-40给出了CMPA和模式预报的2019～2020年5～9月平均的降水量日变化主峰值时间的空间分布。CMPA中第二阶梯地形上降水量的日变化主要表现为午后一傍晚峰值，仅有小范围的降水表现出清晨峰值（主要位于36°～38°N地形周边）。在1000m以下区域降水量日变化峰值时间的一致性相对较差，在500～1000m等高线的坡地，不同区域傍晚和夜间峰值并存。500m等高线以东、以南地区降水量日变化峰值主要出现在夜间一清晨时段，但平原地区也存在傍晚峰值（图8-40a）。模式均合理再现了高地形处下午至傍晚峰值为主、低地形区夜间至清晨峰值更多的特征，但相比而言，RMAPS_3km预报的降水量日变化主峰值时间的分布与CMPA更为接近。RMAPS_9km高估了112°E以西区域的凌晨至上午的峰值，对于115°E以东平原地区中午至下午的峰值也有高估。RMAPS_3km对于华北平原地区午夜降水峰值有高估。

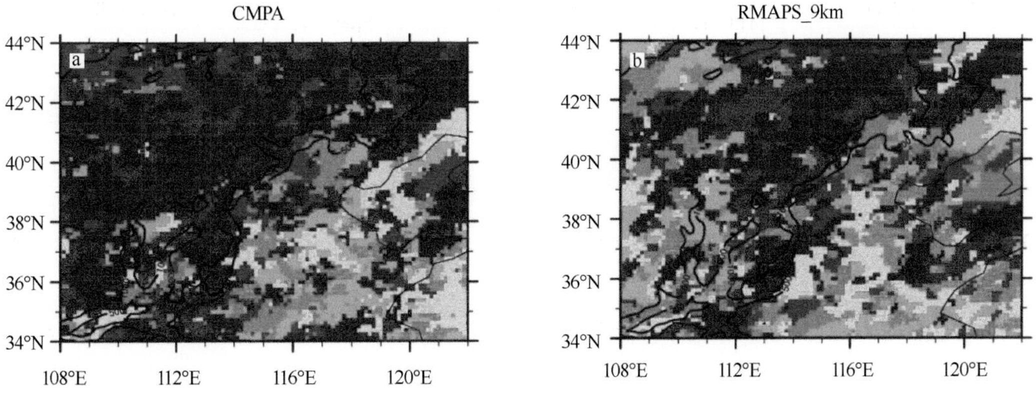

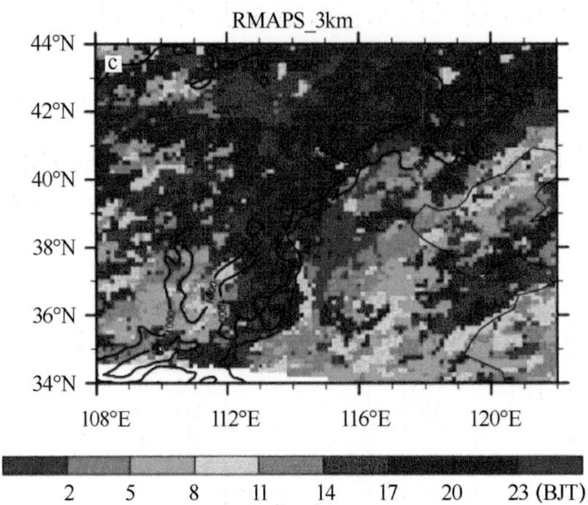

图8-40 CMPA（a）、RMAPS_9km（b）和RMAPS_3km（c）预报的2019～2020年5～9月平均的降水量日变化主峰值时间的空间分布

图中黑色等值线为500m和1000m地形高度线

根据图8-40降水量日变化主峰值时间的空间分布可知，华北坡上坡下降水日峰值存在差异，为更清楚地展示降水日变化沿地形高度的演变，图8-41给出了16个子区域平均的降水量、降水频率和降水强度的日变化。CMPA中1000m高度以上区域降水量日峰值均出现在14～17BJT，1000m高度以下子区域均存在傍晚、夜间双峰并存的特征。与青藏高原以东地区降水主峰值时间自西向东滞后的特征类似，自坡地至平原（子区域5～16），降水日变化主峰值时间存在自前半夜至清晨滞后的特征（图8-41a）。RMAPS_9km和

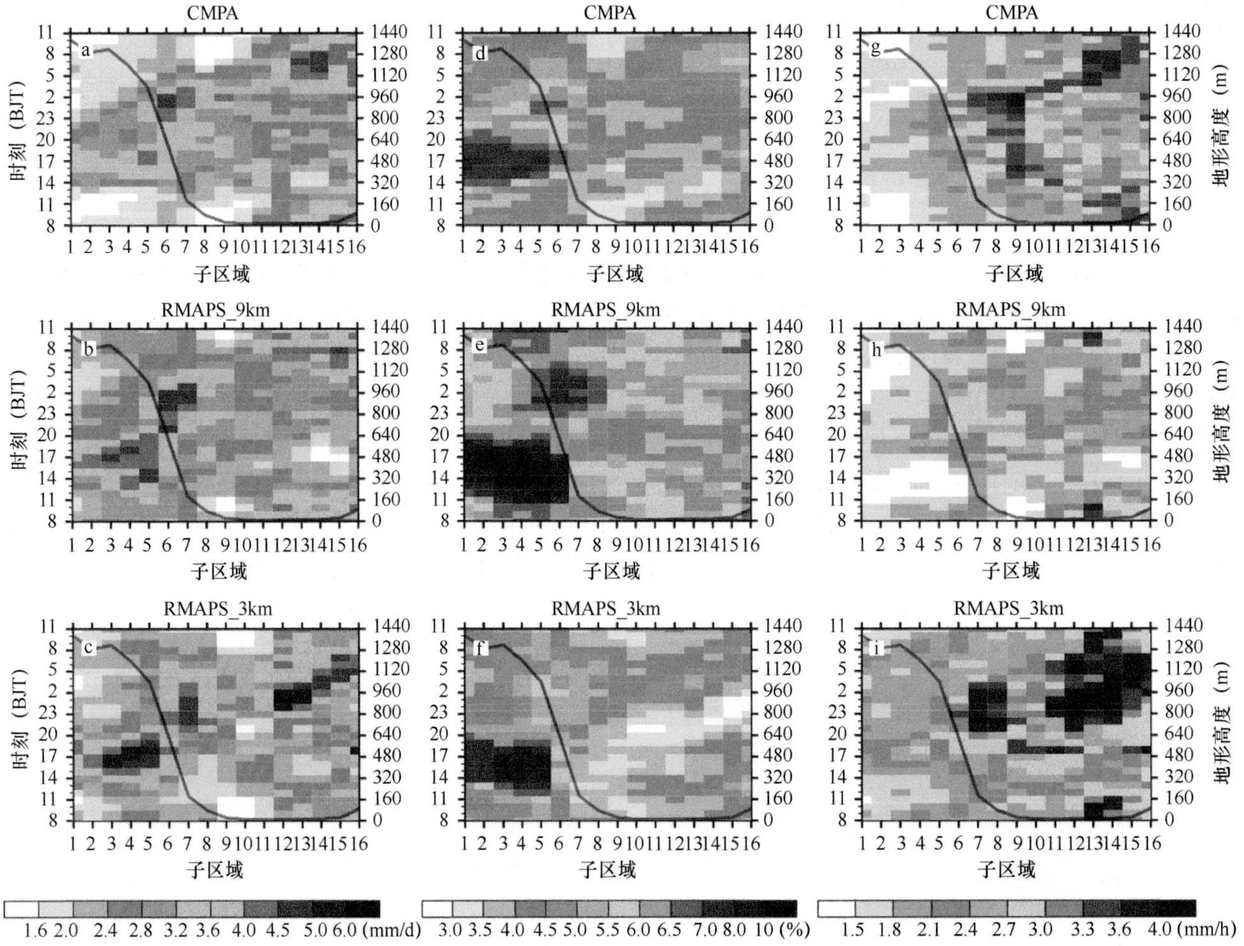

图8-41 CMPA、RMAPS_9km和RMAPS_3km 9～33h预报的降水量（a～c）、降水频率（d～f）和降水强度（g～i）的日变化沿华北16个子区域（图8-37a紫色框线）的变化

黑色实线为子区域平均的地形高度

RMAPS_3km均合理再现了高地形区（子区域1～5）17～20BJT的降水量主峰值，但在坡地至平原地区，不同分辨率模式再现的降水量日变化存在差异。RMAPS_9km合理预报了坡地2BJT的峰值，但对子区域9～14的降水量主峰值预报偏晚，子区域5～16的降水量主峰值时间滞后特征不明显（图8-41b）。RMAPS_3km预报出了降水量主峰值时间自坡地至平原滞后的特点，但模式自坡地至平原的降水量主峰值时间均较观测提前3～5h（图8-41c）。

从降水频率和降水强度随地形高度的演变可见，CMPA中高地形区降水频率日变化主峰值均出现在14～17BJT，与降水量日变化主峰值时间相当（图8-41d），而降水强度日变化存在傍晚和午夜双峰值（图8-41g）。降水频率和降水强度在坡地至平原地区均存在夜间至清晨的峰值，而降水强度在下午也存在振幅相当的峰值。降水频率和降水强度日变化主峰值时间均存在自坡地向平原滞后的特征，且降水强度峰值时间滞后的特征更明显。在子区域5以西的高地形区，RMAPS_9km和RMAPS_3km对降水频率下午至傍晚的峰值均有合理再现，但都高估了降水强度下午至傍晚的峰值。在子区域6以东的坡地至平原地区，RMAPS_9km对清晨和下午的降水频率均有高估（图8-41e），且未能合理再现降水强度峰值时间自夜间向清晨滞后的特征（图8-41h）；RMAPS_3km对于坡地至平原地区降水频率和降水强度的峰值时间预报均较CMPA有提前，且平原地区降水强度峰值提前更为明显。

为进一步说明不同区域降水日变化的预报差异，图8-42给出了高地形区（子区域1～5）、坡地（子区域6～8）和平原（子区域9～16）区域平均的降水量、降水频率和降水强度日变化曲线。RMAPS_9km和RMAPS_3km均合理再现了1000m以西高地形区降水量和降水频率的下午单峰值，但RMAPS_9km的峰值时间较CMPA提前1h。模式对于高地形区降水强度日变化的预报与CMPA存在差异，CMPA中降水强度日变化主峰值出现在16BJT，3BJT存在弱的次峰值；RMAPS_9km降水强度在20BJT和8BJT存在两个振幅相当的峰值，而RMAPS_3km也存在两个峰值，只是下午峰值时间较RMAPS_9km提前2h。在坡地，RMAPS_9km合理再现了降水量下午和午夜双峰并存、降水频率下午峰值、降水强度午夜峰值，只是降水量和降水频率下

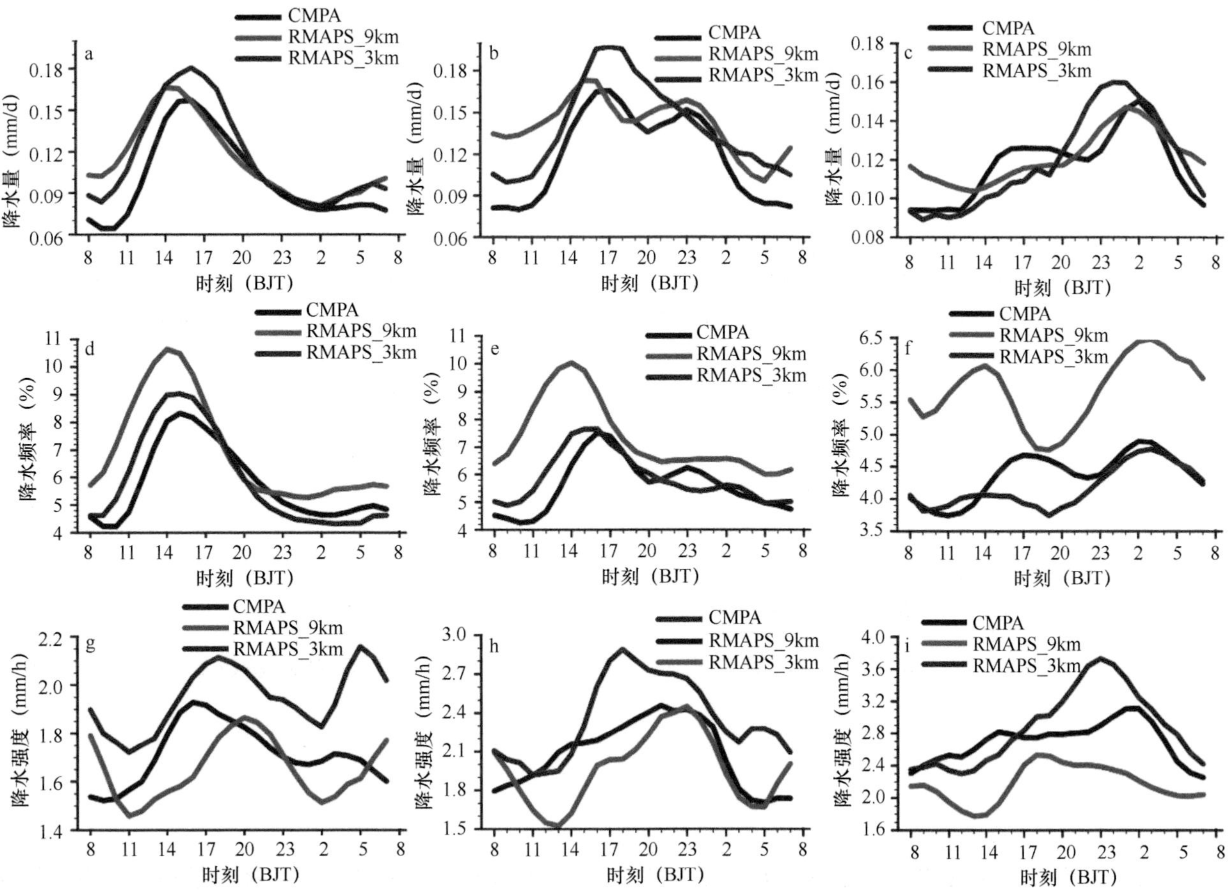

图8-42　区域平均的降水量（a～c）、降水频率（d～f）和降水强度（g～i）日变化曲线

a、d、g为子区域1～5平均，b、e、h为子区域6～8平均，c、f、i为子区域9～16平均，子区域范围见图8-37a

午峰值时间较CMPA提前2h。RMAPS_3km合理再现了降水频率的下午峰值，但未能预报出午夜的降水量峰值，且对下午和凌晨时段的降水强度有明显高估。在500m以东的平原地区，RMAPS_9km和RMAPS_3km均未再现CMPA中降水量的下午次峰值，这与RMAPS_9km（RMAPS_3km）对于下午降水强度（频率）的低估有关。同时，RMAPS_3km对午夜降水强度存在高估，对应于降水量的午夜峰值较CMPA提前2h。

上述分析表明华北降水日变化呈现双峰特征，接下来区分午后—傍晚（13～20 BJT）时段和午夜—清晨（23BJT至次日8BJT）时段，对比模式对两个时段降水的预报情况。对比图8-43与图8-37和图8-38可见，午后—傍晚时段1000m等高线以西高地形处降水量较日平均值更大，坡地也是降水量大值中心，量值与高地形处接近（图8-43a）。高地形区降水频率更高（图8-43d），而平原地区降水强度更强（图8-43g）的特征突出。RMAPS_9km和RMAPS_3km对于1000m等高线附近坡地较高处午后—傍晚的降水量均有明显高估。与日平均值不同的是，RMAPS_3km对于午后—傍晚坡地较高处降水量的高估要大于RMAPS_9km，其对应于RMAPS_3km对降水频率和降水强度均有高估。RMAPS_9km对于午后—傍晚坡地较高处降水频率的高估要强于日平均值，而对平原地区的降水强度的负偏差也较日平均值大。

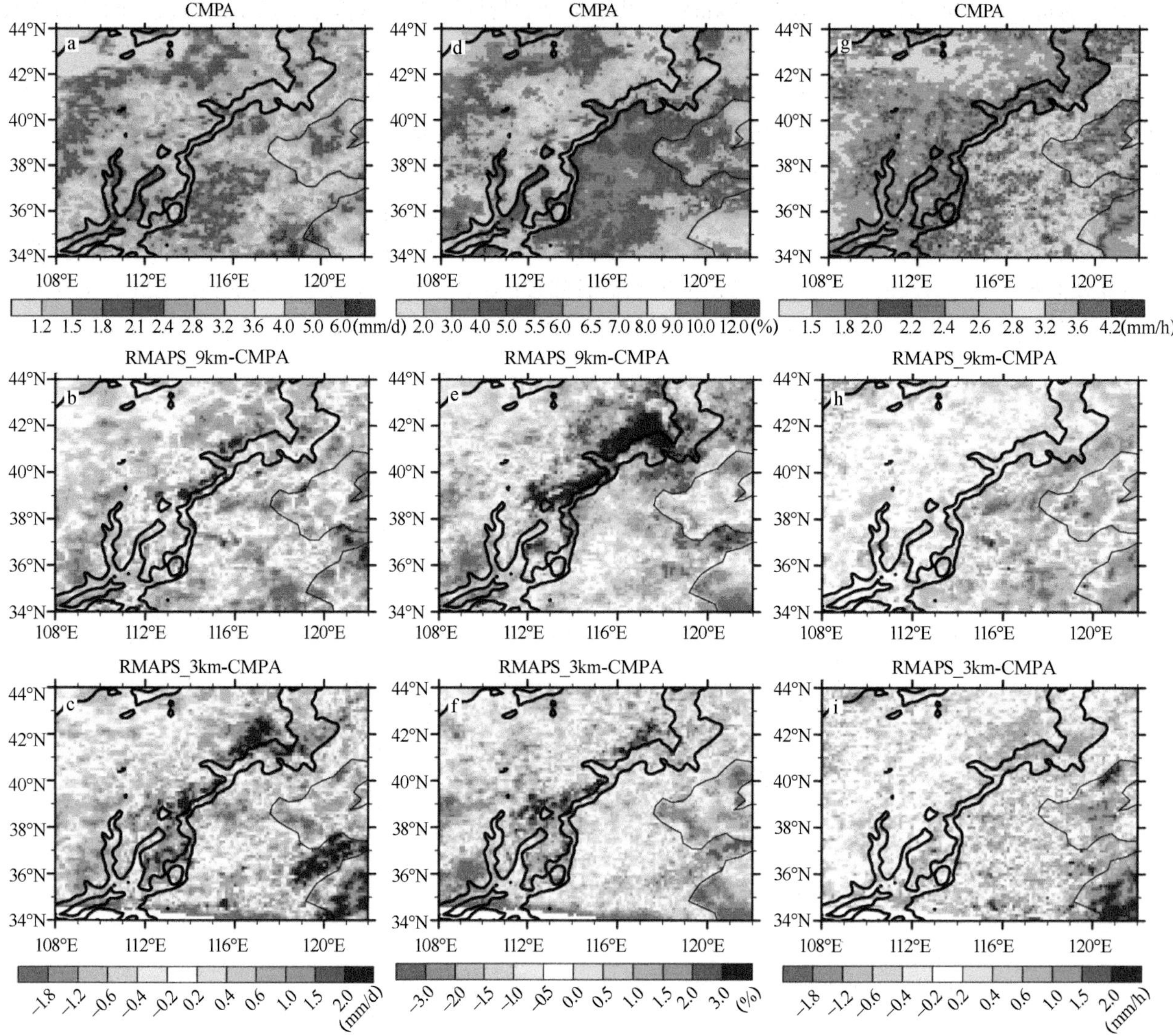

图8-43 2019～2020年5～9月CMPA午后—傍晚（13～20BJT）时段平均的降水量（a）、降水频率（d）、降水强度（g）以及RMAPS_9km（b，e，h）与RMAPS_3km（c，f，i）9～33h预报的平均降水量（b，c）、降水频率（e，f）和降水强度（h，i）与CMPA的差值

在午夜—清晨（23BJT至次日8BJT）时段（图8-44），CMPA中华北地区平均降水量小于午后—傍晚时段，但在邻近500～1000m等高线的坡地仍为降水量局地大值区，这与该区域在夜间降水频率相对较高对

应。降水频率和降水强度在午夜—凌晨时段均表现为平原地区大于高地形区。从模式预报偏差分布可见，在午夜—清晨时段，RMAPS_9km对华北大部分区域的降水量有低估，只在北京及其东北500～1000m坡地区域有高估，模式对于平原地区降水频率（强度）的高估（低估）总体大于高地形区。RMAPS_3km对于午夜—清晨时段500m以东降水量有低估，这与其对降水强度的低估对应，而对大部分区域降水频率为负偏差，且偏差量值要小于午后—傍晚时段。

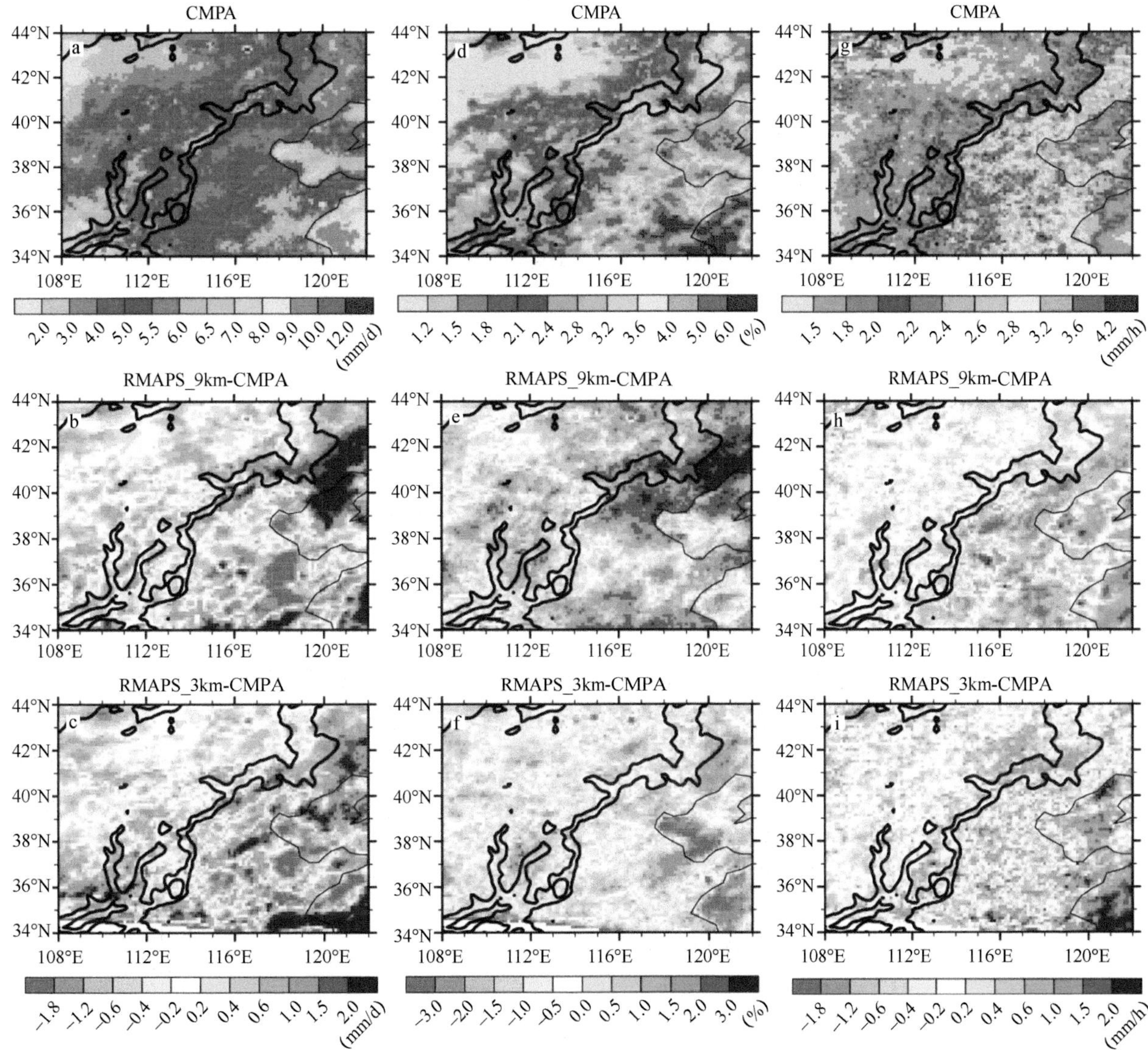

图8-44　2019～2020年5～9月CMPA午夜—清晨（23BJT至次日8BJT）时段平均的降水量（a）、降水频率（d）、降水强度（g）以及RMAPS_9km（b，e，h）与RMAPS_3km（c，f，i）9～33h预报的平均降水量（b，c）、降水频率（e，f）和降水强度（h，i）与CMPA的差值

综合上述分析，RMAPS对华北地区的降水预报存在一定程度的正、负偏差，而模式对于降水空报和漏报是反映模式预报性能的重要指标。为了更清晰地认识RMAPS对华北地区降水空报和漏报的情况，图8-45给出了2019～2020年5～9月模式对华北区域降水空报和漏报频率的分布。将CMPA（模式）降水超过0.5mm/h而模式（CMPA）降水小于0.1mm/h的时次定义为漏报（空报）时次，定义空报和漏报时次占总观测时次的百分比为空报和漏报频率。总体而言，RMAPS_9km和RMAPS_3km的空报（漏报）频率的分布较为接近，空报频率的大值区均出现在500m等高线以上至邻近1000m等高线的坡地较高处，而漏报频率大值区主要位于500～1000m等高线的坡地，较空报高频区的位置偏低。RMAPS_3km的空报频率要大于RMAPS_9km，但漏报频率较为接近，这表明模式的漏报可能更多受初值和边界场强迫的影响，而模式的空报与云雨物理过程的联系更为密切。

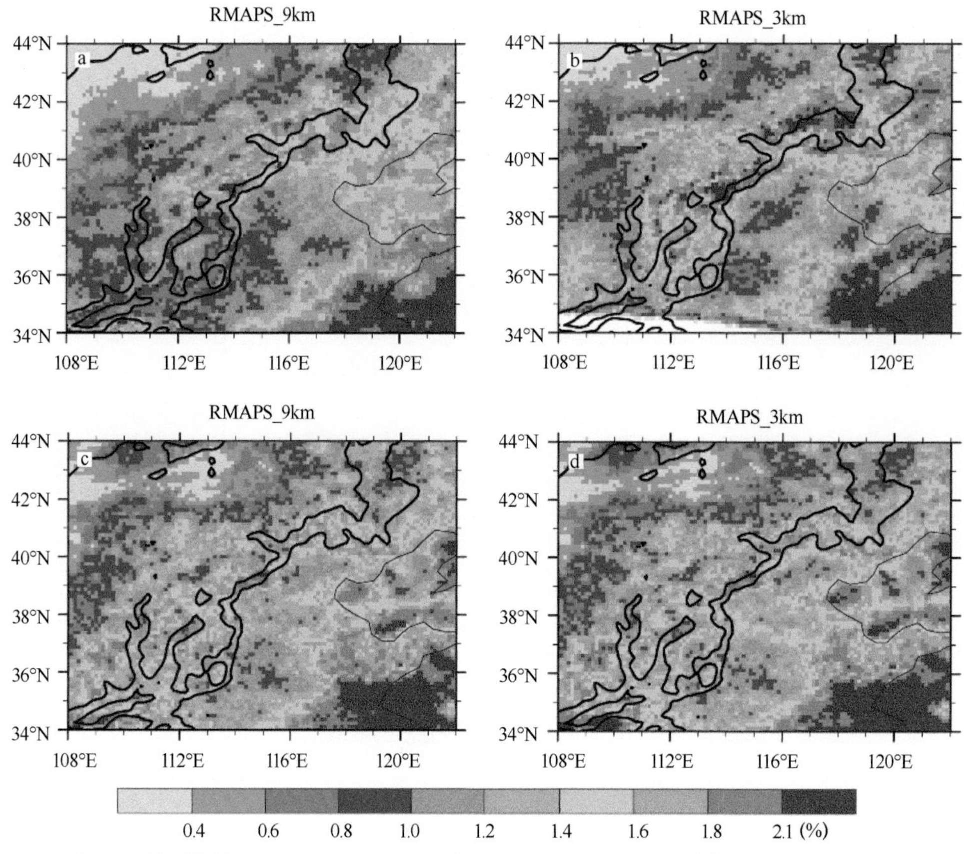

图8-45 2019～2020年5～9月平均的RMAPS_9km（a，c）和RMAPS_3km（b，d）空报（a，b）和漏报（c，d）频率的分布

进一步考察模式对于不同时段降水空报和漏报的差异，图8-46给出了高地形区（子区域1～5）、坡地（子区域6～8）和平原地区（子区域9～16）平均的空报和漏报频率的日变化曲线。不同分辨率RMAPS对于高地形区、坡地和平原地区空报频率的日变化存在明显差别（图8-46a～c），而漏报频率的日变化几乎一致（图8-46d～f）。RMAPS_9km和RMAPS_3km对于高地形区的空报和漏报频率的日变化峰值均出现在下午至傍晚时段，且RMAPS_9km空报频率日变化的主峰值时间早于RMAPS_3km，但后者的空报频率更高，这与图8-33中RMAPS_9km降水量和降水频率峰值时间偏早而RMAPS_3km对下午降水量有更明显的高估相

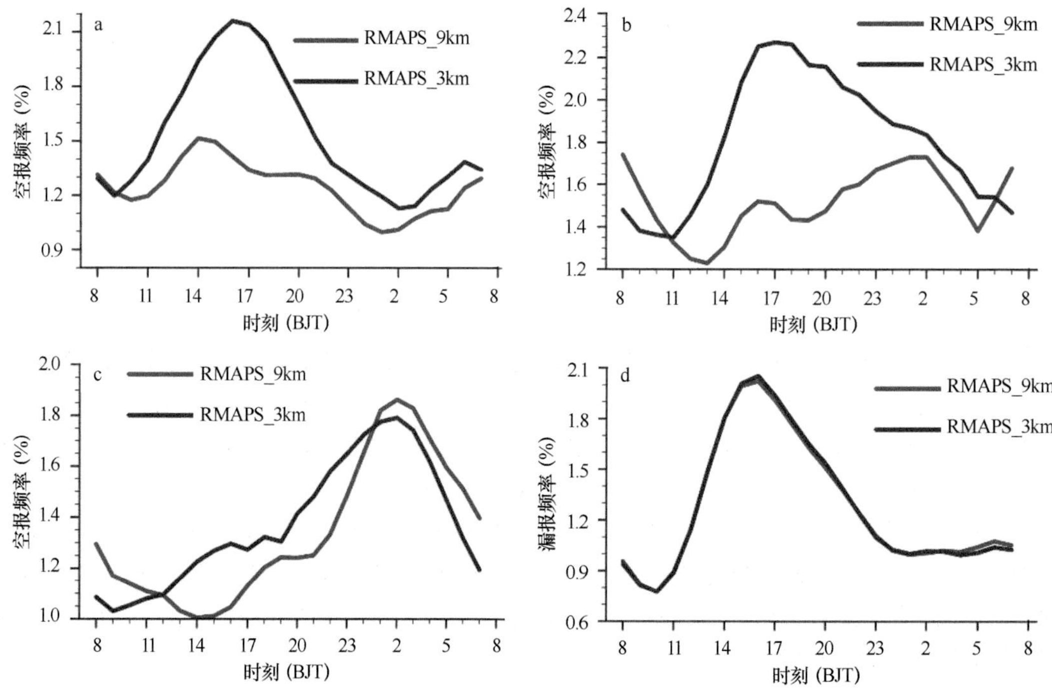

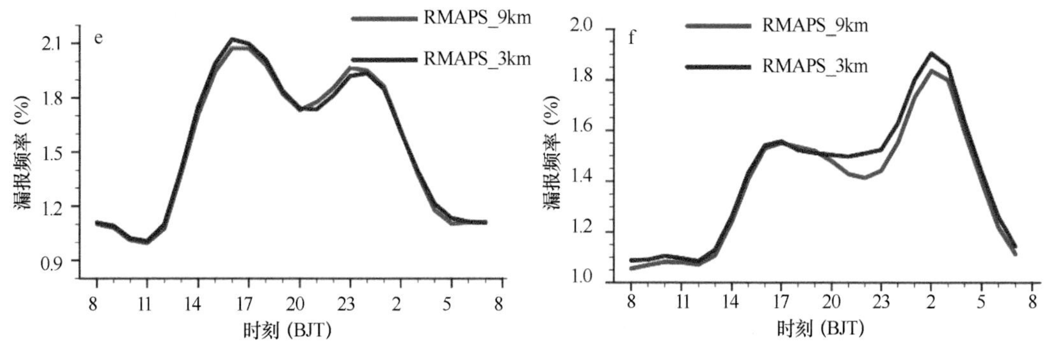

图8-46　2019～2020年5～9月平均的空报（a，b，c）和漏报（d，e，f）频率的日变化曲线

a，d为子区域1～5平均，b，e为子区域6～8平均，c，f为子区域9～16平均，子区域范围见图8-37a

对应。在坡地，RMAPS_9km和RMAPS_3km的空报频率日变化不同，前者相对较小且峰值出现在午夜和凌晨，而后者表现为傍晚的单峰值特征，但两者的漏报频率均表现为傍晚、午夜双峰并存。在平原地区，RMAPS_9km与RMAPS_3km空报和漏报频率的量值较为接近，RMAPS_3km对于下午至前半夜（午夜至上午）降水的空报频率要高（低）于RMAPS_9km，且RMAPS_3km对20BJT至次日5BJT降水的漏报频率也相对较高。

二、华南区域降水日变化的预报评估

中国气象局数值预报中心的GRAPES_3km和华南区域数值预报中心的GRAPES_GZ_3km是采用相同动力框架且分辨率一致的两个对流分辨预报系统。本节就两者对华南区域降水日变化的预报差异作示例评估。图8-47给出了CMPA和两个3km模式预报的5～9月华南地区降水量、降水频率和降水强度的空间分布。CMPA中降水量大值中心位于广东沿海及中部丘陵地区（图8-47a），且降水量大值区的降水频率（图8-47d）和降水强度（图8-47g）均较大。GRAPES_3km和GRAPES_GZ_3km模式对华南地区5～9月平均降水的预报差别明显，降水量的空间相关系数分别为0.53和0.36，均方根误差分别为3.51mm/d和2.07mm/d；降水频率的空间相关系数与降水量接近，分别为0.52和0.40，而均方根误差分别为2.56%和4.42%；降水强度的空间相关系数较降水量和降水频率更小，分别为0.48和0.15，均方根误差分别为0.72mm/h和0.61mm/h。GRAPES_3km模式合理再现了华南沿海的强降水中心，但模式预报的降水量总体偏大（图8-47b），这与其对降水强度的预报偏高对应（图8-47h）。同时注意到，GRAPES_3km模式对于华南山区的降水量预报

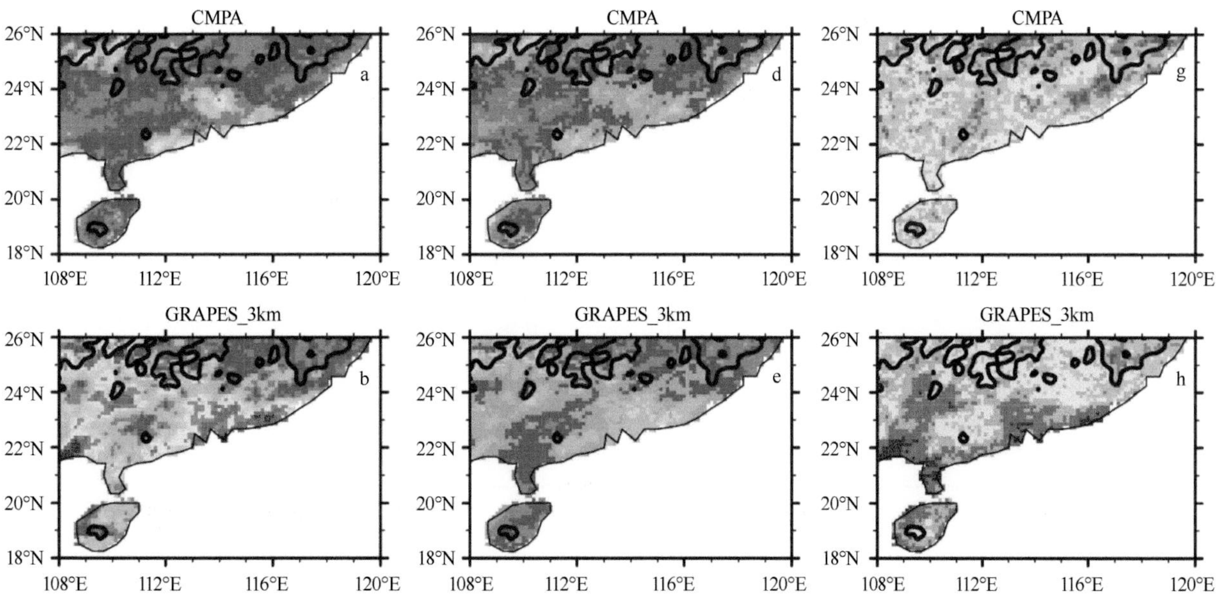

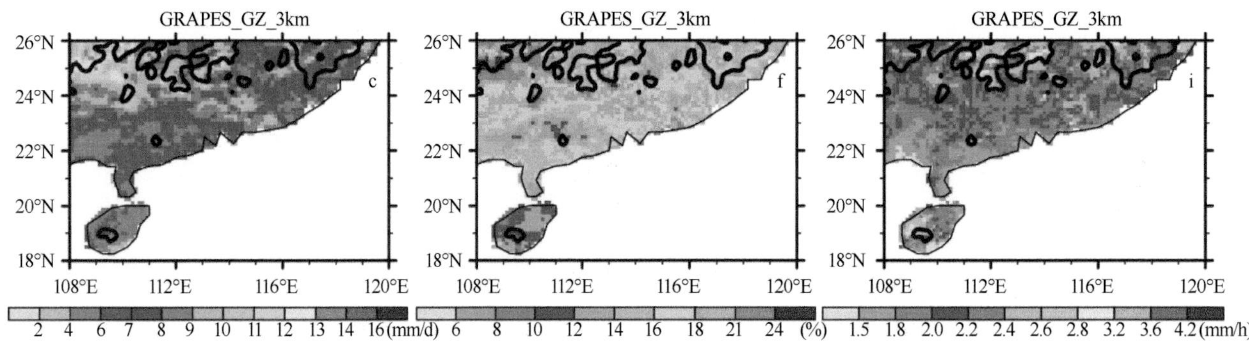

图8-47 2019～2020年5～9月CMPA、GRAPES_3km与GRAPES_GZ_3km 9～33h预报的平均降水量（a，b，c）、降水频率（d，e，f）和降水强度（g，h，i）的空间分布

图中等值线为500m地形高度线

偏高，在地形周边多存在局地降水中心。GRAPES_GZ_3km模式未能准确预报华南沿海的强降水中心，广东沿海的平均降水量较CMPA偏低50%以上（图8-47c）。对比降水频率和降水强度的分布可见，GRAPES_GZ_3km在华南24°N以南地区表现出与采用积云对流参数化方案模式类似的高估降水频率而低估降水强度的偏差。

由于模式对华南降水强度预报差异明显，图8-48对比了华南区域（21°～24°N，110°～118°E）平均的降水量随降水强度的分布以考察不同强度降水的特征。当降水强度小于4mm/h时，GRAPES_3km对降水量有低估，而GRAPES_GZ_3km对降水量有高估。GRAPES_3km对降水强度超过4mm/h的降水量均有高估，而GRAPES_GZ_3km低估了降水强度在4～27mm/h的降水量，对于强度更大的降水量有高估。为进一步比较模式预报的不同强度降水量的区域差异，图8-49给出基于降水量随降水强度分布的E指数拟合方法［公式（8-2）］得到的拟合参数α和β的空间分布。GRAPES_3km合理再现了CMPA中沿海区域α相对较大，而内陆区域α相对较小的特点，而GRAPES_GZ_3km预报的华南地区α的南北差异与CMPA接近相反，内陆地区的α更大而沿海区域的α相对较小。GRAPES_3km在华南大部分区域的β值均较CMPA偏大，这与模式高估平均降水强度一致。GRAPES_GZ_3km中的β分布与CMPA较为一致，表明模式对于华南区域降水量空间型的预报偏差主要来自其对弱降水空间分布预报的偏差。

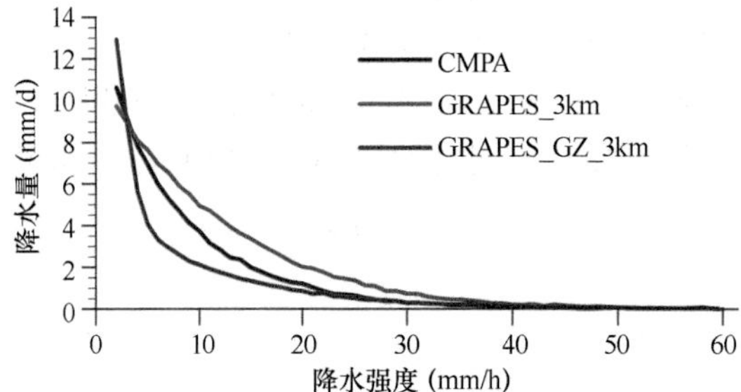

图8-48 华南区域（21°～24°N，110°～118°E）平均的降水量随降水强度的分布

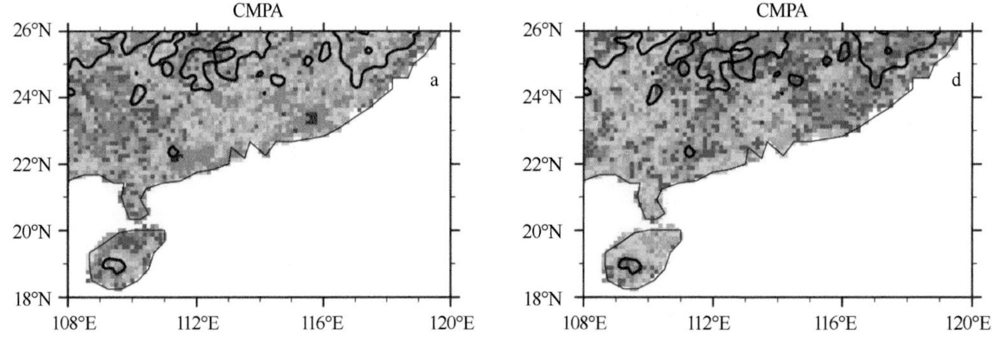

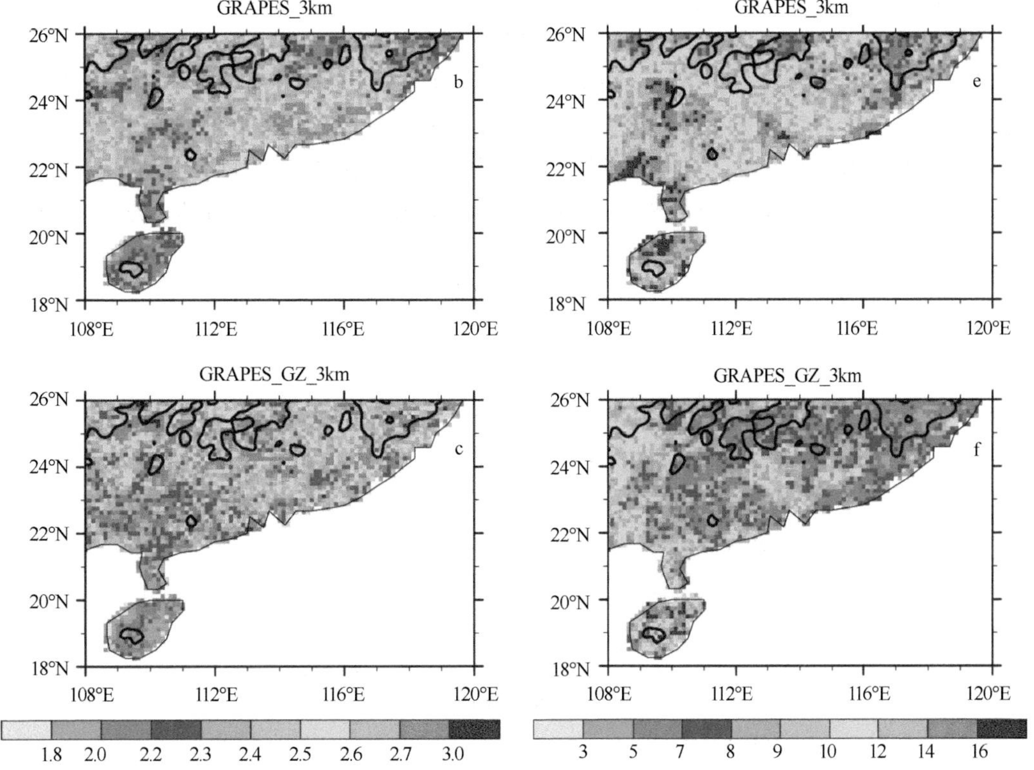

图8-49　华南区域各陆地格点对数降水量随降水强度的拟合参数α（a，b，c）和β（d，e，f）的空间分布

图8-50给出了CMPA和模式预报的华南平均降水日变化曲线，可见模式均可以合理再现降水量和降水频率下午单峰值，以及降水强度下午、清晨双峰值特征。GRAPES_3km和GRAPES_GZ_3km降水量的下午峰值时间均较CMPA偏晚，GRAPES_GZ_3km降水频率主峰值时间也偏晚2h。GRAPES_3km对于各时刻的降水量和降水强度均有高估，而对中午至傍晚的降水频率略有低估。GRAPES_GZ_3km低（高）估了午夜至次日傍晚（傍晚至前半夜）时段的降水量。由于模式对不同强度降水预报有差异，图8-51进一步比较

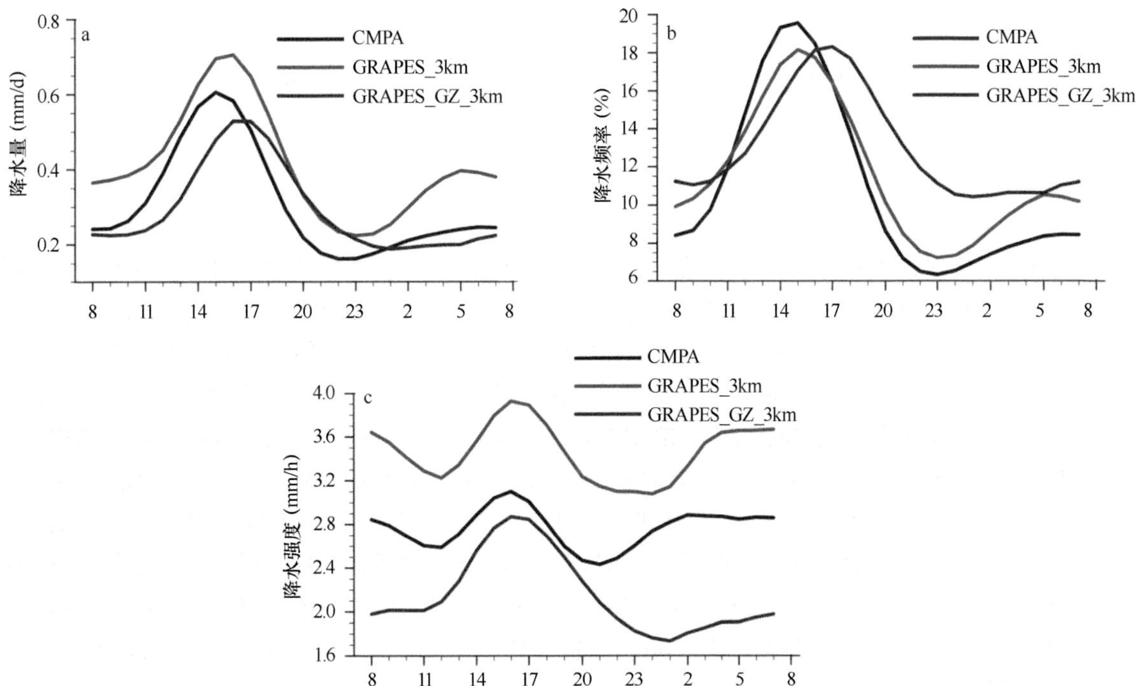

图8-50　华南区域（21°～24°N，110°～118°E）平均的降水量（a）、降水频率（b）和降水强度（c）日变化曲线

了不同降水强度降水量的日变化，为便于比较，图8-51给出的是各强度降水量日平均值标准化后的结果。GRAPES_3km再现了CMPA中各强度降水量下午至傍晚的峰值，且随着降水强度的增加，降水量峰值时间有向傍晚延迟的趋势。对于强度超过30mm/h的强降水，GRAPES_3km预报出了CMPA中的午夜至清晨峰值，但模式中超过45mm/h的降水量主峰值出现在清晨，较CMPA凌晨滞后3～5h。GRAPES_GZ_3km模式中各强度降水量的峰值均出现在傍晚，且降水量峰值时间随强度增加而延迟的特征不明显，同时，模式中除了小于10mm/h的降水存在弱的清晨峰值外，未能预报出强降水午夜至清晨的峰值，这也对应着图8-50c中GRAPES_GZ_3km对午夜至清晨平均降水强度存在大幅低估的偏差。

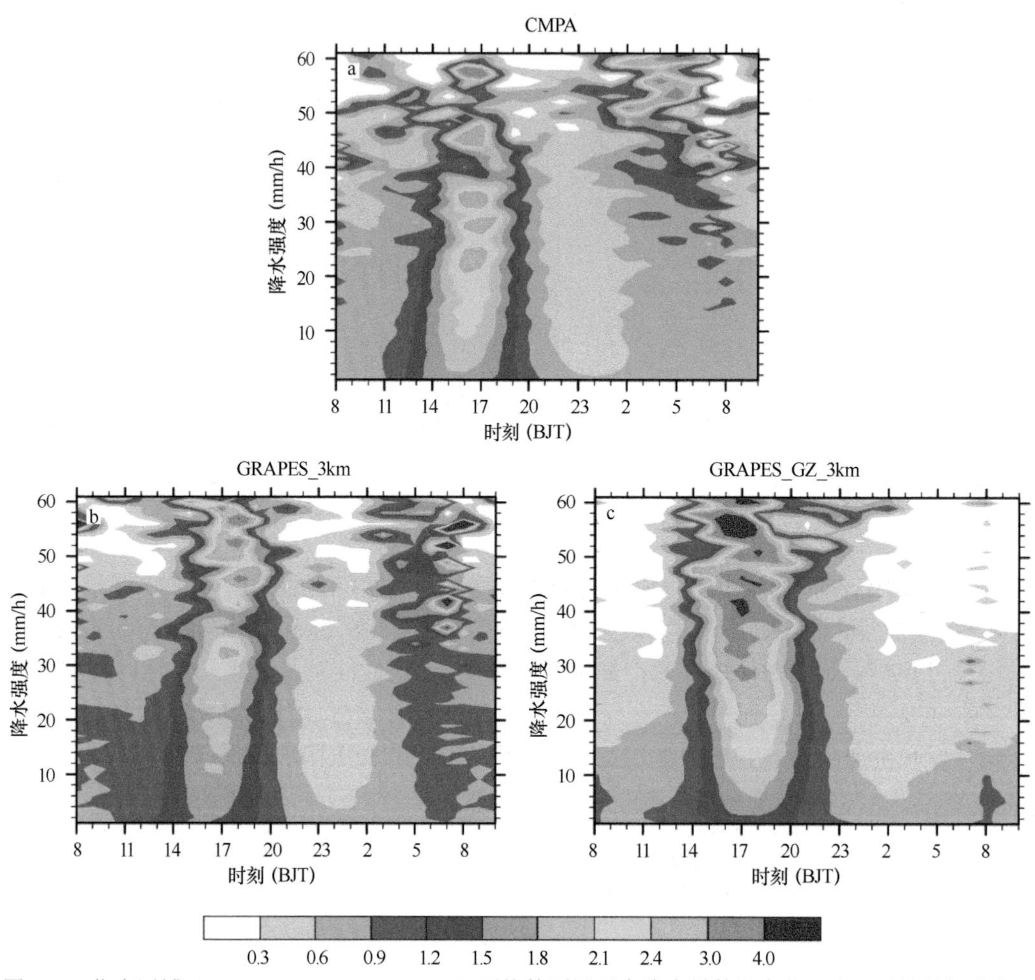

图8-51 华南区域（21°～24°N，110°～118°E）平均的不同强度降水量的日变化（由日平均值标准化）

为定量评估不同时次不同强度降水量的预报差异，图8-52给出了降水量随降水强度的拟合参数在α-β平面上的散点分布图，图中模式散点与CMPA越接近表明模式对于对数降水量随降水强度分布的预报越接近CMPA。从模式散点与CMPA的距离看，GRAPES_3km模式在下午至傍晚（14～20BJT）和午夜至凌晨（23BJT至次日5BJT）的距离更近，即其在降水强度峰值时刻附近对于对数降水量随降水强度分布的预报较GRAPES_GZ_3km更接近CMPA；而GRAPES_GZ_3km在20～23BJT和11～14BJT距离CMPA更近，即其在CMPA中降水强度谷值时刻附近对对数降水量随降水强度分布的预报更合理。从模式α和β的量值来看，GRAPES_3km在各时刻的β值均大于CMPA的β值，且在大部分时刻（8BJT至次日2BJT）的α值均小于CMPA，表明GRAPES_3km对各时刻的强降水均有高估，而对大部分时刻的弱降水有低估。GRAPES_GZ_3km在大部分时刻（23BJT至次日11BJT）的α（β）值（大）小于CMPA，表明其对大部分时刻的弱（强）降水有高（低）估。但GRAPES_GZ_3km中14～23BJT的β值也要大于CMPA，即其并不是对每个时刻的强降水均有低估，对下午至前半夜的强降水也存在高估。

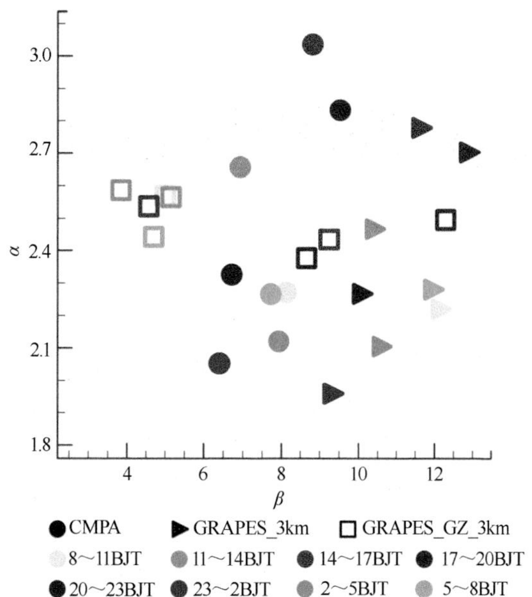

图8-52　华南区域不同时次平均的对数降水量随降水强度的拟合参数α和β的散点分布图

不同的标志分别标示CMPA、GRAPES_3km和GRAPES_GZ_3km，不同颜色表示不同时刻；23～2BJT表示23BJT至次日2BJT

本章基于前述章节对以日变化为表征的降水精细化演变规律的认识，试图对我国目前常用的业务数值预报模式进行系统的评估研究。但由于目前我国数值预报模式正处于一个快速发展时期，多数业务数值模式在一个固定版本的预报产品连续累积时效有限，难以开展全面系统客观地评估分析。因此，本章的评估分析仍然属于示范性分析，示例评估了我国降水预报业务中常用的全球及区域数值预报模式对降水日变化等降水精细化特征的预报能力，主要分析了降水频率、降水强度等小时尺度特征量及其日变化峰值时间的分布与区域差异。希望阅读本章的读者，不要过多关注本章给出的具体模式的具体结果，重点思考分析、比较、评估的研究方法和思路。

基于本章所用的评估指标（频率/强度、日变化振幅与峰值时间等），中国气象局首次建立了应用于业务数值预报模式的评估指标体系，对推进数值模式更好改进、发展和应用已发挥了很好的启发作用。但目前的评估指标体系还很不完善，需要对不断积累的数值预报产品持续跟踪分析研究，不断完善评估指标，逐步建立完善的能合理评估数值预报模式精细化预报能力的评估指标体系，这是新时期气象科研和业务工作的重要关切。

第九章
降水日变化研究的细化和拓展

开展降水日变化研究的重要目的之一是掌握降水演变规律更细致的特征，丰富对降水过程的科学认识，掌握各种强迫，特别是复杂下垫面的综合强迫，揭示降水发生和演变的影响机制，为提高降水精细化预报能力和指导人们在生产生活中涉及降水影响的趋利避害提供科学支撑。第八章正是基于这样的研究成果，开展了数值模式降水日变化的评估分析，其已被认为是当今改进数值模式、完善模式中成云致雨相关物理过程和提高模式结果应用水平的重要途径。但如果只停留在对整体降水发生在日内时间分配的统计分析上，仍难以提高对有关问题的深入认识，难以看清问题本质，难以建立更具针对性和细化的模式评估体系，也就难以确定解决和订正模式偏差等问题的具体切入点与突破口。本章将在前面章节分析的基础上，对日变化分析进行进一步细化和拓展，以示范探讨或启发进一步深入细化天气演变过程的分析研究，并拓展分析把握降水发生前的相关信号和立体环流结构及其演变，希望能为建立精细化的客观降水预报方法提供科学启示和借鉴。

第一节　基于单站降水日变化的分类细化分析

本书的前述章节给出了开展降水日变化研究的一些新思路或新方法及其相关成果，如立足于降水事件特征的分类分析、按降水峰值时间等的合成分析、突出地形的影响分析、关联于大气环流的分析等，尽管得到了较丰富的成果，相关方法与结论对丰富和深化数值模式评估及改进客观预报方法有启发作用，但整体结论还是偏宏观。要使得降水日变化研究成果能在具体地点或地区的具体实践中发挥更有效的针对性作用，能真正用于建立精细化的评估和订正方法，仍需结合上述分析进一步开展针对性的深入细致分析。要结合具体使用的数值模式和具体区域或地点的客观预报方法研发需求，深化对当地降水过程的细化分析和研究，形成对具体问题靶向的科学结论和评估体系，发展完善有丰富科学内涵的模式订正方法和客观预报方法。

就降水日变化本身来说，也需要对一个具体地点的降水日变化特征有更加完整细化的“图像”，至少需要把分布在本书各章节中的相关内容进行聚焦、细化分类、综合分析和拓展。例如，那些在第三章确定的7个代表性区域以外的，或全年（暖季）平均降水日变化不够显著的台站或地区，多数情况下并不是区域下垫面强迫对降水日变化的影响不显著，而是影响该地降水日变化的强迫变化多样，需要进一步细化分类分析，否则，那样的降水日变化结果无法应用于对当地某类具体降水过程预报的评估和订正。

选取5个在第三章确定的代表性区域外缘或交界处的台站，即总体降水日变化特征不显著的台站。这里希望能通过细化分析这5个台站的降水日变化特征，给出进一步细化研究的启发。这5个台站分别是位于EM_S和AN_S交界区域的醴陵站（湖南）、EM_N和AN_S交界区域的繁昌站（安徽）、EM_N和EM_S交界区域的当阳站（湖北）、EM_S和AN_N交界区域的泾川站（甘肃）、MN_S南缘（横断山脉东南边缘）的泸西站（云南）。选取这5个台站，还有一个重要考虑，这些台站在1986～2015年的30年期间都没有发生过搬迁，数据的一致性较好。分析表明，这5个台站1986～2015年暖季所有降水事件平均的降水日变化的振幅都很小，最大小时降水量不超过平均小时降水量的30%；从降水位相来看，或是有两个相当的峰值，或是存在明显的次峰值。本章中，降水量及降水事件开始、峰值和结束时间的日变化曲线均采用标准化处理（1～24h逐小时量值除以24h均值）；对于降水量、降水频率日变化随月份、持续时间和降水强度等因子的演变特征，均采用占比形式（1～24h逐小时量占24h总量值的百分比）；所有时刻均为当地时间（LST）。

一、受东亚夏季风环流季节演变影响的降水日变化

地处EM_S、AN_S交界区域的醴陵站和EM_N、AN_S交界区域的繁昌站，暖季降水受东亚夏季风环流的进退和强弱变化的影响较大。正如本书第三、四章或Yu等（2007a、2007b）和Yuan等（2010）所示，我国东部内陆降水量日变化呈现“双峰”位相特征，午后和清晨降水量峰值分别主要来源于短时和较长持续时间的降水事件的贡献，而午后的短时降水多发生在夏季风雨带的间歇期，尤其是达到一定峰值降水强度的强降水事件，长持续降水事件主要来自东亚夏季风雨带降水的贡献。

具体到醴陵站，图9-1a显示了醴陵站1986～2015年平均的降水量和降水频率日变化的逐月变化（考虑到降水量和降水频率在不同月份的量值具有差异，对各个月降水量和降水频率进行日平均值标准化处理，即用1～24h逐小时量值占24h总量的比例的时间序列来表示）。正如Li等（2008）和戴泽军等（2009）的研究所示，湖南东南部降水日变化存在清晰的季节演变。从冷季到暖季再到冷季，日变化峰值时间位相表现出较显著的规律性季节位移，冷季的主峰值主要在清晨，暖季的主峰值主要在午后。综合图9-1a、b，从冬季到春季，降水主峰值时间从午夜后逐渐向清晨延迟，3月清晨主峰值特征最显著。从初春到春末（5月），主峰值时间进一步向后延迟，且日变化振幅减小。进入夏季（7～8月）后，降水日变化主峰值主要出现在中午至下午，且振幅迅速增大。进入秋季（10月）时节，日变化主峰值时间向上午或清晨回转。综上，降水日变化主峰值呈现明显的季节交错。

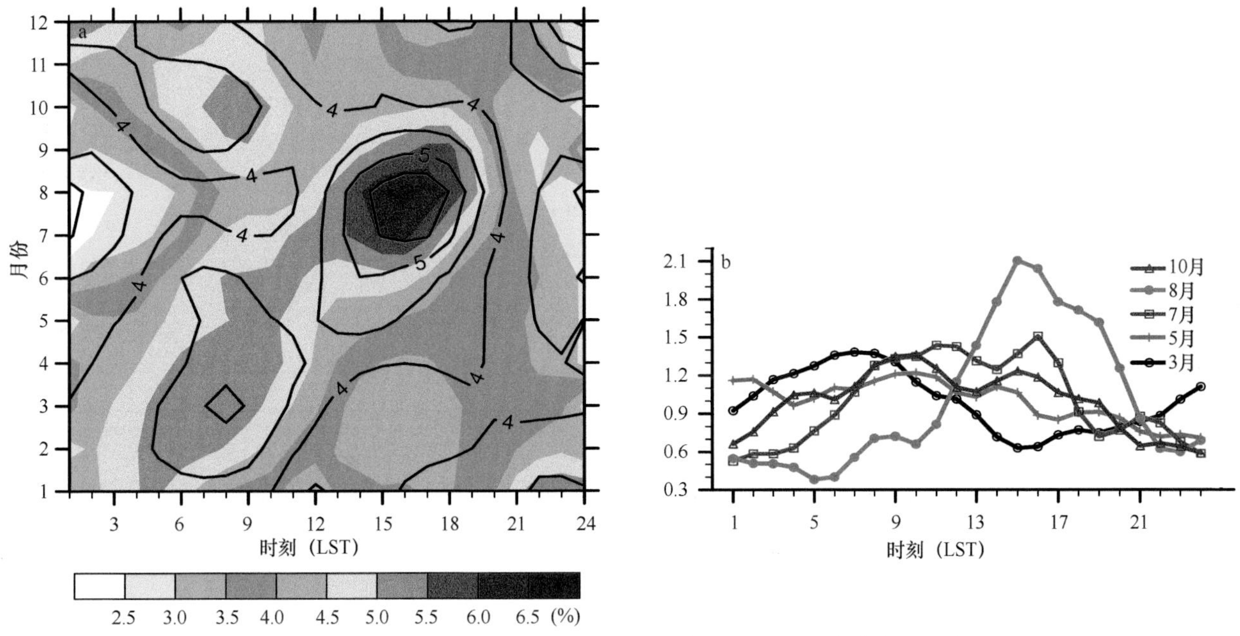

图9-1　醴陵站1986～2015年平均的降水量（填色）和降水频率（等值线，%）日变化的逐月变化（a）及1986～2015年平均的3月、5月、7月、8月、10月降水量标准化后日变化曲线（b）

醴陵站的主要降水发生在3～8月，平均月降水量为174.6mm，而5、6月的降水量可达217.3mm。从图9-1可知，尽管降水日变化有较好的季节关联，但也只有8月的降水日变化比较显著，而8月是6个主要降水月中月降水量最小的，仅有134.2mm。显然，直接依据季节或月份分类，难以突出降水日变化的精细化特征。

参照前述的分析，图9-2给出了醴陵站1986～2015年3～8月不同持续时间强降水事件（峰值强度在10mm/h以上）平均的降水量和降水频率的日变化（对各个持续时间下降水量和降水频率同样进行日平均值标准化处理）。随持续时间增加，醴陵站降水日变化峰值时间呈现从午后向中午至清晨几乎线性提前的特征。对应图9-2，图9-3分别给出了持续1～3h（图9-3a）、8～11h（图9-3b）、17～20h（图9-3c）的强降水事件（峰值强度在10mm/h以上）平均的降水开始、峰值和结束时间频次标准化后的日变化曲线。三类降水

事件平均的日变化特征都很显著。最为突出的降水事件是持续17～20h的长持续降水事件，其平均开始时间的最大频次达到平均值的近4倍，结束和峰值时间最大频次达平均值的3倍左右，多数情况是午夜开始、上午（9～10LST前后）达到峰值、下午（16～17LST）结束。

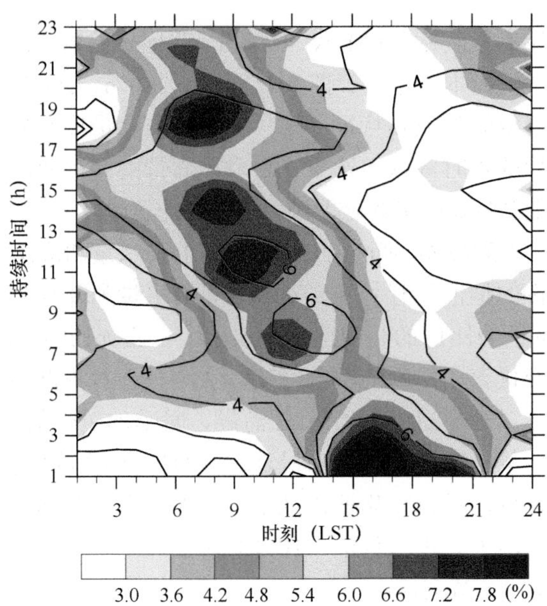

图9-2 醴陵站1986～2015年3～8月不同持续时间强降水事件（峰值强度在10mm/h以上）平均的降水量（填色）和降水频率（等值线，%）的日变化（由日平均值标准化）

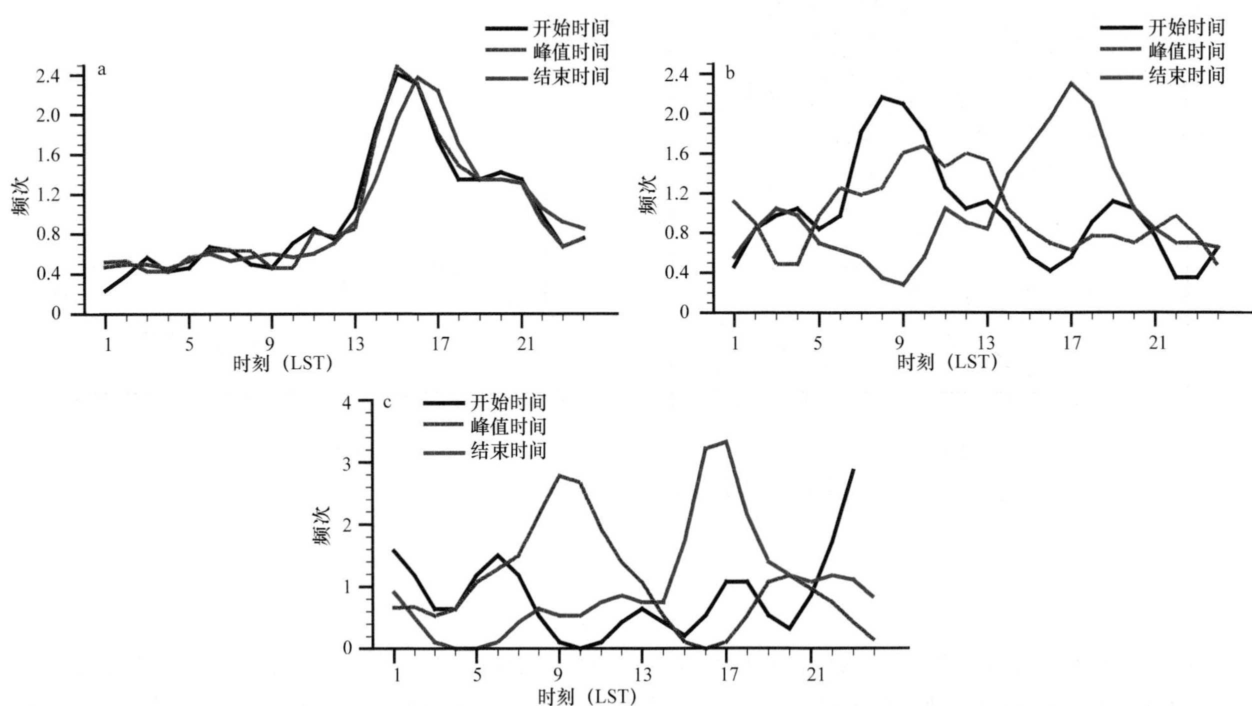

图9-3 醴陵站1986～2015年3～8月持续1～3h（a）、8～11h（b）、17～20h（c）强降水事件平均的降水开始、峰值和结束时间频次标准化后的日变化曲线

繁昌站降水日变化随季节的演变与醴陵站类似。图9-4a显示了繁昌站1986～2015年暖季（5～10月）降水量和降水频率日变化的逐旬演变，图9-4b给出了8月中旬（第23旬）降水量标准化后的日变化曲线。可见，更加细化的季节分析，可以得到更加丰富的降水日变化过程认知。单一的按旬进行季节分类，就可认知8月中旬繁昌站平均降水日变化的显著特征，18LST的峰值降水量可达平均小时降水量的3.5倍。如果只针对峰值降水强度在20mm/h以上的降水事件，则是近6倍。结合持续时间的进一步细化分析与对醴陵站的分析类似，不再重复。

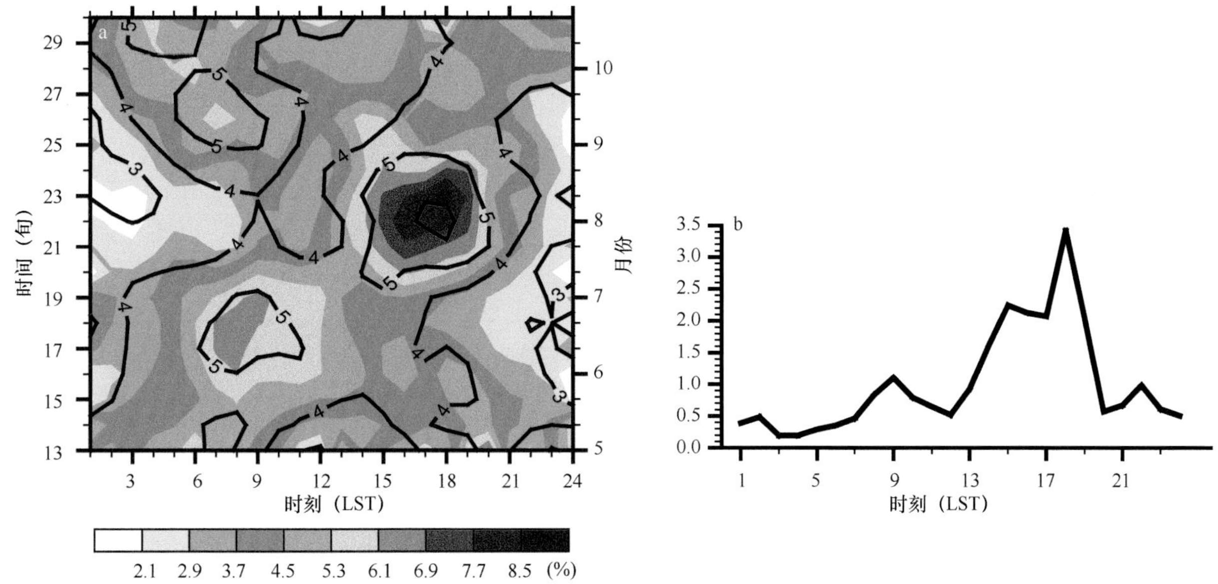

图9-4　繁昌站1986～2015年暖季降水量（填色）和降水频率（等值线，%）日变化在5～10月的逐旬变化（a）及繁昌站1986～2015年平均的第23旬的降水量标准化后的日变化曲线（b）

二、多尺度地形强迫影响下的降水日变化

王夫常等（2011）细致分析了以横断山脉和云贵高原为主体的我国西南地区的降水日变化特征，特别指出了25°N以南地区降水日变化振幅小，且午后峰值明显。正因如此，MN_S区域位于横断山脉东部的南部边界也约为25°N，这可能与青藏高原大尺度地形强迫影响的范围有关，值得深入研究。泸西站位于昆明南部偏东位置，处于夜雨代表性区域MN_S的外围正南部外侧边缘。主要降水发生在5～10月，平均月降水量超过50mm，最大降水量月为7月，其次是6月、8月。

图9-5给出了泸西站1986～2015年平均的降水量和降水频率日变化在5～10月的演变过程。降水日变化在整个暖季都表现为几乎一致的“双峰”位相分布，5～10月平均降水量日变化也的确是两个相当强度的夜间和午后“双峰”位相，没有明显的季节差异。一方面，受青藏高原和横断山脉大尺度地形强迫的影响，泸西站与MN_S区域类似，在午夜至清晨降水较多，具有夜雨特征；另一方面，泸西站处于横断山脉东南边缘，尽管周边叠加有中尺度的山体，但区域地形相对平缓，且纬度已相对较低，地表日照充足，局地下垫面的热力强迫也有利于出现午后降水，特别是在7月、8月。

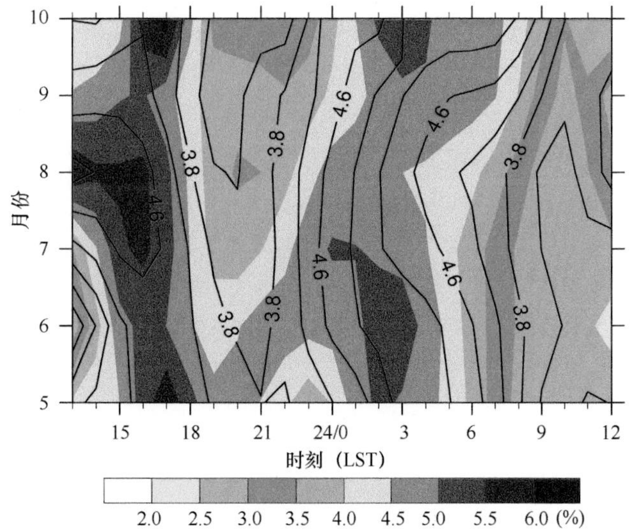

图9-5　泸西站1986～2015年平均的降水量（填色）和降水频率（等值线，%）日变化在5～10月的演变过程

借鉴前面的分析，降水日变化的两个峰值时间位相同样可能是来自不同持续时间降水事件的贡献，尽管长持续降水事件的成因可能不同。由图9-6a给出的泸西站不同持续时间降水事件的降水量变化曲线可知，在暖季内，泸西站有684mm（约99%）的降水集中于持续时间在15h以内的降水事件中。泸西站不同持续时间降水事件的平均降水量和降水频率的日变化（图9-6b）表明，依据降水持续时间的确也可以较好地分解出两个降水日变化峰值位相。但与醴陵站的情况不同，随着持续时间增长，降水峰值时间是由午后向夜间和清晨延迟。较长持续降水日变化峰值主要出现在午夜后的夜间，与MN_S区域内的台站类似，应该是受横断山脉高大地形的强迫影响较大，其形成机制应与我国东部大多数台站如醴陵站和繁昌站的清晨峰值不同。

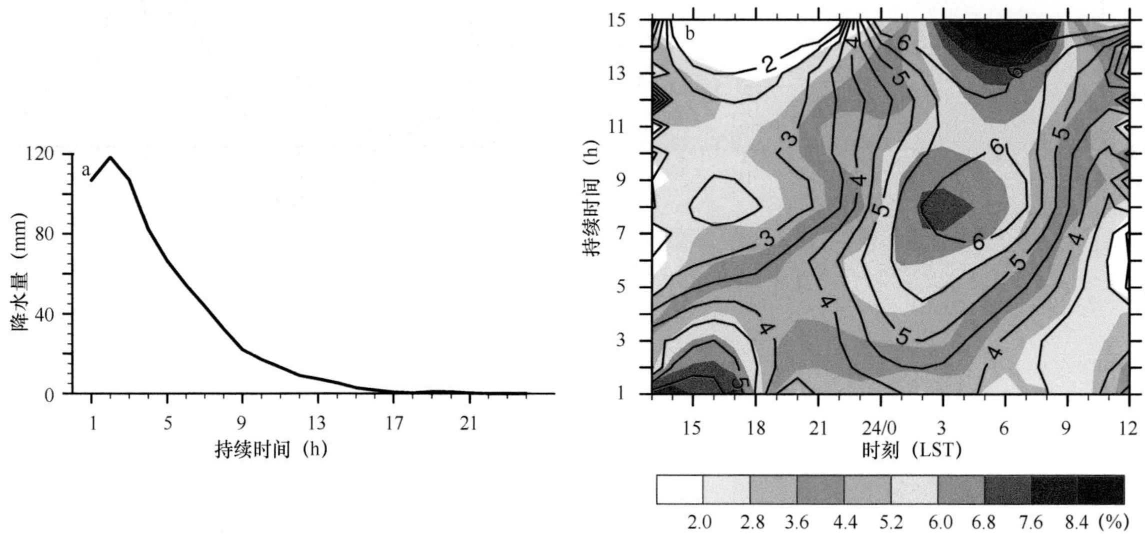

图9-6 泸西站1986～2015年5～10月平均的降水量随降水事件持续时间的分布（a）及不同持续时间降水事件平均的降水量（填色）和降水频率（等值线，%）的日变化（b）

图9-7进一步给出了峰值强度在10mm/h以上的短时（持续1～3h）和长持续（持续7～15h）强降水事件平均的降水量标准化后的日变化曲线及两类事件开始、峰值和结束时间频次标准化后的日变化曲线。短时

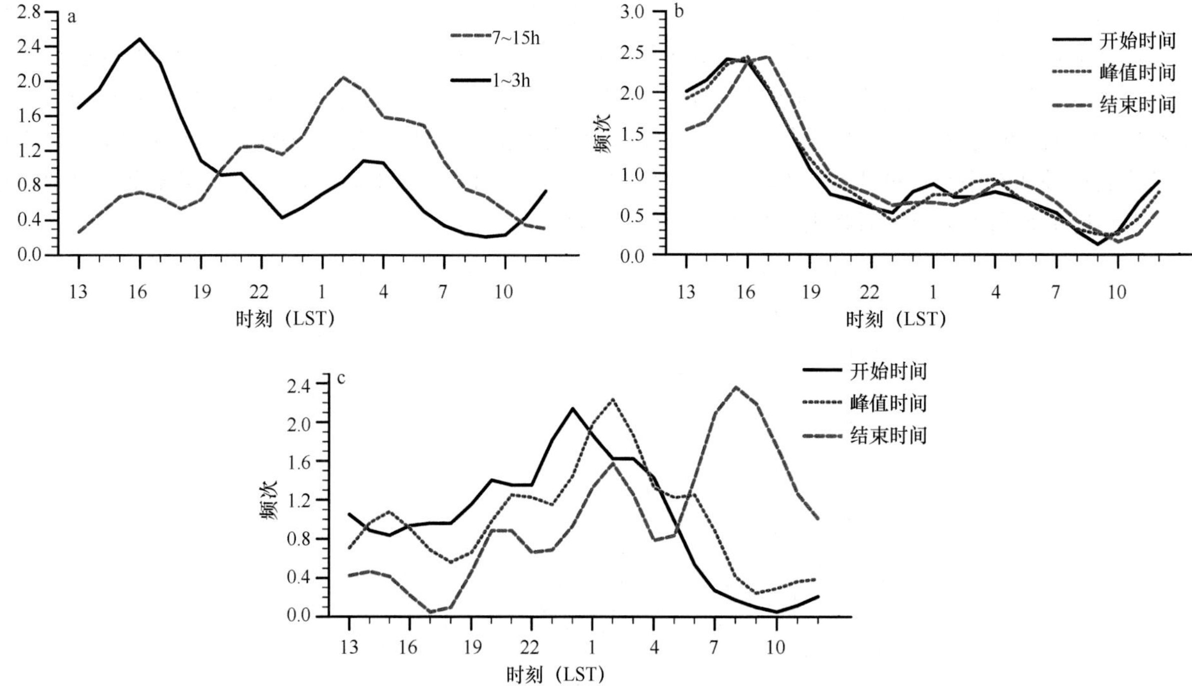

图9-7 泸西站1986～2015年5～10月发生的短时（持续1～3h）和长持续（持续7～15h）强降水事件（峰值强度在10mm/h以上）平均的降水量标准化后的日变化曲线（a）及短时（b）和长持续（c）强降水事件开始、峰值和结束时间频次标准化后的日变化曲线

强降水主要在16LST前后出现，很快达到峰值强度，多在17～18LST结束，某种意义上也说明了下垫面热力强迫较强。长持续强降水多在午夜前后开始，多在夜间后达到最强，在清晨结束。

由此可见，分类后的两类降水，无论是降水量还是降水事件开始、峰值和结束时间频次的日变化振幅都很大，峰值时刻的数值都超过了平均值的2倍。这样显著的降水日变化特征对降水精细化预报可以有很好的支撑作用。

地处EM_S和AN_N交界区域的泾川站位于中国大尺度阶梯地形第一级阶梯边缘下东北部的第二级阶梯上，降水受复杂地形的强迫影响显著。泾川站地处我国西北，年降水量不到500mm，只在5～10月的平均月降水量超过10mm，且主要集中在7月、8月，平均月降水量可超过100mm，两个月降水量占据全年降水量的近一半。图9-8给出了泾川站1986～2015年平均的降水量日变化在5～10月的演变过程。可以看出，平均降水日变化峰值位相的季节差异不是很显著，且在多数月份降水量日变化出现“三峰”型特征，下午至傍晚有两个比较相近的次峰值，特别是在降水量比较集中的7月、8月最为明显。

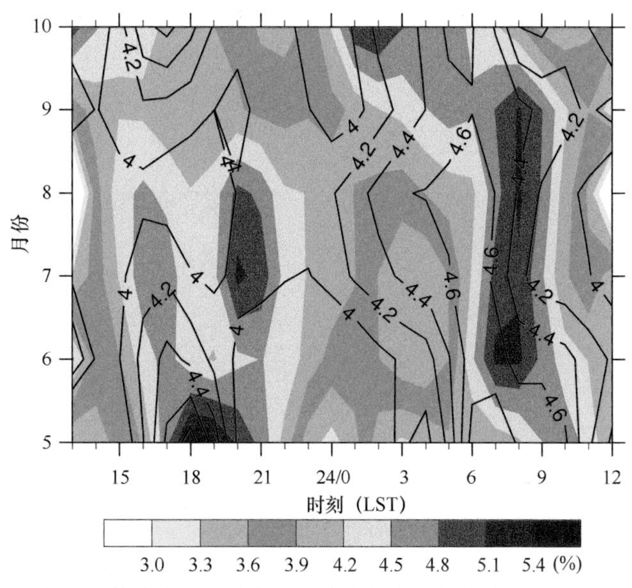

图9-8　泾川站1986～2015年平均的降水量（填色）和降水频率（等值线，%）日变化在5～10月的演变过程

进一步的分析表明，图9-8显示的三个主要降水峰值位相也分别来自不同持续时间降水事件的贡献。例如，两个下午峰值主要分别来自持续1～3h和5～7h降水事件的贡献。类似图9-7，图9-9分别给出了泾川站1986～2015年7～8月持续1～3h和5～7h强降水事件（峰值强度在10mm/h以上）的降水量日变化曲线及两类降水事件开始、峰值和结束时间频次标准化后的日变化曲线。由此可见，细化分类分解后的日变化特征非常显著。持续时间在5～7h的降水事件多在下午至傍晚开始，多在20LST达到峰值，多在午夜后结束，20LST的降水量是平均小时降水量的5倍。持续时间在1～3h的降水事件的日变化更显著，16～17LST的峰值降水量达到平均小时降水量的4倍以上。这两类降水事件持续时间差别不大，但降水日变化却有如此显著的差别，且日变化特征都非常显著，应该有值得深入挖掘的科学内涵，特别是针对不同尺度地形强迫影响，需要进一步细化分析研究。

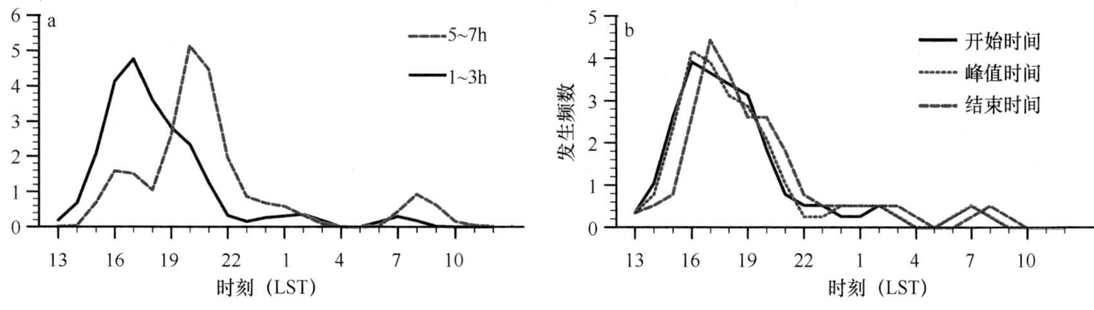

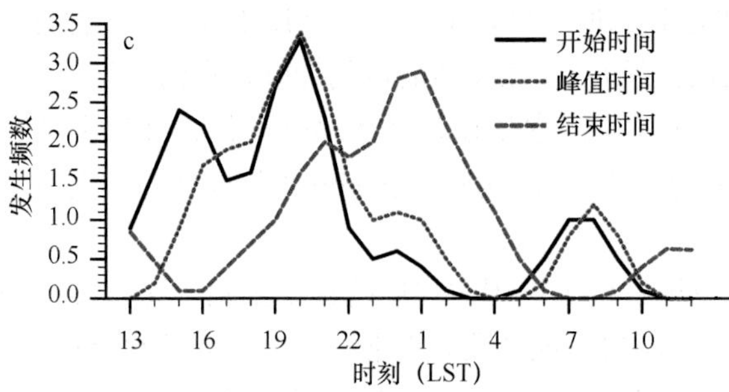

图9-9 泾川站1986～2015年7～8月持续时间为1～3h和5～7h强降水事件（峰值强度在10mm/h以上）平均的降水量标准化后的日变化曲线（a）及持续1～3h（b）和5～7h（c）强降水事件开始、峰值和结束时间频次标准化后的日变化曲线

地处EM_N和EM_S分界区域的当阳站，是在离第二级阶梯不远的第三级阶梯西端，主要降水集中在5～8月，月降水量都超过100mm，最大降水量发生在7月，其次是8月。从图9-10显示的降水日变化的逐月变化来看，与泸西站和泾川站不同，当阳站不同月份或季节的降水日变化存在较显著的差异，但与醴陵站几乎一个完整的年循环变化也不同。在主要降水月份，降水日变化的主峰值时间从傍晚逐渐向夜间延迟至清晨，与醴陵站和繁昌站从清晨向午后延迟不同。

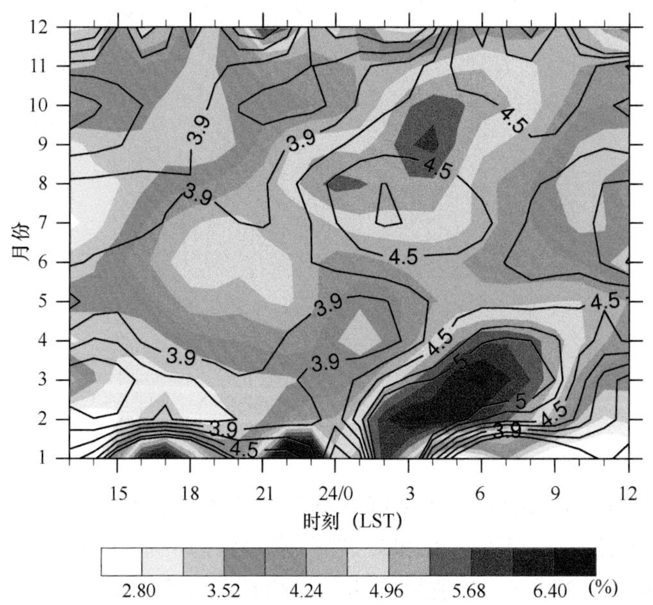

图9-10 当阳站在1986～2015年平均的降水量（填色）和降水频率（等值线，%）日变化的逐月变化

当阳站位于东亚季风环流的主要影响区域，这种降水日变化的季节（内）差异，可能是受到季风环流变化的叠加影响。在大气环流季节演变和复杂地形强迫的综合影响下，当阳站降水日变化与降水事件持续时间的关系细腻，不同月份或季节差异很大。图9-11给出了当阳站7月、8月不同持续时间降水事件降水量和降水频率的日变化演变，显示了降水日变化峰值时间随持续时间从傍晚向午夜至清晨滞后的特征。但5月、6月的不同持续时间降水事件日变化特征则完全没有明显规律性的差异。

图9-12a～c分别给出了当阳站持续时间为1～3h、6～11h、13～18h的强降水事件（峰值强度在10mm/h以上）的降水开始、峰值和结束时间频次标准化后的日变化曲线。三类降水事件平均的日变化特征都很显著，特别是较长持续时间强降水事件的降水结束时间。最为突出的降水事件是持续13～18h的长持续降水事件，其平均开始和峰值时间的最大频次达到平均值的3倍左右，结束时间最大频次达平均值的近4倍，多数情况是午夜开始，清晨（6LST前后）达到峰值，15～16LST结束。对于持续时间较长的降水事件，在实际预报服务中，最需要也是最难的是降水的开始和结束时间，以及对强降水时段的准确把握。结合这类降水事件的日变化研究，理解和掌握其大气环流特征，特别是降水开始前的有关环流、关键气象要素和强迫特征，对提高精细化预报和服务能力是至关重要的。

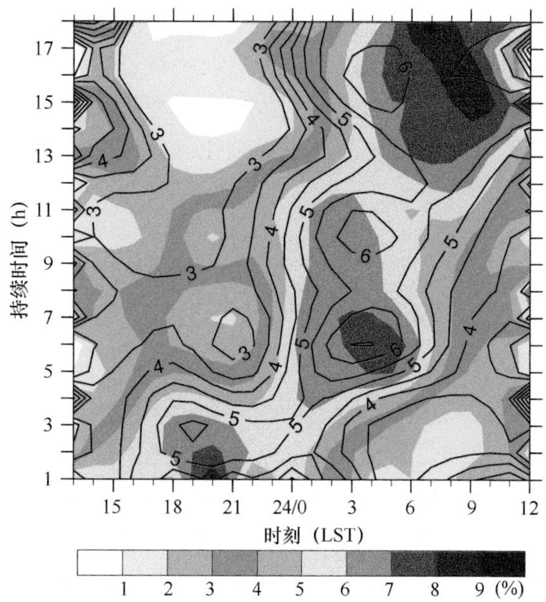

图9-11　当阳站1986～2015年7月、8月不同持续时间降水事件平均的降水量（填色）和降水频率（等值线，%）的日变化

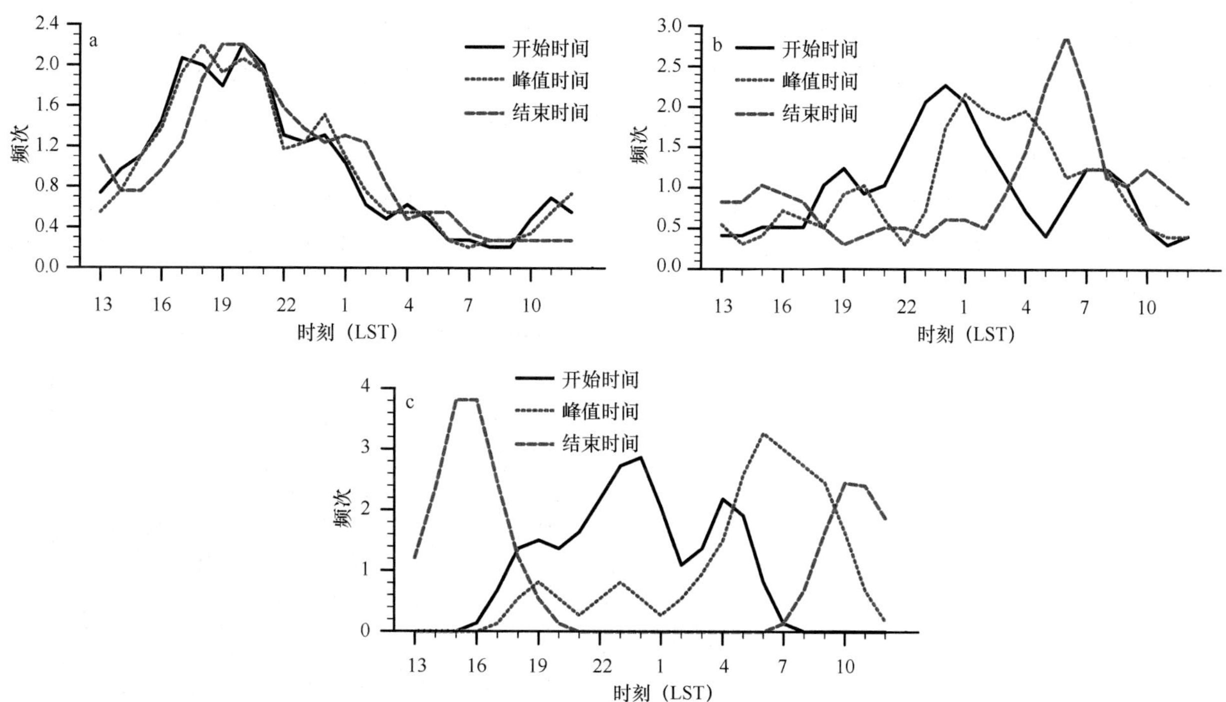

图9-12　当阳站1986～2015年7～8月持续时间分别为1～3h（a）、6～11h（b）、13～18h（c）的强降水事件（峰值强度在10mm/h以上）平均的开始、峰值和结束时间频次标准化后的日变化曲线

以上这三个站所在的地理位置地形特殊，泸西站和泾川站分别位于我国大尺度阶梯地形第一级阶梯边缘下南部和东北部的第二级阶梯上，当阳站位于离第二级阶梯不远的第三级阶梯上，同时周边的地形也相对复杂，不同尺度地形强迫影响复杂。研究这些区域的降水精细化过程演变，需要着眼于不同尺度地形强迫的影响，细化降水分类开展研究。

由此建议，深入和细化降水日变化分析，需要结合东亚夏季风环流演变过程和下垫面区域强迫随季节进退的变化开展细化研究，细化针对不同季节的下垫面强迫和大气环流影响的降水分类，进一步认识精细化的降水演变规律，为深刻认识模式偏差和不确定性问题、开展降水精细化预报提供更为有效的科技支撑。

因为本书主要着眼于降水日变化，这里也只是着眼于不同持续时间降水事件的降水日变化。但仅依此进行分类，仍然是不够的，这里只是希望能给读者某种启发。在资料许可的情况下，更细致的分析至少可以再结合降水云的物理属性、具体的下垫面强迫、大气环流类型等开展进一步的细化分析。例如，当阳站的5月、6月的降水日变化无法通过降水持续时间等进行细化分析，可能要结合更细致的大气环流、温湿分布等进一步分析研究。

第二节　基于区域降水事件日变化的分类细化分析

第五章通过引入区域降水事件的概念和初步的分析，揭示了降水日变化与降水空间和时间变化及降水云特征之间的关联，丰富了对降水精细化演变规律的认知，如降水峰值出现前后的空间分布均匀性的剧烈变化等。考虑到在第五章引入区域降水事件定义和示范分析时都有以北京范围内的台站数据所构建的区域降水事件，本节以北京平原区的主要台站（顺义、海淀、密云、怀柔、通州、朝阳、昌平、丰台、大兴、房山、石景山、南郊观象台）1986～2015年5～10月的降水数据所构建的区域降水事件为例，综合考虑降水持续时间、降水区域系数、降水峰值强度和峰值时间，细化降水日变化分析。仍按0.1mm为有无降水阈值、连续2h以上无有效降水分割区域降水事件，共有3037次区域降水事件。

图9-13a中黑色空心圆显示的是1986～2015年5～10月在上述12个台站发生的所有降水在标准化下（各小时平均降水与整体平均降水的比值）平均的降水量日变化曲线。与前述的结果类似，主峰值出现在傍晚至午夜前，有弱的清晨次峰值。由图9-13b显示的降水日变化随降水事件持续时间的变化可见，持续时间在9h以下时，降水日变化峰值突出，且峰值时间随持续时间几乎呈线性滞后；而持续时间在10h以上时，降水日变化振幅小。图9-13a还给出了持续1～3h、5～8h、10h以上的降水事件的降水量日变化，进一步说明了图9-13b的降水日变化随持续时间的变化情况。持续10h以上的降水事件，区域平均降水量的双峰值时间分别在22LST和5LST。

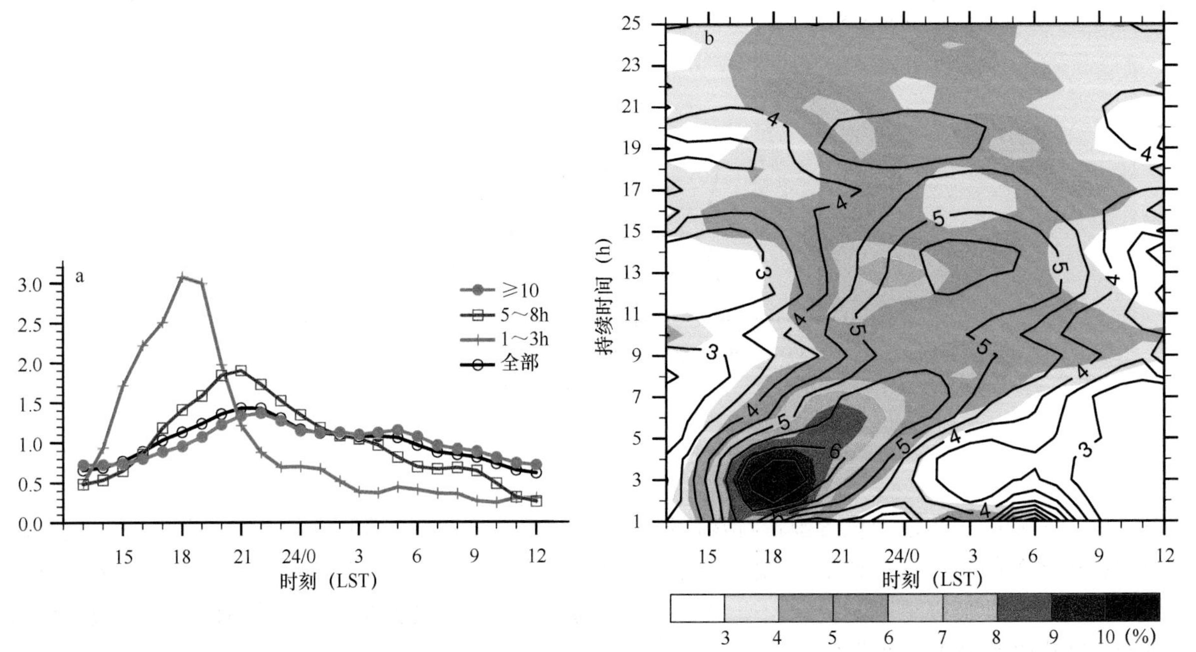

图9-13　1986～2015年5～10月北京周边12个台站的所有降水事件和持续1～3h、5～8h、10h以上的降水事件平均的降水量标准化后的日变化曲线（a）及降水事件的降水量（填色）和降水频率（等值线，%）随不同持续时间的日变化（b）

需要考虑的是能否通过与持续时间以外的参量关联分类细化降水日变化，或是否可以结合多个参量得到更好的细化分类。降水日变化随区域系数的变化与图5-8相似，随区域系数增加，峰值时间从傍晚向午夜至清晨滞后，但振幅总体不大。单独分析降水日变化随峰值强度的变化也不太理想。下面尝试结合持续时间、峰值强度和区域系数进行细化分类分析。

基于图9-13b，分别考虑持续时间为1～9h和9h以上的降水事件的降水日变化。对于持续时间为1～9h的短时降水事件，考虑到持续时间为1～3h的降水事件的日变化已很显著（图9-13a），图9-14a给出了持续时间为4～9h的降水事件的日变化随峰值强度的变化，显示了其降水日变化峰值时间随峰值强度（大于5mm/h）增加从傍晚向午夜后逐步滞后的突出特征。图9-14b给出了峰值强度为12～20mm/h、25～45mm/h、45mm/h以上的持续4～9h的区域降水事件平均的降水量标准化后的日变化曲线，可以看出，日变化特征显著，且分别在18LST、21LST、1LST出现峰值。图9-14c分别给出了峰值强度在45mm/h以上的持续时间为4～9h的强降水事件的开始、峰值和结束时间频次标准化后的日变化曲线，显示了这样的短时超强降水事件多从傍晚之后开始，多在清晨结束，多在午夜前后达到最强，日变化特征显著。而对于10h及以上较长持续时间的区域降水事件，峰值强度在45mm/h以上的超强降水事件的日变化（图9-15a），降水多在下午开始，在傍晚至午夜前达到最强，在9LST左右结束。图9-15b给出了10h及以上较长持续时间降水事件的降水日变化随峰值强度的变化。与短时降水事件相反，长持续降水事件的降水日变化峰值时间随峰值强度增加总体呈现逐步提前的特征。峰值强度在25mm/h以下的降水事件多在上午时段出现峰值，而峰值强度在25mm/h以上的降水事件多在夜间出现峰值。图9-14和图9-15的结果表明，虽然从平均情况看，长、短持续降水事件的降水峰值时间分别出现在清晨和下午，但随着降水事件的峰值强度增加，峰值时间都向夜间逼近。

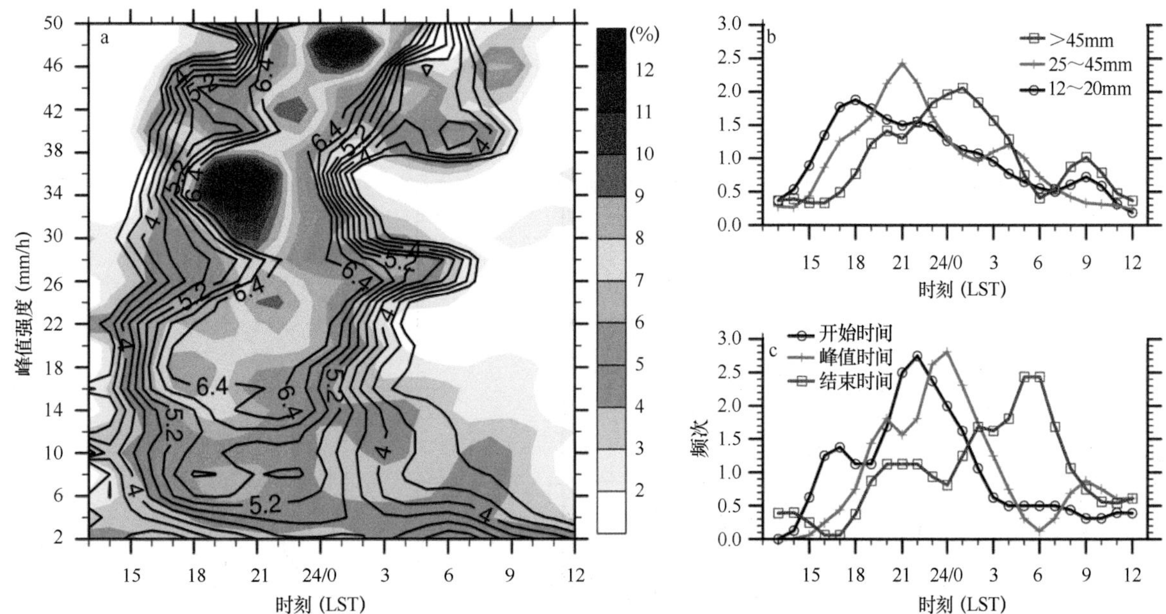

图9-14　1986～2015年5～10月北京周边12个台站的持续时间为4～9h的降水事件的降水量（填色）和降水频率（等值线）随降水峰值强度的日变化（a），持续时间为4～9h的降水事件中降水峰值强度为12～20mm/h、25～45mm/h、45mm/h以上的降水量标准化后的日变化曲线（b），峰值强度在45mm/h以上的持续时间为4～9h的降水事件的开始、峰值、结束时间频次标准化后的日变化曲线（c）

虽然图9-15b显示出长持续区域降水事件的降水日变化总体上是峰值时间随峰值强度的增加从上午向午夜逐步提前，但当峰值强度达到30mm/h以上时，峰值时间随峰值强度的变化缺乏规律性。图9-16a给出了峰值强度在30mm/h以上的长持续（10h以上）区域降水事件的降水日变化随降水区域系数的变化，区域系数大于0.85的降水事件的主要降水量多发生在傍晚至午夜前，与图9-15a显示的45mm/h以上峰值强度降水事件的平均日变化类似，其平均的降水量及降水开始、峰值和结束时间频次标准化后的日变化如图9-16b所示。对区域系数在0.7以下的区域降水事件，进一步结合降水持续时间和峰值强度的分析表明，对于持续时间在14h及以上的峰值强度大于30mm/h的降水事件，降水更多发生在清晨，而对于持续时间在13h及以下的事件，与高区域系数的降水事件一样，降水多发生在傍晚至午夜前。对于持续时间在14h及以上的区域降水事件，一般区域系数较大，区域系数偏小一般表明降水分布不均匀，可能意味着降水的对流特征更突出。因此，图9-16c表明对流特征相对明显的长持续强降水事件的峰值更多发生在黎明前。

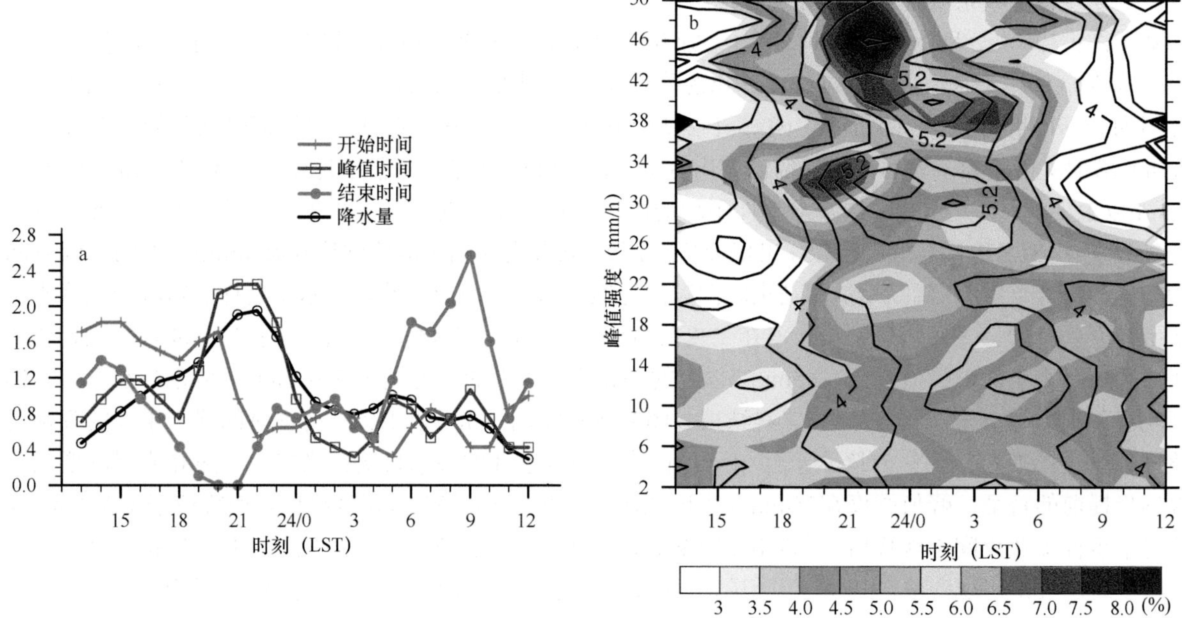

图9-15 1986～2015年5～10月北京周边12个台站的持续时间大于等于10h且降水峰值强度大于45mm/h的降水事件的降水量与降水开始、峰值和结束时间频次标准化后的日变化曲线（a）及持续时间大于等于10h的降水事件的降水量（填色）和降水频率（等值线，%）随降水峰值强度的日变化（b）

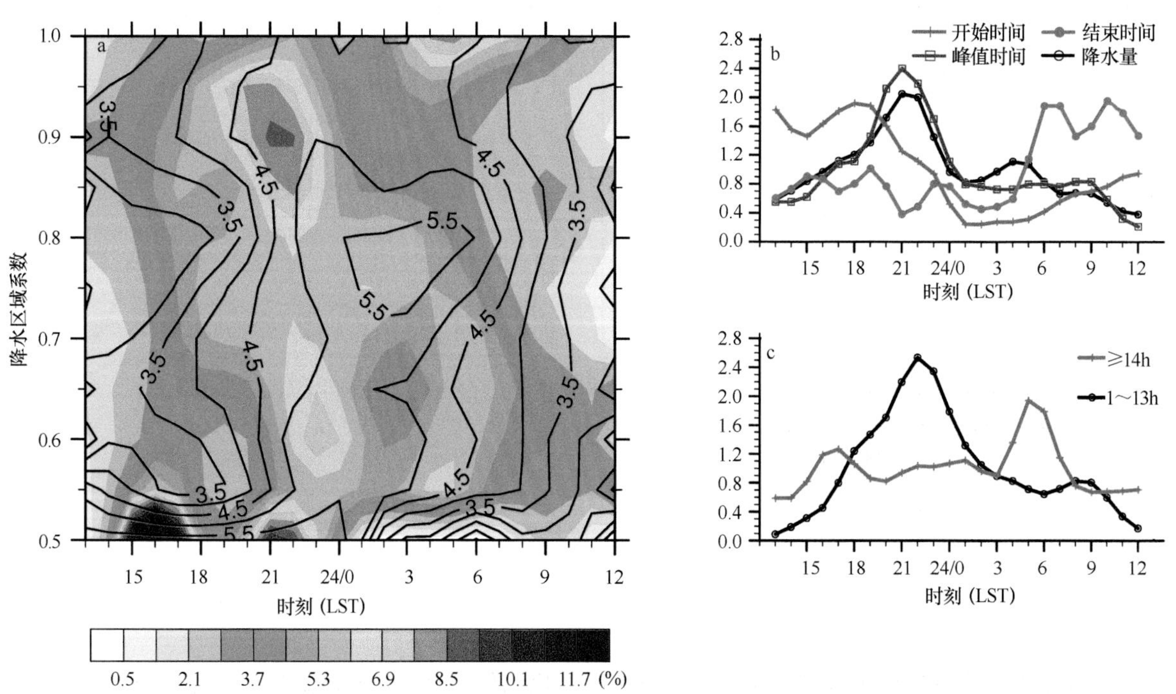

图9-16 1986～2015年5～10月北京周边12个台站的降水峰值强度在30mm/h以上的长持续（10h以上）降水事件的降水量（填色）和降水频率（等值线，%）随不同降水区域系数的日变化（a），降水区域系数在0.85以上且降水峰值强度在30mm/h以上的长持续（10h以上）降水事件的降水量与降水开始、峰值、结束时间频次标准化后的日变化曲线（b），降水区域系数在0.7以下且峰值强度在30mm/h以上的持续时间在14h及以上、13h及以下的降水事件的降水量标准化后的日变化曲线（c）

希望上述对北京区域降水事件的综合示范分析，能进一步拓宽我们开展降水日变化细化分类分析的思路，也可使我们对降水精细化演变过程有更加深刻的了解。如果我们能进一步掌握这样进一步分类后的不同类别的降水事件对应的大气环流差异或其他前期信号，就可以为精细化预报提供很好的科学支撑。

第三节 结合降水日变化拓展分析台站间降水的前后关联

希望本章第一、二节的示范分析，能够启发大家思考如何结合降水日变化的相关研究对降水过程进行更全面细致的分类分型，但根本目的是为针对各种类型的降水事件构建科学可靠合理的预报方法提供参考或借鉴。本节仍以北京区域降水事件为例，示范分析该区域降水事件在其前后与其他台站降水的相关性，尤其是比较不同特性（日变化峰值时间、峰值强度、持续时间、区域系数等）区域降水事件间这种关联特征的差别。

图9-17给出了基于1986～2015年5～10月北京区域整体降水序列与其他台站降水序列的前后30h超前-滞后相关系数的计算结果。区域整体降水序列由区域内12个台站中的单站最大小时降水或12个台站的平均降水构成。在逐小时区域整体降水序列的基础上，可对设定小时数的依次降水进行累加，形成设定小时数的累积降水序列。其他台站资料首先相对于北京区域整体降水序列进行逐小时的超前、滞后处理，然后对各超前、滞后序列进行同样设定小时数的降水累加处理。在计算超前、滞后相关系数时，剔除北京区域整体降水序列与其他台站超前、滞后序列共同为0的时次。图9-17a（d）中的填色表示的是各台站降水序列分别超前（滞后）于北京区域由区域单站最大降水构成的整体逐6h累加降水序列4～30h的相关系数中的最大值，一个明显特征是相对北京降水的超前相关区主要在其西部，而滞后相关区主要在其东部。图9-17a（d）

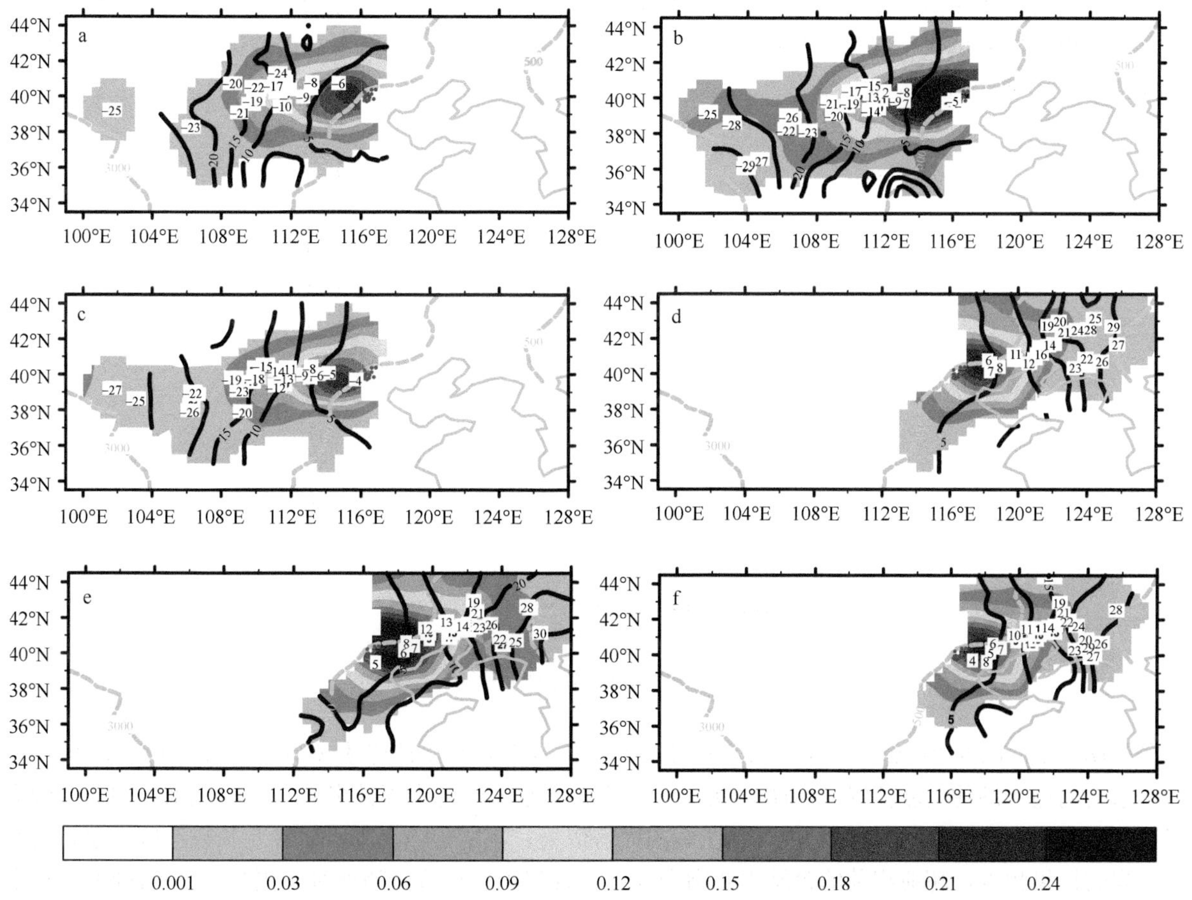

图9-17 1986～2015年5～10月北京区域整体降水序列与其他台站降水序列的前后30h超前（a～c）-滞后（d～f）相关系数

a、d为北京区域整体降水序列为区域单站最大降水量的逐6h累积结果；b、e为区域平均降水量的逐6h累积结果；c、f为区域平均降水量的逐3h累积结果。填色表示各台站降水序列分别超前（滞后）北京区域整体降水序列4～30h的相关系数中的最大值；黑色等值线为上述最大相关系数出现时的超前（滞后）小时数；白底负（正）整数为对应相同超前（滞后）小时数中相关系数最大的台站位置；蓝色圆点为北京区域12个台站位置；灰色虚线为地形等值线

中的黑色线是根据各台站对应上述超前（滞后）最大相关系数出现时的超前（滞后）小时数的等值线分析结果，可以看到超前（滞后）时间向西（东）逐步加大。图9-17a（d）中标注的白底负（正）整数是对应相同超前（滞后）小时数中相关系数最大的台站位置，尽管台站位置并未随超前（滞后）小时数呈现线性变化，但整体而言是向西（东）推移的；且超前台站基本沿同一纬度带向西，而滞后台站分布向东略偏北。图9-17b（e）与图9-17a（d）的区别在于区域整体降水序列由区域内12个台站的平均降水量构成。图9-17c（f）与图9-17b（e）的不同之处在于用逐3h累积降水构建降水序列，而不是图9-17b（e）的逐6h序列。图9-17a和d、b和e、c和f三组图显示的基本信息一致，尽管相关系数的数值大小敏感于区域整体降水的统计方式和累积时段（如着眼于更长小时数的区域平均降水可与更多台站有更好的关联），不同的统计方式和累积时段均能清晰显示出自北京地区向西的超前相关和向东的滞后相关。接下来的分析将主要采用北京区域平均降水和逐6h序列。

由图9-17a～c可见，北京区域降水的超前相关区可向西延伸至青藏高原东北坡地区。为验证高原东北坡降水事件与北京区域降水事件的关联，基于合成分析给出青藏高原东北坡东移型降水事件的演变特征。以青藏高原东北坡区域（36.5°～39.5°N，101°～104°E）内44个台站的平均降水序列定义降水事件，一次降水事件中所选区域内超过25%的台站观测到有效降水，则定义为一次区域降水事件。进一步在选出的高原东北坡区域降水事件中选取华北地区滞后30h以内也发生降水的事件，若高原东北坡降水事件开始后10～18h陕西（36°～38°N，106°～110°E）且19～30h华北区域（39°～41°N，116°～118°E）均超过25%的台站有降水则挑选为东移型降水事件。从972次降水过程中共挑选出107次东移型降水事件。东移型降水事件合成的降水量随经度的演变如图9-18所示。可见青藏高原东北坡和甘肃陇南降水开始后加强发展并东移到兰州附近，之后陇南地区北侧降水加强。12h后降水中心位于陕西和山西的北侧，且在该区域降水中心可持续达9h，21h后降水中心移动到华北区域。

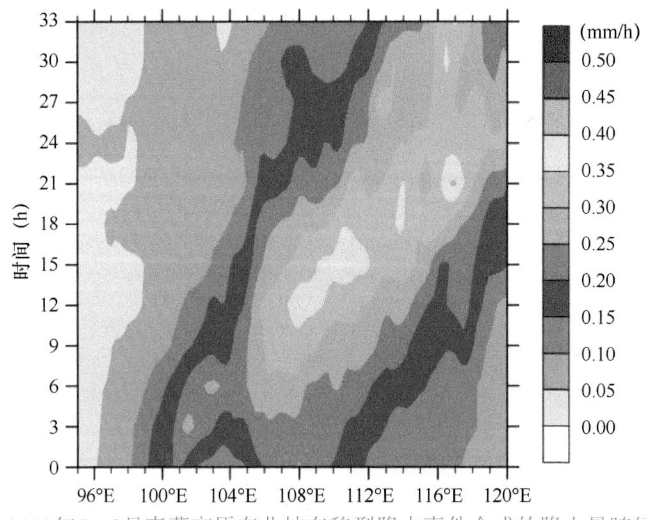

图9-18　2012～2019年5～9月青藏高原东北坡东移型降水事件合成的降水量随经度-时间的演变

纵坐标0时刻表示降水事件开始

参考图9-13，图9-19比较了北京短时（持续时间小于等于9h）和长持续（持续时间大于等于10h）降水事件降水与周边台站的关联情况。由图9-19a可以看出，北京短时降水事件多先在其西北部出现，在呼和浩特有约12h的提前信号，在张家口一带有4h左右的提前信号。相比于短时降水事件，长持续降水事件与整体降水序列的结果相近，超前相关的台站主要指向西部，且相关更显著、超前时间更长（图9-19b）。在宁夏银川一带可有约22h的超前，比较突出的是在大同至鄂尔多斯一带有8～20h的较强超前相关。

参考上一节及相关的降水日峰值时间比较研究，图9-20分析了降水峰值出现在不同时段的降水事件与周边台站的关联特征。图9-20a（b）为降水峰值出现在19～24LST（2～6LST）的降水事件与周边台站的超前相关情况。这两个时段分别对应北京地区的傍晚至午夜主峰值和凌晨至清晨次峰值（如图9-13a中黑色空心圆所示）。峰值出现在19～24LST的降水事件，高超前相关区位于北京以西第二阶梯地形上，并向西延

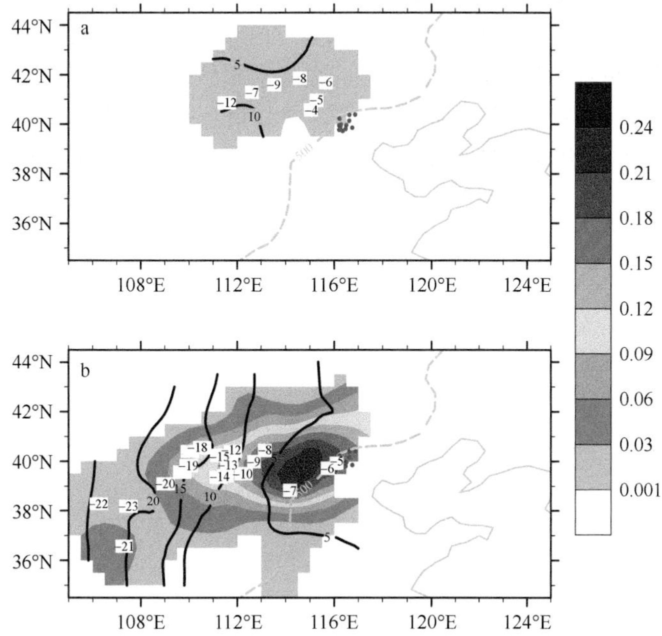

图9-19 1986～2015年5～10月北京短时（持续时间小于等于9h）（a）和长持续（持续时间大于等于10h）（b）的区域整体降水序列与其他台站降水序列的前1～30h的超前相关结果

填色表示各台站降水序列分别超前于北京区域整体降水序列4～30h的相关系数中的最大值；黑色等值线为上述最大相关系数出现时的超前小时数；白底负整数为对应相同超前小时数中相关系数最大的台站位置；蓝色圆点为北京区域12个台站位置；灰色虚线为地形等值线

伸至110°E附近；超前7～18h的最高相关台站集中在山西大同至内蒙古鄂尔多斯地区。相较而言，峰值出现在2～6LST的降水事件，除在北京以西有高超前相关区外，还在前期超过20h后折向西南，达到甘肃兰州地区。上述结果说明，相较于傍晚至午夜峰值的降水事件，凌晨至清晨峰值的事件具有更强的前期信号，甚至与1500km外的青藏高原东北坡天气系统有显著关联。

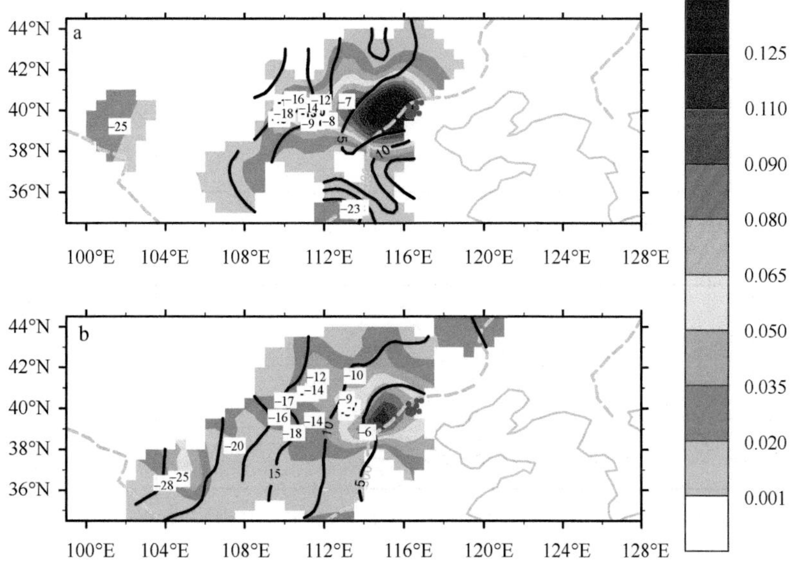

图9-20 1986～2015年5～10月北京的峰值时间在19～24LST（a）和2～6LST（b）的区域整体降水序列与其他台站降水序列的前1～30h的超前相关结果

填色表示各台站降水序列分别超前于北京区域整体降水序列4～30h的相关系数中的最大值；黑色等值线为上述最大相关系数出现时的超前小时数；白底负整数为对应相同超前小时数中相关系数最大的台站位置；蓝色圆点为北京区域12个台站位置；灰色虚线为地形等值线

作为拓展，在针对降水峰值时段进行分类的基础上，可进一步考虑降水强度。图9-21a、b分别给出了降水峰值出现在19～24LST和2～6LST，且峰值降水强度小于等于15mm/h的降水事件与周边台站的超前相关情况。两类峰值位相降水事件的前期信号都大幅减弱，19～24LST峰值事件的高相关区仅局限在北京以西第二阶梯地形上很小的范围内，只可追溯到7h之前；2～6LST峰值事件的超前相关区的范围相较于图9-20b也大幅缩小，且相关系数也显著偏低，仅可追溯到12h前、内蒙古鄂尔多斯地区附近。图9-22为峰值降水强度大于等于30mm/h的强降水事件的结果。可以看出，强降水事件的上游相关信号与图9-20（不考虑强度的结果）基本一致，且2～6LST峰值事件在超前30h左右，在甘肃兰州地区附近的相关信号更强。上述结果说明峰值强度在15mm/h及以下的中等和弱降水事件的前期信号偏弱，而强降水的前期信号明显较强。

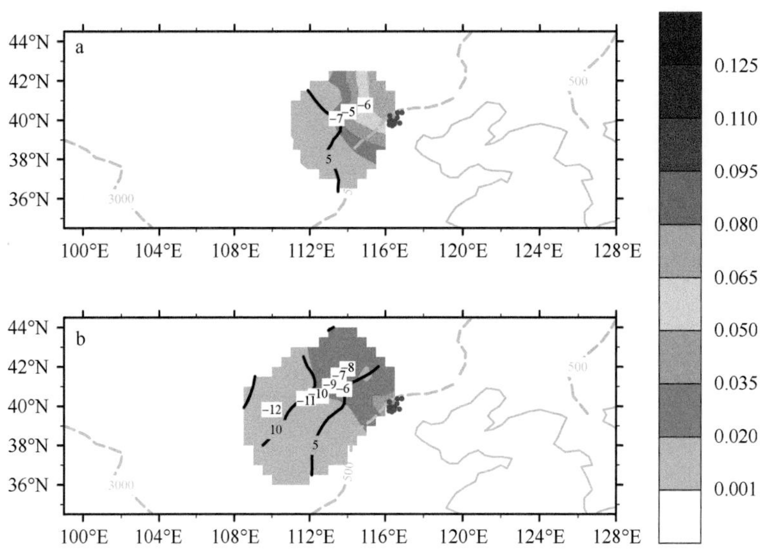

图9-21　1986～2015年5～10月北京的峰值降水强度小于等于15mm/h且峰值时间分别在19～24LST（a）和2～6LST（b）的区域整体降水序列与其他台站降水序列的前1～30h的超前相关结果

填色表示各台站降水序列分别超前于北京区域整体降水序列4～30h的相关系数中的最大值；黑色等值线为上述最大相关系数出现时的超前小时数；白底负整数为对应相同超前小时数中相关系数最大的台站位置；蓝色圆点为北京区域12个台站位置；灰色虚线为地形等值线

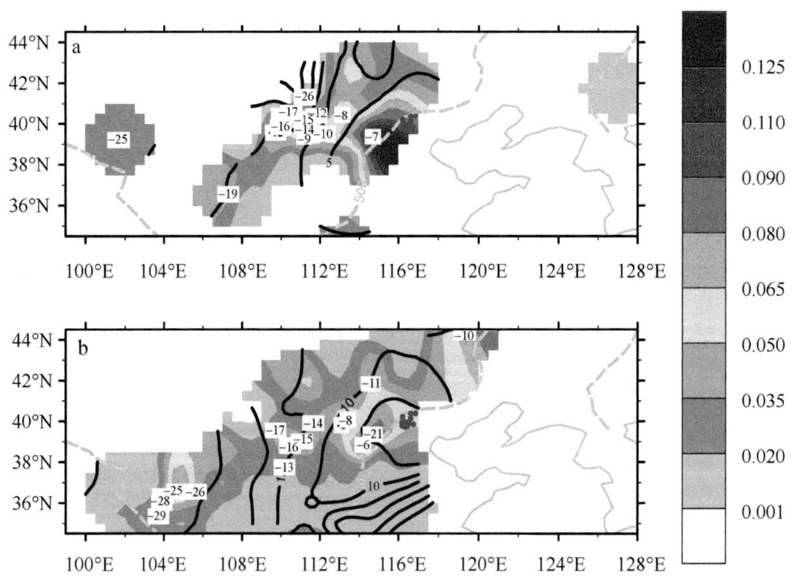

图9-22　1986～2015年5～10月北京的峰值降水强度大于等于30mm/h且峰值时间分别在19～24LST（a）和2～6LST（b）的区域整体降水序列与其他台站降水序列的前1～30h的超前相关结果

填色表示各台站降水序列分别超前于北京区域整体降水序列4～30h的相关系数中的最大值；黑色等值线为上述最大相关系数出现时的超前小时数；白底负整数为对应相同超前小时数中相关系数最大的台站位置；蓝色圆点为北京区域12个台站位置；灰色虚线为地形等值线

一般来说，基于外推原则，对本地发生降水有指示意义的超前降水台站应位于本地附近，但从上述分析已经看到，前期降水信号可追溯至30h以前、1500km以外，对这种前期信号的识别、理解、把握和应用对于提高预报时效显然很有价值，值得深入系统研究。本节采用的超前滞后相关算法，可有效提取降水的上游和下游信号。另外，本节结果也显示，对降水前期信号进行分析，需要适当考虑降水事件的持续时间、峰值时间和峰值强度。

第四节　面向前期环流因子拓展降水日变化分析

由上述分析已知，在北京地区，相邻区域间降水存在密切关联，降水日变化峰值位相呈现较大尺度沿一定方向的有序超前或滞后关联，且具体的区域关联还与降水日变化等精细化特征相关。值得关注的是，无论是短时还是长持续降水，高强度降水事件通常都更倾向于在傍晚至夜间达到峰值，且日变化特征显著。而高强度区域降水的形成和演变通常都有相对应的大气环流为强降水提供充沛的水汽来源与适宜的动力背景（Lau and Kim，2012；Ding and Reiter，1982）。显著的日变化演变特征表明地形等局地强迫作用于适宜的大气环流，激发具有特定日变化特征的中小尺度系统，调节降水过程的发生、发展，如改变不稳定层结、低空风场辐合与气旋性中尺度涡度场等（Ritchie and Holland，1997；Mukabana and Piekle，1996）。大气环流具有三维结构，在环流不同的高低层配置下，降水的时空特征可呈现出明显的差异性（翟国庆等，1997；Uccellini and Johnson，1979）。准确把握与降水相关的大气环流状况及其演变特征是准确预报降水事件的关键之一。

本节按第二、三节定义的北京区域降水事件，参考上述分析结果，对峰值强度大于等于30mm/h的234个降水事件进行合成分类，示范分析降水发生前后大气环流的特征和演变，希望能为丰富数值模式评估方法、完善数值模式评估标准和创建无缝隙客观预报方法拓宽思路。

图9-23给出了234个降水事件合成平均的降水量与开始时间、峰值时间和结束时间频次的日变化曲线。可以看出，强降水事件平均的日变化特征显著。降水量主峰值位于傍晚至午夜，最大降水量出现在22LST；在清晨4～5LST有一次峰值。降水事件多在下午至傍晚开始，在19～23LST达到峰值，在后半夜至上午结束。

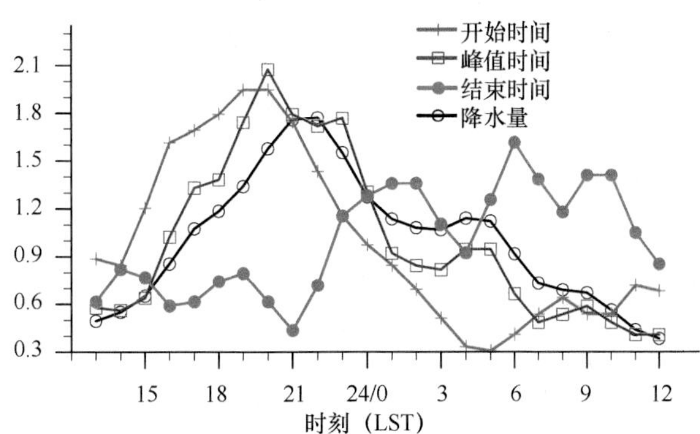

图9-23　1986～2015年5～10月北京周边12个台站的降水峰值强度大于等于30mm/h的降水事件合成平均的降水量与开始时间、峰值时间和结束时间频次标准化后的日变化曲线

关注这些强降水事件的高层温度场特征，基于JRA55再分析产品，对历次强降水事件达到峰值前的最近一个8BJT的300hPa温度异常合成场进行了EOF分析，图9-24a给出了EOF第一模态（19.7%）的空间型。可以看出，在东亚中纬度地区存在一个大范围异常中心，该中心呈准东西向分布，在东侧略偏东北-西南向，最大异常值位于北京地区西北侧（41.25°N，112.5°E）。图9-24b给出了与此模态相匹配的事件序列。基于该序列，选取暖（冷）值在一个标准差以上的事件作为典型事件，可得到典型暖（冷）事件41（40）个。分别对暖（冷）事件进行合成，图9-25给出了合成的300hPa温度异常场。在冷事件中（图9-25a），北京地区上游105°E附近存在一个强冷中心，温度异常可达–4.1℃。在暖事件中（图9-25b），北京地区北部有一强暖中心，温度异常可超过4.4℃，且暖中心东南、朝鲜半岛以东有一冷中心与之对峙。在本节后续分析中，把按上述方法遴选出来的两类事件分别称为冷事件和暖事件。注意这两类事件分别对应于不同关键区的温度异常，在目标区（北京地区）则均发生峰值强度大于等于30mm/h的强降水。

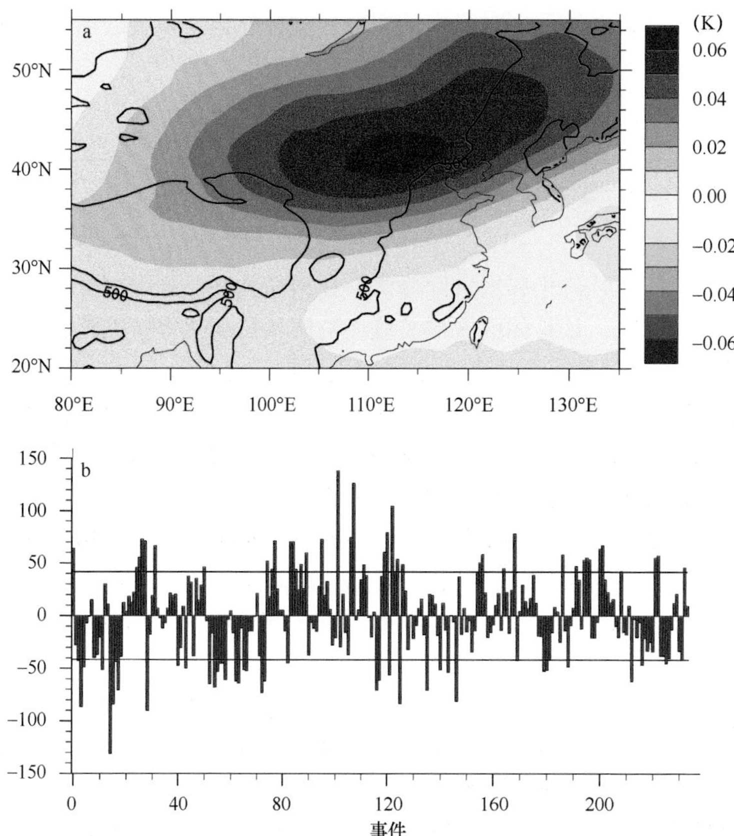

图9-24 234个强降水事件的峰值前最近一个8BJT的300hPa温度异常合成场的EOF第一模态的空间分布（a）和事件序列（b）

a中黑色实线为地形等值线；b中黑色直线为事件序列的标准差

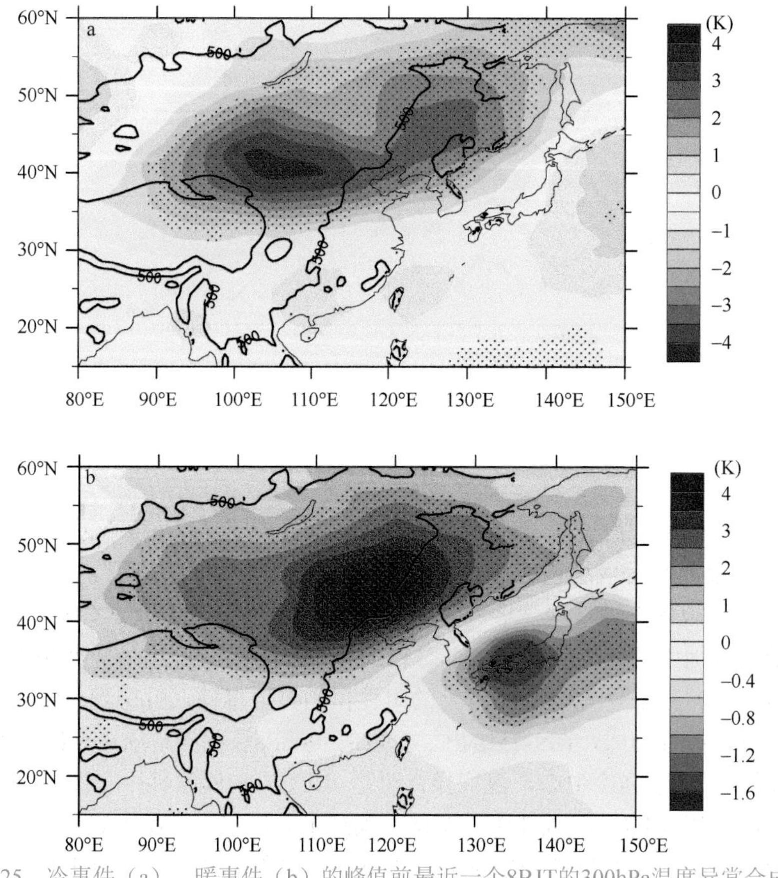

图9-25 冷事件（a）、暖事件（b）的峰值前最近一个8BJT的300hPa温度异常合成场

黑色实线为地形等值线；打点区域为通过置信度为95%的显著性检验的区域

图9-26a给出了冷事件合成的降水峰值前最近一个8BJT的温度和位势高度异常场的纬向垂直剖面（35°～45°N平均），可见冷异常贯穿了整个对流层，在对流层上层最强（最低值–3.6K位于300hPa，103.75°E），在105°E附近对流层低层850hPa的冷异常约为–1.1℃。冷异常中心上方200hPa附近有强的位势高度负异常，并向下贯穿至对流层低层；105°E以西的地区，在对流层低层为位势高度正异常。200hPa负异常中心（35°～50°N，95°～120°E）北侧有东风异常，南侧有西风异常，西风急流位置偏南。在对流层低层700hPa（图9-26b），北京地区的西北方向也存在一个强的位势高度负异常中心，并伴随着明显的气旋式环流异常。这说明在降水峰值前，北京地区上游有强的冷性低压系统，北京位于槽前，有利于出现强降水过程。

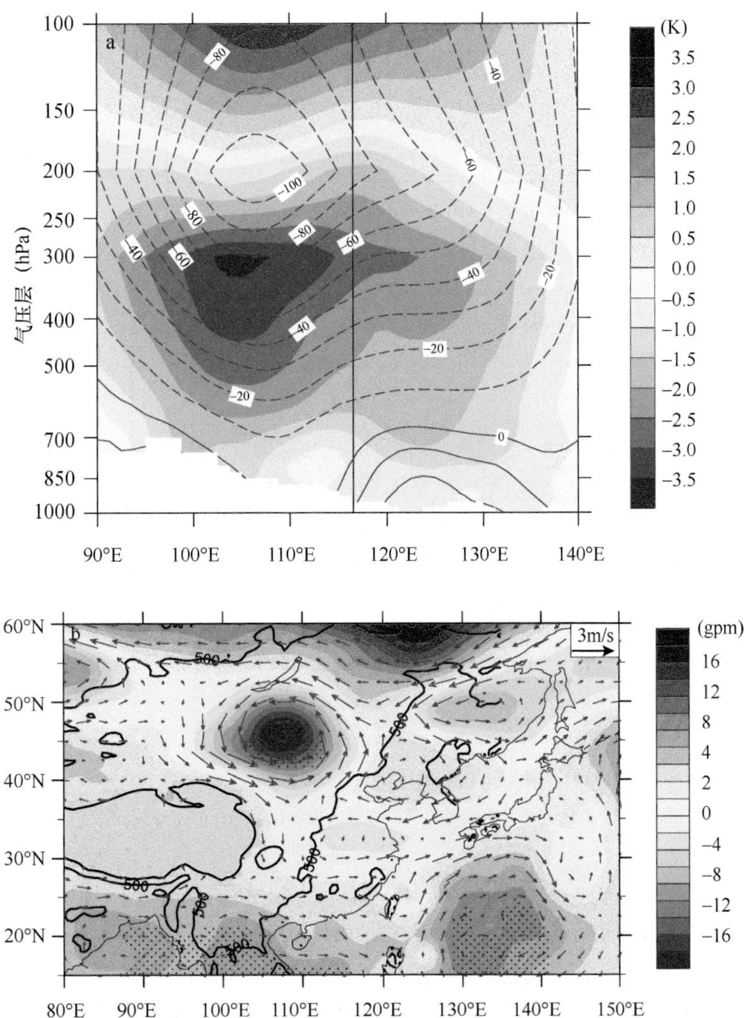

图9-26　冷事件的峰值前最近一个8BJT的温度异常（填色）和位势高度异常（绿色等值线，gpm）的纬向垂直剖面（35°～45°N平均）（a）及冷事件的峰值前最近一个8BJT的700hPa位势高度异常（填色）和风场异常（矢量）（b）

a中黑色直线表示北京站所在经度。b中黑色实线为地形等值线；打点区域为位势高度异常场通过置信度为95%的显著性检验的区域

对暖事件的环流场进行类似分析。由温度和位势高度异常场的纬向垂直剖面（图9-27a）可知，暖异常呈现出随高度升高向西倾斜的特征，在对流层上层暖中心位于北京地区以西，而在对流层下层暖中心位于北京以东。伴随暖异常的位势高度正异常也存在随高度升高向西倾斜的特征，北京以东大部分地区均呈现整层位势高度正异常，而北京以西的对流层低层存在位势高度负异常，且位势高度负异常中心位于110°E附近。另外值得关注的是，北京及其以西地区有较强的比湿正异常（图9-27a中黑色等值线），说明该地区水汽异常偏多。图9-27b为相应的700hPa位势高度异常和风场异常，可看出在北京地区以东有一较大范围的位势高度正异常中心，伴随着异常反气旋式环流。该中心南侧的异常偏东气流和西南侧的异常偏东南气流有助于北京地区水汽输送的增加，与该地区的高比湿相一致。更值得关注的是在北京地区以西，108°E附近存

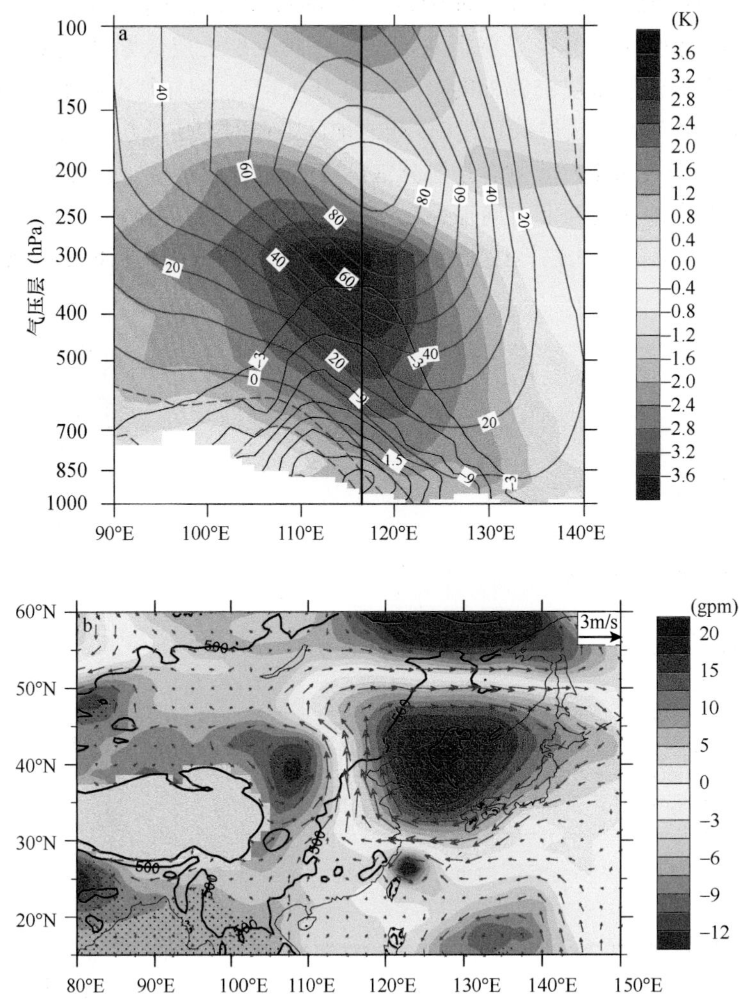

图9-27 暖事件的峰值前最近一个8BJT的温度异常（填色）、位势高度异常（绿色等值线，gpm）和比湿异常（黑色等值线，10^{-1}g/kg）的纬向垂直剖面（35°～45°N平均）（a）及暖事件的峰值前最近一个8BJT的700hPa位势高度异常（填色）和风场异常（矢量）（b）

a中黑色直线表示北京站所在经度。b中黑色实线为地形等值线；打点区域为位势高度异常场通过置信度为95%的显著性检验的区域

在一空间尺度较小的位势高度负异常中心和与之相匹配的气旋式风场异常。该中心位于青藏高原东南侧，且沿高原北侧和东侧边缘均有位势高度负异常带与气旋式风切变。

上述分析关注的都是两类事件在降水达到峰值前的最近一个8BJT的合成结果，除前期环流信号外，环流场的演变过程也可为强降水事件的精细化预报提供重要参考。图9-28给出了冷事件（图9-28a、c）、暖事件（图9-28b、d）的300hPa温度异常（图9-28a、b）和700hPa位势高度异常（图9-28c、d）的纬向-时间演变过程。从对流层高层温度异常来看，两类事件均存在明显的温度异常自西向东移动的特征。冷、暖事件的主要差异在于冷异常的东移可向前追溯的时间较短，仅到基准8BJT（即事件降水峰值前最近一个8BJT）前一日的14BJT左右；而暖事件可追溯至基准8BJT前两日的清晨。伴随着对流层高层异常环流型的东移，低层的位势高度场也有相似的东移特征。冷事件中，对流层低层低值系统可追溯至105°E附近，最强的位势高度负异常出现在115°E；而暖事件可追溯至100°E以西，最强的位势高度负异常出现在90°E。这些结果说明暖事件具有更明显、更早的上游前期信号，这对于后续降水事件的精细化预报有重要的潜在指示意义。

对应于冷事件和暖事件这两类不同的环流型，降水的精细化特征及其演变过程也存在明显差异。图9-29给出了两类事件分别合成的降水量与开始时间、峰值时间和结束时间频次标准化后的日变化曲线。可以看出，冷事件降水量峰值出现在21LST，降水多在傍晚左右开始，最典型的开始时间是17～19LST，随

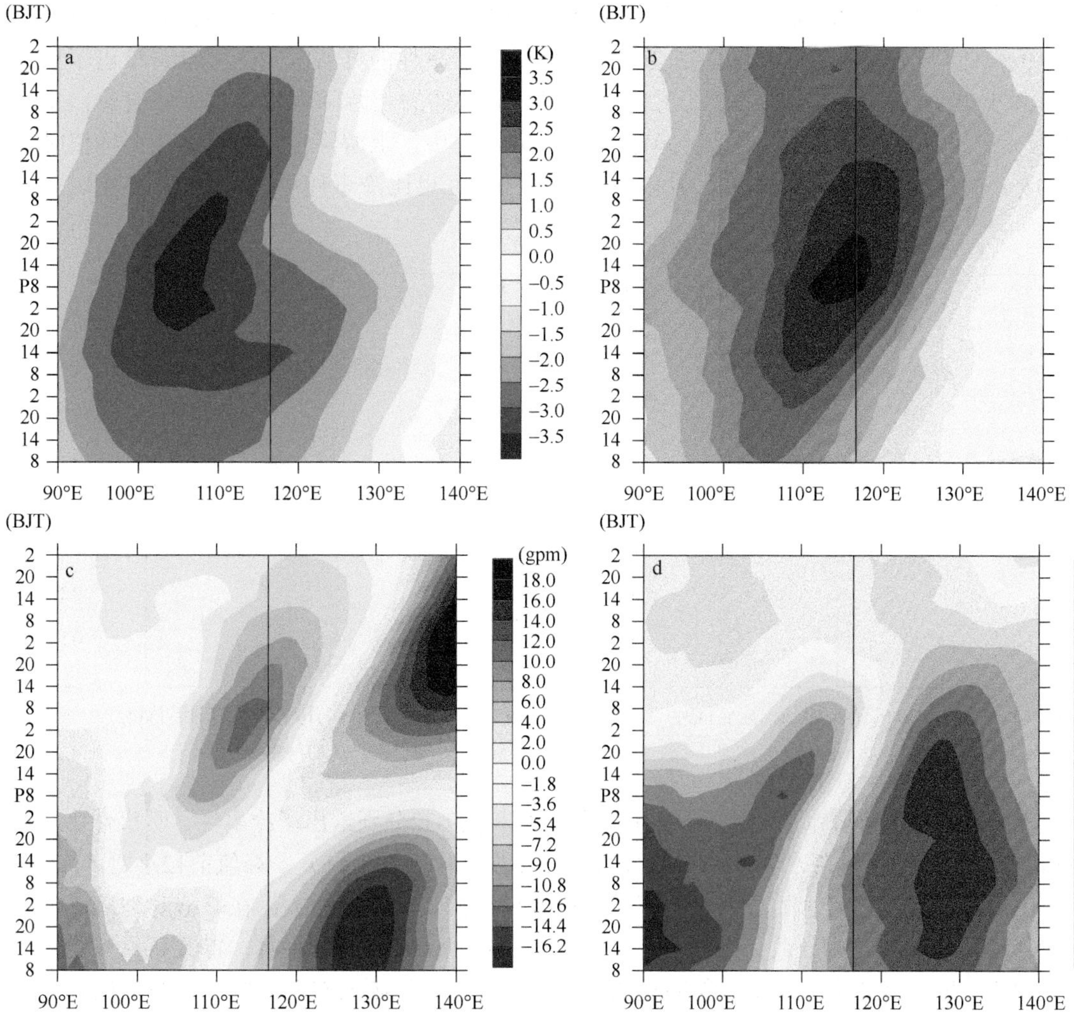

图9-28　冷事件（a、c）、暖事件（b、d）的300hPa温度异常（a、b）和700hPa位势高度异常（c、d）的纬向-时间演变（35°～45°N平均）

纵轴为时间，P8表示事件峰值前的最近一个8BJT

后多在19～21LST达到峰值，此类降水多在午夜至凌晨结束。暖事件的日变化与冷事件存在很大差异，降水量峰值出现在4LST，降水事件的开始时刻多集中在22～24LST，在3～5LST达到峰值，多在9～12LST结束。除日位相差异外，两类事件还有一个明显差异是冷事件具有更强的不对称性，即降水开始至峰值的时间明显短于峰值至结束的时间。

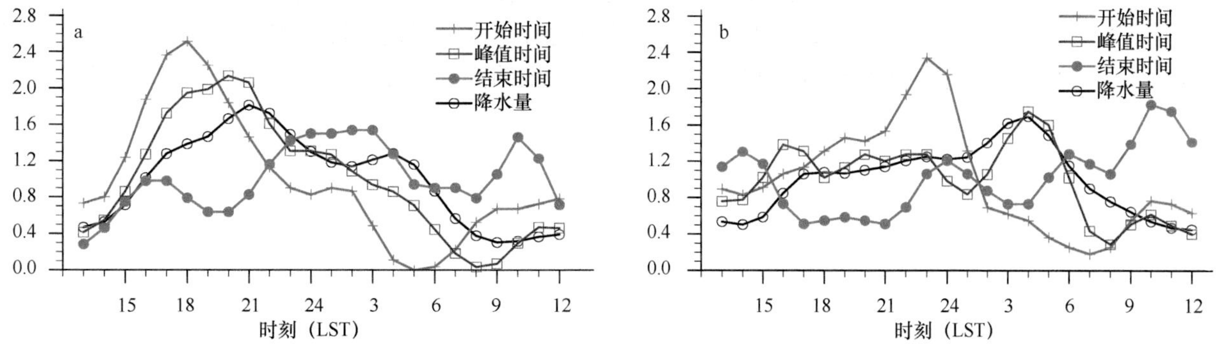

图9-29　冷事件（a）、暖事件（b）的降水量、开始时间、峰值时间和结束时间频次标准化后的日变化曲线

在环流异常自西向东移动的同时，降水场也有明显的空间迁移。图9-30给出了冷事件（图9-30a）、暖事件（图9-30b）的降水量随时间在纬向的变化。该图以历次事件的峰值时刻为基准，给出了历次事件平均的峰值前30小时至峰值后30小时的逐小时降水演变。冷事件的上游降水可追溯到峰值前12小时位于110°E附近的降水，北京发生降水后会继续向东传播。在暖事件中，上游降水信号可追溯至峰值时刻前24小时以上、105°E以西，明显强于冷事件，且向下游的传播特征也比冷事件更突出，在125°E以东仍有较大降水量。

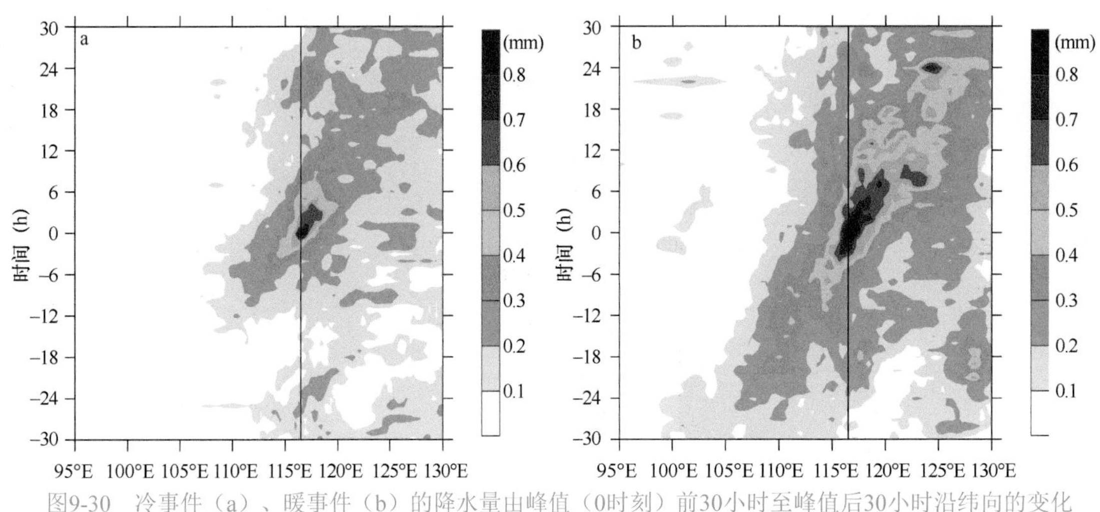

图9-30　冷事件（a）、暖事件（b）的降水量由峰值（0时刻）前30小时至峰值后30小时沿纬向的变化

为了更清晰、直观地了解降水的时空演变情况，图9-31和图9-32分别给出了冷事件、暖事件由峰值前30小时至峰值后27小时的逐3小时降水频率的空间分布。在冷事件中（图9-31），峰值前12小时才在110°E附近出现较大范围的前期降水信号，随后该中心逐步东移且范围扩大、频率增加；在峰值时刻后，该中心继续向东、向北移动，但频率较为分散。在暖事件中（图9-32），在峰值前30小时，青藏高原东北坡就有一个较大的高频中心，随后逐步向东移动，频率也逐步增加，有一条清晰的东西向路径；在峰值时刻后，该中心继续向东移动，在27h后仍有明显的大值中心。

为进一步明确降水信号的前后关联，利用本章第三节采用的超前、滞后分析方法，分别对冷事件、暖事件进行相关分析。图9-33a、b分别给出了冷事件的超前、滞后相关分布，可以看出超前相关主要分布在关键区周边，超前11h的最大相关台站为110°E附近的陕西米脂站；高的滞后相关主要位于北京下游区域。对于暖事件（图9-33c、d），上游高相关主要向西延伸，27h、29h、30h的最大相关台站分别分布在甘肃靖远站、东乡站和皋兰站（104°E附近）；滞后相关也明显强于冷事件，有很明显的向东延伸。这些结果一方面进一步明确了北京地区降水与上、下游地区的关联，为评估和订正算法提供了重要参考，另一方面也为此方法提供了典型案例，通过一致的环流、降水演变特征验证了该方法的可靠性和合理性。

本节以北京地区区域强降水事件为例，通过环流场的分型区分了两类降水事件，进而分析了两类事件的三维环流结构和降水精细化特征。相关结果为面向预报的降水事件分型、前期信号提取提供了重要参考。

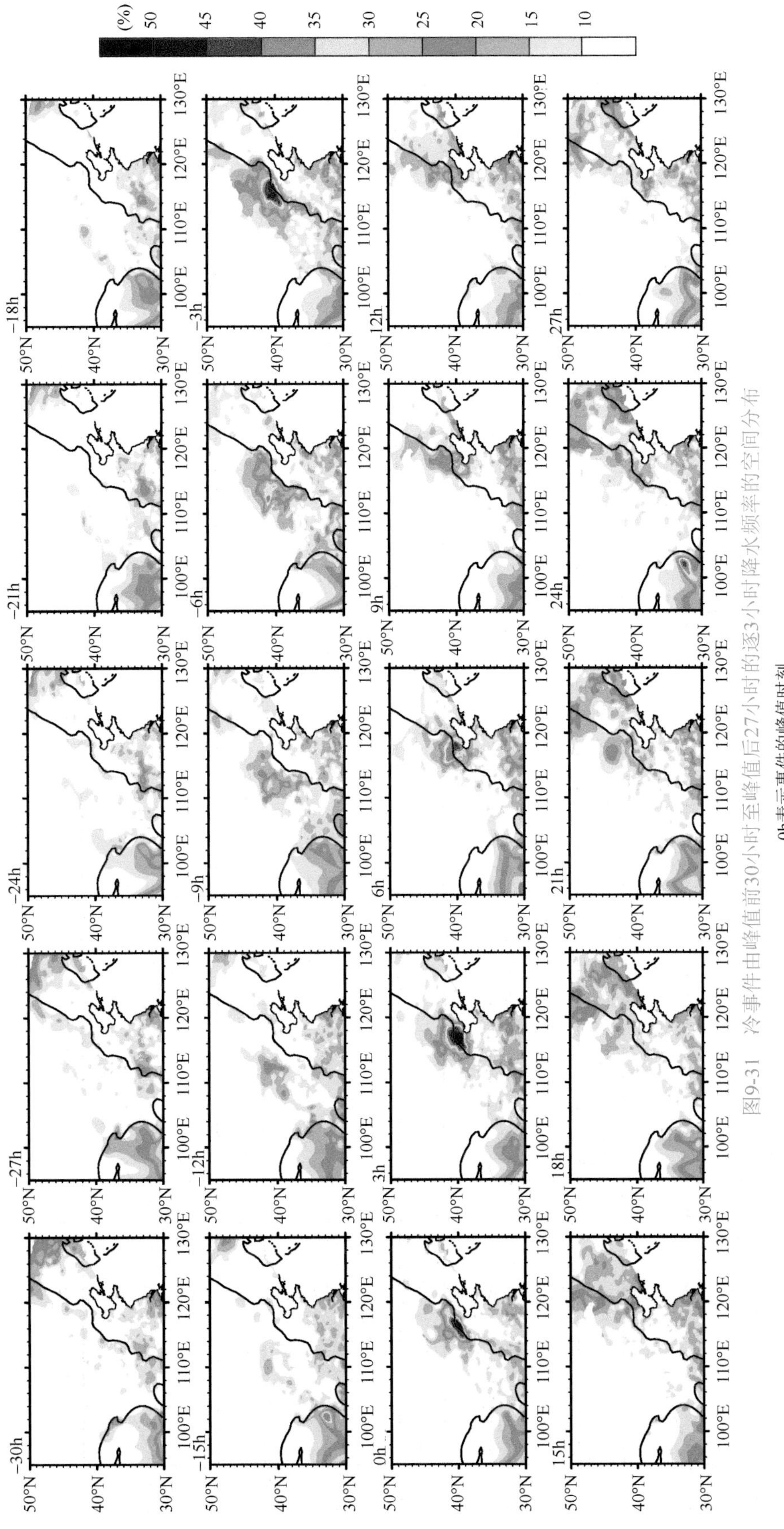

图9-31　冷事件由峰值前30小时至峰值后27小时的逐3小时降水频率的空间分布

0h表示事件的峰值时刻

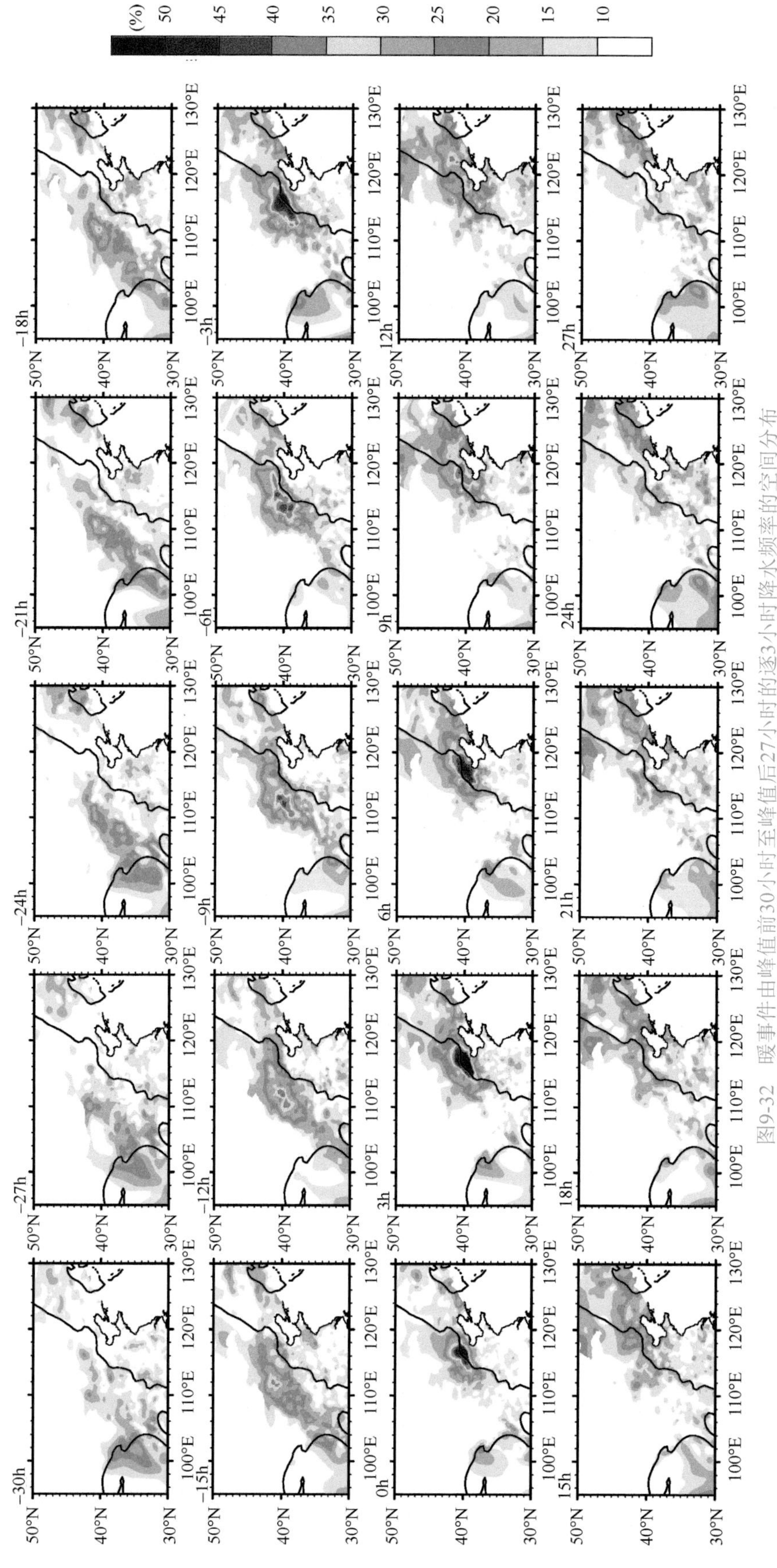

图9-32 暖事件由峰值前30小时至峰值后27小时的逐3小时降水频率的空间分布

0h表示事件的峰值时刻

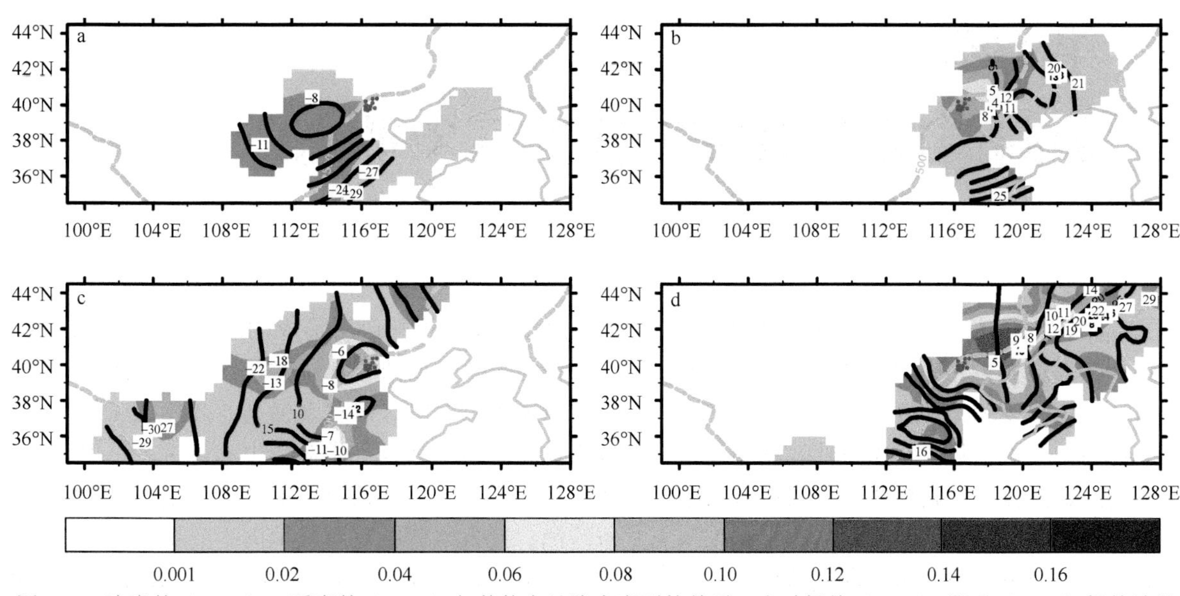

图9-33　冷事件（a、b）、暖事件（c、d）与其他台站降水序列的前后30小时超前（a、c）-滞后（b、d）相关结果

填色表示各台站降水序列分别超前（滞后）于北京区域整体降水序列4～30h的相关系数中的最大值；黑色等值线为上述最大相关系数出现时的超前（滞后）小时数；白底负（正）整数为对应相同超前（滞后）小时数中相关系数最大的台站位置；蓝色圆点为北京区域12个台站位置；灰色虚线为地形等值线

第十章 面向"精细-数字"化的气象业务

气象是人们在大气中感知到的自然现象，是地球系统多圈层相互作用形成的地球自然环境的重要组成部分，与人类在自然中的生产生活密切关联。气象工作的重要性取决于所处时代的人类经济社会活动对气象信息的依存度和关切度，气象服务的内容和方式要与所处时代的经济社会活动方式相适应。面向新时期经济社会的发展态势，气象事业发展已涉及国家战略发展全局，涉及"生命、生活、生产、生态"所需要的无缝隙、全覆盖、精细化的高质量气象服务。而现代科学技术，包括以数值模式为结晶的气象科技成果，以及地球系统科学的迅速发展，也正推动着气象监测、预报、服务跨越式地向更高精密、精准、精细化发展。气象业务正呈现出面向地球系统框架下全空域服务保障需求，以完备数据为基础，以地球系统数值模式发展和应用为内核，以大数据人工智能技术和方法为代表的新技术支撑的无缝隙-全覆盖、自动-智能、精细-数字的新型业态。正是这样的气象新业态正在成就气象工作满足时代需求的更大作为，也只有这样的新业态才能适应新时期全面高质量的气象服务保障需求。

在新业态的表述中，"无缝隙"强调的是内容更加完整丰富，不是仅局限于大气基本要素，而是包括生态、环境和水等地球系统框架下的相关内容，更不只关注日常的短期天气预报，而是包括综合实况，临近、短时、短期、中期、长期天气预报，多尺度气候预测和气候变化的全时间尺度预报服务；"全覆盖"强调的是要能做也应该做面向全球三维立体空间无死角的全空间的无缝隙预报服务；"自动-智能"是指预报服务产品的具体形成过程是机器自动化完成，并具有机器自动记忆、学习、提高的能力，其水平体现在对现代科技成果的应用能力。新业态中最关键和最迫切的是如何做到"精细-数字"。"精细"必须以精准为前提，缺乏精准的精细毫无意义。精细预报是指准确的、高时空分辨率的预报服务水平；"数字"则要求方法必须是客观可自动数值计算的，产品依托智能技术以数字方式呈现的。从某种意义上讲，只有做到"数字"化，才具有建立"无缝隙""全覆盖""自动-智能"业务的基础，也只有"数字"化，才能够实现"精细"化。要实现"精细-数字"化的降水预报，首先就需要对所关注的预报内容有精细化的认知能力，并进而具备可合理有效描述精细过程的、可数值计算的客观方法。

降水日变化的相关分析可以认为是目前针对一个气象要素开展精细化过程科学认知探讨最深入、最全面且最有广泛共识的研究，特别是本书第9章的拓展示范分析，对细化分类认识降水过程，进而建立"精细-数字"化的降水客观预报方法，具有很好的指导和启发作用。作为本书的最后一章，笔者希望借鉴本书前述章节有关降水日变化的相关研究成果、思想、理念和方法，探讨面向新时期气象新业态的新内涵及其技术路线和主要抓手。重点围绕"精细-数字"化气象业务新型业态的降水预报，探讨新业态下的业务特点，力求能启发推进现代"精细-数字"化气象业务的科学发展。

第一节 气象业务的新内涵

气象业务就是要充分利用科学技术成就，及时、准确、全面掌握大气的现象和状态，科学把握和预告其演变与变化，以此全方位地及时便捷地服务于人们在生产生活中的趋利避害。也就是通过全面充分地认识气象、理解气象、把握气象，实现很好地应用气象。认识气象的前提是要能够全面深入地探测气象。所以，只有当科学技术允许我们有能力系统地观测气象信息时，气象事业发展才具有可靠的基础保障。从16世纪伽利略发明了第一支空气温度计，到第一次科技革命开始（18世纪中期），科技进步提高了温度、气压、湿度、风速和风向的地面基本气象要素观测能力。18世纪中期法国著名化学家拉瓦锡（A. L.

de Lavoisier）首先开始系统地观测地面温度、气压、湿度、风速和风向，但由于没有通信技术，只能是单点监测；到19世纪早期（1820年）布德兰绘制了第一张地面天气图（欧洲），可以说是早期气象科学和气象业务的启蒙。19世纪中期，第二次科技革命开始，电话和电报在相近的时期问世，借助“东方战争”的推动，欧洲诸国以及美国和日本等国相继组织了气象观测网络，使用电报机收集天气报告并绘出天气图，从此天气图成为天气预报的重要参考，部分国家相继建立了正式的气象服务系统，兴起了实时天气图分析研究，推动了气象科学理论的迅速发展，并于1873年召开了第一次世界气象大会，成立了世界气象组织（WMO）的前身—— 国际气象组织。到19世纪末20世纪初，以皮耶克尼斯、索尔贝格、伯杰龙等为代表，创立了比较成熟的大尺度锋面、风暴、气旋和气团学说（Bjerknes and Solberg，1921；Bjerknes，1910），奠定了短期天气预报初步的理论基础，也可以说是奠定了近代气象学的理论基础。在20世纪初，科技进步使得可以通过无线电探空获得高空气象信息，也就是说可以获得立体的气象信息，为现代气象科学全面发展建立了必要的基础支撑，推动了现代气象科学的发展（Rossby et al.，1937；Shaw，1930）。得益于现代科学技术的发展和进步，人类已经具有了较高的气象探测、信息交换、数据处理能力。特别是自20世纪中期，第三次科技革命开始，气象卫星、计算机、网络和通信技术迅速发展，把人类社会推进到信息时代，不仅具备了较全面实时观测立体大气的能力，还保障了气象科学大规模数据传输、处理、计算的时效性（McPherson et al.，1979），推动了以数值模式为支撑的现代气象事业的迅猛发展，气象事业发展进入了快车道。气象前辈通过过去短短半个多世纪的努力和实践，建立了相当完备的气象监测网和日趋成熟的气象科学理论，掌握了影响气象的主要因素及其相互作用过程，对气象已经有了非常深刻的认识、理解和把握能力，更重要的是确立了数值模式在现代气象业务发展中的核心、不可替代的地位，明确了只有数值模式才具有全面把握复杂天气气候演变过程的潜力。Bauer等（2015）在*Nature*发表“The quiet revolution of numerical weather prediction”一文，指出在科学认知和技术进步长期持续稳定累积的过程中，数值天气预报在毫无声息中取得了突破性的成就。虽然数值天气预报发展的整个过程似乎没有直接出现具有重大影响的科技突破，但其影响力应属于物理科学中的高影响领域之一。数值模式是科技进步推动气象事业发展的标志符，已是气象科学发展的试金石，是气象业务实践的灵魂。数值天气预报的能力水平决定气象事业的业态变化。

统筹考虑新时期更广泛更精细的气象服务保障需求和气象事业的发展进步，2019年的第十八次世界气象大会明确了新时期气象业务将是在无缝隙的地球系统框架下推进的天气、气候、水和环境的综合服务保障业务，提出了世界气象业务发展正式进入了一个新阶段。而早在20世纪末，美国国家研究委员会在展望美国天气服务的咨询报告中，就提出了要跨越当前的气象业务发展状态，探讨未来气象业务持续现代化的发展问题①。在纪念美国气象学会（AMS）成立100周年的AMS百年评述论文中，Benjamin等（2018）以“100 years of progress in forecasting and NWP applications”为题，从气象预报和NWP应用的角度，将过去100年划分为4个时代，并将从2019年开始的未来30年定义为面向更广泛需求的、以“更加自动数字化预报”为主要特征的新时期。

总之，现代科技进步和数值模式的突破性发展已推动气象业务正式进入了一个更能满足时代需求的“智能-数字”新阶段。类比广泛认同的大数据人工智能系统②，新业态下的气象业务新格局也可以概化为是由“数据、算力、算法”三要素所构成（Reichstein et al.，2019），新内涵则赋予其中。“数据”始终是气象事业的最宝贵资源，是新业态的基础，获取地球系统框架下的“完备数据”是面向气象新业态发展的重大挑战。“算力”是气象事业的支撑保障，决定拥有和应用“完备数据”的能力，决定达到“无缝隙”“全覆盖”的程度，也决定“自动-智能”化的技术水平。“算法”是新业态的内核。不完全等同于通常人工智能系统的很多可借鉴的智能技术算法，这里的“算法”则是新时期气象人的立足之本，赋予了气象新业态的关键科学内涵，决定“精细-数字”化的能力和水平，也决定业务的行业竞争力和先进性。这里的算法必须是融入行业智慧的智能算法。“数据”和“算力”较大程度上取决于我们对新技术为我所用的

① National Research Council. 1999. A Vision for the National Weather Service: Road Map for the Future. Washington, D.C.: National Academies Press.

② 《人工智能发展白皮书技术架构篇（2018年）》

能力和手段，但这里的“算法”需要结合对气象科学不断深入的科学认知，需要气象人不断提高对气象现象及其非线性演变规律的深入细化的科学把控和驾驭能力，实现“算法”的不断完善。这是新时期气象人自身存在的价值体现。而当今数值模式在现代气象业务中的核心地位，决定了“算法”的科学内涵主要是围绕数值模式展开的。发展和完善数值模式本身是最关键的“算法”开发，包括无序的多源多种类数据融合分析与资料同化方法，以及无缝隙地球系统模式多圈层多尺度相互作用的系统理论和数值计算方案；而数值模式长期存在的不完整性和不精准性决定了其结果或产品总存在不确定性，这个不确定性决定了围绕直接的数值模式产品数据需要二次“算法”，即对数值模式不确定性问题的分析、评估和订正。围绕数值模式产品的这个二次“算法”，恰恰赋予了新气象业态更丰富充实的科学内涵和时代特征。

图10-1给出了推进以数值模式为核心的新业态“算法”内涵的着眼点，包括顶层战略部署、基础研发、业务改进和业务实施四个方面。图10-1下部标示了数值模式在气象业务发展中的不可替代性地位，从而决定了气象战略发展规划必须围绕把发展完备精准的可客观数值计算的地球系统框架下的模式系统或关键数值“算法”，作为重中之重推进的战略部署。右部强调的是，任何在用的数值模式中，几乎所有的计算设计或方案都存在不同程度的不精准性，通过持续提高数值模式各方案的精准度，减小模式结果的不确定性，需要各业务数值模式中心长期不懈的努力工作，通过深度误差分析评估，提高科学认识，提高业务模式精准度，实现业务系统改进。左部强调的是，数值模式要完成无缝隙地球系统框架下的能力提升，涉及多学科交叉，需要结合跨学科的科学试验，需要创新发展理念，需要长期的科学试验和基础研究积累，需要气象相关科研机构创建更大的科技合作平台，积极开展跨行业跨学科的务实合作，长期付出努力，力求建立更加完备的全耦合地球系统模式。图10-1的上半部分明确了数值模式产品的不确定性或多或少地长期存在，从而要求必须细致开展对数值模式结果的评估和订正工作，以获得更高质量的预报服务产品，即新时期的气象业务实施要围绕减小数值模式结果的不确定性影响，全方位地积极推进，力争最大努力地减小“精细-数字”化产品的不确定性，增加其确定度。

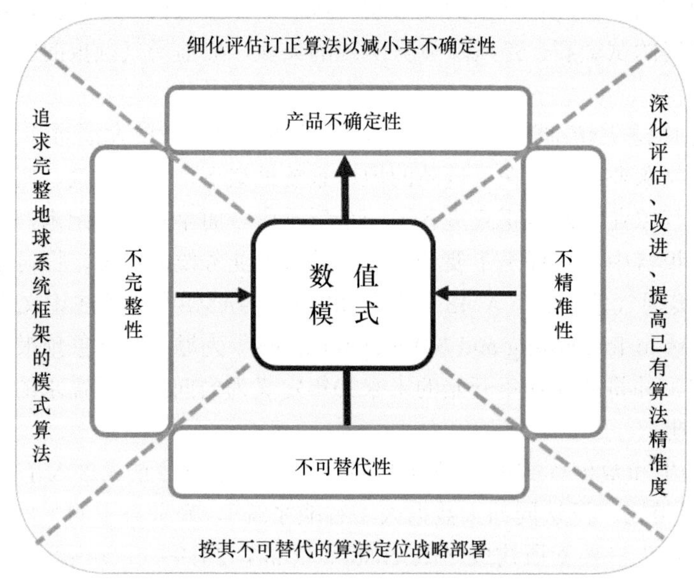

图10-1 推进以数值模式为核心的新业态“算法”内涵的着眼点［根据Yu等（2019）重绘］

第二节 新业态下的技术路线

面对自动-智能、精细-数字的气象新业态的数据、算力、算法所赋予的新内涵，新时期气象业务要着力追求数据完备、算力先进、算法领先，着眼点是围绕减小数值模式结果的不确定性影响，实现监测、预报、服务的更加精密、精准、精细。实现这样的目标，需要有更适合的技术路线。

应该说，近半个世纪以来，伴随着科技进步，气象事业发展经历了不断完善探测能力、增强科学认知、丰富理论基础、夯实科学方法、提高预测水平的快速发展历程。已形成了包括数据获取、处理和预报、预测、服务等科学系统完整的事业发展与业务工作体系。事实证明，直至目前的事业发展的技术路线无疑是正确的、高效的、成功的，是适合时代特征的。这也是基础学科起步阶段都必须基本遵循的“自下而上”（bottom-up）的，以不断提升科学认知为导向的发展途径或发展阶段。

但面对气象科学存在的多尺度、多圈层（介质）、多相态等复杂的非线性相互作用和转换过程，虽然我们对气象的整体范畴已有很好的认识，对气象的主要影响因子及其各自的物理影响过程已有相当深刻的理解，但由于相关过程的非线性属性，这些诸多因素的综合非线性作用结果始终存在难以把控的不确定性。大气是全球贯通的，全球气象在空间和时间上是整体关联的，任何具体时间、具体地点的气象都是整体气象过程在此时此处的阶段性具体表现，是大气受多种类强迫非线性综合影响的结果，有其必然性。但在它出现之前，对其具体细节的判定也都具有某种偶然性和不确定性，这在降水过程中尤为突出。这正是气象预报（特别是降水预报）和服务不可逾越的困难。

尽管现在的数值模式已高度成熟，并已是气象业务或事业发展所不可替代的核心，可正如图10-1所示意的，数值模式同样呈现出长期存在的难以克服的不完整性和不精准性，其结果还将长期存在不确定性。这是受多重非线性相互作用过程影响的气象科学无法躲避的问题，而对这些问题的不懈探索，正是气象事业发展独特的科学内涵和发展活力。在以数值模式为核心的新时期，气象业务发展就是要着眼于如何解决或减小数值模式结果的不确定性影响，从而确定与之相适应的气象业务发展的技术路线。

常规“自下而上”的发展路线，难以进一步深化对许多综合性问题的认识和理解，难以对症下药，难以确定解决问题的切入点。需要突出问题导向或结果导向，结合践行“自上而下”（top-down）的技术路线，其主要途径是通过强化对数值模式结果等的不确定性问题的深入分析，尽力对所关注问题的本质寻根求源，以此确定优化模式性能、提升模式能力、改进模式结果和提高模式结果应用效果的切入点与突破口。

践行“自上而下”的技术路线，就是要通过深入细化剖析现有算法所产出结果中的具体问题，并努力认识每个具体问题形成的细节和实质，追踪导致问题结果的原因，探讨出改进结果或解决问题的方法。可以说，这是在现代复杂气象系统中解决具体气象问题的重要途径。推行“自上而下”的技术路线，难点在于如何着眼于具体关切进行问题剖析。面对内容繁多的结果和问题，如何厘清我们所关切的具体问题的解决思路，从何下手？“评估”是践行这个途径的精髓或关键抓手。需要在这样的复杂系统中，针对我们的具体关切，建立一个科学合理的评估体系，通过不断深化细化评估，把握问题形成的脉络，认识问题的根本，确定解决问题的途径和方法。

为便于大家理解如何通过深化评估，践行“自上而下”的发展途径，这里以图10-2示意说明。试图回答如何针对现有客观方法（数值模式是最初级的客观方法）所存在的问题，通过解析评估，增强其完整性和提高其精准度，从而减小结果的不确定性，以实现对现有方法的不断改进和完善，得到更高质量的业务产品。在图10-2所示意的工作流程中，①充分完备的观测和模式数据是必需的基础支撑；②要基于充分的数据支撑，针对模式或已有预报系统的具体关键问题，在充分熟悉已有科学成果的基础上，遵循问题导

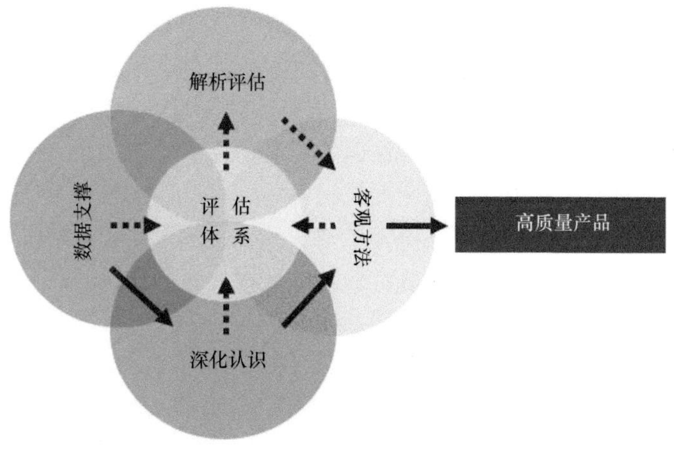

图10-2 以解析评估为抓手践行“自上而下”的技术路线

向，着眼于认识问题和解决问题，开展深入细致的科学研究，获取深入细化分类的科学认知；③通过系统细致的分析比较，针对所有的数值模式系统或客观预报系统，建立分类细化的评估体系；④对具体实时的天气过程或具体问题，对标天气类别或问题类别，细化解析评估，确定具体的订正内容和订正方法，或得到改进和订正现有“方法”的切入点与突破口。这样的工作流程是循环往复的，从问题中来，到问题中去，通过不断解决已认知的问题，评估总结发现新的问题或没有彻底解决的问题，推进现有“方法”的不断改进和完善，实现业务能力的不断提高。

第三节　新业态下的业务特点

我们知道，传统的天气预报流程是预报员根据每天实时获取的各种气象观测数据和接收到的各种数值预报产品，结合自己的知识积累和经验，通过人工分析和会商研判这些数据信息，得出未来具体的预报结论。这样的业务方式是由气象问题的复杂性和此前数值天气预报模式结果的不确定性水平决定的，其特点是：①有很强的主观因素，每天预报结论会因人而异，因具体人的实时状态而异，预报结论具有偶然性或不确定性；②预报流程主要采用的是“自下而上”的技术路线，着眼于基础数据的理性逻辑研判和推论；③预报员应对每天的具体天气预报的工作任务重、责任大、压力大；④随着每天新增气象数据量的迅速增加、对预报精准度要求的不断提高和预报内容的迅速增加，预报员的工作会越来越繁重，必将不堪重负。

而在气象业务新业态下，实行“自上而下”技术路线的预报业务特点是：①突出客观方法和数字产品。业务工作主要是改进和完善客观预报方法，预报结论是科学方法决定的机器自动、智能形成的内容更加丰富、全面、精细的数字化产品。②遵循问题导向。直接着眼于对数值模式结果具体问题的认知、细化评估和修订，不断改进和完善客观预报方法。③工作重心后移。预报人员的工作重心是在“后台”的思考、研究、分析、总结、提炼，每天的具体预报结论取决于高技术呈现出的日常研究和总结提炼的工作成果，预报结论是集体的累积成果，是综合科技水平决定的，不是某个当班预报员个人的一时行为和责任。④机器自动处理数据。由计算机处理不断丰富的海量数据，预报人员的关键是设计更好的算法，而不是面对每天不断增加的海量信息无所适从。

这里的关键环节是，面向“精细-数字”化预报业务的新业态，究竟如何才能建立高水平的精细、准确的客观或数字预报方法？特别是精细化的降水预报。由于降水过程涉及的科学问题最为复杂，要做到准确的精细化降水预报，无论方法如何，理论上都需要对降水的精细化演变过程有深入的认识和把握。而要做到数字预报，或客观自动预报，对这个过程规律的把控还必须是可公式化和可计算的。

由本书的前述章节内容可知，由于各地大气受到的区域强迫差异很大，以降水日变化为表征的降水精细化演变过程和机制在不同区域存在明显不同，数值模式对降水过程的模拟和预报偏差在不同区域也是千差万别，特别是在复杂地形区。因此，形成准确的精细化数字降水预报方法必然要考虑区域差异。要着眼于不同区域的具体问题，探讨如何深化对所关注区域精细化降水过程的认识和把握；进而建立科学有效的评估系统；形成合理有效的模式或已有数字方法的偏差订正或改进举措；建立高水平的自动数字降水预报方法。

如何把握精细化的过程特征？充分结合所关注区域已有的相关研究成果，吸收已有的相关研究思想，对该区域的降水事件尽可能地细化分类，努力全面把握各种降水事件发生前期至开始、峰值和结束的立体环流及地面整体要素的精细化过程演变规律。第9章的有关示范分析思路和方法应该有可借鉴之处。

如何建立评估系统？基于对关注区域细化分类的精细过程的全面把握，细致对标比较分析所用的数值模式或客观预报系统，形成基于特征环流结构或要素关联特征的细化分类的降水和相关联要素的评估指标体系，系统评估客观预报系统（可以是直接的数值模式，也可以是已有的客观数字预报系统）在具体天气类别的偏差特征和关联因素。第8章虽然较之前已发表的有关模式评估分析有很大的拓展、细化和创新，但仍然属于粗犷式的基础评估分析。用于“精细-数字”化的降水预报业务的评估系统，必须在借鉴第9章示范细化分析思路的基础上，深入细化分析比较，确定具体细化的评估内容。

如何形成合理有效的偏差订正？针对实时天气状况，动态分析现时天气的环流和综合要素的已有演变与状态，对标已建立的评估系统，识别现时天气在评估系统中的类别。从而可根据该类别的偏差特征，确定具体的偏差订正内容，得到比原有模式或客观预报系统质量更高的预报产品。

这里要突出的关键词是：具体区域、全面把握、细化分类、精细过程、评估系统、对标评估订正。“具体区域”强调的是精细化预报在时间和空间上的精细是相互关联的。尽管预报方法在基本思想上都具有某种一致性，但精细预报要考虑到时间精细在区域上的差异，足够精细的预报要立足于在尽可能分解的中尺度气候区域上建立不同气候区域的精细化预报方法。“全面把握”强调的是针对任一具体区域的分类和评估系统要具有完备性，基本全覆盖。对未来发生的天气过程都能对标有类似的类别对应。“细化分类”强调的是分类要在“全面把握”的基础上尽可能的“细”。这与通常的论文研究不同，往往只针对主模态或主要模态。例如，第9章最后一节的示范分析，只以强降水事件对应的主模态作为示范。但对于预报实战，要求是尽可能细化的模态全部。分类更“细”才能保证结果更“精”更“准”。“精细过程”强调的是要把握一个天气事件发生的前期完整信号追踪，到开始、峰值和结束的演变过程中的立体环流与地面整体要素的整体系统细致合理的演变特征。“评估系统”强调的是要有具体、全面、类别细化、过程细化的系统的评估标准和流程。“对标评估订正”强调的是在评估系统中确定最相近类别的评估和订正。

第四节　新业态下预报业务的研究属性

人们对复杂的非线性精细化的天气演变过程的主观判断和推测能力非常有限，这是气象人应有的科学自知。因而，在气象学科或事业的前期发展阶段，方法难见端倪，只能进行大海捞针式的科研探索和各显神通式的主观臆断业务，科研与业务分离是必然，主观推测预报也是必然。但数值预报的成功实践为我们确立了正确无疑的完善科学方法的发展方向，气象问题的根本出路在于努力完善科学方法以实现精密、精准、精细的数字产品。概括本章的前述讨论，新时期气象预报业务发展首先要深刻理解和把握好“数据、算力、算法”三位一体的新格局及其新内涵。在科技快速发展的新时期，作为科技型事业的气象预报业务发展必须紧跟科技进步，充分应用科技成果，确保事业发展的技术或“算力”支撑。此外，立业的基础是包括先进的数值模式产品在内的充分的数据，立业的根本是数据的应用能力，实现不可比拟的先进是“算法”超前。“算法”的作用主要体现在获得最优气象产品的三大关键环节：①拥有最先进的数值模式系统及其产品；②能在对所用模式或已有客观方法不确定性问题充分认知的基础上，开展深入细致的数据分析研究，创新发展细化有效的科学评估方法；③通过系统的解析评估，确定改进、优化、订正所用模式或已有方法的途径并实施，从而得到所需要的最高质量气象产品。

简单地说，新业态下气象业务的本质就是“从数据到数字”，其发展的关键是“从数据到数字”的过程和方法，抓手是“评估”，根本则是“研究”，是围绕“评估”的研究。通过深入细化“评估”看清问题实质，遵循问题导向，实行“自上而下”的技术路线，突出问题导向，深入细致研究，推进问题得以有序解决。而只有深入细致的数据和模式分析研究，才能通过创新有效细化的评估方法提升科学评估能力和订正水平，才能实现科学技术成果最大贡献于客观方法，才能牢固建立紧跟前沿科技的先进气象预报业务，才能持续提高客观预报水平。其实质是，新时期预报业务呈现为研究型业务，即业务的主体是研究，或研究是重要的业务内容，研究应占有主要的业务时间。未来气象预报业务的发展依存于研究的积累，取决于对不断完善的数值模式不确定性问题认识的不断细化深入。新业态下，气象科研和业务发展方向逐渐趋同，需共同聚焦于利用新技术不断改进其数字方法。科研业务融合是整体气象事业发展的时代需求。业务发展依存于研究成果积累，取决于不断完善预报系统和对其不确定性问题认识的不断细化深入与把控，从而最大限度减小其不确定性影响。气象研究则要突出业务实践中的问题导向，开展围绕数据和模式的深入细致分析研究。面向需求的气象研究是社会发展和学科发展的双向所需。

面向“精细-数字”化的气象业务，日变化的相关分析是必不可少的研究范畴。而目前也只有降水日变化有针对日内大气演变过程的相对比较系统广泛的分析研究，包括从深化大气演变规律的认知，到开展数值模式评估，再到推进关联的数值模式具体方案的试验和改进等。但现有的研究成果与实际开展“精细-数字”化的降水预报业务仍有很大差距，目前还鲜有基于业务数值模式降水日变化的偏差订正方法。本书在有关章节中有意强调对降水日变化分析的细化和拓展，突出示范开展降水精细化演变过程的分析方法，目的就是希望对开展有关精细化的分析研究及创建精细化的评估和订正方法能有启发与借鉴作用。

参考文献

白虎志, 董文杰. 2004. 华西秋雨的气候特征及成因分析. 高原气象, 23(6): 884-889.

包澄澜. 1980. 热带天气学. 北京: 科学出版社.

毕宝贵, 刘月巍, 李泽椿. 2006. 秦岭大巴山地形对陕南强降水的影响研究. 高原气象, 25(3): 485-494.

陈德辉, 沈学顺. 2006. 新一代数值预报系统 GRAPES研究进展. 应用气象学报, 17(6): 773-777.

陈德辉, 薛纪善, 沈学顺, 等. 2012. 我国自主研制的全球/区域一体化数值天气预报系统GRAPES的应用与展望. 中国工程科学, 14(9): 46-54.

陈德辉, 薛纪善, 杨学胜, 等. 2008. GRAPES新一代全球/区域多尺度统一数值预报模式总体设计研究. 科学通报, 53(20): 2396-2407.

陈隆勋, 李薇, 赵平, 等. 2000. 东亚地区夏季风爆发过程. 气候与环境研究, 5(4): 345-355.

陈乾, 陈添宇, 肖宏斌. 2010. 祁连山区夏季降水过程天气分析. 气象科技, 38(1): 26-31.

戴泽军, 宇如聪, 陈昊明. 2009. 湖南夏季降水日变化特征. 高原气象, 28(6): 1463-1470.

戴泽军, 宇如聪, 李建, 等. 2011. 三套再分析资料的中国夏季降水日变化特征. 气象, 37(1): 21-30.

戴泽军. 2010. AREM夏季降水日变化的模拟评估分析. 中国科学院大气物理研究所.

丁仁海, 周后福. 2010. 九华山区下垫面对局地降水的影响分析. 气象, 36(3): 47-53.

范水勇, 卢冰, 仲跻芹, 等. 2016. 华北区域多尺度分析和短临数值预报系统RMAPS-ST介绍. 西安: 第33届中国气象学会年会S10城市, 降水与雾霾——第五届城市气象论坛.

傅云飞, 张爱民, 刘勇, 等. 2008. 基于星载测雨雷达探测的亚洲对流和层云降水季尺度特征分析. 气象学报, 66(5): 730-746.

高由禧, 郭其蕴. 1958. 我国的秋雨现象. 气象学报, 29(4): 264-273.

何敏. 1984. 我国主要秋雨区的分布及长期预报. 气象, 10(9): 10-13.

胡汝骥, 马虹, 樊自立, 等. 2002. 新疆水资源对气候变化的响应. 自然资源学报, 17(1): 22-27.

黄安宁, 张耀存, 朱坚. 2008. 物理过程参数化方案对中国夏季降水日变化模拟的影响. 地球科学进展, 23(011): 1174-1184.

黄丽萍, 陈德辉, 邓莲堂, 等. 2017. GRAPES_Meso V4. 0主要技术改进和预报效果检验. 应用气象学报, 28(1): 25-37.

黄荣辉, 张庆云, 阮水根, 等. 2005. 我国气象灾害的预测预警与科学防灾减灾对策. 北京: 气象出版社.

贾文雄, 张禹舜, 李宗省. 2014. 近50年来祁连山及河西走廊地区极端降水的时空变化研究. 地理科学, 34(8): 1002-1009.

金荣花, 代刊, 赵瑞霞, 等. 2019. 我国无缝隙精细化网格天气预报技术进展与挑战. 气象, 45(4): 445-457.

李昀英, 宇如聪, 徐幼平, 等. 2003. 中国南方地区层状云的形成和日变化特征分析. 气象学报, 61(6): 733-743.

梁平德. 1988. 印度夏季风与我国华北夏季降水量. 气象学报, 46(1): 75-81.

刘裕禄, 黄勇. 2013. 黄山山脉地形对暴雨降水增幅条件研究. 高原气象, 32(2): 608-615.

卢冰, 孙继松, 仲跻芹, 等. 2017. 区域数值预报系统在北京地区的降水日变化预报偏差特征及成因分析. 气象学报, 75(2): 58-69.

吕炯. 1942. 巴山夜雨. 气象学报, 16(1): 36-53.

庞茂鑫, 斯公望. 1993. 我国东南部地形对降水量分布的气候影响. 热带气象学报, 9(1): 370-374.

彭贵康, 柴复新, 曾庆存, 等. 1994. 雅安天漏研究 I : 天气分析. 大气科学, 18(4): 466-475.

彭乃志, 傅抱璞. 1995. 我国地形与暴雨的若干气候统计分析. 气象科学, 15(3): 288-292.

沈沛丰, 张耀存. 2011. 四川盆地夏季降水日变化的数值模拟. 高原气象, 30(4): 860-868.

沈艳, 潘旸, 宇婧婧, 等. 2013. 中国区域小时降水量融合产品的质量评估. 大气科学学报, 36(1): 37-46.

孙晶, 楼小凤, 胡志晋. 2009. 祁连山冬季降雪个例模拟分析(I): 降雪过程和地形影响. 高原气象, 28(3): 485-495.

陶诗言, 倪允琪, 赵思雄. 2001. 夏季中国暴雨的形成机理与预报研究. 北京: 气象出版社.

陶诗言, 徐淑英. 1962. 夏季江淮流域持久性旱涝现象的环流特征. 气象学报, 30(1): 1-10.

陶诗言, 张顺利, 张小玲. 2004. 长江流域梅雨锋暴雨灾害研究. 北京: 气象出版社.

陶诗言, 赵煜佳, 陈晓敏. 1958. 东亚的梅雨期与亚洲上空大气环流季节变化的关系. 气象学报, 29(2): 119-134.

陶诗言. 1980. 中国之暴雨. 北京: 科学出版社.

万日金, 吴国雄. 2006. 江南春雨的气候成因机制研究. 中国科学: D 辑, 36(10): 936-950.

王东阡, 张耀存. 2009. 气候系统模式MIROC对中国降水和地面风场日变化的模拟. 南京大学学报(自然科学), 45(6): 724-733.

王夫常, 宇如聪, 陈昊明, 等. 2011. 我国西南部降水日变化特征分析. 暴雨灾害, 30(2): 117-121.

吴宝俊, 彭治班. 1996. 江南岭北春季连阴雨研究进展. 科技通报, 12(2): 65-70.

肖潺, 宇如聪, 原韦华, 等. 2015. 中国大陆雨季时空差异特征分析. 气象学报, 73(1): 84-92.

肖潺, 原韦华, 李建, 等. 2013. 南海秋雨气候特征分析. 气候与环境研究, 18(6): 693-700.

徐国强, 苏华. 1999. 太行山地形对"96.8"暴雨影响的数值试验研究. 气象, 25(7): 3-7.

徐同, 李佳, 杨玉华, 等. 2016. SMS_WARMS V2. 0模式预报效果检验. 气象, 42(10): 1176-1183.

许晨璐, 王建捷, 黄丽萍. 2017. 千米尺度分辨率下GRAPES_Meso4.0模式定量降水预报性能评估. 气象学报, 75(6): 851-876.

阎丽凤, 车军辉, 周雪松, 等. 2013. 泰山地形对一次局地强降水过程动力作用的数值模拟分析. 气象, 39(11): 1393-1401.

杨昌军, 许健民, 赵凤生. 2008. 时间序列在FY2C云检测中的应用. 大气与环境光学学报, 3(5): 377-391.

叶笃正, 高由禧. 1979. 青藏高原气象学. 北京: 科学出版社.

叶笃正, 罗四维, 朱抱真. 1957. 西藏高原及其附近的流场结构和对流层大气的热量平衡. 气象学报, (2): 108-121.

殷雪莲, 郝志毅, 魏锋. 2008. 气候变暖对河西走廊中部农业的影响. 干旱气象, 26(2): 90-94.

宇如聪, 曾庆存, 彭贵康, 等. 1994. "雅安天漏" 研究: Ⅱ. 数值预报试验. 大气科学, 18(5): 535-551.

宇如聪, 李建. 2016. 中国大陆日降水峰值时间位相的区域特征分析. 气象学报, 74(1): 18-30.

宇如聪, 原韦华, 李建. 2013. 降水过程的不对称性. 科学通报, 58(15): 1385-1392.

臧增亮, 张铭, 沈洪卫, 等. 2004. 江淮地区中尺度地形对一次梅雨锋暴雨的敏感性试验. 气象科学, 24(1): 26-34.

曾庆存, 宇如聪, 彭贵康, 等. 1994. "雅安天漏" 研究Ⅲ: 特征、物理量结构及其形成机制. 大气科学,18(6): 649-659.

翟国庆, 高坤, 孙淑清. 1997. 梅雨期高层流场对低层急流及中尺度系统影响的数值试验. 气象学报, 55(6): 714-725.

张春山, 张业成, 张立海. 2004. 中国崩塌、滑坡、泥石流灾害危险性评价. 地质力学学报, 10(1): 27-32.

张良, 张强, 冯建英,等. 2014. 祁连山地区大气水循环研究(Ⅰ): 空中水汽输送年际变化分析. 冰川冻土, 36(5): 1079-1091.

张强, 赵煜飞, 范邵华. 2016. 中国国家级气象台站小时降水数据集研制. 暴雨灾害, 35(2): 182-186.

张小玲, 杨波, 盛杰, 等. 2018. 中国强对流天气预报业务发展. 气象科技进展, 8(3): 8-18.

张正勇, 何新林, 刘琳, 等. 2015. 中国天山山区降水空间分布模拟及成因分析. 水科学进展, 26(4): 500-508.

赵汉光. 1994. 华北的雨季. 气象, 20(6): 3-8.

中国科学院大气物理研究所二室. 1977. 春季连续低温阴雨天气的预报方法. 北京: 科学出版社.

朱文达, 陈子通, 张艳霞, 等. 2019. 高分辨地形对华南区域GRAPES模式地面要素预报影响的研究. 热带气象学报, 35(6): 801-811.

竺可桢, 卢鋈. 1935. 中国气候之要素. 地理学报, 2(1): 1-9.

竺可桢. 1916. 中国之雨量及风暴说. 科学, 2(2): 206.

Albergel C, Dutra E, Munier S, et al. 2018. ERA-5 and ERA-Interim driven ISBA land surface model simulations: Which one performs better? Hydrology and Earth System Sciences, 22(6): 3515-3532.

Arakawa O, Kitoh A. 2005. Rainfall diurnal variation over the Indonesian maritime continent simulated by 20 km-mesh GCM. SOLA, 1(3): 109-112.

Aspliden C I, Lynn A, De Souza R L, et al. 1977. Diurnal and semi-diurnal low-level wind cycles over a tropical island. Boundary-Layer Meteorology, 12(2): 187-199.

Awaka J, Iguchi T, Kumagai H, et al. 1997. Rain type classification algorithm for TRMM precipitation radar. *Proc. IGARSS*, IEEE: 1633-1635.

Baldwin M P, Stephenson D B, Jolliffe I T. 2009. Spatial weighting and iterative projection methods for EOFs. Journal of Climate, 22(2): 234-243.

Ban N, Schmidli J, Schär C. 2014. Evaluation of the convection-resolving regional climate modeling approach in decade-long simulations. Journal of Geophysical Research: Atmospheres, 119(13): 7889-7907.

Bauer P, Thorpe A, Brunet G. 2015. The quiet revolution of numerical weather prediction. Nature, 525(7567): 47-55.

Bechtold P, Semane N, Lopez P, et al. 2014. Representing equilibrium and nonequilibrium convection in large-scale models. Journal of the Atmospheric Sciences, 71(2): 734-753.

Benjamin S G, Brown J M, Brunet G, et al. 2018. 100 years of progress in forecasting and NWP applications. Meteorological Monographs, 59: 13.1-13.67 .

Betts A K, Jakob C. 2002. Study of diurnal cycle of convective precipitation over Amazonia using a single column model. Journal of Geophysical Research Atmospheres, 107(D23): 4732.

Bjerknes J, Solberg H. 1921. Meteorological conditions for the formation of rain. Geofyaiske Publikationer, 12(1): 1-62.

Bjerknes V. 1910. Synoptical representation of atmospheric motions. Quarterly Journal of the Royal Meteorological Society, 36(155): 267-286.

Blackadar A K. 1957. Boundary layer wind maxima and their significance for the growth of nocturnal inversions. Bulletin of the American Meteorological Society, 38(5): 283-290.

Bleeker W, Andre M J. 1951. On the diurnal variation of precipitation, particularly over central U.S.A., and its relation to large-scale orographic circulation systems. Quarterly Journal of the Royal Meteorological Society, 77(332): 260-271.

Bowman K P, Collier J C, North G R, et al. 2005. Diurnal cycle of tropical precipitation in Tropical Rainfall Measuring Mission (TRMM) satellite and ocean buoy rain gauge data. Journal of Geophysical Research Atmospheres, 110: D21104.

Carbone R E, Tuttle J D, Ahijevych D A, et al. 2002. Inferences of predictability associated with warm season precipitation episodes. Journal of the Atmospheric Sciences, 59(13): 2033-2056.

Casati B, Wilson L J, Stephenson D B, et al. 2008. Forecast verification: current status and future directions. Meteorological Applications, 15(1): 3-18.

Chen G T J. 1983. Observational aspects of the Mei-Yu phenomenon in sub-tropical China. Journal of the Meteorological Society of Japan, 61(2): 306-312.

Chen G T J. 1994. Large-scale circulations associated with the east-Asian summer monsoon and the mei-yu over south China and Taiwan. Journal of the Meteorological Society of Japan, 72(6): 959-983.

Chen H, Li J, Yu R. 2018. Warm season nocturnal rainfall over the eastern periphery of the Tibetan Plateau and its relationship with rainfall events in adjacent regions. International Journal of Climatology, 38(13): 4786-4801.

Chen H, Yu R, Li J, et al. 2010. Why nocturnal long-duration rainfall presents an eastward-delayed diurnal phase of rainfall down the Yangtze River valley. Journal of Climate, 23(4): 905-917.

Chen H, Yu R, Shen Y. 2016. A new method to compare hourly rainfall between station observations and satellite products over central eastern China. Journal of Meteorological Research, 30(5): 737-757.

Chen H, Yuan W, Li J, et al. 2012a. A possible cause for different diurnal variations of warm season rainfall as shown in station observations and TRMM 3B42 data over the southeastern Tibetan Plateau. Advances in Atmospheric Sciences, 29(1): 193-200.

Chen M, Wang Y, Gao F, et al. 2012b. Diurnal variations in convective storm activity over contiguous North China during the warm season based on radar mosaic climatology. Journal of Geophysical Research: Atmospheres, 117: D20115.

Chen T C, Wang S Y, Huang W R, et al. 2004. Variation of the East Asian summer monsoon rainfall. Journal of Climate, 17(4): 744-762.

Chen Y L, Li J. 1995. Large-scale conditions favorable for the development of heavy rainfall during TAMEX IOP 3. Monthly Weather Review, 123(10): 2978-3002.

Chu C M, Lin Y L. 2000. Effects of orography on the generation and propagation of mesoscale convective systems in a two-dimensional conditionally unstable flow. Journal of the Atmospheric Sciences, 57(23): 3817-3837.

Clark P, Roberts N, Lean H, et al. 2016. Convection-permitting models: a step-change in rainfall forecasting. Meteorological Applications, 23(2): 165-181.

Crawford K C, Hudson H R. 1973. The diurnal wind variation in the lowest 1500 ft in central Oklahoma June 1966-May 1967. Journal of Applied Meteorology, 12(1): 127-132.

Dai A, Deser C. 1999. Diurnal and semidiurnal variations in global surface wind and divergence fields. Journal of Geophysical Research, 104(31): 31109-31125.

Dai A, Giorgi F, Trenberth K E. 1999. Observed and model-simulated diurnal cycles of precipitation over the contiguous United States. Journal of Geophysical Research, 104(D6): 6377-6402.

Dai A, Wang J H. 1999. Diurnal and semidiurnal tides in global surface pressure fields. Journal of the Atmospheric Sciences, 56(22): 3874-3891.

Dai A. 2001. Global precipitation and thunderstorm frequencies. Part Ⅱ: diurnal variations. Journal of Climate, 14(6): 1112-1128.

Dai A. 2006. Precipitation characteristics in eighteen coupled climate models. Journal of Climate, 19(18): 4605-4630.

Dee D P, Uppala S M, Simmons A J, et al. 2011. The ERA-Interim reanalysis: configuration and performance of the data assimilation system. Quarterly Journal of the Royal Meteorological Society, 137(656): 553-597.

Deser C, Smith C A. 1998. Diurnal and semidiurnal variations of the surface wind field over the tropical Pacific Ocean. Journal of Climate, 11(7): 1730-1748.

Ding Y H, Chan J C L. 2005. The East Asian summer monsoon: An overview. Meteorology and Atmospheric Physics, 89(1-4): 117-142.

Ding Y H, Reiter E. 1982. A relationship between planetary waves and persistent rain-and thunderstorms in China. Archives for Meteorology, Geophysics, and Bioclimatology, Series B, 31(3): 221-252.

Ding Y H, Zhang Y, Ma Q, et al. 2001. Analysis of the large-scale circulation features and synoptic systems in East Asia during the intensive observation period of GAME/HUBEX. Journal of the Meteorological Society of Japan, 79(1B): 277-300.

Ding Y H. 1992. Summer monsoon rainfalls in China. Journal of the Meteorological Society of Japan, 70(1B): 373-396.

Ding Y H. 1994. Monsoons over China. Dordrecht: Springer Netherlands.

Ebita A, Kobayashi S, Ota Y, et al. 2011. The Japanese 55-year Reanalysis "JRA-55": An Interim Report. SOLA, 7(1): 149-152.

Emanuel K A. 1991. A scheme for representing cumulus convection in large-scale models. Journal of the Atmospheric Sciences, 48(21): 2313-2329.

Ferraro R R, Weng F Z, Grody N C, et al. 2000. Precipitation characteristics over land from the NOAA-15 AMSU sensor. Geophysical Research Letters, 27(17): 2669-2672.

Ferraro R R. 1997. Special sensor microwave imager derived global rainfall estimates for climatological applications. Journal of Geophysical Research, 102(D14): 16715-16735.

Fujinami H, Nomura S, Yasunari T. 2005. Characteristics of diurnal variations in convection and precipitation over the southern Tibetan Plateau during summer. SOLA, 1(1): 49-52.

Gao Y C, Liu M F. 2013. Evaluation of high-resolution satellite precipitation products using rain gauge observations over the Tibetan Plateau. Hydrology and Earth System Sciences, 17(2): 837-849.

Gibson J K, Kallberg P, Uppala S, et al. 1997. ERA description. ECMWF Re-Analysis Project Report Series 1.

Grabowski W W. 2001. Coupling cloud processes with the large-scale dynamics using the cloud-resolving convection parameterization (CRCP). Journal of the Atmospheric Sciences, 58(9): 978-997.

Grell G A. 1993. Prognostic evaluation of assumptions used by cumulus parameterizations. Monthly Weather Review, 121(3): 764-787.

Guichard F, Petch J C, Redelsperger J L, et al. 2004. Modelling the diurnal cycle of deep precipitating convection over land with cloud-resolving models and single-column models. Quarterly Journal of the Royal Meteorological Society, 130(604): 3139-3172.

Hann J. 1901. Lehrbuch der Meteorologie. Leipzig: CH Tauchnitz.

Harada Y, Kamahori H, Kobayashi C, et al. 2016. The JRA-55 reanalysis: representation of atmospheric circulation and climate variability. Journal of the Meteorological Society of Japan, 94(3): 269-302.

Hartigan J A, Wong M A. 1979. Algorithm AS 136: A K-means clustering algorithm. Journal of the Royal Statistical Society, Series C, 28(1): 100-108.

Hersbach H, Bell B, Berrisford P, et al. 2019. Global reanalysis: goodbye ERA-Interim, hello ERA5. ECMWF Newsletter, 159: 17-24.

Hersbach H, Dee D. 2016. ERA5 reanalysis is in production. ECMWF Newsletter, 147: 7.

Houze Jr. R A. 1997. Stratiform precipitation in regions of convection: A meteorological paradox. Bulletin of the American Meteorological Society, 78(10): 2179-2196.

Houze Jr. R A. 2012. Orographic effects on precipitating clouds. Reviews of Geophysics, 50: RG1001.

Houze Jr. R A. 2014. Cloud Dynamics. Oxford. Elsevier.

Huffman G J, Adler R F, Bolvin D T, et al. 2007. The TRMM multi-satellite precipitation analysis (TMPA): Quasi-global, multiyear, combined-sensor precipitation estimates at fine scales. Journal of Hydrometeorology, 8(1): 38-55.

Iguchi T, Kozu T, Meneghini R, et al. 2000. Rain-profiling algorithm for the TRMM precipitation radar. Journal of Applied Meteorology, 39(12): 2038-2052.

Iguchi T, Meneghini R. 1994. Intercomparison of single-frequency methods for retrieving a vertical rain profile from airborne or spaceborne radar data. Journal of Atmospheric and Oceanic Technology, 11(6): 1507-1516.

Jiang X, Lau N C, Klein S A. 2006. Role of eastward propagating convection systems in the diurnal cycle and seasonal mean of summertime rainfall over the U.S.

Great Plains. Geophysical Research Letters, 33: L19809.

Johnson R H. 2011. Diurnal cycle of monsoon convection//Chang C P, Ding Y H, Lau N C, et al. The Global Monsoon System. Singapore: World Scientific: 257-276.

Joyce R J, Janowiak J E, Arkin P A, et al. 2004. CMORPH: A method that produces global precipitation estimates from passive microwave and infrared data at high spatial and temporal resolution. Journal of Hydrometeorology, 5(3): 487-503.

Kain J, Fritsch J M. 1993. Convective parameterization for mesoscale models: The Kain-Fritsch scheme. Meteorological Society, 24(46): 165-170.

Kendon E J, Roberts N M, Senior C A, et al. 2012. Realism of rainfall in a very high-resolution regional climate model. Journal of Climate, 25(17): 5791-5806.

Khairoutdinov M F, Randall D A. 2001. A cloud resolving model as a cloud parameterization in the NCAR community climate system model: Preliminary results. Geophysical Research Letters, 28(18): 3617-3620.

Khairoutdinov M, Randall D, DeMott C. 2005. Simulations of the atmospheric general circulation using a cloud-resolving model as a superparameterization of physical processes. Journal of the Atmospheric Sciences, 62(7): 2136-2154.

Kincer J B. 1916. Daytime and nighttime precipitation and their economic significance. Monthly Weather Review, 44(11): 628-633.

Klein S, Jiang X, Boyle J, et al. 2006. Diagnosis of the summertime warm and dry bias over the US Southern Great Plains in the GFDL climate model using a weather forecasting approach. Geophysical Research Letters, 33: L18805.

Kobayashi C, Iwasaki T. 2016. Brewer-Dobson circulation diagnosed from JRA-55. Journal of Geophysical Research: Atmospheres, 121(4): 1493-1510.

Koo M S, Hong S Y. 2010. Diurnal variations of simulated precipitation over East Asia in two regional climate models. Journal of Geophysical Research Atmospheres, 115(D5): D05105.

Kraus E B. 1963. The diurnal precipitation change over the sea. Journal of the Atmospheric Sciences, 20(6): 551-556.

Krishnamurti T N, Kishtawal C M. 2000. A pronounced continental-scale diurnal mode of the Asian summer monsoon. Monthly Weather Review, 128(2): 462-473.

Kummerow C, Hong Y, Olson W S, et al. 2001. The evolution of the Goddard profiling algorithm (GPROF) for rainfall estimation from passive microwave sensors. Journal of Applied Meteorology, 40(11): 1801-1820.

Kummerow C, Simpson J, Thiele O, et al. 2000. The status of the tropical rainfall measuring mission (TRMM) after two years in orbit. Journal of Applied Meteorology, 39(12): 1965-1982.

Kuo H L, Qian Y F. 1981. Influence of the Tibetian Plateau on cumulative and diurnal changes of weather and climate in summer. Monthly Weather Review, 109(11): 2337-2356.

Kuo H L. 1974. Further studies of the parameterization of the influence of cumulus convection on large-scale flow. Journal of the Atmospheric Sciences, 31(5): 1232-1240.

Kurosaki Y, Kimura F. 2002. Relationship between topography and daytime cloud activity around Tibetan Plateau. Journal of the Meteorological Society of Japan, 80(6): 1339-1355.

Laing A G, Fritsch J M. 1997. The global population of mesoscale convective complexes. Quarterly Journal of the Royal Meteorological Society, 123(538): 389-405.

Langhans W, Schmidli J, Fuhrer O, et al. 2013. Long-term simulations of thermally driven flows and orographic convection at convection-parameterizing and cloud-resolving resolutions. Journal of Applied Meteorology and Climatology, 52(6): 1490-1510.

Lau W K, Kim K M. 2012. The 2010 Pakistan flood and Russian heat wave: teleconnection of hydrometeorological extremes. Journal of Hydrometeorology, 13: 392-403.

Lee M I, Schubert S D, Suarez M J, et al. 2007a. An analysis of the warm-season diurnal cycle over the continental United States and northern Mexico in General circulation models. Journal of Hydrometeorology, 8(3): 344-366.

Lee M I, Schubert S D, Suarez M J, et al. 2007b. Sensitivity to horizontal resolution in the AGCM simulations of warm season diurnal cycle of precipitation over the United States and northern Mexico. Journal of Climate, 20(9): 1862-1881.

Lee M I, Schubert S D, Suarez M J, et al. 2008. Role of convection triggers in the simulation of the diurnal cycle of precipitation over the United States Great Plains in a general circulation model. Journal of Geophysical Research, 113: D02111.

Legates D R, Willmott C J. 1990. Mean seasonal and spatial variability in gauge-corrected, global precipitation. International Journal of Climatology, 10(2): 111-127.

Li J, Chen T, Li N. 2017. Diurnal variation of summer precipitation across the central Tian Shan Mountains. Journal of Applied Meteorology and Climatology, 56(6): 1537-1550.

Li J, Li N, Yu R. 2019. Regional differences in hourly precipitation characteristics along the western coast of south China. Journal of Applied Meteorology and Climatology, 58(12): 2717-2732.

Li J, Yu R, Yuan W, et al. 2011. Early spring dry spell in the southeastern margin of the Tibetan Plateau. Journal of the Meteorological Society of Japan, 89(1): 1-13.

Li J, Yu R, Zhou T, et al. 2005. Why is there an early spring cooling shift downstream of the Tibetan Plateau? Journal of Climate, 18(22): 4660-4668.

Li J, Yu R, Zhou T. 2008. Seasonal variation of the diurnal cycle of rainfall in southern contiguous China. Journal of Climate, 21(22): 6036-6043.

Li J, Yu R. 2014a. A method to linearly evaluate rainfall frequency-intensity distribution. Journal of Applied Meteorology and Climatology, 53(4): 928-934.

Li J, Yu R. 2014b. Characteristics of cold season rainfall over the Yungui Plateau. Journal of Applied Meteorology and Climatology, 53(7): 1750-1759.

Li J. 2018. Hourly station-based precipitation characteristics over the Tibetan Plateau. International Journal of Climatology, 38(3): 1560-1570.

Li P, Furtado K, Zhou T, et al. 2018. The diurnal cycle of East Asian summer monsoon precipitation simulated by the Met Office Unified Model at convection-permitting scales. Climate Dynamics, 55(1): 131-151.

Li Z, Takeda T, Tsuboki K, et al. 2007. Nocturnal evolution of cloud clusters over eastern China during the intensive observation periods of GAME/HUBEX in

1998 and 1999. Journal of the Meteorological Society of Japan, 85(1): 25-45.

Liang X Z, Li L, Dai A G, et al. 2004. Regional climate model simulation of summer precipitation diurnal cycle over the United States. Geophysical Research Letters, 31: L24208.

Lin X, Randall D A, Fowler L D. 2000. Diurnal variability of the hydrologic cycle and radiative fluxes: comparisons between observations and a GCM. Journal of Climate, 13(23): 4159-4179.

Lindzen R S. 1967. Thermally driven diurnal tide in the atmosphere. Quarterly Journal of the Royal Meteorological Society, 93(395): 18-42.

Liu Y, Jin X, Shi C, et al. 2009. An improved cloud classification algorithm for China' s FY-2C Multi-Channel images using artificial neural network. Sensors, 9(7): 5558-5579.

Lloyd S. 1982. Least squares quantization in PCM. IEEE Transactions on Information Theory, 28(2): 129-137.

Lu F, Zhang X H, Xu J M. 2008. Image navigation for the FY2 geosynchronous meteorological satellite. Journal of Atmospheric and Oceanic Technology, 25(7): 1149-1165.

MacQueen J. 1967: Some methods for classification and analysis of multivariate observations. Proceedings of the fifth Berkeley symposium on mathematical statistics and probability: Biology and problems of health: 281-297.

Matsumoto J. 1985. Precipitation distribution and frontal zones over East Asia in the summer of 1979. Bulletin of the Department of Geography University of Tokyo, 17(1): 45-61.

McPherson R D, Bergman K H, Kistler R E, et al. 1979. The NMC operational global data assimilation system. Monthly Weather Review, 107(11): 1445-1461.

Moron V, Robertson A W, Qian J H. 2010. Local versus regional-scale characteristics of monsoon onset and post-onset rainfall over Indonesia. Climate Dynamics, 34(2-3): 281-299.

Moseley C, Berg P, Haerter J O. 2013. Probing the precipitation life cycle by iterative rain cell tracking. Journal of Geophysical Research: Atmospheres, 118(24): 13361-313370.

Mukabana J R, Piekle R A. 1996. Investigating the influence of synoptic-scale monsoonal winds and mesoscale circulations on diurnal weather patterns over Kenya using a mesoscale numerical model. Monthly Weather Review, 124(2): 224-243.

Murakami M. 1983. Analysis of the deep convective activity over the western Pacific and southeast Asia. Journal of the Meteorological Society of Japan, 61(1): 60-76.

Neale R, Slingo J. 2003. The maritime continent and its role in the global climate: A GCM study. Journal of Climate, 16(5): 834-848.

Neumann J. 1951. Land breezes and nocturnal thunderstorms. Journal of Meteorology, 8(1): 60-67.

Nitta T, Sekine S. 1994. Diurnal variation of convective activity over the tropical western Pacific. Journal of the Meteorological Society of Japan, 72(5): 627-641.

Ploshay J J, Lau N C. 2010. Simulation of the diurnal cycle in tropical rainfall and circulation during boreal summer with a high-resolution GCM. Monthly Weather Review, 138(9): 3434-3453.

Prein A F, Gobiet A, Suklitsch M, et al. 2013. Added value of convection permitting seasonal simulations. Climate Dynamics, 41(9): 2655-2677.

Prein A F, Langhans W, Fosser G, et al. 2015. A review on regional convection-permitting climate modeling: Demonstrations, prospects, and challenges. Reviews of Geophysics, 53(2): 323-361.

Qian T, Zhao P, Zhang F, et al. 2015. Rainy-season precipitation over the Sichuan basin and adjacent regions in southwestern China. Monthly Weather Review, 143(1): 383-394.

Qian W, Kang H S, Lee D K. 2002. Distribution of seasonal rainfall in the East Asian monsoon region. Theoretical and Applied Climatology, 73(3-4): 151-168.

Ramage C S. 1952a. Diurnal variation of summer rainfall over East China, Korea and Japan. Journal of Meteorology, 9(2): 83-86.

Ramage C S. 1952b. Variation of rainfall over south China through the wet season. Bulletin of the American Meteorological Society, 33(2): 308-311.

Randall D A, Harshvardhan, Dazlich D A. 1991. Diurnal Variability of the hydrologic cycle in a general circulation model. Journal of the Atmospheric Sciences, 48(1): 40-62.

Reichstein M, Camps-Valls G, Stevens B, et al. 2019. Deep learning and process understanding for data-driven Earth system science. Nature, 566(7743): 195-204.

Riley G T, Landin M G, Bosart L F. 1987. The diurnal variability of precipitation across the central Rockies and adjacent Great Plains. Monthly Weather Review, 115(6): 1161-1172.

Ritchie E A, Holland G J. 1997. Scale interactions during the formation of Typhoon Irving. Monthly weather review, 125(7): 1377-1396.

Rooy W C, Bechtold P, Fröhlich K, et al. 2013. Entrainment and detrainment in cumulus convection: An overview. Quarterly Journal of the Royal Meteorological Society, 139(670): 1-19.

Rossby C G, et al. 1937. Isentropic analysis. Bulletin of the American Meteorological Society, 18(6-7): 201-210.

Rossow W B, Duenas E N. 2004. The international satellite cloud climatology project (ISCCP) Web site-An online resource for research. Bulletin of the American Meteorological Society, 85(2): 167-172.

Rossow W, Schiffer R A. 1999. Advances in understanding clouds from ISCCP. Bulletin of the American Meteorological Society, 80(11): 2261-2287.

Sampe T, Xie S P. 2010. Large-scale dynamics of the Meiyu-Baiu rainband: Environmental forcing by the westerly jet. Journal of Climate, 23(1): 113-134.

Satoh M, Kitao Y. 2013. Numerical examination of the diurnal variation of summer precipitation over southern China. SOLA, 9: 129-133.

Schaefer J T. 1990. The critical success index as an indicator of warning skill. Weather and Forecasting, 5(4): 570-575.

Schiffer R A, Rossow W B. 1983. The international satellite cloud climatology project (ISCCP): The first project of the world climate research programme. American Meteorological Society Bulletin, 64(7): 779-784.

Shaw N. 1930. The physical processes of weather//Mcadie A. Manual of Meteorology. London: Cambridge University Press: 488.

Shen Y, Zhao P, Pan Y, et al. 2014. A high spatiotemporal gauge-satellite merged precipitation analysis over China. Journal of Geophysical Research:

Atmospheres, 119(6): 3063-3075.

Shih S F, Chen E. 1984. On the use of GOES thermal data to study effects of land use on diurnal temperature fluctuation. Journal of Applied Meteorology, 23(3): 426-433.

Singh P, Nakamura K. 2009. Diurnal variation in summer precipitation over the central Tibetan Plateau. Journal of Geophysical Research: Atmospheres, 114: D20107.

Slingo A, Hodges K I, Robinson G J. 2004. Simulation of the diurnal cycle in a climate model and its evaluation using data from Meteosat 7. Quarterly Journal of the Royal Meteorological Society, 130(599): 1449-1467.

Slingo A, Wilderspin R C, Brentnall S J. 1987. Simulation of the diurnal cycle of outgoing longwave radiation with an atmospheric GCM. Monthly Weather Review, 115(7): 1451-1457.

Soltani S, Modarres R. 2006. Classification of Spatio-Temporal Pattern of rainfall in Iran using a hierarchical and divisive cluster analysis. Journal of Spatial Hydrology, 6(2): 1-12.

Sorooshian S, Gao X, Hsu K, et al. 2002. Diurnal variability of tropical rainfall retrieved from combined GOES and TRMM satellite information. Journal of Climate, 15(9): 983-1001.

Sperber K R, Yasunari T. 2006. Workshop on monsoon climate systems-Toward better prediction of the monsoon. Bulletin of the American Meteorological Society, 87(10): 1399-1403.

Steiner M, Houze Jr. R A, Yuter S E. 1995. Climatological characterization of 3-dimensional storm structure from operational radar and rain-gauge data. Journal of Applied Meteorology, 34(9): 1978-2007.

Strangeways I C, Smith S W. 1985. Development and use of automatic weather stations. Weather, 40(9): 277-285.

Sun Y, Solomon S, Dai A, et al. 2006. How Often Does It Rain? Journal of Climate, 19(6): 916-934.

Sun Y, Solomon S, Dai A, et al. 2007. How Often Will It Rain? Journal of Climate, 20(19): 4801-4818.

Tao S, Chen L. 1987. A review of recent research on the east asian summer monsoon in China. Monsoon Meteorology//Chang C P, Krishnamurti T N. London: Oxford University Press: 60-92.

Tao W K, Lang S, Simpson J, et al. 1993. Retrieval algorithms for estimating the vertical profiles of latent-heat release. Journal of the Meteorological Society of Japan, 71(6): 685-700.

Terao T, Islam M, Hayashi T, et al. 2006. Nocturnal jet and its effects on early morning rainfall peak over northeastern Bangladesh during the summer monsoon season. Geophysical Research Letters, 33: L18806.

Tian S F, Yasunari T. 1998. Climatological aspects and mechanism of spring persistent rains over Central China. Journal of the Meteorological Society of Japan, 76(1): 57-71.

Tiedtke M. 1989. A comprehensive mass flux scheme for cumulus parameterization in large-scale models. Monthly Weather Review, 117(8): 1779-1800.

Toews M W, Allen D M, Whitfield P H. 2009. Recharge sensitivity to local and regional precipitation in semiarid midlatitude regions. Water Resources Research, 45: W06404.

Tong K, Su F, Yang D, et al. 2014. Tibetan Plateau precipitation as depicted by gauge observations, reanalyses and satellite retrievals. International Journal of Climatology, 34(2): 265-285.

Trenberth K E, Dai A, Rasmussen R M, et al. 2003. The changing character of precipitation. Bulletin of the American Meteorological Society, 84(9): 1205-1217.

Uccellini L W, Johnson D R. 1979. The coupling of upper and lower tropospheric jet streaks and implications for the development of severe convective storms. Monthly Weather Review, 107: 682-703.

Uppala S M, Kallberg P W, Simmons A J, et al. 2005. The ERA-40 re-analysis. Quarterly Journal of the Royal Meteorological Society, 131(612): 2961-3012.

Venugopal V, Foufoula-Georgiou E, Sapozhnikov V. 1999. Evidence of dynamic scaling in space-time rainfall. Journal of Geophysical Research: Atmospheres, 104(D24): 31599-31610.

Wai M M K, Welsh P T, Ma W M. 1996. Interaction of secondary circulations with the summer monsoon and diurnal rainfall over Hong Kong. Boundary-Layer Meteorology, 81(2): 123-146.

Wallace J M, Hartranft F R. 1969. Diurnal wind variations, surface to 30 kilometers. Monthly Weather Review, 97(6): 446-455.

Wallace J M, Tadd R F. 1974. Some further results concerning the vertical structure of atmospheric tidal motions within the lowest 30 kilometers. Monthly Weather Review, 102(11): 795-803.

Wang C C, Chen G T J, Carbone R E. 2004. A climatology of warm-season cloud patterns over East Asia based on GMS infrared brightness temperature observations. Monthly Weather Review, 132(7): 1606-1629.

Wang C C, Chen G T J, Carbone R E. 2005. Variability of warm-season cloud episodes over East Asia based on GMS infrared brightness temperature observations. Monthly Weather Review, 133(6): 1478-1500.

Wang W C, Gong W, Wei H L. 2000. A regional model simulation of the 1991 severe precipitation event over the Yangtze-Huai River valley. Part I: Precipitation and circulation statistics. Journal of Climate, 13(1): 74-92.

Wang Y C, Pan H L, Hsu H H. 2015. Impacts of the triggering function of cumulus parameterization on warm-season diurnal rainfall cycles at the atmospheric radiation measurement southern Great Plains site. Journal of Geophysical Research: Atmospheres, 120(20): 10681-10702.

Wang Y Q, Zhou L, Hamilton K. 2007. Effect of convective entrainment/detrainment on the simulation of the tropical precipitation diurnal cycle. Monthly Weather Review, 135(2): 567-585.

Weare B C, Nasstrom J S. 1982. Examples of extended empirical Orthogonal function analyses. Monthly Weather Review, 110(6): 481-485.

Wernstedt F L. 1972. World Climatic Data. Lemont: Climatic Data Press.

Whiteman C D, Bian X. 1996. Solar semidiurnal tides in the troposphere: Detection by radar profilers. Bulletin of the American Meteorological Society, 77(3): 529-542.

Williams C R, Avery S K. 1996. Diurnal winds observed in the tropical troposphere using 50 MHz wind profilers. Journal of Geophysical Research: Atmospheres, 101(D10): 15051-15060.

Wilson C A, Mitchell J F B. 1986. Diurnal variation and cloud in a general circulation model. Quarterly Journal of the Royal Meteorological Society, 112(472): 347-369.

Xie S P, Xu H M, Saji N H, et al. 2006. Role of narrow mountains in large-scale organization of Asian monsoon convection. Journal of Climate, 19(14): 3420-3429.

Xie Y, Shi J, Fan S, et al. 2018. Impact of radiance data assimilation on the prediction of heavy rainfall in RMAPS: A Case Study. Remote Sensing, 10(9): 1380.

Yang G Y, Slingo J. 2001. The diurnal cycle in the tropics. Monthly Weather Review, 129(4): 784-801.

Yin S, Li W, Chen D, et al. 2011. Diurnal variations of summer precipitation in the Beijing area and the possible effect of topography and urbanization. Advances in Atmospheric Sciences, 28(4): 725-734.

Yu R, Chen H, Sun W. 2015. Definition and characteristics of regional rainfall events demonstrated by warm season precipitation over the Beijing Plain. Journal of Hydrometeorology, 16(1): 396-406.

Yu R, Li J, Chen H. 2009. Diurnal variation of surface wind over central eastern China. Climate Dynamics, 33(7-8): 1089-1097.

Yu R, Li J. 2012. Hourly Rainfall Changes in Response to Surface Air Temperature over Eastern Contiguous China. Journal of Climate, 25(19): 6851-6861.

Yu R, Wang B, Zhou T. 2004. Climate effects of the deep continental stratus clouds generated by the Tibetan Plateau. Journal of Climate, 17(13): 2702-2713.

Yu R, Xu Y, Zhou T, et al. 2007a. Relation between rainfall duration and diurnal variation in the warm season precipitation over central eastern China. Geophysical Research Letters, 34: L13703.

Yu R, Yuan W, Li J, et al. 2010. Diurnal phase of late-night against late-afternoon of stratiform and convective precipitation in summer southern contiguous China. Climate Dynamics, 35(4): 567-576.

Yu R, Zhou T, Xiong A, et al. 2007b. Diurnal variations of summer precipitation over contiguous China. Geophysical Research Letters, 34: L01704.

Yuan W, Sun W, Chen H, et al. 2014. Topographic effects on spatiotemporal variations of short-duration rainfall events in warm season of central North China. Journal of Geophysical Research: Atmospheres, 119(19): 11223-11234.

Yuan W, Yu R, Chen H, et al. 2010. Subseasonal characteristics of diurnal variation in summer monsoon rainfall over central eastern China. Journal of Climate, 23(24): 6684-6695.

Yuan W, Yu R, Zhang M, et al. 2013. Diurnal cycle of summer precipitation over subtropical East Asia in CAM5. Journal of Climate, 26(10): 3159-3172.

Yuan W. 2013. Diurnal cycles of precipitation over subtropical China in IPCC AR5 AMIP simulations. Advances in Atmospheric Sciences, 30(6): 1679-1694.

Zhang G, McFarlane N. 1995. Sensitivity of climate simulations to the parameterization of cumulus convection in the Canadian Climate Centre general circulation model. Atmosphere Ocean, 33(3): 407-446.

Zhang W J, Xu J M, Dong C H, et al. 2006. China’s current and future meteorological satellite systems//Qu J J, Gao W, Kafatos M, et al. Earth Science Satellite Remote Sensing. Heidelberg: Springer: 392-413.

Zhang Y Y, Klein S A, Liu C T, et al. 2008. On the diurnal cycle of deep convection, high-level cloud, and upper troposphere water vapor in the Multiscale Modeling Framework. Journal of Geophysical Research Atmospheres. 113: D16105.

Zhang Y, Chen H M. 2016. Comparing CAM5 and superparameterized CAM5 simulations of summer precipitation characteristics over continental East Asia: Mean state, frequency-intensity relationship, diurnal cycle, and influencing factors. Journal of Climate, 29(3): 1067-1089.

Zhou T, Yu R, Chen H, et al. 2008. Summer precipitation frequency, intensity, and diurnal cycle over China: A comparison of satellite data with rain gauge observations. Journal of Climate, 21(16): 3997-4010.

Zhou T, Yu R. 2005. Atmospheric water vapor transport associated with typical anomalous summer rainfall patterns in China. Journal of Geophysical Research Atmospheres, 110: D08104.